普通高等教育电气工程与自动化（应用型）“十二五”规划教材

电气控制与 PLC 系统

任胜杰　主编

机 械 工 业 出 版 社

本书从常用低压电器的工作原理及使用方法开始，系统地介绍了电气控制电路的基本控制原则和基本控制环节，分析了典型生产机械的常规电气控制电路，详细介绍了三菱公司 FX_{2N} 系列 PLC 的结构原理、系统配置、指令系统、特殊功能模块及其应用编程方法，以具体实例简单介绍了近年来出现的组态软件和触摸屏技术的应用方法，结合实际工程项目讲解了电气控制系统的设计方法和设计步骤。

本书遵循专业技术课程应切合实际工程应用的教学原则，层次清晰地构建了电气控制技术的系统体系，注重理论联系实际。书中设有丰富的例题及习题，便于读者参考和学习。本书可作为高等学校自动化、电气工程及其自动化、测控技术与仪器、机械工程及其自动化等相关专业的本、专科教材，对工程技术人员也有一定的参考价值。

图书在版编目（CIP）数据

电气控制与 PLC 系统/任胜杰主编. —北京：机械工业出版社，2013.1
(2025.1 重印)
普通高等教育电气工程与自动化（应用型）“十二五”规划教材
ISBN 978-7-111-40716-4

Ⅰ.①电… Ⅱ.①任… Ⅲ.①电气控制-高等学校-教材②plc 技术-高等学校-教材 Ⅳ.①TM571.2②TM571.6

中国版本图书馆 CIP 数据核字（2012）第 293330 号

机械工业出版社（北京市百万庄大街 22 号 邮政编码 100037）
策划编辑：王雅新 责任编辑：王雅新 王寅生 版式设计：霍永明
责任校对：申春香 封面设计：张 静 责任印制：李 昂
北京捷迅佳彩印刷有限公司印刷
2025 年 1 月第 1 版第 11 次印刷
184mm×260mm · 18.75 印张 · 462 千字
标准书号：ISBN 978-7-111-40716-4
定价：45.00 元

电话服务
客服电话：010-88361066
010-88379833
010-68326294

网络服务
机 工 官 网：www.cmpbook.com
机 工 官 博：weibo.com/cmp1952
金 书 网：www.golden-book.com
机工教育服务网：www.cmpedu.com

普通高等教育电气工程与自动化（应用型）“十二五”规划教材

编审委员会委员名单

前　言

电气控制与PLC（可编程序控制器）技术是机电类、电气类专业中应用性较强的专业课，是综合了计算机技术、自动控制技术和通信技术的一门新兴技术，是实现工业生产、科学研究以及其他各个领域自动化的重要手段之一，应用十分广泛。

由于电气控制与PLC起源于同一体系，只是发展的阶段不同，在理论和应用上是一脉相承的，因此本书将电气控制技术和PLC应用技术的内容编写在一起，希望能更好地体现出它们之间的内在联系，使本书的结构和理论基础更系统化，更具有科学性和先进性。本书在编写过程中力求以实际应用和便于教学为目标，注重精选内容，结合实际，突出应用。在编排上循序渐进，由浅入深，在内容阐述上，力求简明扼要，图文并茂，通俗易懂，便于教学和自学。

本书共11章，内容包括电气控制技术中常用的低压电器，典型控制电路，典型电气控制系统分析和设计方法，日本三菱公司 FX_{2N} 系列PLC结构原理、指令系统及其应用，常见的西门子S7－200、台达DVP－ES系列PLC简介，并以工程实例介绍和讲解了电气控制系统的分析和设计方法。每章均有一定数量的设计示例、思考题与习题，有利于学生加强训练、巩固概念、掌握工程设计方法。

本书可作为高等学校自动化、电气工程及其自动化、测控技术与仪器、机械工程及其自动化等相关专业的本、专科教材，也可作为高职高专、电大、职大相关专业的教学用书，对广大工程技术人员也有一定的参考价值。

本书由河南工业大学任胜杰副教授主编，王莉副教授、李智强副教授任副主编。任胜杰编写了第7、8、11章，王莉编写了第3、4、5、6章，李智强编写了第1、2章，河南工程学院邓丽霞编写了第9、10章。

本书由广东工业大学刘守操教授主审，他对本书的章节安排及语言描述等提出了诸多宝贵意见，在此深表感谢！本书的出版得到了学校和电气工程学院的大力支持，在此深表感谢！

由于编者水平有限，书中不足之处在所难免，敬请读者批评指正。

编　者

目　录

第1章　常用低压电器

1.1　低压电器的基本知识

电器是指对电能的生产、输送、分配和使用起控制、调节、检测、转换及保护作用的电气设备。在工业、农业、交通、国防以及人们日常生活等一切用电部门中，大多数采用低压供电。低压供电的输送、分配和保护是依靠刀开关、断路器以及熔断器等低压电器来实现的。而低压电器的使用则是将电能转换为其他能量，其过程的控制、调节和保护都是依靠各类接触器和继电器等低压电器来完成的，即无论是低压供电系统还是控制生产过程的电力拖动控制系统均是由用途不同的各类低压电器组成的。

我国现行标准将工作在交流50Hz、额定电压1200V以下和直流额定电压1500V以下电路中的电器称为低压电器。低压电器种类繁多，它作为基本元器件已广泛用于发电厂、变电所、工矿企业、交通运输和国防工业等电力输配电系统和电力拖动控制系统中。

1.1.1　低压电器的分类

低压电器的品种、规格很多，作用、构造及工作原理各不相同，因而有多种分类方法。

1. 按用途分类

低压电器按在电路中所处的地位和作用可分为低压控制电器和低压配电电器两大类。低压控制电器是指电动机完成生产机械要求的起动、调速、反转和停止所用的电器。如继电器、接触器、按钮、行程开关、变阻器、主令开关、热继电器、起动器、电磁铁等；低压配电电器是指正常或事故状态下接通和断开用电设备和供电电网所用的电器。如低压隔离器（刀开关）、熔断器、断路器等。

2. 按动作方式分类

低压电器按动作方式可分为手动电器和自动电器。前者主要是用手直接操作来进行切换，如按钮、刀开关等；后者是依靠本身参数的变化或外来信号的作用，自动完成接通或分断等动作，如接触器、继电器等。

3. 按执行机理分类

低压电器按有无触点可分为有触点电器和无触点电器两大类。目前有触点的电器仍占多数，有触点电器有动触点和静触点之分，利用触点的合与分来实现电路的通与断。无触点电器没有触点，主要利用晶体管的开关效应，即导通或截止来实现电路的通断。

4. 按工作原理分类

低压电器按工作原理分为电磁式电器和非电量控制电器。电磁式电器是依据电磁感应原理来工作的电器。例如，交直流接触器、各种电磁式继电器等；非电量控制电器是当电器工作时靠外力或某种非电物理量的变化而动作的电器。例如，刀开关、行程开关、按钮、速度继电器、压力继电器、温度继电器等。

1.1.2　电磁式电器的工作原理

电磁式电器在电气控制电路中使用量最大，其类型也很多。各类电磁式电器在工作原理和构造上基本相同。其结构主要由电磁机构和触头系统两部分组成。

1. 电磁机构

电磁机构是电磁式电器的感测部分。它的主要作用是将电磁能量转换成机械能量，带动触头动作，从而完成接通或分断电路。

（1）电磁机构的结构

电磁机构通常采用电磁铁的形式，由吸引线圈、铁心和衔铁三部分组成。磁路包括铁心、铁扼、衔铁和气隙。图 1-1 为几种常用电磁机构结构示意图。按磁系统形状分类，电磁机构可分为 U 形（见图 1-1a、b、c）和 E 形（见图 1-1d、e）两种。铁心按衔铁的运动方式分为如下几类：

① 衔铁沿棱角转动的拍合式铁心，如图 1-1a、b、c 所示。其衔铁绕铁扼的棱角转动磨损较小，铁心一般用电工软铁制成，适用于直流继电器和接触器。

② 衔铁沿轴转动的拍合式铁心，如图 1-1d 所示。其衔铁绕轴而转动，铁心一般用硅钢片叠成，常用于较大容量交流接触器。

③ 衔铁做直线运动的直动式铁心，如图 1-1e 所示。衔铁做直线运动，较多用于中小容量交流接触器和继电器中。

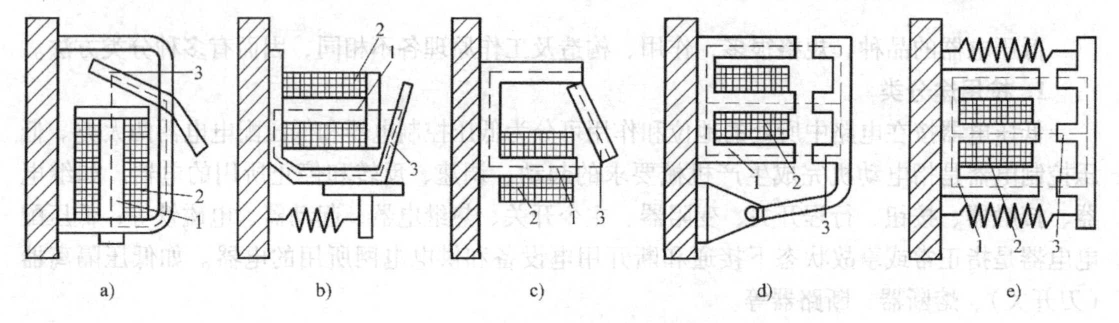

图 1-1　常用电磁机构的结构示意图

1—铁心　2—线圈　3—衔铁

（2）吸引线圈

吸引线圈的作用是将电能转换成磁场能量。吸引线圈按其通过电流的性质可分为交流电磁线圈和直流电磁线圈。

对于交流电磁线圈，为了减小因涡流造成的能量损失和温升，铁心和衔铁用硅钢片叠铆而成。由于其铁心存在磁滞和涡流损耗，线圈和铁心都发热。因此交流电磁机构的吸引线圈设有骨架，使铁心与线圈隔离，并将线圈制成短而厚的“矮胖”形，这样做有利于铁心和线圈的散热。

对于直流电磁线圈，铁心和衔铁可以用整块电工软钢制成。因其铁心不发热，只有线圈发热，所以，直流电磁机构的吸引线圈做成高而薄的“瘦高”形，且不设线圈骨架，使线圈与铁心直接接触，易于散热。

当线圈并联于电源工作的线圈，称为电压线圈，它的特点是匝数多，线径较细；当线圈串联于电路工作的线圈，称为电流线圈，它的特点是匝数少，线径较粗。

(3) 电磁机构的吸力特性和反力特性

电磁机构的工作特性常用吸力特性和反力特性来表达。电磁机构使衔铁吸合的力与气隙的关系曲线称为吸力特性。电磁机构使衔铁释放（复位）的力与气隙的关系曲线称为反力特性。

1）吸力特性。电磁机构的吸力与很多因素有关，当铁心与衔铁断面互相平行，电磁线圈通电后，铁心吸引衔铁的力，称为电磁吸力。电磁吸力的计算公式为

$$F=\frac{10^7}{8\pi}\frac{\Phi^2}{S} \tag{1-1}$$

式中，Φ 为气隙中的磁通，可近似看做与铁心的磁通相等，单位是韦伯（Wb）；S 为空气隙的有效面积，单位是平方米（m^2）；F 为电磁吸力，单位是牛顿（N）。

直流电磁机构的励磁电流是恒定不变的直流，当电压不变时，电流 $I=U/R$ 不变，其磁动势 $F=IN$ 也是恒定不变的。但随着衔铁的吸合，气隙变得越来越小，最后消失。在吸合过程中，磁路的磁阻显著减小，因而磁通 Φ 要增大。所以，吸合后的电磁力要比吸合前大得多。

交流电磁机构的励磁电流是交变的，它所产生的磁场也是交变的，因此电磁力的大小也是交变的。设空气隙处的磁通为 $\Phi=\Phi_m \sin\omega t$，将其代入式（1-1）中，可得交流电磁机构的电磁吸力为

$$F=\frac{1}{2}F_m-\frac{1}{2}F_m\cos2\omega t \tag{1-2}$$

式中，F_m 为电磁吸力的最大值，$F_m=\frac{10^7}{8\pi}\frac{\Phi_m^2}{S}$。从式（1-2）可见，交流电磁机构的电磁吸力是脉动的。图1-2为交流电磁机构的吸力变化曲线，其电磁吸力平均值为 $F_{AV}=\frac{1}{2}F_m=\frac{10^7}{16\pi}\frac{\Phi_m^2}{S}$。

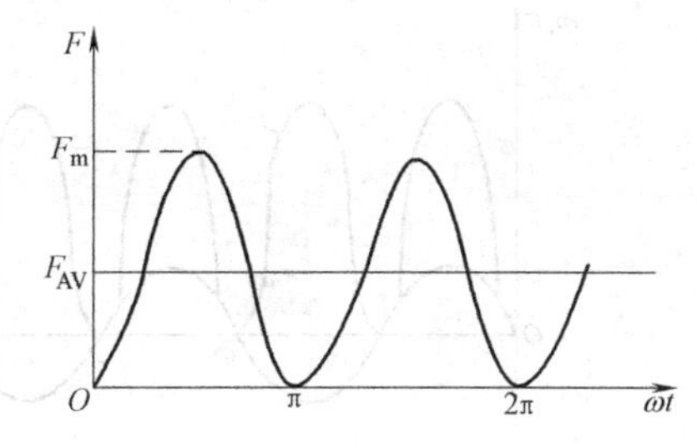

图1-2 交流电磁机构的吸力变化曲线

在交流铁心线圈、变压器及交流电动机中，有一个共同的外加电压公式 $U\approx E=4.44fN\Phi_m$，由该式可知 $\Phi_m\approx\frac{U}{4.44Nf}$，即在外加电压不变的条件下，交流磁路主磁通的最大值基本不变。因此，交流电磁铁在吸合衔铁的过程中，电磁吸力的平均值不变，但由于铁磁物质磁通的饱和作用，随着气隙的增大，磁通还是微微变小的。又由于主磁通等于磁动势与磁阻之比，而吸合过程中磁路的磁阻显著减小，可知随着气隙的减小，磁动势 IN 必然减小，所以交流电磁机构吸合前的励磁电流要比吸合后的励磁电流大得多。因此，交流电磁铁在工作时衔铁和铁心之间一定要吸合好，否则，线圈中会因长期通过较大的电流而过热烧毁。

图1-3为电磁机构的吸力特性与反力特性曲线。其中，曲线1为直流电磁机构吸力特性；曲线2为交流电磁机构吸力特性；曲线3为弹簧的反力特性；曲线4为剩磁的吸力特性。无论交流或直流电磁机构，当吸力大于反力时，电磁机构吸合，否则释放。

2）反力特性。电磁机构使衔铁释放的力一般是利用弹簧的反力，如图1-3中曲线3所示。弹簧的反力与其变形量 x 成正比，其反力特性可写为 $F_N=kx$，图1-3中 δ_1 为电磁机构

气隙的初始值，δ_2 为动、静触头开始接触时的气隙长度。由于超行程机构的弹力作用，反力特性在 δ_2 处有一突变。

3）剩磁的吸力待性。由于铁磁物质有剩磁，它使电磁机构的励磁线圈失电后仍有一定的磁性吸力存在，剩磁的吸力随气隙的增大而减小。剩磁的吸力特性如图 1-3 中曲线 4 所示。

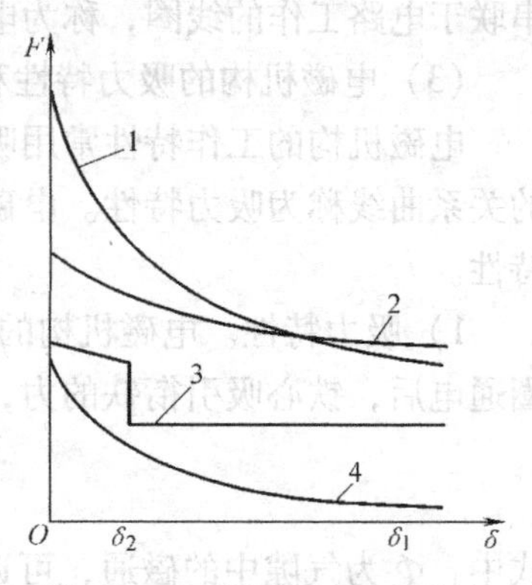

图 1-3　电磁机构的吸力特性与反力特性曲线

电磁机构在整个吸合过程中，吸力都必须大于反力；但也不能过大，否则会影响电器的机械寿命。反映在特性曲线图上，就是要保证吸力特性在反力特性的上方。当切断电磁机构的励磁电流以释放衔铁时，其反力必须大于剩磁吸力，才能保证衔铁可靠释放。所以，在特性图上，电磁机构的反力特性必须介于电磁吸力特性和剩磁吸力特性之间。

电磁机构灵敏度的衡量参数是返回系数β，被定义为释放电压（电流）与吸合电压（电流）的比值。返回系数越大，灵敏度越高。

另外，在使用单相交流电源的电磁机构中，由于电磁吸力的瞬时值是脉动的，根据交流电磁吸力公式可知，交流电磁机构的电磁吸力是一个两倍电源频率的周期性变量。它有一个是恒定分量，另一个是交变分量。总的电磁吸力在 $0\sim F_{max}$ 之间变化，其吸力曲线如图 1-4a 所示。

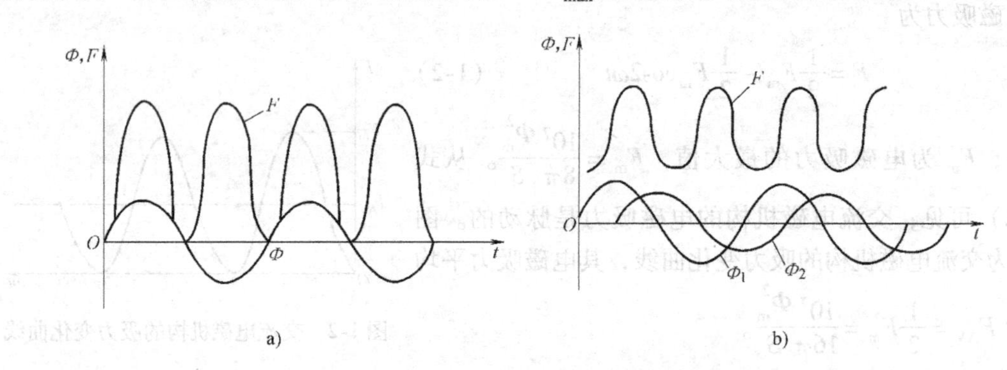

图 1-4　交流电磁铁的磁通与吸力特性

a）未加短路环的磁通与吸力特性　b）加短路环后的磁通与吸力特性

电磁机构在工作时，衔铁始终受到反作用弹簧、触头弹力等反作用力的作用。尽管电磁吸力的平均值大于反力，但因吸力特性有过零点，在某些时段，电磁吸力仍小于反力，衔铁开始释放，当电磁吸力大于反力时，衔铁又被吸合。如此周而复始，从而使衔铁振动，产生噪声。为此，必须采取有效措施，消除振动和噪声。具体办法是在铁心端部开一个槽，槽内嵌入一个铜环，称为短路环（或称为磁环）如图 1-5 所示。当励磁线圈通入交流电时，在短路环中就有感应电流产生，该感应电流又会产生一个磁通。因短路环的作用

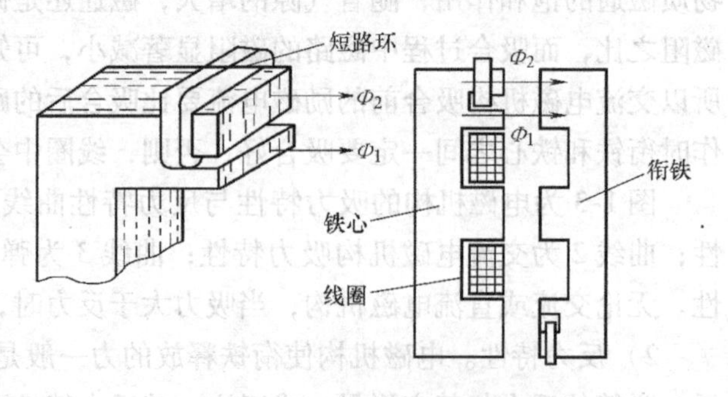

图 1-5　变流电磁铁的短路环

把铁心中的磁通分为两部分，即不穿过短路环的磁通 Φ_1 与穿过短路环的磁通 Φ_2 相位相差一定角度，磁通 Φ_2 滞后于磁通 Φ_1，使合成吸力始终大于反作用力，从而消除了振动噪声。加短路环后的磁通与吸力特性如图 1-4b 所示。

2. 触头系统和电弧

（1）触头的接触电阻

触头也叫触点，是电器的主要执行部分，起接通和分断电路的作用。在有触头的电器元件中，其基本功能是靠触头来执行的。因此，要求触头导电、导热性能良好，接触电阻小，通常用铜、银、镍及其合金材料制成，有时也在铜触头表面电镀锡、银或镍。铜的表面容易氧化而生成一层氧化铜，这将增大触头的接触电阻，使触头的损耗增大，温度上升。所以，有些特殊用途的电器（如微型继电器和小容量的电器），其触头常采用银质材料，这不仅在于其导电和导热性能均优于铜质触头，更主要的是其氧化膜电阻率很低，与纯银相似（氧化铜则不然，其电阻率可达纯铜的 10 倍以上），而且要在较高的温度下才会形成，同时又容易粉化。因此，银质触头具有较低而稳定的接触电阻。对于大中容量的低压电器，在结构设计上，触头采用滚动接触，可将氧化膜去掉，这种结构的触头常采用铜质材料。

（2）触头的结构形式和接触形式

每对触头均由静触头和动触头组成。动触头与电磁机构的衔铁相连，当接触器的电磁线圈通电时，衔铁带动动触头动作，使接触器的常开触头闭合，常闭触头断开。触头的结构形式有点接触（见图 1-6a）、面接触（见图 1-6b）、线接触（见图 1-6c），接触面越大则允许通过的电流也越大。为了消除触头在接触时的振动，减小接触电阻，在触头上装有接触弹簧，该弹簧在触头刚闭合时产生较小的压力，闭合后压力增大。

（3）电弧的产生与灭弧

当一个较大电流的电路突然断电时，如触头间的电压超过一定数值，触头间空气在强电场的作用下会产生电离放电现象，在触头间隙产生大量带电粒子，形成炽热的电子流，称为电弧。电弧伴随高温、高热和强光，可能造成电路不能正常切断、烧毁触头、引起火灾等事故，因此对切换较大电流的触头系统必须采取灭弧措施。

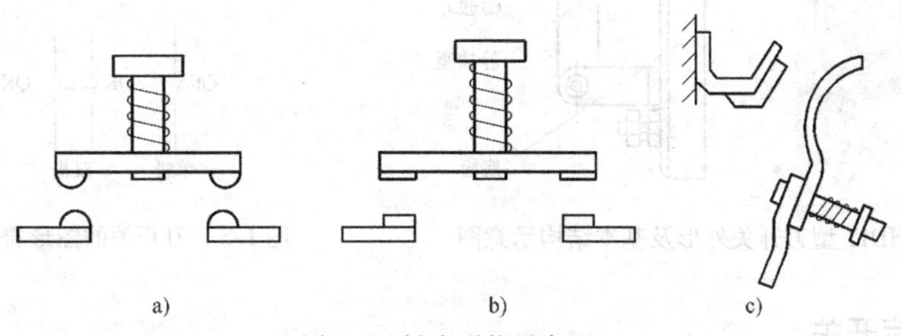

图 1-6　触头形状示意图

常用的灭弧装置有灭弧罩、灭弧栅和磁吹灭弧装置，主要用于熄灭触头在分断电流的瞬间动静触头间产生的电弧，以防止电弧的高温烧坏触头或出现其他事故。

1.2　开关电器

开关电器主要有刀开关、组合开关等，主要用于电气线路中对电源的隔离，也可作为不频繁地接通和分断空载电路或小电流电路之用。

1.2.1　刀开关

刀开关断开时，有明显的断点。按极数分，有单极、双极和三极；按结构分，有平板式和条架式；按操作方式分，有直接手柄操作、正面旋转手柄操作、杠杆操作和电动操作；按转换方式分，有单掷、双掷。

1. 刀开关的结构

刀开关是结构较为简单的手动电器，由静插座、手柄、动触刀、铰链支座和绝缘底板组成。图 1-7 所示为 HD11 型刀开关外形及基本结构示意图。静插座由导电材料和弹性材料制成，固定在绝缘材料制成的底板上。动触刀与下支座通过铰链连接，连接处依靠弹簧保证必要的接触压力，绝缘手柄直接与动触刀固定。在低压电路中，用于不频繁接通和分断电路，或用于将电路与电源隔离。能分断额定电流的刀开关装有灭弧罩，以保证分断电路时安全可靠。灭弧罩由绝缘板和钢栅片拼铆而成。

目前常用的刀开关产品有两大类：一类是带杠杆操作机构的单掷或双掷刀开关，这种刀开关能切断额定电流值以下的负载电流，主要用于低压配电装置中的开关面板或动力箱等产品中，属于这一类的产品有 HD12、HD13 和 HD14 系列单掷刀开关，以及 HS12、HS13 系列双掷刀开关；另一类是中央手柄的单掷或双掷开关，这类刀开关不能分断电流，只能作为隔离电源用的隔离器，主要用于一般的控制屏。这类产品主要有 HD11 和 HS11 系列单掷和双掷刀开关。

2. 刀开关的图形符号及文字符号

刀开关的图形符号及文字符号如图 1-8 所示。

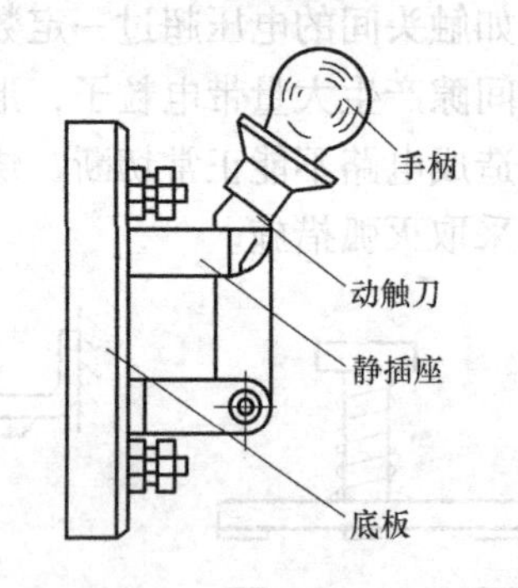

图 1-7　HD11 型刀开关外形及基本结构示意图

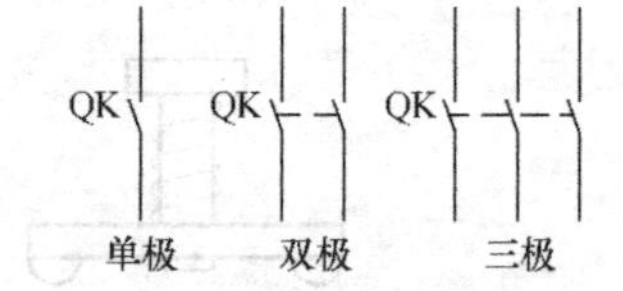

图 1-8　刀开关的图形符号及文字符号

1.2.2　负荷开关

负荷开关有开启式和封闭式两种，用于接通和断开电路。

1. 开启式负荷开关

开启式负荷开关是刀开关的一种，它是一种结构简单、应用最广泛的手动电器。常用于交流额定电压 380/220V、额定电流小于 100A 的照明电路，以及配电线的电源开关和小容量电动机非频繁起动的操作开关。

开启式负荷开关由操作手柄、熔丝、触刀、触头座和底座等组成，如图 1-9 所示。与刀开关相比，开启式负荷开关增设了熔丝与防护胶壳两部分。防护胶壳的作用是防止操作时电弧飞出灼伤操作人员，并防止极间电弧造成的电源短路，因此操作前一定要将胶壳安装好。熔丝主要起短路和严重过电流保护作用。开启式负荷开关的常用产品有 HKl（统一设计产品）和 HK2 系列。

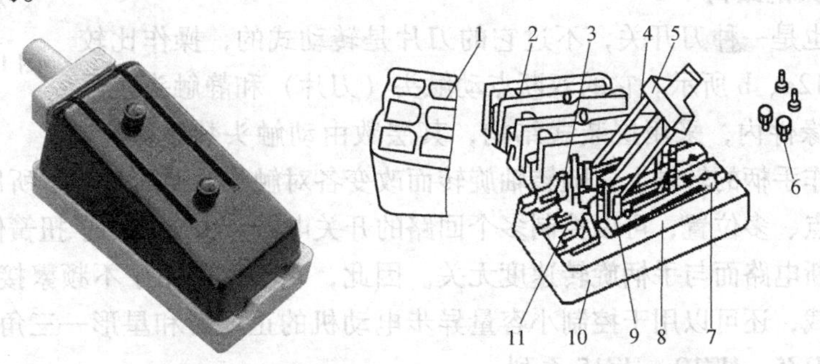

图 1-9　HK 系列开启式负荷开关的外形及结构示意图

1—上胶壳　2—下胶壳　3—触刀座　4—触刀　5—瓷柄　6—胶盖紧固螺母　7—出线端
8—熔丝　9—触刀铰链　10—瓷底座　11—进线端子

2. 封闭式负荷开关

封闭式负荷开关俗称铁壳开关，一般用于电力配电、电热器、电气照明线路的配电设备中，用于手动非频繁地接通与分断负荷电路。其中容量较小者（额定电流为 60A 及以下的），还可以作为交流异步电动机非频繁全压起动的控制开关。

封闭式负荷开关主要由触头和灭弧系统、熔体及操作机构等组成，并将其装于一防护铁壳内。其操作机构有两个特点：一是采用储能合闸方式，即利用一根弹簧以执行合闸和分间的功能，使开关的闭合和分断速度与操作速度无关，它既有助于改善开关性能和灭弧性能，又能防止触头停滞在中间位置；二是具有联锁装置，以保证开关合闸时箱盖不能打开，而在箱盖打开时不能闭合开关。HH 系列封闭式负荷开关的外形及结构示意图如图 1-10 所示。封闭式负荷开关的常用产品有 HH3、HH4、HH10、HH11 等系列，其最大额定电流可达 400A，有双极和三极两种形式。

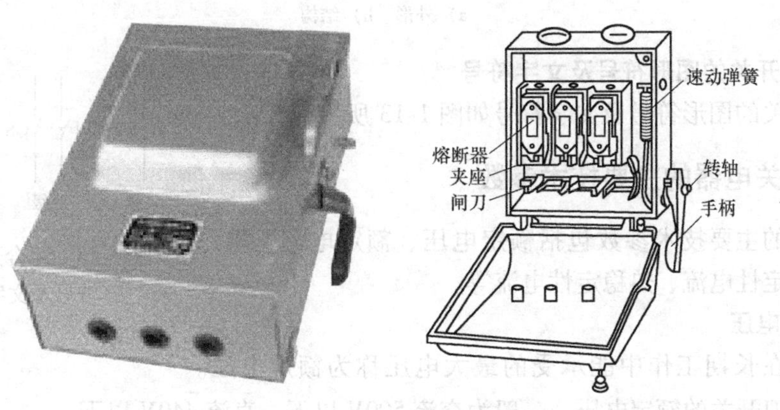

图 1-10　HH 系列封闭式负荷开关的外形及结构示意图

3. 负荷开关的电气符号

负荷开关从结构上说是由刀开关和短路保护用的熔体组成，所以电气符号是二者的组合，如图 1-11 所示。

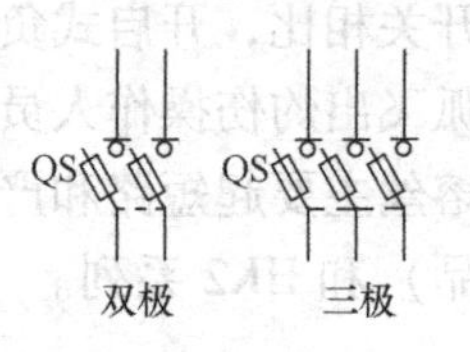

图 1-11 负荷开关的电气符号

1.2.3 组合开关

1. 组合开关的结构

组合开关也是一种刀开关，不过它的刀片是转动式的，操作比较轻巧，如图 1-12a、b 所示。它的双断点动触头（刀片）和静触头装在几层封闭的绝缘件内，采用层装式结构，其层数由动触头数量决定。动触头装在操作手柄的转轴上，随转轴旋转而改变各对触头的通断状态。所以组合开关实际上是一个多断点、多位置，可以控制多个回路的开关电器。由于采用了扭簧储能，可使开关快速接通和分断电路而与手柄旋转速度无关。因此，它不仅可用于不频繁接通与分断电路、转接电源和负载，还可以用于控制小容量异步电动机的正反转和星形—三角形减压起动等。常用的产品有 HZ5、HZ10、HZ15 系列。

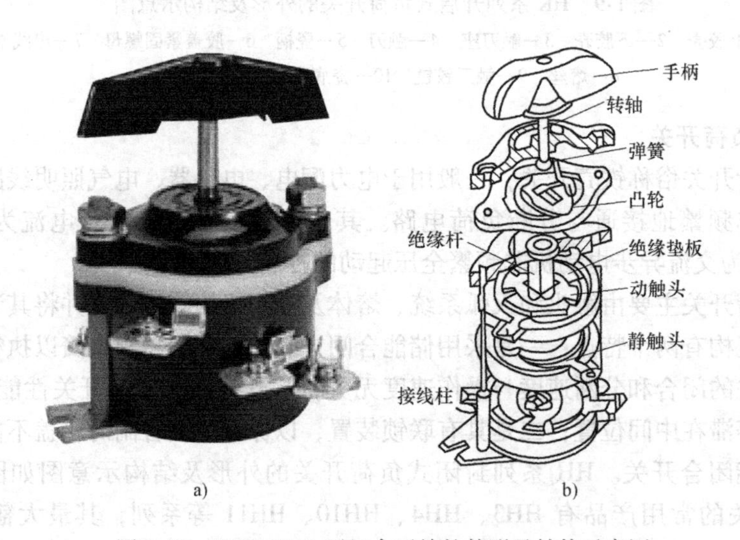

图 1-12 HZ10/10-3 型组合开关的外形及结构示意图
a）外形 b）结构

2. 组合开关的图形符号及文字符号

组合开关的图形符号及文字符号如图 1-13 所示。

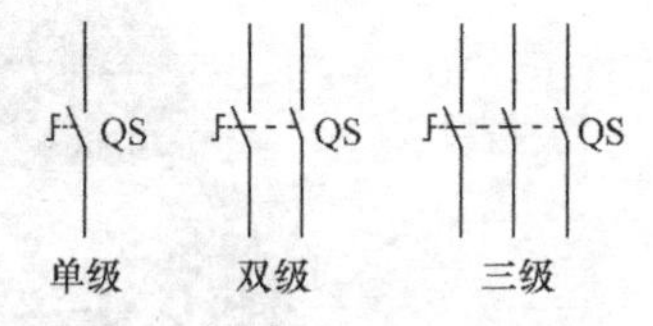

图 1-13 组合开关的图形符号及文字符号

1.2.4 开关电器的主要技术参数

刀开关的主要技术参数包括额定电压、额定电流、操作次数、电稳定性电流、热稳定性电流等。

1. 额定电压

刀开关在长期工作中能承受的最大电压称为额定电压。目前生产的刀开关的额定电压，一般为交流 500V 以下，直流 440V 以下。

2. 额定电流

刀开关在合闸位置允许长期通过的最大工作电流称为额定电流。小电流刀开关的额定电流有 10A、15A、20A、30A、60A 五级。大电流刀开关的额定电流一般分 100A、200A、

400A、600A、1000A及1500A六级。

3. 操作次数

刀开关的使用寿命分机械寿命和电气寿命两种。机械寿命指刀开关在不带电的情况下所能达到的操作次数。电气寿命指刀开关在额定电压下能可靠地分断额定电流的总次数。

4. 电稳定性电流

发生短路事故时，刀开关不产生变形、破坏或触刀自动弹出的现象时的最大短路电流峰值就是刀开关的电稳定性电流。通常，刀开关的电稳定性电流为其额定电流的几十倍。

5. 热稳定性电流

发生短路事故时，如果刀开关能在一定时间（通常是1s）内通以某一短路电流，并不会因温度急剧上升而发生熔焊现象，则这一短路电流称为刀开关的热稳定性电流。通常，刀开关的1s热稳定性电流为其额定电流的几十倍。

表1-1为HD11型刀开关的性能参数。

表1-1　HD11型刀开关的性能参数

额定电流/A		100	200	300	600	1000	1500
额定电压/V		AC400、DC230					
机械寿命/次		3000	3000	3000	2000	2000	1000
电气寿命/次		1000	1000	1000	500	500	300
短时耐受电流/kA		6	10	20	25	30	40
动稳定电流峰值/kA	杠杆操作式	20	30	40	50	60	80
	手柄式	15	20	30	40	50	—
操作力/N		≤300	≤300	≤300	≤400	≤400	≤400

1.2.5　开关电器的选用与安装

1. 开关电器的选用

选用开关电器时必须注意以下几点：

① 按开关电器的用途和安装位置选择合适的型号和操作方式。

② 开关电器的额定电压和额定电流必须符合电路要求。

③ 校验开关电器的动稳定性和热稳定性，如不满足要求，就应选大一级额定电流的刀开关。

2. 开关电器的安装

开关电器在安装时必须注意以下几点：

① 刀开关安装时应做到垂直安装，使闭合操作时的手柄操作方向应从下向上合，断开操作时的手柄操作方向应从上向下分，不允许采用平装或倒装，以防止产生误合闸。

② 刀开关安装后应检查闸刀和静插座的接触是否紧密。

③ 导线与刀开关接线端子相连时，不应存在极大的扭应力，并保证接触可靠。

④ 在安装杠杆操作机构时，应调节好连杆的长度，使刀开关操作灵活。

1.3　低压熔断器

熔断器是一种利用物质过热后熔化的性质制作的保护电器。当电路发生严重过载或短路时，熔断器将有超过限定值的电流流过，将熔断器的熔体熔断，从而切断电路，达到保护电路的目的。

1.3.1　熔断器的结构及工作原理

熔断器主要由熔体和安装熔体的熔管或熔座两部分组成。其中熔体是主要部分，它既是感受元件，又是执行元件。熔体可做成丝状、片状、带状，其材料分为两类，一类为低熔点材料，如铅、锌、锡及铅锡合金等；另一类为高熔点材料，如银、铜、铝等。熔管是熔体的保护外壳，可做成封闭式或半封闭式，在熔体熔断时兼有灭弧作用，其材料一般为陶瓷、绝缘钢纸或玻璃纤维。有填料封闭管式熔断器的外形及结构示意如图 1-14 所示。

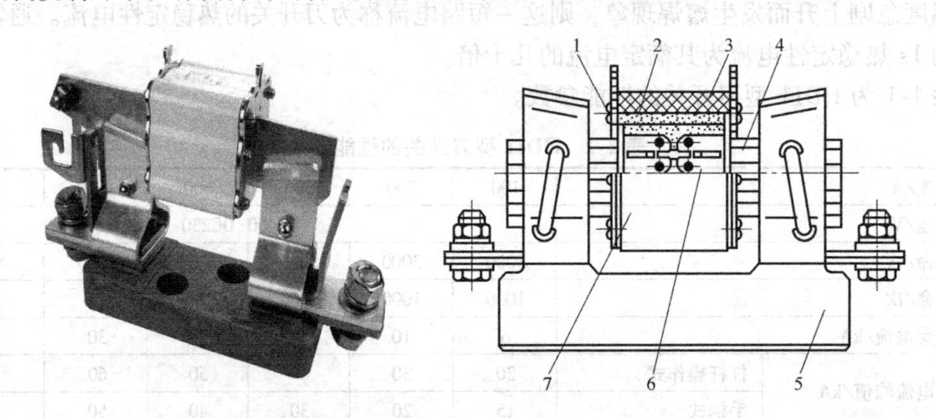

图 1-14　有填料封闭管式熔断器的外形及结构示意

1—熔断指示器　2—石英砂填料　3—熔管　4—触刀　5—底座　6—载熔体　7—熔断体

熔断器接入电路时，熔体是串联在被保护电路中的。流过熔断器熔体中的电流为熔体的额定电流时，熔体长期不熔断；当电路发生严重过载时，熔断器熔体在较短时间内熔断；当电路发生短路时，熔体能在瞬间熔断；过载电流或短路电流越大，熔断时间就越短。熔体的这个特性称为反时限保护特性。由于熔断器对过载反应不灵敏，所以不宜用于过载保护，主要用于短路保护。

1.3.2　熔断器的分类

熔断器按结构形式可分为半封闭插入式熔断器、自复式熔断器、无填料封闭管式熔断器、有填料封闭管式熔断器、螺旋式熔断器等。其中有填料封闭管式熔断器又可分为刀形触头熔断器、螺栓连接熔断器、圆筒形熔断器。图 1-15 所示为几种常见熔断器的外形。

1.3.3　熔断器的电气符号及文字符号

熔断器的电气符号及文字符号如图 1-16 所示。

1.3.4　熔断器的保护特性

电流与熔断时间的关系曲线称为安秒特性，它是反时限特性，如图 1-17 所示。图中电流 I_r 为最小熔断电流。当通过熔体的电流等于或大于 I_r 时，熔体熔断；当通过的电流小于 I_r 时，熔体不能熔断；根据对熔断器的要求，熔体在额定电流 I_N 时绝对不能熔断，即 $I_r > I_N$。

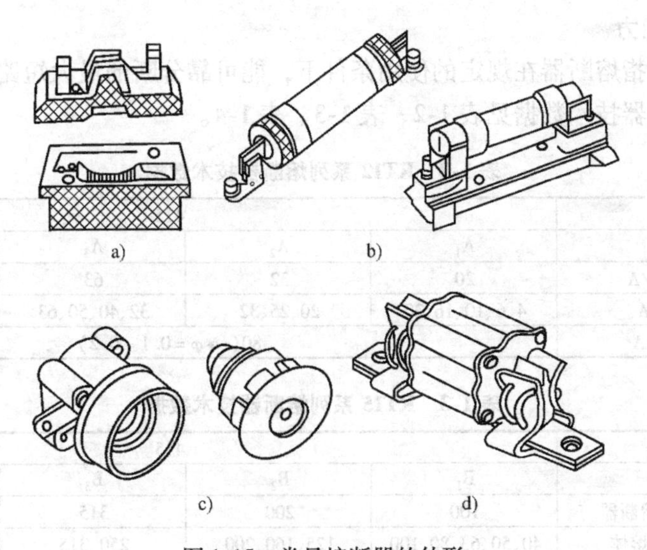

图1-15　常见熔断器的外形
a）瓷插式熔断器　b）无填料封闭管式熔断器　c）螺旋式熔断器　d）有填料封闭管式熔断器

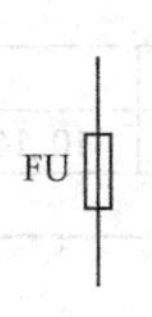

图1-16　熔断器的电气符号及文字符号

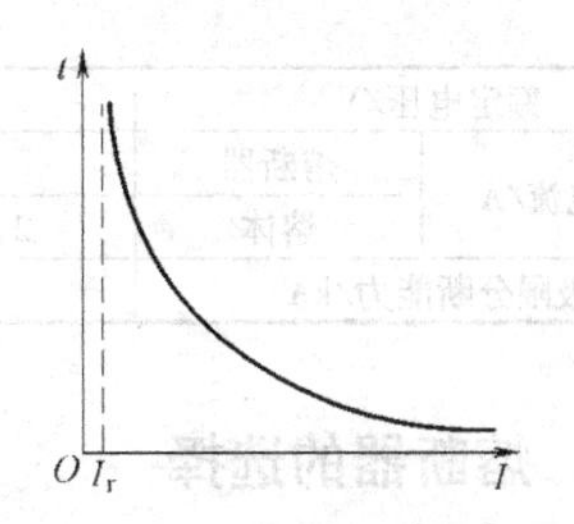

图1-17　熔断器的反时限特性

1.3.5　熔断器的主要技术参数

熔断器的主要技术参数有额定电压、额定电流、熔体额定电流和极限分断能力等。其中，极限分断能力是指熔断器在规定的额定电压和功率因数条件下，能分断的最大电流值。所以，极限分断能力也是反映熔断器分断短路电流的能力。

1. 额定电压

额定电压指熔断器长期工作时和熔断后所能承受的电压。应该注意，熔断器的额定电压是它的各个部件（熔断器支持件、熔体）的额定电压的最低值。熔断器的交流额定电压（单位V）有：220、380、415、500、600、1140；直流额定电压（单位V）有：110、220、440、800、1000、1500。

2. 额定电流

额定电流是指熔断器在长期工作制下，各部件温升不超过极限允许温升所能承载的电流值。习惯上，把熔断器支持件的额定电流简称为熔断器额定电流。通常某级额定电流允许选用不同的熔体电流，而熔断器支持件的额定电流代表了一起使用的熔体额定电流的最大值。熔体额定电流（单位A）规定有：2、4、6、8、10、12、16、20、25、32、(35)、40、50、63、80、100、125、150、200、250、315、400、500、630、800、1000、1250。

3. 极限分断能力

极限分断能力指熔断器在规定的使用条件下，能可靠分断的最大短路电流值。

部分系列熔断器技术数据见表 1-2、表 1-3、表 1-4。

表 1-2　RT12 系列熔断器技术数据

额定电压/V	415			
熔断器代号	A_1	A_2	A_3	A_4
熔断器额定电流/A	20	32	63	100
熔体额定电流/A	4、6、10、16、20	20、25、32	32、40、50、63	63、80、100
极限分断能力/kA	80($\cos\varphi=0.1\sim0.2$)			

表 1-3　RT15 系列熔断器技术数据

额定电压/V		415			
熔断器代号		B_1	B_2	B_3	B_4
额定电流/A	熔断器	100	200	315	400
	熔体	40、50、63、80、100	125、160、200	250、315	350、400
极限分断能力/kA		80($\cos\varphi=0.1\sim0.2$)			

表 1-4　RT 系列熔断器技术数据

额定电压/V		380		
额定电流/A	熔断器	20	32	63
	熔体	2、4、6、10、16、20	2、4、6、10、16、20、25、32	10、16、20、25、32、40、50、63
极限分断能力/kA		100($\cos\varphi=0.1\sim0.2$)		

1.3.6　熔断器的选择

熔断器在选用时注意事项如下：

1）熔断器类型的选择主要根据使用场合来选择。例如，作电网配电用，应选择一般工业用熔断器；用作半导体器件保护时，应选择保护半导体器件熔断器；供家庭使用时，宜选用螺旋式或半封闭插入式熔断器。

2）熔断器的额定电压必须等于或高于熔断器安装处的电路额定电压。

3）电路保护用熔断器熔体的额定电流基本上可按电路的额定负载电流来选择，但其极限分断能力必须大于电路中可能出现的最大故障电流。

4）在电动机电路中作短路保护时，应考虑电动机的起动条件，按电动机的起动时间长短选择熔体的额定电流。

① 对起动时间不长的场合，可按式（1-3）决定熔体的额定电流 I_{fu}，即

$$I_{fu}=I_Q/(2.5\sim3)=I_N(1.5\sim2.5) \tag{1-3}$$

式中，I_Q 为电动机的起动电流；I_N 为电动机的额定电流。

② 对起动时间长或较频繁起动的场合，按式（1-4）决定熔体的额定电流 I_{fu}，即

$$I_{fu}=I_Q/(1.6\sim2) \tag{1-4}$$

③ 对于多台并联电动机的电路，考虑到电动机一般不同时起动，故熔体的电流可按式（1-5）或式（1-6）计算：

$$I_{fu}=I_{QN}/(2.5\sim3)+\sum I_N \tag{1-5}$$

或 $$I_{fu} = I_N(1.5 \sim 2.5) + \sum I_N \tag{1-6}$$

式中，I_{QN}为最大一台电动机的起动电流；$\sum I_N$为其余电动机额定电流之和。

5）为了防止越级熔断、扩大停电事故范围，各级熔断器间应有良好的协调配合，使下一级熔断器比上一级的先熔断，从而满足选择性保护要求。选择时，上下级熔断器应根据其保护特性曲线上的数据及实际误差来选择。一般情况下，老产品的选择比为2:1，新型熔断器的选择比为1.6:1。例如，下级熔断器额定电流为100A，上级熔断器的额定电流最小也要为160A，才能达到1.6:1的要求，若选择比大于1.6:1会更可靠地达到选择性保护。值得注意的是，这样选择将会牺牲保护的快速性，因此实际应用中应综合考虑。

6）保护半导体器件时熔断器的选择。在变流装置中作短路保护时，应考虑到熔断器熔体的额定电流是用有效值表示，而半导体器件的额定电流是用通态平均电流$I_{T(Av)}$表示的，应将$I_{T(Av)}$乘以1.57换算成有效值。因此，熔体的额定电流可按公式$I_{fu}=1.57I_{T(Av)}$计算。

1.4　低压断路器

断路器俗称自动开关，用于不频繁接通、分断电路正常工作电流，也能在电路中流过故障电流（短路、过载）及欠电压时在一定时间内断开故障电路的开关电器。断路器是低压配电系统中主要的配电电器，应用十分广泛。低压断路器具有的多种功能是以脱扣器或附件的形式实现的。根据用途不同，断路器可配备多个不同的脱扣器或继电器。脱扣器是断路器本身的一个组成部分，而继电器（包括热敏电阻保护单元）则通过与断路器操作机构相连的欠电压脱扣器或分励脱扣器的动作来控制断路器。

1.4.1　低压断路器的分类和工作原理

1. 低压断路器的分类

低压断路器有多种分类方法。按结构形式分有塑料外壳式和万能式；按极数可分为单极、双极、三极和四极；按灭弧介质可分为空气式和真空式，目前应用最广泛的是空气断路器；按动作速度可分为快速型和一般型。

2. 低压断路器的工作原理

图1-18为典型低压断路器的外形及动作原理图。主触头是常开触头，是靠操作手柄合闸的，锁扣将自由脱扣机构扣住，保持主触头闭合，自由脱扣机构由锁扣断开弹簧和一套连杆机构等组成。

过电流脱扣器的线圈串联于主电路。当主电路电流为正常值时，衔铁处于打开位置，当任何一相主电路的电流超过其动作整定值时，衔铁被吸合，衔铁上的顶板推动脱扣杆，使脱扣半轴逆时针方向转动，导致自由脱扣机构脱扣，在断开弹簧的作用下，使主触头分断。

过载脱扣器的线圈也是串联于主电路。当主电路电流为正常值（非过载状态）时，双金属片不弯曲，或者弯曲不到位，当过载时双金属片向上弯曲，推动自由脱扣器向上移动，导致自由脱扣机构脱扣，在断开弹簧的作用下，使主触头分断。

欠电压脱扣器的线圈并联于主电路。当主电路电压正常时，其衔铁吸合，当主电路内电压消失或降低至一定数值以下时，其衔铁释放，衔铁的顶板推动脱扣杆，从而使主触头分断。

分励脱扣器是由控制电源供电的，其线圈可根据操作人员的命令或继电保护信号而通电，使衔铁向上运动，推动脱扣杆，使主触头分断。

必须指出的是，并非每种类型的断路器都具有上述各种脱扣器，根据断路器使用场合和受本身体积所限，有的断路器具有分励、失电压和过电流三种脱扣器，有的断路器只具有过电流和过载两种脱扣器，而有的断路器只有短路一种脱扣器。低压断路器的图形符号如图 1-19 所示。

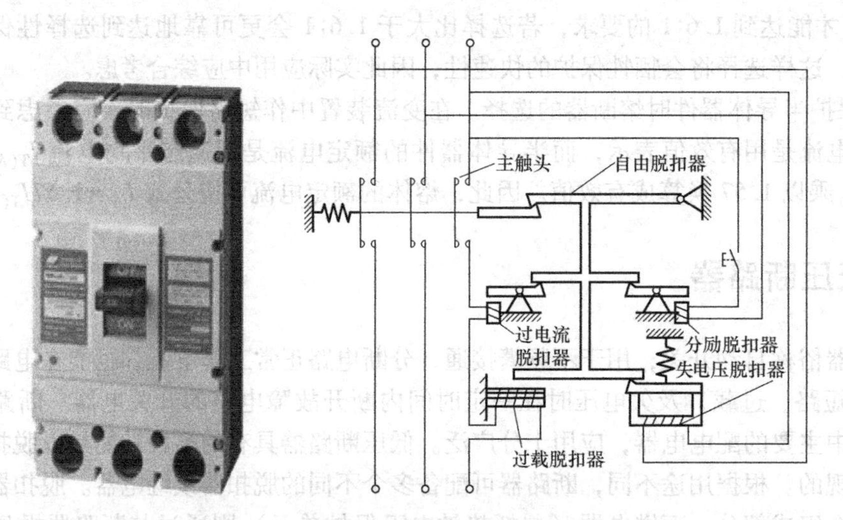

图 1-18　典型低压断路器的外形及动作原理图

1.4.2　低压断路器的主要技术参数

1. 额定电压

断路器的额定电压分为额定工作电压、额定绝缘电压和额定脉冲耐压。

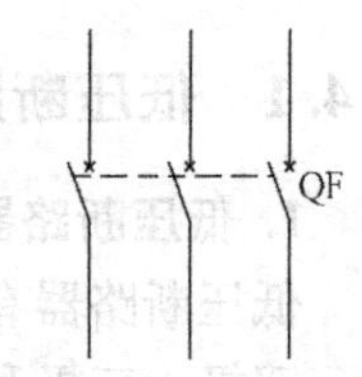

图 1-19　低压断路器的图形符号

1）额定工作电压 U_N。它是指与通断能力以及使用类别相关的电压值，对多相电路是指相间的电压值。同一断路器可以指定几个额定工作电压、相应的通断能力和不同使用类别。

2）额定绝缘电压 U_i。一般情况下，额定绝缘电压就是断路器最大额定工作电压。在任何情况下，最大额定工作电压不应超过额定绝缘电压。额定绝缘电压是设计断路器的电压值、电气间隙和爬电距离应参照的数值。

3）额定脉冲耐压 U_{imp}。开关电器工作时，要承受系统中所发生的过电压。因此开关电器（包括断路器）的额定电压参数中给定了额定脉冲耐压值，其数值应大于或等于系统中出现的最大过电压峰值，额定绝缘电压和额定脉冲耐压共同决定了开关电器的绝缘水平。

2. 额定电流

1）额定电流 I_N。对于断路器来说，就是额定持续电流，也就是脱扣器能长期通过的电流，对带有可调式脱扣器的断路器为可长期通过的最大工作电流。

2）断路器壳架等级额定电流 I_{NM}。用基本尺寸相同和结构相似的框架或塑料外壳中能容纳的最大脱扣器额定电流表示。一个壳架等级可包含多个额定电流。

3. 额定短路分断能力

断路器的额定分断能力 I_{CN} 是指在规定的条件（电压、频率、功率因数及规定的试验程序等）下，能够分断的最大短路电流值。

常用塑壳式断路器的技术数据见表 1-5，常用万能式断路器的技术数据见表 1-6。

表 1-5　常用塑壳式断路器的技术数据

型　号	额定电流/A	额定电压/V	过电流脱扣额定电流/A	交流短路分断能力峰值/kA	操作频率/(次/h)
DZ10-100	100	380	15 20 25 30 40 50 60 80 100	3.5 4.7 7.0	60 30 30
DZ10-250	250	380	100 140 150 170 200 250	17.7	30
DZ20-400	400	380	200 250 315 350 400	25	60
DZ20-630	630	380	250 315 350 400 500 630	25	60
DZ20-1250	1250	380	630 700 800 1000 1250	30	30

表 1-6　常用万能式断路器的技术数据

型　号	额定电流/A	额定电压/V	过电流脱扣器范围/A	交流短路分断能力有效值/kA	备　注
DW15-200	200	380 660	100～200	20/5 10/5	
DW15-400	400	380 660 1140	100～200	25/8 15/8 10	分子为瞬时短路通断能力，分母为短延时短路通断能力，1600A 以下有抽屉式
DW15-630	630	380 660 1140	100～200	30/12.6 20/10 12	
DW15-1000	1000	380	100～200	40/30	
DW15-2500	2500	380	1000～2500	30	可派生直流灭磁
DW15-4000	4000	380	2000～4000	40	

1.4.3　低压断路器的选用

低压断路器在选用时，主要关注的参数有：低压断路器型号、额定工作电压、脱扣器的额定电流、壳架等级额定电流的选择和额定短路通断能力的校验。

1. 常用低压断路器的型号选择

（1）塑料外壳式断路器

对于电流较小的电路，用电设备可选用塑料外壳式断路器，常用型号有 DZ10、DZ10X、DZ20、DZ15、DZX 等。

选用低压断路器的类型应根据电路及电气设备的额定电流及对保护的要求来选择。若额定电流较小（600A 以下），短路电流不太大，可选用塑料外壳式断路器；若短路电流相当大的支路，则应选用限流式断路器；若额定电流很大，则应选择万能式断路器；若有漏电电流保护要求时，应选用带漏电保护功能的断路器。控制和保护硅整流装置及晶闸管的断路器，应选用直流快速断路器。

（2）万能式断路器（框架式断路器）

它的特点是所有部件都装在一个钢制框架（小容量的也有用塑料底板）内，其部件包括触头系统、灭弧室、操作机构、各种脱扣器和辅助开关等，导电部件需加绝缘介质，部件敞开，大都是可拆卸式，便于装配和调整。万能式断路器一般来说具有可维修的特点，可装设较多的附件，有较高的短路分断能力和较高的动稳定性，同时又可实现选择性断开。

万能式断路器过去广泛使用 DW5、DW10 系列，因其技术性能较差，现已淘汰。目前经常使用的产品有 DW17（ME）、DW15、DW15C、DWX15 和 DWX15C 等系列断路器。从国外引进的 ME（DW17）、AE-S（DW18）、3WE、AH（DW914）系列、M 系列以及 F 系列万能式断路器应用也日渐增多。

2. 低压断路器的额定电流选择

（1）配电用低压断路器的选用

选用配电用低压断路器，除应考虑一般选用原则外，还应考虑与下级电路的选择性配合问题，以限制可能出现的越级跳闸现象，一般可从以下几方面注意：

1）长延时动作电流整定值应不大于导线容许载流量。对于采用电线电缆的情况，可取电线电缆容许载流量的 80%。

2）3 倍长延时动作电流整定值的可返回时间不小于电路中起动电流最大的电动机起动时间。

（2）电动机保护用低压断路器的选用

选用电动机保护用低压断路器时，除应考虑一般选用原则外，还应注意以下各点：

1）过载保护（长延时）动作电流整定值等于电动机额定电流。

2）瞬时动作电流整定值，对于保护笼型电动机应为 8～15 倍电动机额定电流；对于保护绕线转子电动机应为 3～6 倍电动机额定电流，并以此确定电磁脱扣器的额定电流。

（3）家用低压断路器的选用

家用断路器是指在生活建筑中用来保护配电系统的断路器，容量一般都不大，故一般都选用塑料外壳式断路器。选用时应注意：

1）长延时动作电流整定值应不大于电路计算电流。

2）瞬时动作电流整定值应等于 6～20 倍电路计算电流。

1.5 主令电器

主令电器用于发布操作命令以接通和分断控制电路。常见类型有控制按钮、位置开关、万能转换开关和主令控制器等。

1.5.1 按钮

按钮是一种用人力（一般为手指或手掌）操作，并具有储能复位的开关电器。它主要用于电气控制电路中，用于发布命令及电气联锁。

按钮的外形如图 1-20a 所示，内部结构如图 1-20b 所示。主要由按钮帽、复位弹簧、桥式动触头、动合静触头、动断静触头和装配基座（图中未画出）等组成。操作时，将按钮帽往下按，桥式动触头就向下运动，先与动断静触头（常闭触头）分断，再与动合静触头（常开触头）接通，一旦操作人员的手指离开按钮帽，在复位弹簧的作用下，动触头向上运动，恢复初始位置。在复位过程中，先是常开触头分断，然后是常闭触头闭合。图1-20c是按钮的电气符号。

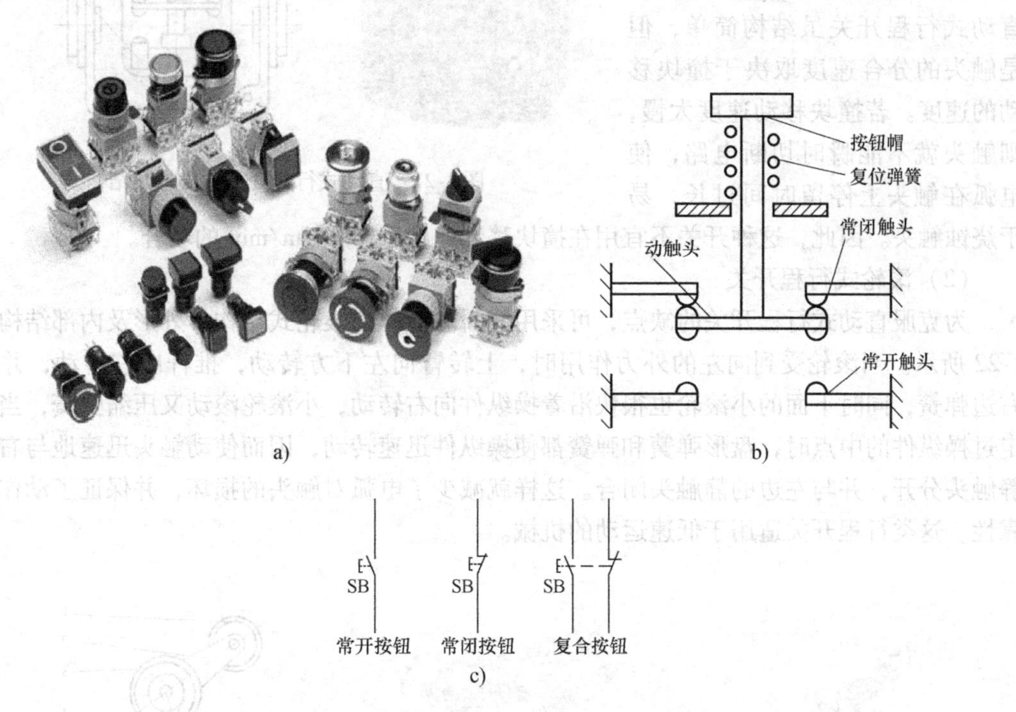

图1-20　按钮的外形、内部结构和电气符号

a）外形　b）内部结构　c）按钮的电气符号

按钮的使用场合非常广泛，规格品种很多。目前生产的按钮产品有LA10、LA18、LA19、LA20、LA25、LA30等系列，引进产品有LAY3、LAY4、PBC系列等。其中LA25是通用型按钮的更新换代产品。

LA25系列控制按钮为积木式结构，采用插接式连接，独立的接触单元，具有任意组合动合触头、动断触头对数的优点。相邻触头元件在电气上是分开的，其基座采用耐电弧的聚碳酸酯塑料，静、动触头采用滚动式点接触，接触可靠。按钮安装时，钮头部分的套管穿过安装板，旋扣在底座上，安装方便，固定牢固。

1.5.2　位置开关

位置开关主要用于将机械位移转变为电信号，用来控制生产机械的动作。位置开关包括行程开关、微动开关、接近开关及由机械部件或机械操作的其他控制开关。这里着重介绍行程开关、微动开关和接近开关。

1. 行程开关

行程开关是一种按工作机械的行程发出操作命令的位置开关，主要用于机床、自动生产线和其他生产机械的限位及流程控制，结构上可分为直动式和滚轮式两类。

(1) 直动式行程开关

图 1-21 为直动式行程开关的外形及结构。其动作原理与控制按钮类似，只是它用运动部件上的撞块来碰撞行程开关的推杆。直动式行程开关虽结构简单，但是触头的分合速度取决于撞块移动的速度。若撞块移动速度太慢，则触头就不能瞬时切断电路，使电弧在触头上停留时间过长，易于烧蚀触头。因此，这种开关不宜用在撞块移动速度小于 0.4m/min 的场合。

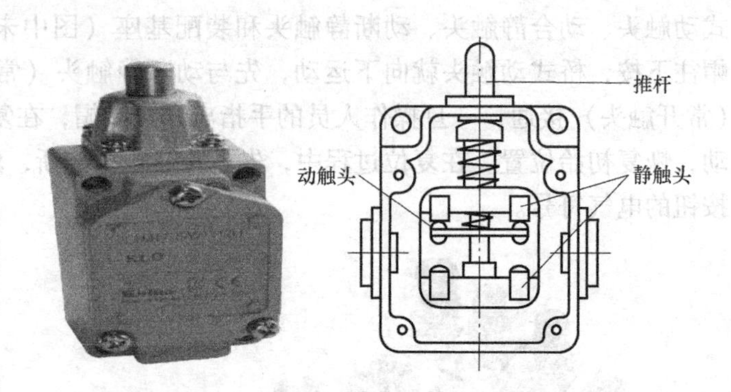

图 1-21　直动式行程开关的外形及结构

(2) 滚轮式行程开关

为克服直动式行程开关的缺点，可采用能瞬时动作的滚轮式结构，外形及内部结构如图 1-22 所示。当滚轮受到向左的外力作用时，上转臂向左下方转动，推杆向右转动，并压缩右边弹簧，同时下面的小滚轮也很快沿着操纵件向右转动，小滚轮滚动又压缩弹簧，当滚轮走过操纵件的中点时，盘形弹簧和弹簧都使操纵件迅速转动，因而使动触头迅速地与右边的静触头分开，并与左边的静触头闭合。这样就减少了电弧对触头的损坏，并保证了动作的可靠性。这类行程开关适用于低速运动的机械。

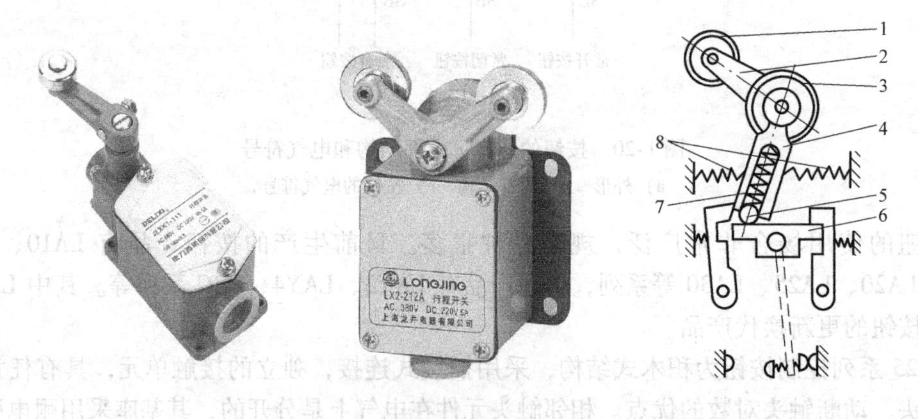

图 1-22　滚轮式行程开关的外形及内部结构

1—滚轮　2—转臂　3—盘形弹簧　4—推杆　5—滚轮　6—操纵件　7—压缩弹簧　8—弹簧

滚轮式行程开关的复位方式有自动复位和非自动复位两种。自动复位式是依靠本身的恢复弹簧来复位；非自动复位式在 U 形的结构摆杆上装有两个滚轮，当撞块推动其中一个滚轮时，摆杆转过一定的角度，使开关动作。撞块离开滚轮后，摆杆并不自动复位，直到撞块在返回行程中再反向推动另一滚轮时，摆杆才回到原始位置，使开关复位。这种开关由于具有“记忆”曾被压动过的特性，因此在某些情况下可使控制电路简化，而且根据不同需要，行程开关的两个滚轮可以布置在同一

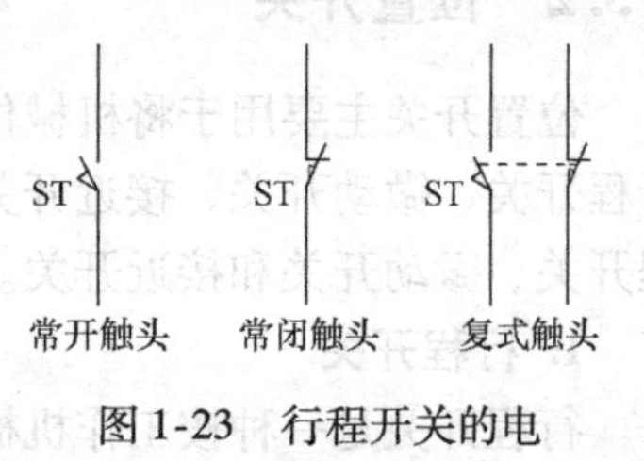

图 1-23　行程开关的电气符号及文字符号

平面内或分别布置在两个平行平面内。图1-23所示为行程开关的电气符号及文字符号。

目前生产的产品有LX19、LX22、LX32、LX33等系列行程开关，引进产品有3SE3等系列行程开关。

行程开关的主要技术参数有额定电压、额定电流、触头换接时间、动作力、动作角度或工作行程、触头数量、结构形式和操作频率等。行程开关主要技术数据可参看有关技术资料。

2. 微动开关

微动开关是行程非常小的瞬时动作开关，其特点是操作力小和操作行程短，用于机械、纺织、轻工、电子仪器等各种机械设备和家用电器中作限位保护和联锁等。微动开关也可看成尺寸甚小而又非常灵敏的行程开关。

随着生产发展的需要，微动开关向体积小、操作行程短、控制电流大的趋势发展，在结构上也向全封闭型发展，以避免空气中尘埃进入触头之间影响触头的可靠导电。

目前使用的微动开关有LXW2-11型、LXW5-11系列、JW系列、LX31系列等。微动开关的外形如图1-24所示。

微动开关的电气符号与行程开关相同，如图1-23所示。

3. 接近开关

接近开关即无触点的行程开关，内部为电子电路。接近开关按工作原理分为高频振荡型、电容型和永磁型三种类型。

接近开关的工作电源种类有交流和直流两种，输出形式有两线、三线和四线制三种，通常有一对常开、常闭触头，晶体管输出类型有NPN型和PNP型两种，外形有方形、圆形、槽形和分离形等多种，如图1-25所示。接近开关的主要参数有动作距离范围、动作频率、响应时间、重复精度、输出形式、工作电压及触头的电流容量，这些在产品说明书中都有详细说明。接近开关的产品种类十分丰富，常用的国产接近开关有3SG、LJ、SJ、AB和LXJ0等系列，国外进口及引进产品在国内应用也很广泛，如德国西门子公司生产的3RG4、3RG6、3RG7、3RG16系列和日本欧姆龙公司生产的E2E系列接近开关。

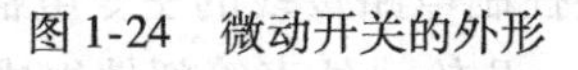

图1-24　微动开关的外形

图1-25　接近开关外形

接近开关的电气符号及文字符号如图1-26所示。

使用时，接近开关一般有3根线，其中红、绿两根线外接直流电源（通常为24V），另一根黄线为输出线。接近开关供电后，输出线与绿线之间为高电平输出；当有金属物靠近该开关的检测头时，输出线与绿线之间变成低电平。可利用该信号驱动一个继电器或直接将该信号输入 PLC 等控制电路。

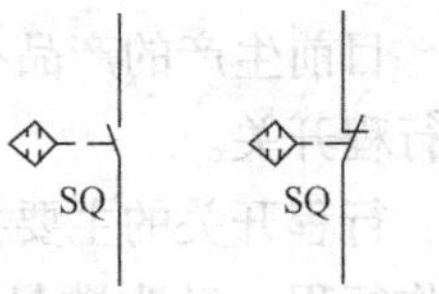

SQ　SQ

常开触头　常闭触头

图 1-26　接近开关的电气符号及文字符号

1.5.3　万能转换开关

万能转换开关主要用于电气控制电路的转换、配电设备的远距离控制、电气测量仪表的转换和微电机的控制，也可用于小功率笼型感应电动机的起动、换向和变速。由于它能控制多个回路，适应复杂电路的要求，故有“万能”转换开关之称。

万能转换开关的技术参数主要有额定电压、额定电流、手柄形式、触头座数、触头对数、触头座排列形式、定位特征代号、手柄定位角度等。

常用的万能转换开关有 LW8、LW6、LW5、LW2 等系列。LW6 系列万能转换开关由操作机构、面板、手柄、触头座等组成，触头座最多可以装 10 层，每层均可安装 3 对触头，操作手柄有多挡停留位置（最多 12 个挡位），底座中间凸轮随手柄转动，由于每层凸轮设计的形状不同，所以用不同的手柄挡位可控制每一对触头进行有预定规律的接通或分断。图 1-27a 为万能转换开关的外形，图 1-27b 为万能转换开关其中一层的结构示意图，图 1-27c 为对应的电气符号。表示万能转换开关中的触头在各挡位的通断状态有两种方法，一种是列出表格，另一种就是借助于图 1-27c 那样的图形符号。使用图形表示时，虚线表示操作挡位，有几个挡位就画几根虚线，实线与成对的端子表示触头，使用多少对触头就可以画多少对。在虚实线交叉的地方只要标黑点就表示实线对应的触点，在虚线对应的挡位是接通的，不标黑点就意味着该触头在该挡位被分断。

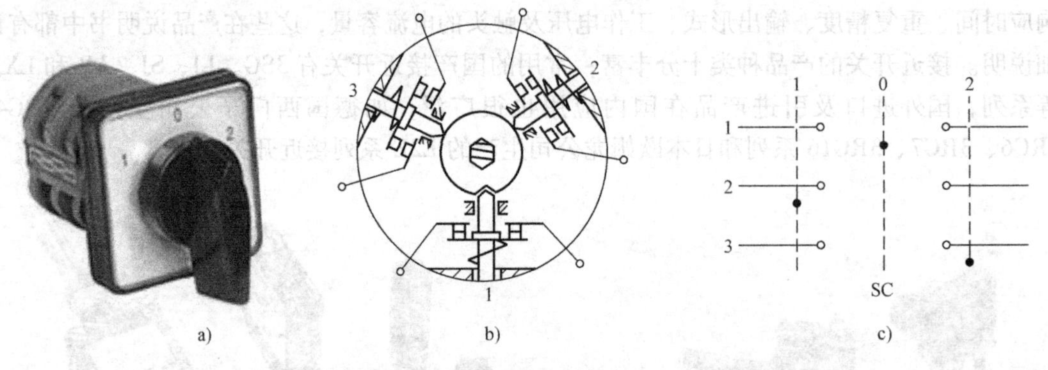

图 1-27　万能转换开关的外形、结构示意图及电气符号

a）外形　b）结构示意图　c）电气符号

1.5.4　主令控制器

主令控制器（也称主令开关）是一种按照预定顺序来转换控制电路接线的主令电器。

主令控制器由触头系统、操作机构、转轴、齿轮减速机构、凸轮、外壳等部件组成。由于主令控制器的控制对象是二次电路，所以其触头工作电流不大。

主令控制器按凸轮的结构形式可分为凸轮调整式和凸轮非调整式两种，其动作原理与万能转换开关相同，都是靠凸轮来控制触头系统的分合。不同形状凸轮的组合可使触头按一定顺序动作，而凸轮的转角是由控制器的结构决定的，凸轮数量的多少则取决于控制电路的要求。

1. 凸轮非调整式主令控制器

该种主令电器凸轮形状不能调整，其触头只能按一定的触头分合次序表动作。

2. 凸轮调整式主令控制器

该种主令电器凸轮由凸轮片和凸轮盘两部分组成，均开有孔和槽，凸轮片装在凸轮盘上的位置可以调整，因此其触头分合次序表也可以调整。图1-28a为主令控制器的外形，图1-28b为主令控制器中某一层的结构示意图，主要由凸轮块、接线柱、静触头、动触头、支杆、转动轴、小轮等部分组成。当转动手柄时，方轴与凸轮块一起转动，小轮始终被弹簧压在凸轮块上，当小轮碰上凸轮块凸起的部分时，静触头和动触头之间被凸轮块顶开，如图1-28b右下方的触头那样去分断受控电路。反之，当小轮碰上凸轮块凹下的部分时，静触头和动触头之间被弹簧压合，如图1-28b左下方的触头那样去接通受控电路。

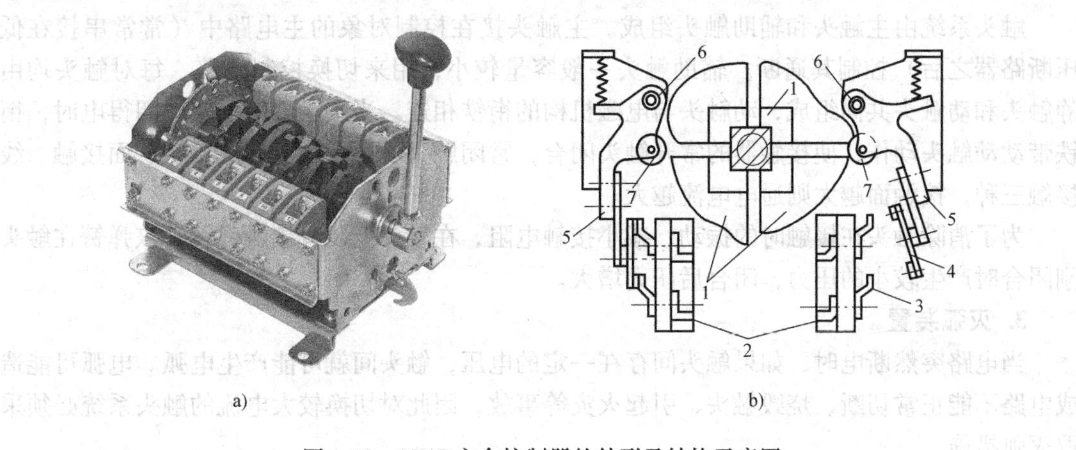

图1-28　LK17主令控制器的外形及结构示意图

a）外形　b）结构示意图

1—凸轮块　2—接线柱　3—静触点　4—动触点　5—支杆　6—转动轴　7—小轮

目前国内常用的主令控制器中LK1、LK17和LK18系列属非调整式主令控制器，LK4系列为调整式主令控制器。此外，LS7型主令开关也属于主令控制器，它主要用于机床控制电路，以控制多台接触器、继电器线圈。主令控制器的电气符号与万能转换开关相同。

1.6　接触器

接触器是一种用于频繁地接通或断开交直流供电电路、大容量控制电路等大电流电路的自动切换电器。在功能上接触器除能自动切换外，还具有手动开关所缺乏的远距离操作功能和失电压（或欠电压）保护功能。但没有低压断路器所具有的过载和短路保护功能，接触器具有操作频率高、使用寿命长、工作可靠、性能稳定、成本低廉、维修简便等优点，主要用于控制电动机、电热设备、电焊机、电容器组等，是电力拖动自动控制电路中最为广泛的控制电器之一。

接触器的分类有多种不同的方式。按驱动触头系统的动力分，有电磁接触器、液压接触器和气动接触器；按灭弧介质分，有空气电磁式接触器、油浸式接触器和真空接触器等；按主触头控制的电流种类分，有交流接触器、直流接触器等。新型的真空接触器与晶闸管交流接触器正在逐步使用。

1.6.1 电磁式接触器的结构和工作原理

电磁式接触器主要由电磁机构、触头系统、灭弧装置三部分组成。

1. 电磁机构

电磁机构包括电磁线圈和铁心。铁心由静铁心和动铁心（即衔铁）共同组成。铁心的活动部分与受控电路的触头系统相连。工作时在线圈中通以励磁电压信号，铁心中就会产生磁场，从而吸引衔铁。当衔铁受力移动时，带动触头系统断开或接通受控电路。断电时励磁电流消失，电磁场也消失，衔铁受弹簧的反作用力释放。

2. 触头系统

触头系统由主触头和辅助触头组成。主触头接在控制对象的主电路中（常常串接在低压断路器之后）控制其通断。辅助触头一般容量较小，用来切换控制电路。每对触头均由静触头和动触头共同组成，动触头与电磁机构的衔铁相连。当接触器的电磁线圈得电时，衔铁带动动触头动作，使接触器的常开触头闭合，常闭触头断开。触头有点接触、面接触、线接触三种，接触面越大则通电电流越大。

为了消除触头在接触时的振动，减小接触电阻，在触头上装有接触弹簧，该弹簧在触头刚闭合时产生较小的压力，闭合后压力增大。

3. 灭弧装置

当电路突然断电时，如果触头间存在一定的电压，触头间就可能产生电弧。电弧可能造成电路不能正常切断、烧毁触头、引起火灾等事故，因此对切换较大电流的触头系统必须采取灭弧措施。

常用的灭弧装置有灭弧罩、灭弧栅和磁吹灭弧装置。大于 20A 的接触器一般都采取灭弧措施。

图 1-29 为交流接触器的结构图及电气符号。

直流接触器工作原理与交流接触器基本相同，在结构上也由电磁机构、主触头、辅助触头、灭弧装置等组成，但在铁心结构、线圈形状、触头形状和数量、灭弧方式等方面有所不同，就不再一一列举。

接触器型号说明如图 1-30 所示。

如 CJ12T-250，该型号的意义为 CJ12T 系列交流接触器，额定电流 250A，主触头为三极。

CZ0-100/20 为 CZ0 系列直流接触器，额定电流为 100A，双极动合主触头。

1.6.2 接触器的主要技术参数

接触器的主要技术参数有额定电压、额定电流、吸引线圈额定电压、动作值、机械寿命、电气寿命等。

1. 额定电压

接触器铭牌上额定电压是指主触头的额定工作电压，其电压等级有：

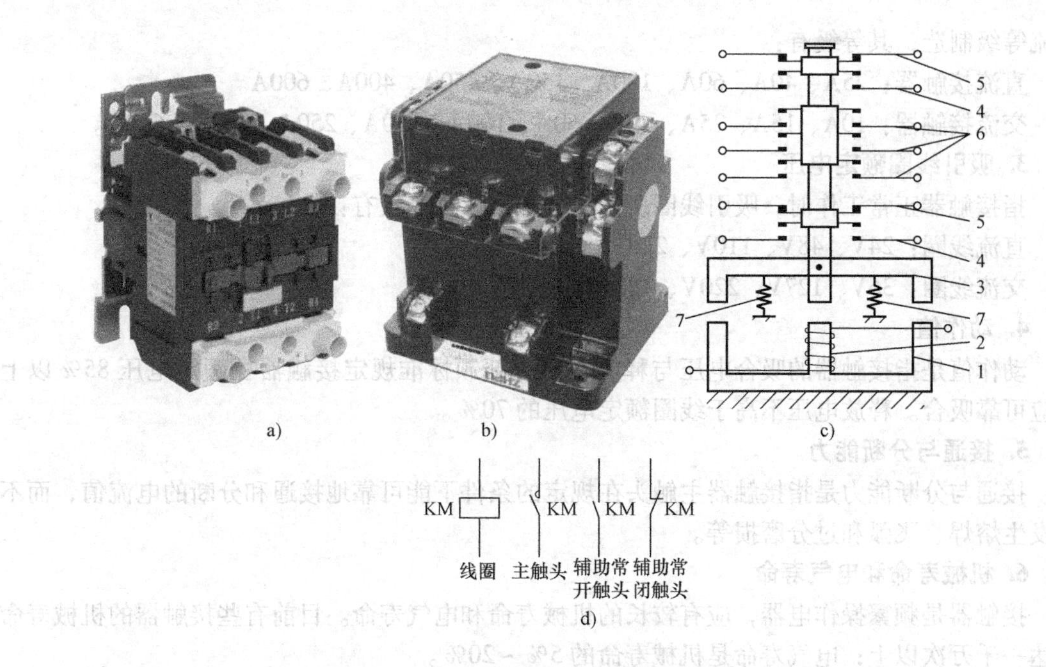

图 1-29　交流接触器的结构图及电气符号

a）不带灭弧的接触器外形　b）带灭弧的接触器外形　c）接触器的结构示意　d）接触器的电气符号

1—静铁心　2—吸引线圈　3—动铁心　4—动合辅助触头　5—动断辅助触头　6—动合主触头　7—恢复弹簧

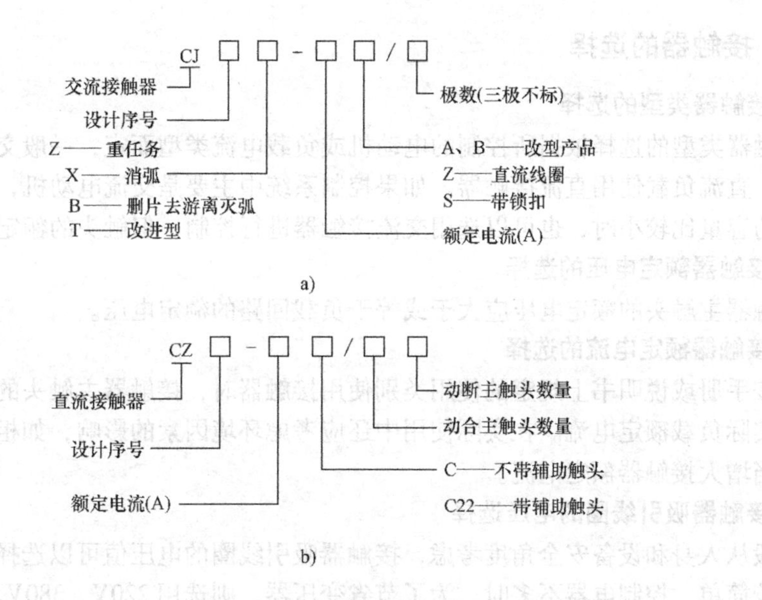

图 1-30　接触器型号说明

a）交流接触器　b）直流接触器

直流接触器：220V、440V、660V。

交流接触器：220V、380V、500V、660V、1140V。

2. 额定电流

接触器铭牌上额定电流是指在正常工作条件下主触头允许通过的长期工作电流，一般按电流等级制造，其等级有：

直流接触器：25A、40A、60A、100A、150A、250A、400A、600A。

交流接触器：10A、15A、25A、40A、60A、100A、150A、250A、400A、600A。

3. 吸引线圈额定电压

指接触器正常工作时，吸引线圈所需要的电压，其等级有：

直流线圈：24V、48V、110V、220V。

交流线圈：36V、127V、220V、380V。

4. 动作值

动作值是指接触器的吸合电压与释放电压。部颁标准规定接触器在额定电压 85% 以上时应可靠吸合。释放电压不高于线圈额定电压的 70%。

5. 接通与分断能力

接通与分断能力是指接触器主触头在规定的条件下能可靠地接通和分断的电流值，而不应发生熔焊、飞弧和过分磨损等。

6. 机械寿命和电气寿命

接触器是频繁操作电器，应有较长的机械寿命和电气寿命。目前有些接触器的机械寿命已达一千万次以上；电气寿命是机械寿命的 5% ~20%。

7. 操作频率

操作频率是指每小时接通的次数。交流接触器最高为 600 次/h；直流接触器可高达 1200 次/h。

1.6.3 接触器的选择

1. 接触器类型的选择

接触器类型的选择根据所控制的电动机或负载电流类型而定，一般交流负载应使用交流接触器，直流负载使用直流接触器。如果控制系统中主要是交流电动机，而直流电动机或直流负载的容量比较小时，也可以选用交流接触器进行控制，但触头的额定电流应选大些。

2. 接触器额定电压的选择

接触器主触头的额定电压应大于或等于负载回路的额定电压。

3. 接触器额定电流的选择

当按手册或说明书上规定的使用类别使用接触器时，接触器主触头的额定电流应等于或稍大于实际负载额定电流。在实际使用中还应考虑环境因素的影响，如柜内安装或高温条件时应适当增大接触器额定电流。

4. 接触器吸引线圈的电压选择

一般从人身和设备安全角度考虑，接触器吸引线圈的电压值可以选择低一些；但当控制电路比较简单，控制电器不多时，为了节省变压器，则选用 220V、380V。

5. 触头数量的选择

接触器的触头数量、种类等应满足控制电路的要求。

1.7 继电器

继电器是一类用于监测各种电量或非电量的电器，广泛用于电动机或电路的保护以及生产过程自动化的控制。一般来说，继电器通过测量环节输入外部信号（比如电压、电流等电量或温度、压力、速度等非电量）并传递给中间机构，将它与设定值（即整定值）进行比较，当达到整定值时（过量或欠量），中间机构就使执行机构产生输出动作，从而闭合或分断电路，达到控制电路的目的。

常用的继电器有电压继电器、电流继电器、时间继电器、速度继电器、压力继电器、热继电器与温度继电器等。

继电器的主要技术参数包括额定参数、吸合时间和释放时间、整定参数（继电器的动作值，大部分控制继电器的动作值是可调的）、灵敏度（一般指继电器对信号的反应能力）、触头的接通和分断能力、使用寿命等。

1.7.1　普通电磁式继电器

普通电磁式继电器的结构、工作原理与接触器类似，主要由电磁机构和触头系统组成，但没有灭弧装置，不分主副触头。与接触器的主要区别在于能灵敏地对电压、电流变化作出反应，触头数量较多，但其容量较小，主要用来切换小电流电路或用作信号的中间转换。

1. 中间继电器

中间继电器实质是一种电压继电器，主要用来对外部开关量的接通能力和触头数量进行扩展，其种类较多。如JZ系列中间继电器（如JZC4，JZC1，JZ7）适用于交流电压500V（频率50Hz或60Hz）、直流电压220V以下的电路控制各种电磁线圈；DZ系列中间继电器主要用于各种继电保护电路增加主保护继电器的触点数量或容量。该系列中间继电器的线圈只用在直流操作的继电保护电路中。图1-31所示为中间继电器的外形与电气符号。

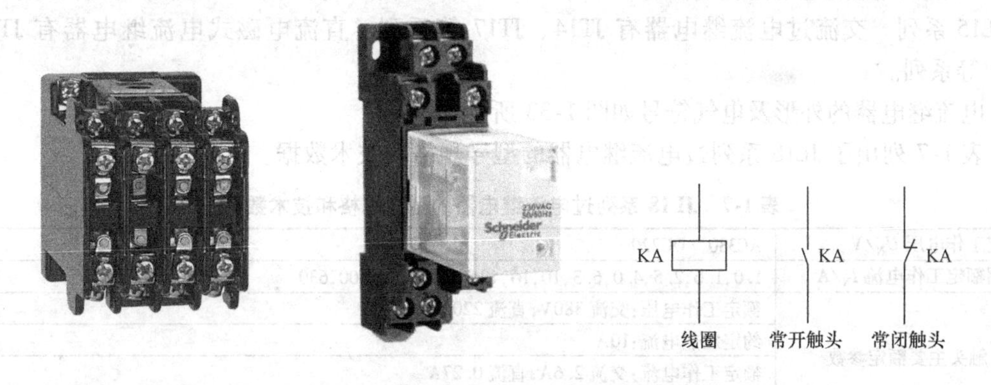

图1-31　中间继电器的外形与电气符号

2. 电压继电器

电压继电器可以对所接电路上的电压高低做出动作反应，分过电压继电器、欠电压继电器和零电压继电器。

过电压继电器在额定电压下不吸合，当线圈电压达到额定电压的105%～120%以上时动作。

欠电压继电器在额定电压下吸合，当线圈电压降低到额定电压的40%～70%时释放。

零电压继电器在额定电压下也吸合，当线圈电压达到额定电压的5%～25%时释放。

常用过电压继电器构成过电压保护，用欠电压继电器构成欠电压保护，用接触器等构成零电压保护。

图 1-32 所示为电压继电器的外形与电气符号。

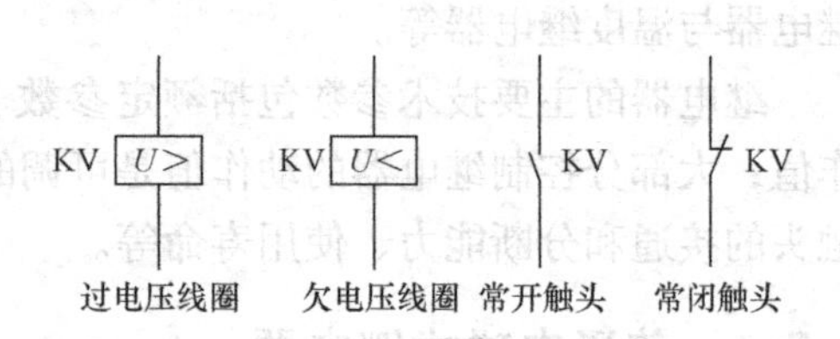

图 1-32　电压继电器的外形与电气符号

3. 电流继电器

电流继电器的线圈被做成阻抗小、导线粗、匝数少的电流线圈，串联接在被测量的电路中（或通过电流互感器接入），用于检测电路的电流变化，通过与电流设定值的比较自动判断工作电流是否越限。它分过电流继电器和欠电流继电器两类。

过电流继电器在电路额定电流下正常工作时电磁吸力不足以克服弹簧阻力，衔铁不动作，当电流超过整定值时电磁机构动作，整定范围为额定电流的 1.1 ~1.4 倍。

欠电流继电器在电路额定电流下正常工作时处在吸合状态，当电流降低到额定电流的 10% ~20% 时，继电器释放。

常用的交直流过电流继电器有 JL14、JL15、JL18 等系列，其中 JL18 正在逐渐取代 JL14 和 JL15 系列。交流过电流继电器有 JT14、JT17 等系列。直流电磁式电流继电器有 JT13、JT18 等系列。

电流继电器的外形及电气符号如图 1-33 所示。

表 1-7 列出了 JL18 系列过电流继电器的型号规格和技术数据。

表 1-7　JL18 系列过电流继电器的型号规格和技术数据

额定工作电压 U_N/V	AC380　DC220
线圈额定工作电流 I_N/A	1.0,1.6,2.5,4.0,6.3,10,16,40,63,100,20,400,630
触头主要额定参数	额定工作电压:交流 380V,直流 220V
	约定发热电流:10A
	额定工作电流:交流 2.6A,直流 0.27A
	额定控制容量:交流 1000VA,直流 60W
调整范围	交流:吸合动作电流值为 110% ~350% I_N
	直流:吸合动作电流值为 70% ~300% I_N
动作与整定误差	±10%
返回系数	高返回系数大于 0.65,普通类型不作规定
操作频率/(次/h)	1200
复位方式	自动及手动
触头对数	一对动合触头,一对动断触头

1.7.2　时间继电器

在生产中经常需要按一定的时间间隔来对生产机械进行控制。例如电动机的减压起动过

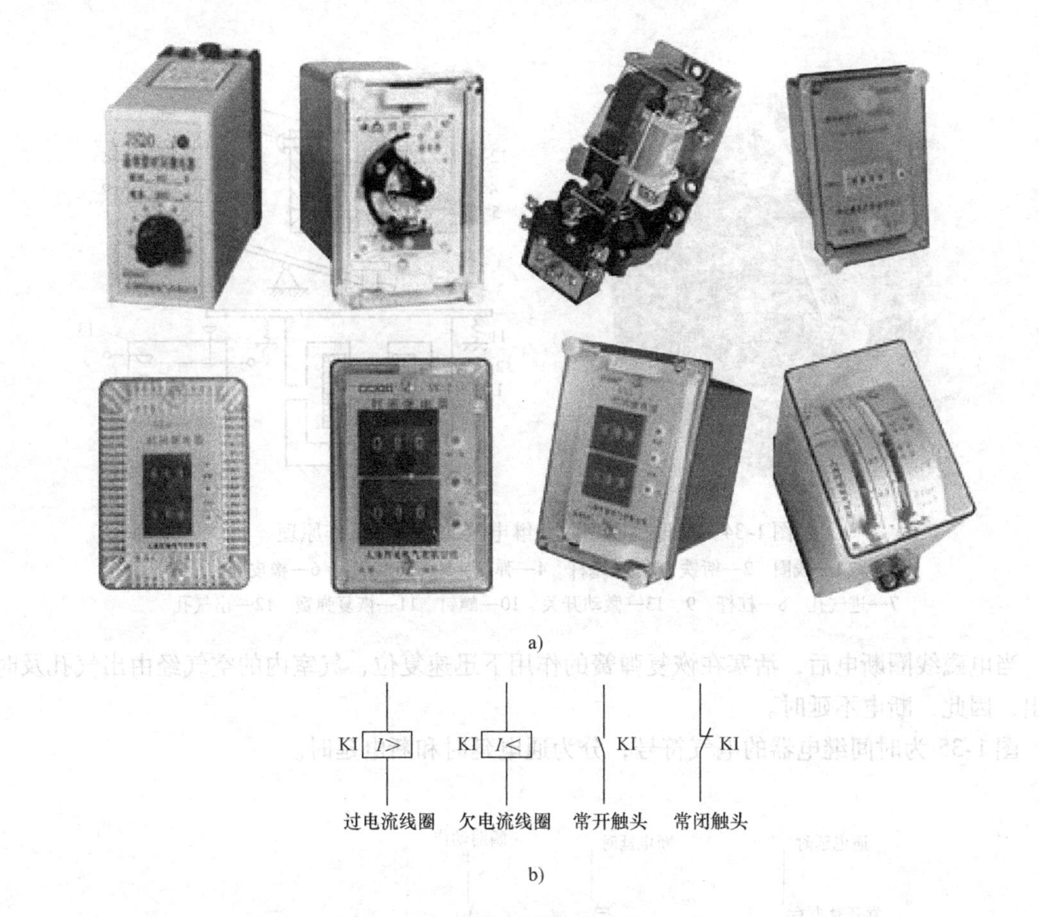

a)

b)

图1-33　电流继电器的外形及电气符号

程需要经过一定的时间，才能加上额定电压。在一条自动线中的多台电动机，常需要分批起动，第一批电动机起动后，需经过一定时间，才能起动第二批等。这类自动控制称为时间控制。时间控制可以利用时间继电器来实现。

时间继电器是一种利用电磁原理或机械动作原理实现触头延时接通或断开的自动控制电器，其种类很多，常用的有电磁式、空气阻尼式、电动式和晶体管式等。这里仅介绍空气阻尼式时间继电器和晶体管式时间继电器。

1. 空气阻尼式时间继电器

空气阻尼式时间继电器是利用空气阻尼原理获得延时的。它由电磁机构、延时机构、触头三部分组成，有通电延时型和断电延时型两种，两者结构相同，区别在于电磁机构安装的方向不同。通电延时型时间继电器的外形及工作原理如图1-34所示。

线圈通电后，吸下衔铁，活塞杆因失去支撑，在弹簧的作用下开始下降，带动伞形活塞和固定在其上的橡皮膜一起下移，在膜上面造成空气稀薄的空间，活塞由于受到下面空气的压力，只能缓慢下降。经过一定时间后，杠杆才能碰触微动开关，使常闭触头断开，常开触头闭合。可见，从电磁线圈通电时开始到触头动作时为止，中间经过一定的延时，这就是时间继电器的延时作用。延时长短可以通过螺钉调节进气孔的大小来改变。空气阻尼式时间继电器的延时范围较大，可达0.4～180s。

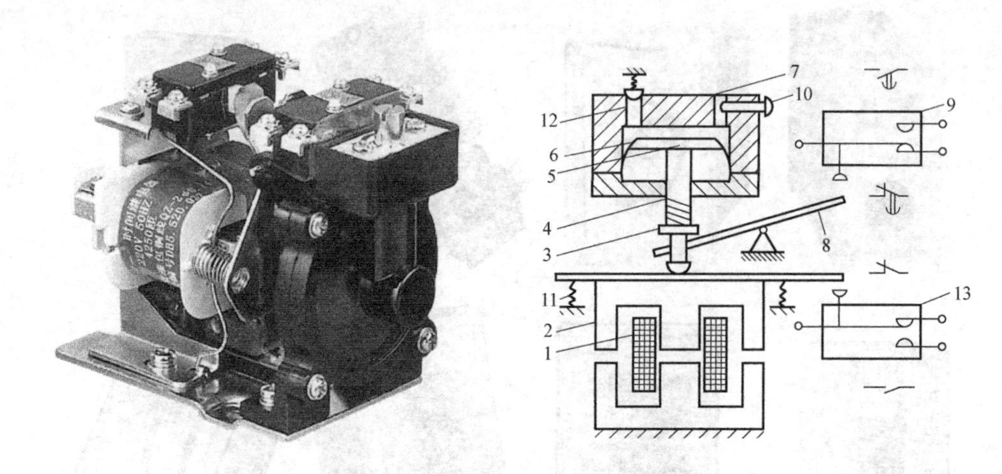

图 1-34　通电延时型时间继电器的外形及工作原理

1—线圈　2—衔铁　3—活塞杆　4—弹簧　5—伞形活塞　6—橡皮膜
7—进气孔　8—杠杆　9、13—微动开关　10—螺钉　11—恢复弹簧　12—出气孔

当电磁线圈断电后，活塞在恢复弹簧的作用下迅速复位，气室内的空气经由出气孔及时排出，因此，断电不延时。

图 1-35 为时间继电器的电气符号，分为通电延时和断电延时。

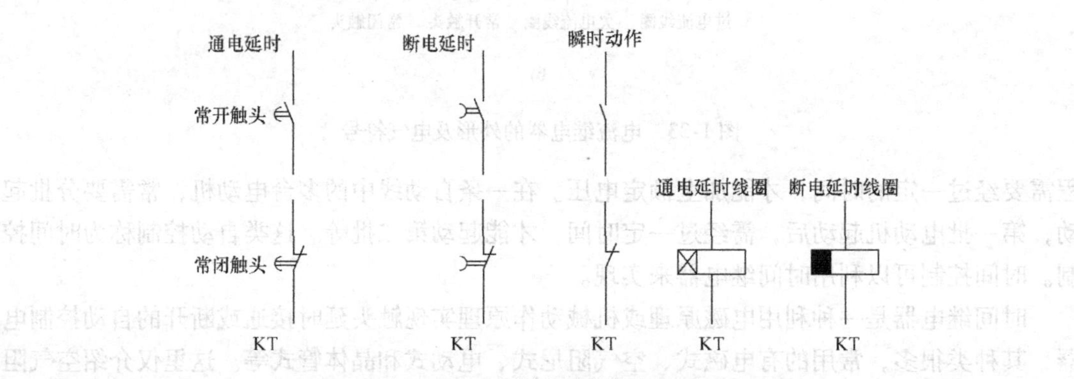

图 1-35　时间继电器的电气符号

由于空气式时间继电器具有结构简单、易构成通电延时和断时延时型、调整简便、价格较低等优点，因此广泛使用于电动机控制电路中。但空气式时间继电器延时精度较低，因而只能使用在对延时要求不高的场合。

目前全国统一设计的空气式时间继电器有 JS23 系列，用于取代 JS7、JS16 系列。表1-8 列出了它的型号规格及技术数据。

2. 晶体管式时间继电器

晶体管式时间继电器也称为半导体式时间继电器，它主要利用电容对电压变化的阻尼作用作为延时环节而构成。其特点是延时范围广、精度高、体积小、方便调节、寿命长，是目前发展最快、最有前途的电子器件之一。图 1-36 是采用非对称双稳态触发器的晶体管时间继电器的外形及原理图。

表1-8 JS23系列空气式时间继电器的型号规格及技术数据

额定工作电压 U_N/V		交流:380,直流:220					
额定工作电流 I_N/A		交流:0.79,直流:瞬时0.27					
触头对数及组合	型 号	延时动作触头数量				瞬动触头数量	
		通电延时		断电延时			
		动合	动断	动合	动断	动合	动断
	JS23-1□/□	1	1	—	—	4	0
	JS23-2□/□	1	1	—	—	3	1
	JS23-3□/□	1	1	—	—	2	2
	JS23-4□/□	—	—	1	1	4	0
	JS23-5□/□	—	—	1	1	3	1
	JS23-6□/□	—	—	1	1	2	2
延时时间/s		0.2~0.3,10~180					
线圈额定电压 U_N/V		交流110、220、380					
电气寿命		瞬动触头:100万次(次、直流) 延时触头:交流100万次,直流50万次					
操作频率/(次/h)		1200					
安装方式		卡轨安装、螺钉安装式					

整个电路可分为主电源、辅助电源、双稳态触发器及其附属电路等几部分。主电源是有电容滤波的半波整流电路，它是触发器和输出继电器的工作电源。辅助电源是带电容滤波的半波整流电路，它与主电源叠加起来作为 R、C 环节的充电电源。另外，在延时过程结束、二极管 VD_3 导通后，辅助电源的正电压又通过 R 和 VD_3 加到晶体管 VT_1 的基极上，使之截止，从而使触发器翻转。

触发器的工作原理是：接通电源时，晶体管 VT_1 处于导通状态，VT_2 处于截止状态。主电源与辅助电源叠加后，通过可变电阻 R_1 和 R 对电容器 C 充电。在充电过程中，a 点的电位逐渐升高，直至 a 点的电位高于 b 点的电位，二极管 VD_3 则导通，使辅助电源的正电压加到晶体管 VT_1 的基极上。这样，VT_1 就由导通变为截止，而 VT_2 则由截止变为导通，使触发器发生翻转。于是，继电器 K 便动作；通过触头发出相应的控制信号。与此同时，电容器 C 经由继电器的常开触头对电阻 R_4 放电，为下一步工作做准备。

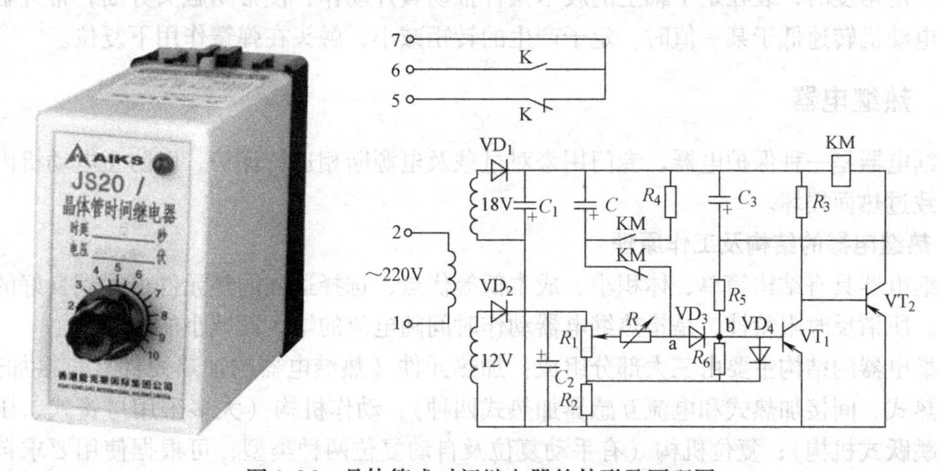

图1-36 晶体管式时间继电器的外形及原理图

1.7.3　速度继电器

速度继电器主要用作笼型异步电动机的反接制动控制，所以也称反接制动继电器。它主要由转子、定子和触头三部分组成，转子是一个圆柱形永久磁铁，定子是一个笼型空心圆环，由硅钢片叠成，并装有笼型绕组。图 1-37 为速度继电器的外形和结构示意图。

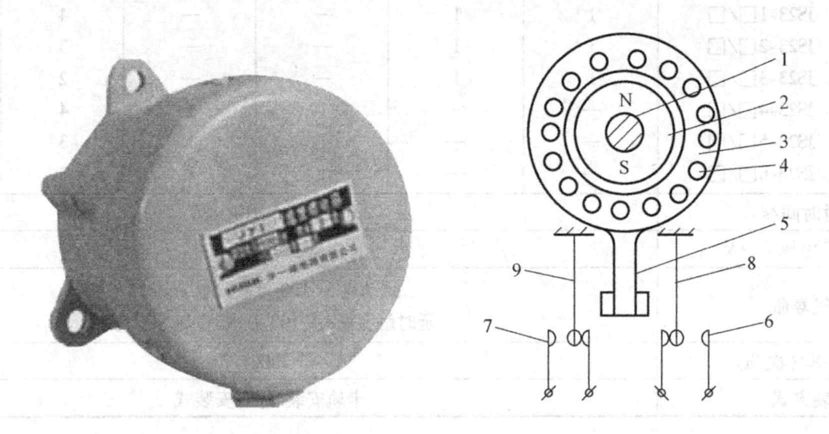

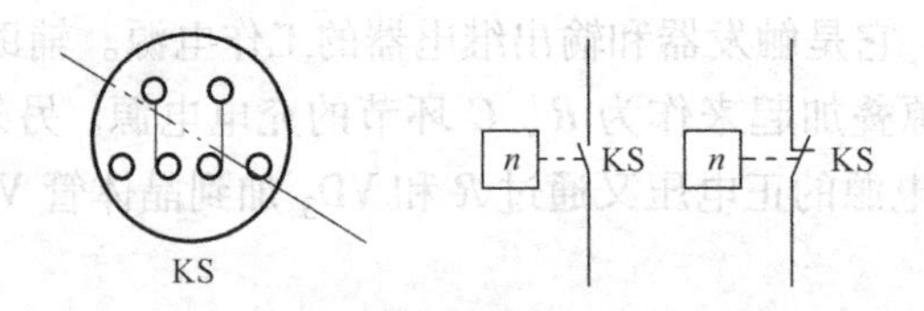

图 1-37　速度继电器的外形及结构示意图

1—转轴　2—转子　3—定子　4—绕组　5—胶木摆杆　6、7—静触头　8、9—动触头

速度继电器工作原理：速度继电器转子的轴与被控电动机的轴相连接，而定子空套在转子上。当电动机转动时，速度继电器的转子随之转动，定子内的短路导体便切割磁场，产生感应电动势，从而产生电流，此电流与旋转的转子磁场作用产生转矩，于是定子开始转动，当转到一定角度时，装在定子轴上的胶木摆杆推动簧片动作，使常闭触头分断，常开触头闭合。当电动机转速低于某一值时，定子产生的转矩减小，触头在弹簧作用下复位。

1.7.4　热继电器

热继电器是一种保护电器，专门用来对过载及电源断相进行保护，以防止电动机因上述故障导致过热而损坏。

1. 热继电器的结构及工作原理

热继电器具有结构简单、体积小、成本低等优点，选择适当的热元件可得到良好的反时限特性。所谓反时限特性，是指热继电器动作时间随电流的增大而减小的特性。

热继电器的结构主要由三大部分组成：加热元件（热继电器的加热元件有直接加热式、复合加热式、间接加热式和电流互感器加热式四种）；动作机构（大多采用弓簧式、压簧式或拉簧跳跃式机构）；复位机构（有手动复位及自动复位两种类型，可根据使用要求自由调整）。动作系统常设有温度补偿装置，保证在一定的温度范围内，热继电器的动作特性基本不变。典型热继电器的外形、结构及电气符号如图 1-38 所示。

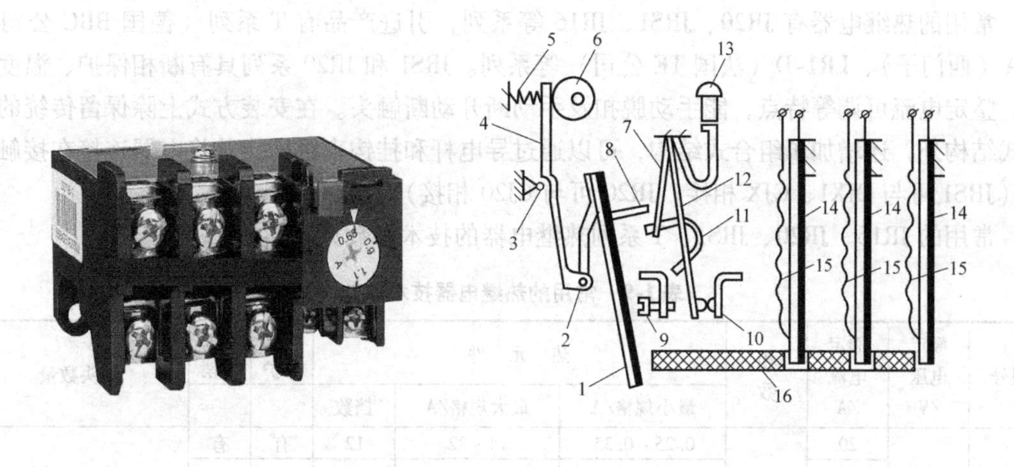

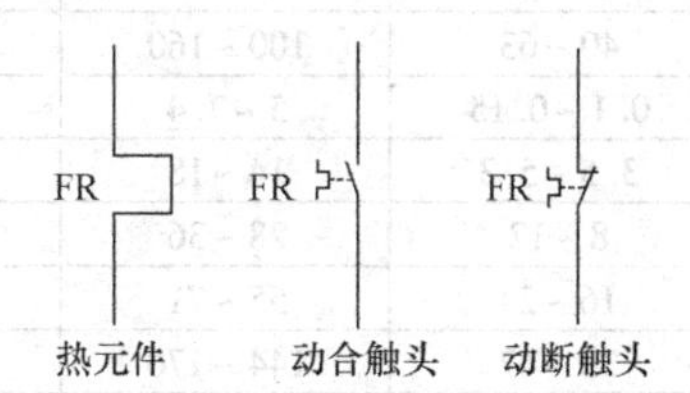

图 1-38　热继电器的外形、结构及电气符号

1—补偿双金属片　2、3—轴　4—杠杆　5—压簧　6—电流调节凸轮　7、12—片簧　8—推杆　9—复位调节螺钉　10—触头　11—弓形弹簧片　13—手动复位按钮　14—双金属片　15—热元件　16—导板

在图 1-37 中，双金属片与外面的加热元件串联在接触器负载（电动机电源端）的主电路中，当电动机过载时，主双金属片受热弯曲推动导板，并通过补偿双金属片与推杆将触头（即串联在接触器线圈电路的热继电器动断触头）分开，以切断电路，保护电动机。图中的调节旋钮是一个偏心轮，改变它的半径即可改变补偿双金属片与导板的接触距离，因而达到调节整定动作电流值的目的。此外，靠调节复位螺钉来改变动合触头的位置使热继电器能工作在自动复位或手动复位两种状态。调成手动复位时，在排除故障后要按下按钮才能使动触头恢复与静触头相接触的位置。

热继电器的常闭触头常串入控制电路，常开触头可接入信号电路。

当三相电动机的一相接线或一相熔丝熔断时，造成电动机断相运行，若外加负载不变，绕组中的电流就会增大，将使电动机烧毁。这是三相异步电动机烧坏的主要原因之一。如果需要断相保护可选用带断相保护的热继电器。

2. 热继电器的主要技术参数和型号

热继电器的主要技术参数有额定电压、额定电流、相数、热元件编号、整定电流及刻度电流调节范围等。

热继电器的额定电流是指可装入的热元件的最大额定电流值。每种额定电流的热继电器可装入几种不同整定电流的热元件。为了便于用户选择，某些型号中的不同整定电流的热元件是用不同编号表示的。

热继电器的整定电流是指热元件能够长期通过而不致引起热继电器动作的电流值。手动调节整定电流的范围，称为刻度电流调节范围，可用来使热继电器更好地实现过载保护。

常用的热继电器有 JR20、JRS1、JR16 等系列，引进产品有 T 系列（德国 BBC 公司）、3UA（西门子）、LR1-D（法国 TE 公司）等系列。JRS1 和 JR20 系列具有断相保护、温度补偿、整定电流可调等特点，能手动脱扣及手动断开动断触头。在安装方式上除保留传统的分立式结构外，还增加了组合式结构，可以通过导电杆和挂钩直接插接并将电器连接在接触器上（JRS1 可与 CJX1、CJX 相接，JR20 可与 CJ20 相接）。

常用的 JR16、JR20、JRS1、T 系列热继电器的技术参数见表 1-9。

表 1-9 常用的热继电器技术参数

型号	额定电压/V	额定电流/A	相数	热元件			断相保护	温度补偿	触头数量
				最小规格/A	最大规格/A	挡数			
JR16	380	20	3	0.25~0.35	14~22	12	有	有	1 动合 1 动断
		60		14~22	40~63	4			
		150		40~63	100~160	4			
JR20	660	6.3	3	0.1~0.15	5~7.4	14	无	有	1 动合 1 动断
		16		3.5~5.3	14~18	6	有		
		32		8~12	28~36	6			
		63		16~24	55~71	6			
		160		33~47	144~176	9			
		250		83~125	167~250	4			
		400		130~195	267~400	4			
		630		200~300	420~630	4			
JRS1	380	12	3	0.11~0.15	9.0~12.5	13	有	有	1 动合 1 动断
		25		9.0~12.5	18~25	3			
T	660	16	3	0.11~0.16	12~17.6	22	有	有	1 动合 1 动断
		25		0.17~0.25	26~32	21			
		45		0.28~0.40	30~45	21			1 动合或 1 动断
		85		6~10	60~100	8			
		105		27~42	80~115	6			1 动合 1 动断
		170		90~130	140~220	3			
		250		100~160	250~400	3			
		370		100~160	310~500	4			

3. 热继电器的选用

热继电器主要用于保护电动机的过载。因此，在选用时必须了解被保护对象的工作环境、起动情况、负载性质、工作制以及电动机允许的过载能力。要遵循的原则是：应使热继电器的安秒特性位于电动机的过载特性之下，并尽可能地接近，甚至重合，以充分发挥电动机的能力，同时使电动机在短时过载和瞬间起动（$5\sim6I_N$）时不受影响。

一般情况下，常按电动机的额定电流选取，使热继电器的整定值为 $0.95\sim1.05I_N$（I_N 为电动机的额定工作电流）。使用时，热继电器的旋钮应调到该额定值，否则将不能起到保护作用。

对于三角形联结的电动机，一相断线后，流过热继电器的电流与流过电动机绕组的电流增加比例是不同的，其中最严重的一相比其余两相绕组电流要大一倍，增加比例也最大。这种情况应该选用带有断相保护装置的热继电器。

对于频繁正反转和频繁起制动工作的电动机不宜采用热继电器来保护。

1.7.5　固态继电器

随着微电子和功率电子技术的发展，现代自动化控制设备中新型的以弱电控制强电的电子器件应用越来越广泛。固态继电器就是一种新型无触点继电器，它能够实现强、弱电的良好隔离，其输出信号又能够直接驱动强电电路的执行元件，与有触点的继电器相比具有开关频率高、使用寿命长、工作可靠等突出特点。

固态继电器是四端器件，有两个输入端，两个输出端，中间采用光电器件，以实现输入与输出之间的电气隔离。

固态继电器有多种产品，按负载电源类型可分为直流型固态继电器和交流型固态继电器。直流型以功率晶体管作为开关器件，交流型以晶闸管作为开关器件。以输入、输出之间的隔离形式可分为光耦合隔离和磁隔离型。按控制触发的信号可分为过零型和非过零型，有源触发型和无源触发型。

图1-39为光耦合式交流固态继电器的外形及原理图。

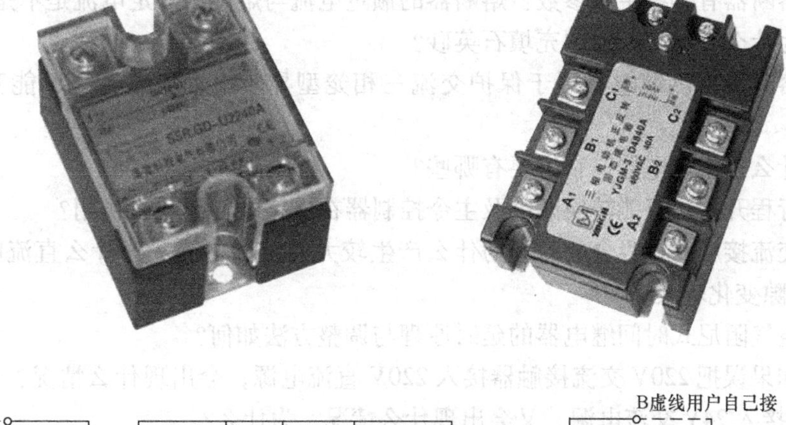

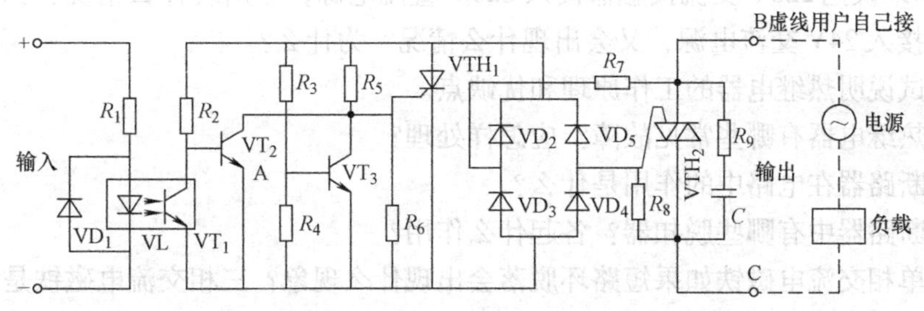

图1-39　光耦合式交流固态继电器的外形及原理图

当无信号输入时，发光二极管VL不发光、光敏晶体管VT_1截止，晶体管VT_2导通，VTH_1门极被钳在低电位而关断，双向晶闸管VTH_2无触发脉冲，固态继电器两个输出端处于断开状态。

只要在该电路的输入端输入很小的信号电压，就可以使发光二极管VL发光、光敏晶体管VT_1导通，晶体管VT_2截止，VTH_1门极为高电位，VTH_1导通，双向晶闸管VTH_2可以经R_7、R_8、VD_2、VD_3、VD_4、VD_5、VTH_1对称电路获得正负两个半周的触发信号，保持两个输出端处于接通状态。

固态继电器的常用产品有 DJ 型系列固态继电器，其主要技术指标见表 1-10。

表 1-10 DJ 型系列固态继电器的技术指标

额定电压/V	额定电流/A	输出过电压	输出欠电压	门限值 R_{IR}/kΩ
AC220 50HZ(1 ±5%)	1,3,5,10	≥95%电源电压	≤5%电源电压	0.5 ~10
环境温度/℃	开启时间/ms	关闭时间/ms	绝缘电阻/mΩ	击穿电压/V
−10 ~ +40	≤1	≤10	≥100	≥AC2500

固态电子继电器的使用注意事项：

1）选择固态继电器时应根据负载类型（阻性、感性）来确定，并且要采用有效的尖峰电压吸收保持措施。

2）过电流保护应采用专门保护半导体器件的熔断器或动作时间小于 10ms 的断路器。

思考题与习题

1-1　熔断器在电路中的作用是什么？它有哪些主要组成部件？

1-2　熔断器有哪些主要参数？熔断器的额定电流与熔体的额定电流是不是一回事？

1-3　为什么有些熔断器中充填石英砂？

1-4　熔断器与热继电器用于保护交流三相笼型异步电动机时，能不能互相取代？为什么？

1-5　什么是主令电器？它主要有哪些？

1-6　行程开关、万能转换开关及主令控制器在电路中各起什么作用？

1-7　交流接触器在吸合的瞬间为什么产生较大的冲击电流？为什么直流电磁机构的吸力特性随气隙变化较大？

1-8　空气阻尼式时间继电器的延时原理与调整方法如何？

1-9　如果误把 220V 交流接触器接入 220V 直流电源，会出现什么情况？如果误把 24V 直流继电器接入 24V 交流电源，又会出现什么情况？为什么？

1-10　试说明热继电器的工作原理和优缺点。

1-11　热继电器有哪些常见故障？应怎样处理？

1-12　断路器在电路中的作用是什么？

1-13　断路器中有哪些脱扣器？各起什么作用？

1-14　单相交流电磁铁如果短路环脱落会出现什么现象？三相交流电磁铁是否也要装短路环？

1-15　过电流继电器和欠电流继电器有什么主要区别？

第2章　电气线路的基本控制环节

工业企业中使用的各种电气设备和生产机械，广泛采用电动机拖动。电动机的控制是通过不同的控制方式来完成的。生产机械的工艺要求不同，控制电路也就不同，但任何复杂的控制电路都是由一些简单的基本控制环节组合而成的。这些基本控制环节是复杂控制电路的基础。本章主要介绍常用的三相交流电动机和直流电动机实现起动、运行、调速、制动的基本控制原则和基本控制电路。

2.1　电气控制系统图的类型及有关标准

电气控制系统是由电器元件按照一定要求连接而成的。电气控制系统图是用图形的方式来表示电气控制系统中的元器件及其连接关系，图中采用不同的图形符号表示各种元器件，采用不同的文字符号表示各电器元件的名称、序号或电路的功能、状况和特征，采用不同的线号或接点编号来表示导线与连接等。电气控制系统图描述了电气控制系统的结构、原理等设计意图，是电气控制系统安装、调试、使用和维修的重要资料。

2.1.1　电气控制系统图中的图形符号和文字符号

为了便于交流与沟通，我国参照国际电工委员会（IEC）颁布的有关文件，制定了电气设备有关国家标准，颁布了GB/T 4728《电气简图用图形符号》和GB/T 20939—2007《技术产品及技术产品文件结构原则 字母代码 按项目用途和任务划分的主类和子类》，规定从2009年1月1日起，电气图中的图形符号和文字符号必须符合最新的国家标准。在该标准中，除按专业规定了各种图形符号外，还规定了符号要素、限定符号和常用的其他符号。文字符号用于电气技术领域中技术文件的编制，也可标注在电气设备装置和元器件上或旁边，表明电气设备、装置和元器件的名称、功能、状态和特征等。

2.1.2　电气控制系统图

电气控制系统图一般有三种类型：电气原理图、电器布置图和电气安装接线图。由于计算机的普及，现在的电气控制系统图一般采用计算机绘图。常用的绘图软件有Auto CAD、orCAD、电子图版CAXA、微软的VISIO、三维图Solidwords、Pro/E、UG和Mastercam等，这些软件的使用方法请读者参考相关教材和指导书。

1. 电气原理图

用规定的图形符号，按主电路和辅助电路相互分开并依据各元器件动作顺序等原则所绘制的电路图，称为电气原理图。它包括所有元器件的导电部件和接线端点，不表示元器件的形状、大小和安装方式。电气原理图具有结构简单、层次分明，适于研究、分析电路的工作原理等优点，无论在设计部门还是生产现场都得到了广泛应用。

现以图2-1所示的某机床电气控制原理图为例来说明电气原理图绘制的一般原则。

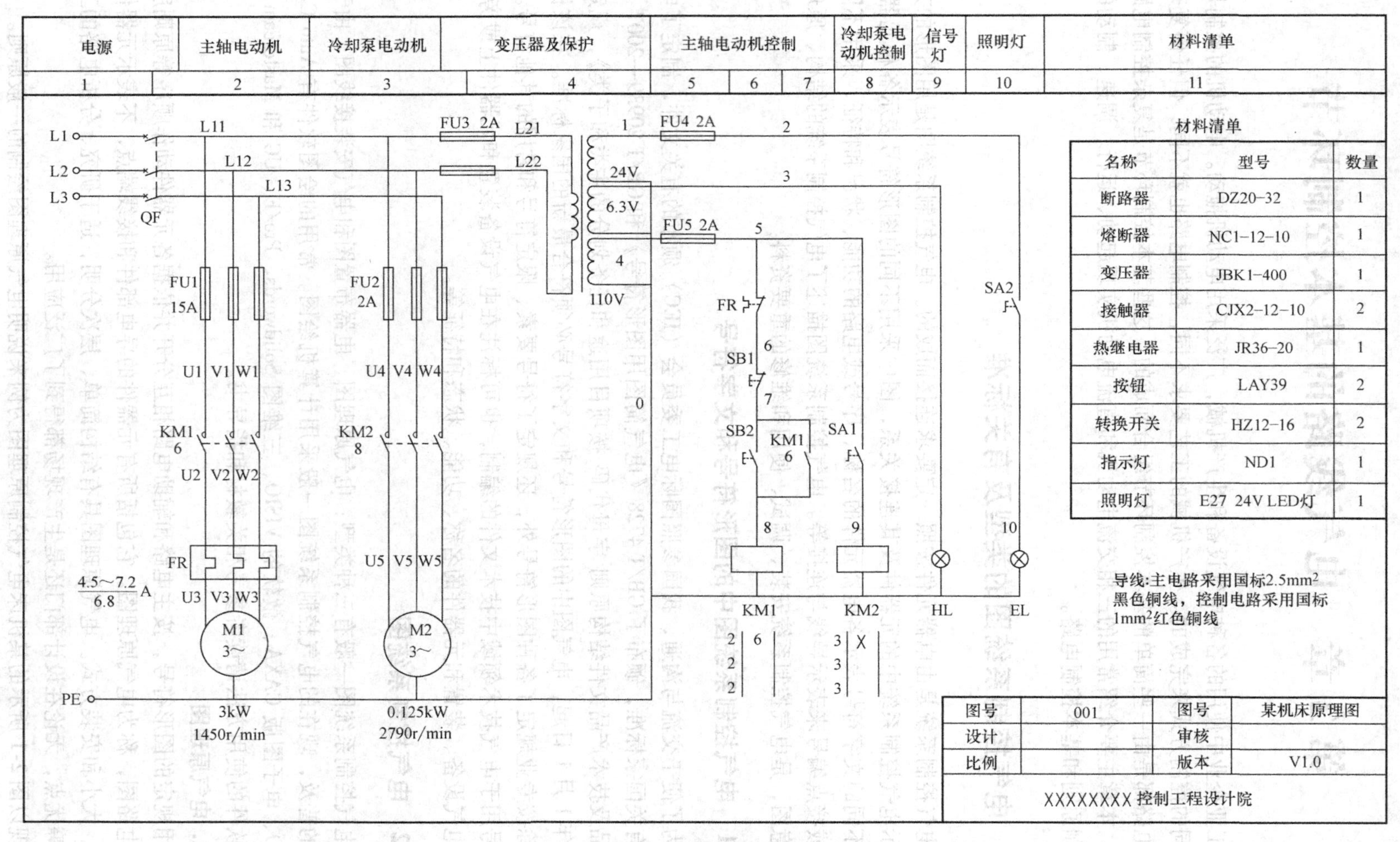

图 2-1　某机床电气控制原理图

（1）绘制电气原理图的一般原则

1）电气原理图一般包含主电路、控制电路及辅助电路。主电路是电气控制电路中大电流通过的部分，由接触器主触点、电动机等组成。辅助电路由接触器和继电器的线圈、接触器的辅助触点、继电器的触点、按钮、照明灯、控制变压器等元器件组成，包括控制电路、照明电路、信号电路及保护电路等。绘制时，应将这些电路分开绘制。

2）各元器件采用国家规定的图形符号和文字符号表示。

3）采用便于阅读的原则来安排各个元器件在控制电路中的位置。同一元器件的各部件根据需要可以不绘制在一起，但文字符号要相同。

4）图中所有电器的触点，按处于非激励状态绘制。例如继电器、接触器的触点，按吸引线圈不通电时的状态绘制，控制器按手柄处于零位时的状态绘制，机械控制的行程开关按其不受外力作用的状态绘制等。

5）各元器件一般按动作顺序从上到下，从左到右依次排列，可水平布置或垂直布置。

6）有直接电气联系的十字交叉导线连接点，要用黑点表示；无直接电气联系的交叉导线连接点不画黑点。

（2）原理图区域的划分与索引

为了便于检索电气线路，方便阅读、分析电路原理，避免遗漏而特意设置了图区编号，如图样上方的 1，2，3……等数字。图区编号也可设置在图样的下方。图区编号上方的“主轴电动机”等字样，表明对应区域下面元器件名称或电路的功能，便于理解全电路的工作原理。

符号位置的索引用图号、页次和图区编号的组合索引法，索引代号的组成如下：

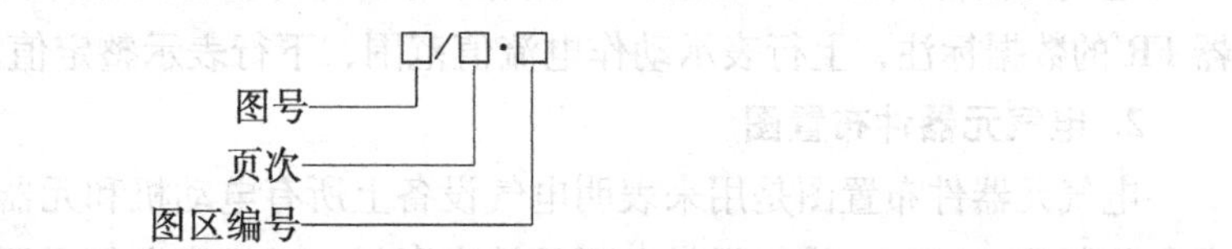

当某一元器件相关的各符号元素出现在不同图号的图样上，而当每个图号仅有一页图样时，索引代号可简化成如下形式：

当某一元器件相关的各符号元素出现在同一图号的图样上，而该图号有几张图样时，可省略图号，而将索引代号简化成如下形式：

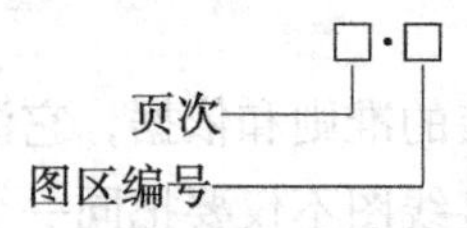

当某一元器件相关的各符号元素出现在只有一张图样的不同图区时，索引代号只用图区号表示：

图区编号

图 2-1 图区 2 中的“$\frac{\mathrm{KM1}}{6}$”即为最简单的索引代号，它指出了接触器 KM1 的线圈位置在图区 6。

图 2-1 KM1 线圈下方的

KM1		
2 2 2	6	

是接触器 KM1 相应触点的索引。

电气原理图中，接触器、继电器的线圈和触点的从属关系用附图表示。在原理图中相应线圈的下方，给出触点的文字符号，并在其下面注明相应触点的索引代号，对未使用的触点用“×”表明，有时也可采用上述省去触点的表示法。正泰 CJX2-12-10 接触器具有 3 对主触头，一对常开辅助触头。

对于接触器，含义如下：

左栏	中栏	右栏
主触头所在的区号	常开辅助触头所在的区号	常闭辅助触头所在的区号

对于继电器，含义如下：

左栏	右栏
常开辅助触头所在的区号	常闭辅助触头所在的区号

（3）电气原理图中技术数据的标注

电气元器件的型号和数据，一般用小号字体标注在元器件代号下面，如图 2-1 中热继电器 FR 的数据标注，上行表示动作电流值范围，下行表示整定值。

2. 电气元器件布置图

电气元器件布置图是用来表明电气设备上所有电动机和元器件的实际位置，为电气控制设备的制造、安装、维修提供必要的档案资料。以机床电气元器件布置图为例，它主要由机床电气设备布置图、控制柜和控制板电气设备布置图、操纵台及悬挂操纵箱电气设备布置图组成。上述图形可按电气控制系统的复杂程度集中绘制或单独绘制。在绘制这类图形时，机床轮廓线用粗实线或点画线表示，所有能见到的电气设备，均用细实线绘制出简单的外形轮廓。图 2-2 为图 2-1 所示机床的电气元器件布置图。

3. 电气安装接线图

电气安装接线图是用规定的图形符号，按各元器件相对位置绘制的实际接线图。由于电气安装接线图在具体施工和检修中能起到原理图所起不到的作用，所以它在生产现场得到了广泛的应用。

电气安装接线图是实际接线安装的准则和依据，它清楚地表示各电气元器件的相对位置和它们之间的电气连接，电气安装接线图不仅要把同一个电器的各个部件绘制在一起，而且各个部件的布置要尽可能符合该电器的实际情况。各元器件的表示要与原理图一致，以便核对。同一控制柜中的各元器件之间的导线连接可以直接进行，不在同一个控制柜内的各元器

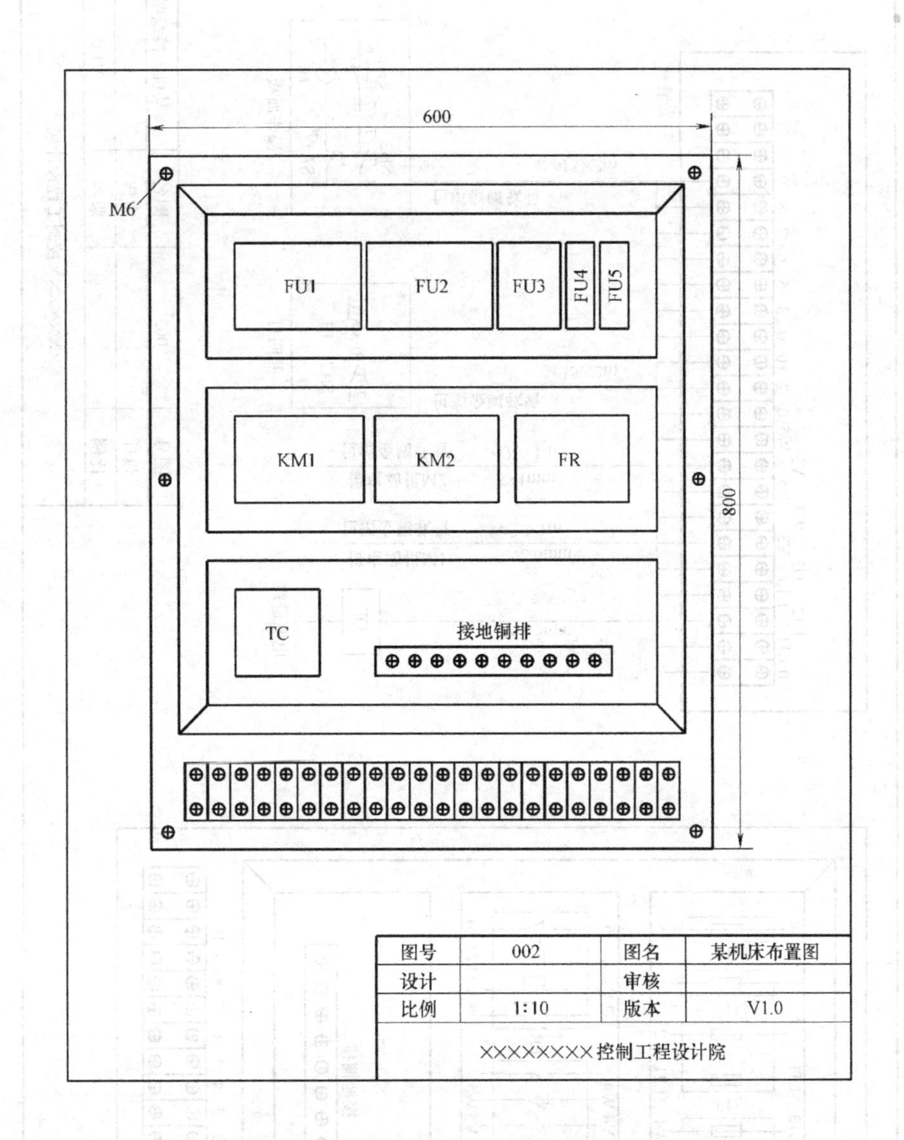

图 2-2　某机床的电气元器件布置图

件之间的导线连接，必须通过接线端子进行连接。电气安装接线图中，分支导线应在各元器件接线端上引出，而不能在端子以外的地方连接。除此之外，应该详细标明导线和所穿管子的型号、规格等。

图 2-3 表明了该电气设备中电源进线、操作面板、照明灯、电动机与机床安装板接线端之间的连接关系，并标注了所采用的包塑金属软管的直径、长度，连接导线的根数、截面积和颜色。如操作面板与安装板的连接，操作面板上有 SB1、SB2、SA1、HL 元器件，根据图 2-1 所示的电气原理图，SB1 与 SB2 有一端相连为“7”，线号 0、3、5、6、7、8、9 通过红色线接到安装板上相应的接线端子，与安装板上的元器件相连。其他元器件与安装板的连接关系这里不再赘述。

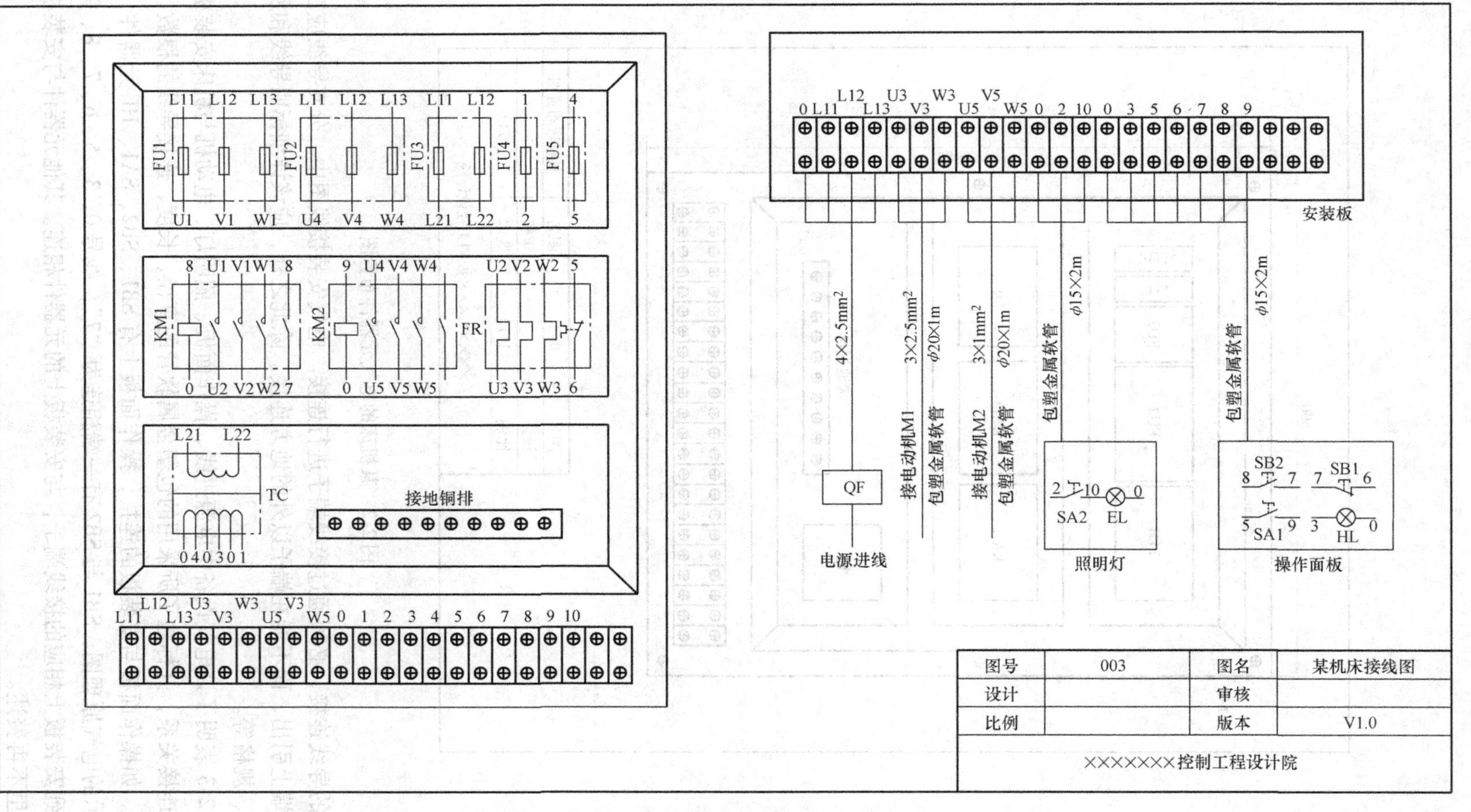

图 2-3　某机床的电气安装接线图

2.2　三相笼型异步电动机全压直接起动和正反转控制

由于三相笼型异步电动机（若异步电动机后面不加说明，均指感应电动机）具有结构简单、价格便宜、坚固耐用、维修方便等优点，所以得到了广泛的应用。据统计，在一般工矿企业中，笼型异步电动机的数量占电力拖动设备总台数的85%左右。

三相笼型异步电动机的控制电路一般由接触器、继电器、按钮等元器件组成。起动方式有全压直接起动和减压起动两种。全压直接起动是一种简便、经济的起动方法，但全压直接起动的起动电流为电动机额定电流的4~7倍，会造成电网电压明显下降，影响在同一电网工作的其他负载的正常工作，所以全压直接起动电动机的容量受到一定限制。可根据电动机起动的频繁程度、供电变压器容量大小来确定允许全压直接起动的电动机的容量。对于起动频繁的，允许全压直接起动的电动机容量不大于变压器容量的20%；对于不经常起动的，全压直接起动的电动机容量不大于变压器容量的30%。通常容量小于10kW的笼型异步电动机可以采用全压直接起动方式。

2.2.1　单向全压直接起动控制电路

图2-4为三相笼型异步电动机单向全压直接起动控制电路。主电路由隔离开关QS、熔断器FU1、接触器KM1的主触点、热继电器FR和电动机M构成。控制电路由起动按钮SB2、停止按钮SB1、接触器KM1的线圈及其常开辅助触点、热继电器FR的常闭触点和熔断器FU2构成。

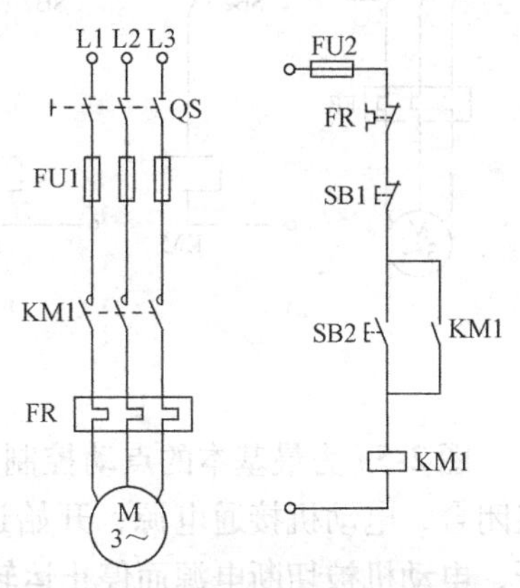

图2-4　三相笼型异步电动机单向全压起动控制电路

1. 电路的工作原理

起动时，合上QS，接通三相电源。按下起动按钮SB2，交流接触器KM1的线圈得电，接触器KM1主触点闭合，电动机M接通电源直接起动运转，同时与SB2并联的KM1常开辅助触点闭合，使KM1线圈经两条支路通电。当SB2复位时，接触器KM1的线圈通过其常开辅助触点继续通电，从而保持电动机的连续运行。这种依靠接触器自身辅助触点而使其线圈保持通电的现象称为自锁。起自锁作用的辅助触点，称为自锁触点。

停止时，按下停止按钮SB1，接触器KM1线圈断电，其主触点断开，切断三相电源，电动机M停止旋转，同时，KM1自锁触点恢复常开状态。松开SB1后，其常闭触点在复位弹簧的作用下，又恢复到原来的常闭状态，为下一次起动做准备。

2. 电路的保护环节

（1）短路保护

短路保护由熔断器FU1、FU2分别实现主电路与控制电路的短路保护。

（2）过载保护

过载保护由热继电器FR实现电动机的长期过载保护。热继电器在电动机起动的时间内能经得起起动电流冲击而不动作。当电动机出现长期过载时，串联在电动机定子电路中的发热元件使金属片受热弯曲，使串联在控制电路中的 FR 常闭触点断开，切断 KM1 线圈电路，使电动机断开电源，实现保护的目的。

（3）欠电压和失电压保护

欠电压和失电压保护由接触器本身的电磁机构实现。当电源电压由于某种原因而严重下降或电压消失时，接触器电磁吸力急剧下降或消失，衔铁自行释放，各触点复位，断开电动机电源，电动机停止旋转。一旦电源电压恢复正常时，接触器线圈不能自动通电，电动机不会自行起动，只有在操作人员再次按下起动按钮 SB2 后电动机才会起动，从而避免事故的发生。因此，具有自锁电路的接触器控制具有欠电压与失电压保护作用。

2.2.2 点动控制电路

在生产实际中，生产机械不仅需要连续运转，同时还需要做点动控制，即按下起动按钮，电动机转动；松开起动按钮，电动机停转。图 2-5 给出了几种电动机点动控制电路。

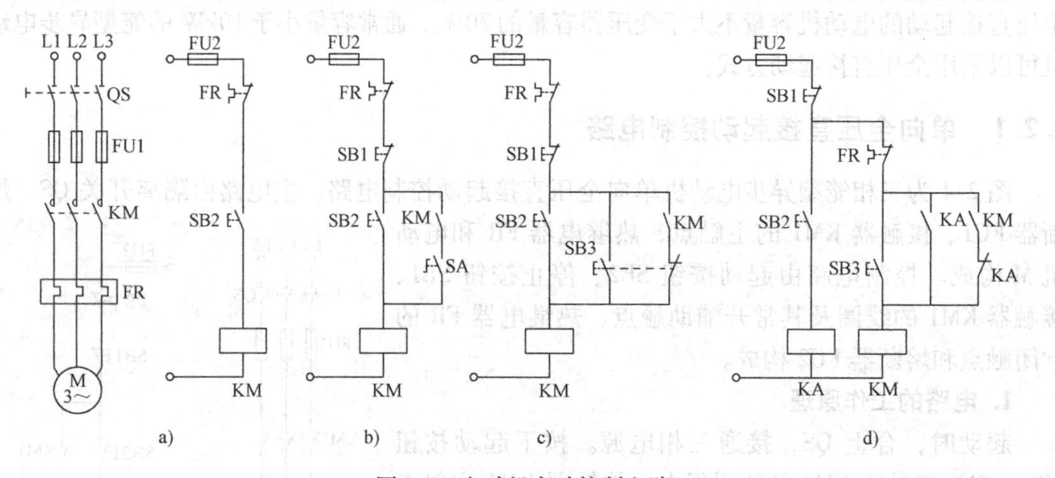

图 2-5 电动机点动控制电路

图 2-5a 为最基本的点动控制电路。按下点动按钮 SB2，接触器 KM 线圈得电，其主触点闭合，电动机接通电源，开始运转；当松开按钮时，接触器 KM 线圈断电，其主触点断开，电动机被切断电源而停止运转。

图 2-5b 为具有手动开关 SA 的点动控制电路，既可实现连续控制又可实现点动控制。点动时，将开关 SA 断开，按下 SB2 即可实现点动控制。连续工作时，合上 SA，接入 KM 自锁触点，按下起动按钮 SB2 电动机即起动并连续运行。

图 2-5c 为采用两个按钮，分别实现连续和点动控制。点动时，按下点动按钮 SB3，其常闭触点先断开自锁电路，然后其常开触点闭合，接通控制电路，KM 线圈得电，其主触点闭合，电动机接通电源起动。松开 SB3 时，闭合的常开触点先断开，断开的常闭触点再闭合，KM 线圈断电，其主触点断开，电动机断电停止转动。电动机连续运转时，按起动按钮 SB2 即可，停机时按停止按钮 SB1。

图 2-5d 为利用中间继电器实现点动的控制电路。点动起动按钮 SB2 控制中间继电器 KA，KA 的常开触点并联在 SB3 两端，控制接触器 KM。点动时，按下 SB2，KA 线圈得电，其常开触点闭合，接触器 KM 线圈通电，其主触点闭合，电动机旋转。连续运转时，按下 SB3 按钮，接触器 KM 线圈得电，其常开触点闭合并自锁，主触点闭合，电动机连续运转。

停车时，按下按钮 SB1。

2.2.3　正反转控制电路

在生产加工过程中，生产机械的运动部件往往要求实现正反两个方向的运动，如机床工作台的前进与后退、主轴的正转与反转、起重机吊钩的上升与下降等。这就要求拖动电动机可以正反转运行。我们知道，任意对调电动机三相电源中的两相，即改变三相电源的相序，电动机就会反转。因此，电动机正反转控制电路的实质是两个方向相反的单向运行电路。为避免误操作而引起电源相间短路，在两个相反方向的单向运行电路中加设了必要的互锁。按照电动机正反转运行操作顺序的不同，分为“正-停-反”和“正-反-停”两种控制电路。

1. 电动机“正-停-反”控制电路

“正-停-反”控制电路如图 2-6a 所示。该电路利用两个接触器的常闭触点 KM1、KM2 起相互控制作用，即在接触器线圈得电时，利用其常闭辅助触点断开对方线圈的电路。这种利用两个接触器的常闭辅助触点互相控制的方法称为互锁，两对起互锁作用的触点称为互锁触点。

正转时，按下正转起动按钮 SB2，KM1 线圈得电，电动机正转；反转时，必须先按下停止按钮 SB1，然后再按反向起动按纽 SB3，KM2 线圈得电，KM2 主触头闭合，改变三相电源的相序，电动机反转。因此它是“正-停-反”控制电路。

2. 电动机“正-反-停”控制电路

为提高劳动生产率，减少辅助工时，往往要求直接实现电动机正反转的转换。当电动机正转的时候，按下反转按钮，电动机反转。其控制电路如图 2-6b 所示。

该电路中，SB2、SB3 为复合按钮，正转起动按钮 SB2 的常开触点用来使正转接触器 KM1 的线圈自锁通电，其常闭触点串联在反转接触器 KM2 线圈的电路中，用来使 KM2 释放。反转起动按钮 SB3 与 SB2 相似。正转时，按下 SB2，首先是其常闭触点断开，切断 KM2 线圈电源，然后才使其常开触点闭合，KM1 线圈得电并自锁，电动机正转。反转时，直接按下 SB3，其常闭触点切断 KM1 线圈电源，其常开触点接通 KM2 线圈并自锁，电动机反转。停车时，只需按下停止按钮 SB1。这样就实现了电动机的“正-反-停”控制。

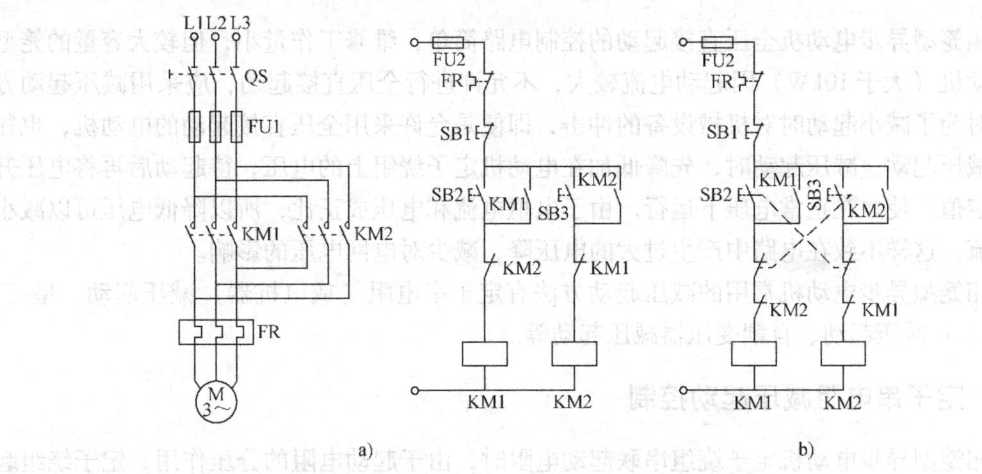

图 2-6　三相笼型异步电动机正、反转控制电路

2.2.4　自动往返行程控制电路

电动机正反转控制是一种基本控制电路，在此基础上可演变出多种正反转控制电路，其中自动往返的正反转控制电路有广泛的应用，如龙门刨床、导轨磨床等。图 2-7 为利用行程开关实现自动往返控制的电路，这种控制的原则通常称为行程控制原则。

图 2-7 所示的电路中，ST1 为正向转反向的行程开关，ST2 为反向转正向的行程开关，ST3、ST4 分别为正向、反向极限保护用的限位开关。起动时，可按下正向或反向起动按钮，如按下正转按钮 SB2，KM1 得电吸合并自锁，电动机正向旋转，拖动运动部件向右移动，当运动部件的撞块压下右端的 ST1 时，ST1 常闭触点断开，切断 KM1 接触器线圈电路，接着其常开触点闭合，接通反转接触器 KM2 线圈电路，此时，电动机由正转变为反转，拖动运动部件向左移动，直到压下左端的 ST2，电动机由反转又变成正转，这样周而复始地拖动运动部件往返运动。需要停止时，按下停止按钮 SB1 即可停止运转。其中，ST3、ST4 为左右限位行程开关，用于防止超过左右限位。

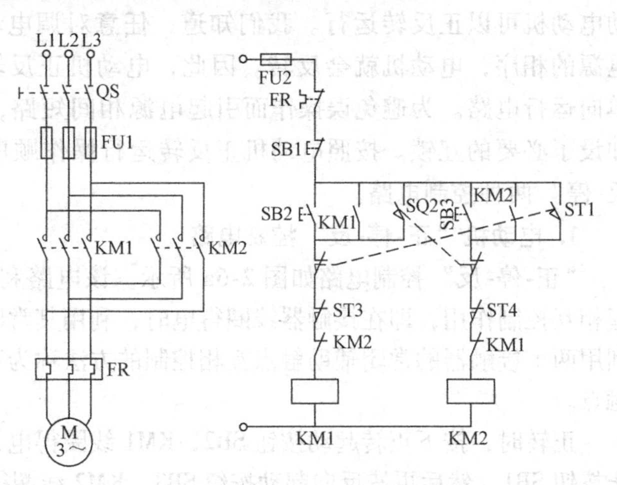

图 2-7　自动往返控制电路

上述自动往返运动，运动部件每经过一个循环，电动机要进行两次反接制动过程，会出现较大的反接制动电流和机械冲击。因此，这种电路只适用于电动机容量较小、循环周期较长、电动机转轴具有足够刚性的拖动系统。

2.3　三相笼型异步电动机的减压起动控制

三相笼型异步电动机全压直接起动的控制电路简单，维修工作量小，但较大容量的笼型异步电动机（大于 10kW）因起动电流较大，不允许进行全压直接起动，应采用减压起动方式。有时为了减小起动时对机械设备的冲击，即便是允许采用全压直接起动的电动机，也往往采用减压起动。减压起动时，先降低加在电动机定子绕组上的电压，待起动后再将电压升高到额定值，使之在正常电压下运行。由于电枢电流和电压成正比，所以降低电压可以减小起动电流，这样不致在电路中产生过大的电压降，减少对电网电压的影响。

三相笼型异步电动机常用的减压起动方法有定子串电阻（或电抗器）减压起动、星-三角（Y-△）减压起动、自耦变压器减压起动等。

2.3.1　定子串电阻减压起动控制

三相笼型异步电动机定子绕组串联起动电阻时，由于起动电阻的分压作用，定子绕组起动电压降低，起动结束后再将电阻短路，使电动机在额定电压下正常运行，可以减小起动电流。这种起动方式不受电动机接线形式的限制，设备简单、经济，在中小型生产机械中应用较广。对于点动控制的电动机，也常用串电阻减压的方式来限制电动机起动时的电流。图 2-8 为定子串电阻减压起动的控制电路。

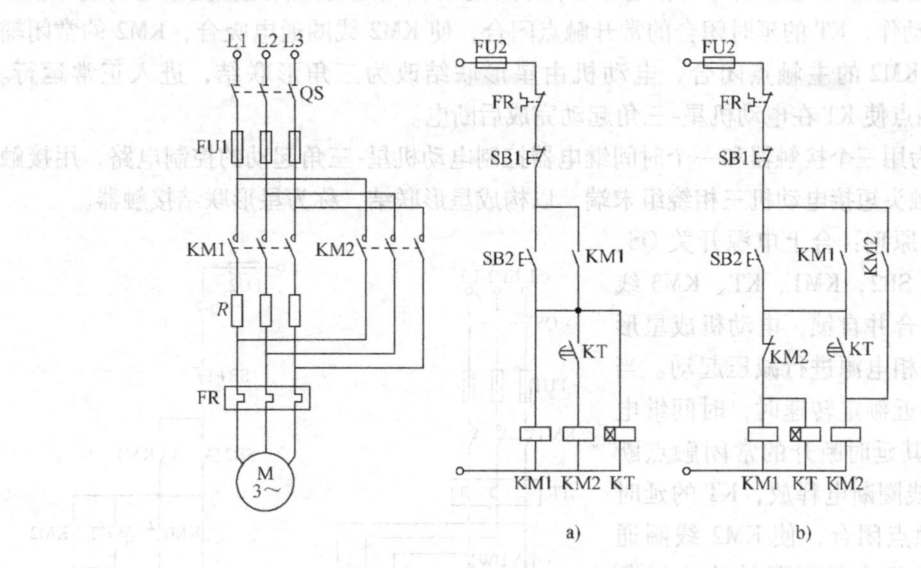

图 2-8　定子串电阻减压起动的控制电路

图 2-8a 的控制电路工作原理如下：

合上电源开关 QS，接入三相电源，按下 SB2，KM1、KT 线圈得电吸合并自锁，电动机串电阻 R 减压起动，当电动机转速接近额定值时，时间继电器 KT 动作，其延时闭合的常开触点闭合，KM2 线圈得电。KM2 主触点短路电阻 R，于是电动机经 KM2 主触点在全压下进入稳定正常运转。按下 SB1，KM1、KM2、KT 线圈全部断电，电动机停止运行。

图 2-8b 与图 2-8a 的功能相同，按下 SB2，KM1、KT 线圈得电吸合并自锁，电动机串电阻 R 减压起动，延时时间到，其延时闭合的常开触点闭合，KM2 线圈得电并自锁，短路电阻 R，电机进入全压运行。KM2 线圈得电的同时，KM2 的常闭辅助触点断开，KM1、KT 线圈断电，起到了节能的目的。

起动电阻一般采用由电阻丝绕制的板式电阻或铸铁电阻，电阻功率大，能够通过较大电流，但能耗较大，为了降低能耗可采用电抗器代替电阻。控制电路与串电阻的方式相同。

2.3.2　星-三角（Y-△）减压起动控制

正常运行时，定子绕组接成三角形运转的三相笼型异步电动机，都可采用星-三角减压起动。起动时，定子绕组先接成星形联结，然后接入三相交流电源。由于每相绕阻的电压下降到正常工作电压的 $1/\sqrt{3}$，故起动电流下降到全压起动时的 $1/\sqrt{3}$，当转速接近额定转速时，将电动机定子绕组改接成三角形联结，电动机进入正常运行状态。这种减压起动方法简单、经济，可用在操作较频繁的场合，但其起动转矩只有全压起动时的 1/3，适用于空载或轻载起动。

图 2-9a 为用两个接触器和时间继电器控制实现的电动机星-三角起动的控制电路。用接触器 KM2 的辅助触头短接电动机三相绕组末端，以构成星形联结，由于接触器的辅助触头

的容量较小，故只能用于容量较小（通常 13kW 以下）电动机的星-三角起动。

电路工作原理：合上电源开关 QS，按下起动按钮 SB2，KM1、KT 线圈同时通电吸合并自锁，电动机成星形联结，接入三相电源进行减压起动，当电动机转速接近额定转速时，时间继电器 KT 动作，KT 的延时闭合的常开触点闭合，使 KM2 线圈通电吸合，KM2 的常闭辅助触点打开，KM2 的主触点闭合，电动机由星形联结改为三角形联结，进入正常运行。KM2 的常闭触点使 KT 在电动机星-三角起动完成后断电。

图 2-9b 为用三个接触器和一个时间继电器控制电动机星-三角起动的控制电路，用接触器 KM3 的主触头短接电动机三相绕组末端，以构成星形联结，称为星形联结接触器。

电路工作原理：合上电源开关 QS，按下起动按钮 SB2，KM1、KT、KM3 线圈同时通电吸合并自锁，电动机成星形联结，接入三相电源进行减压起动。当电动机转速接近额定转速时，时间继电器 KT 动作，其延时断开的常闭触点断开，使 KM3 线圈断电释放，KT 的延时闭合的常开触点闭合，使 KM2 线圈通电吸合，电动机由星形联结改为三角形联结，进入正常运行。KM2 的常闭触点使 KT 在电动机星-三角起动完成后断电。电路中 KM2 与 KM3 形成电气互锁。

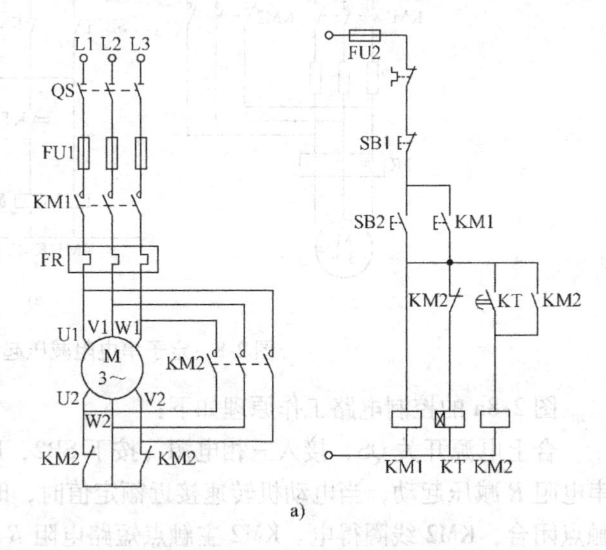

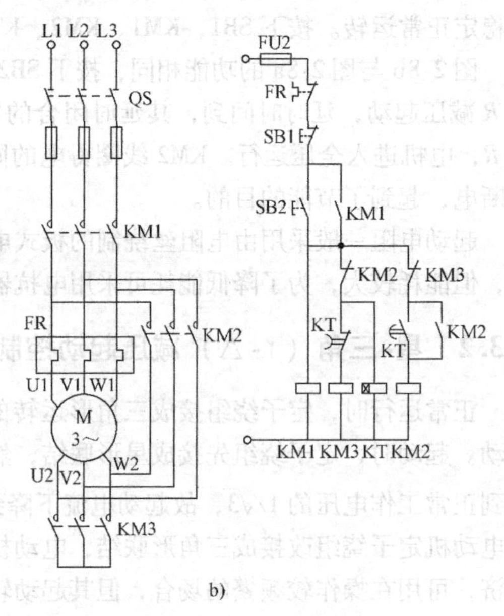

图 2-9　星-三角起动控制电路

a）两接触器的星-三角起动控制电路

b）三接触器的星-三角起动控制电路

2.3.3　自耦变压器减压起动控制电路

电动机经自耦变压器减压起动时，定子绕组得到的电压是自耦变压器的二次电压 U_2，由于自耦变压器的电压变比为 $K=U_1/U_2>1$，所以当利用自耦变压器减压起动时的电压为额定电压的 $1/K$，电网供给的起动电流减小到 $1/K^2$，由于 $T\propto U^2$，此时的起动转矩降为直接起动时的 $1/K^2$。所以，自耦变压器减压起动常用于空载或轻载起动。

电动机起动时，定子绕组得到的电压是自耦变压器的二次电压，一旦起动完毕，自耦变压器便被脱开，额定电压即自耦变压器的一次电压直接加于定子绕组，电动机进入全压正常工作。

图 2-10 为自耦变压器减压起动控

制电路。起动时，合上电源开关QS，按下起动按钮SB2，KM1、KT线圈同时得电并自锁，KM1主触头闭合，电动机定子绕组经自耦变压器二次侧供电开始减压起动。当电动机转速接近于额定转速时，时间继电器KT动作，KT延时常闭触头断开，使接触器KM1线圈断电，KM1主触头断开，将自耦变压器从电网上切除；KT的延时常开触头闭合，使接触器KM2线圈得电，电动机直接接到电网上，全压运行。

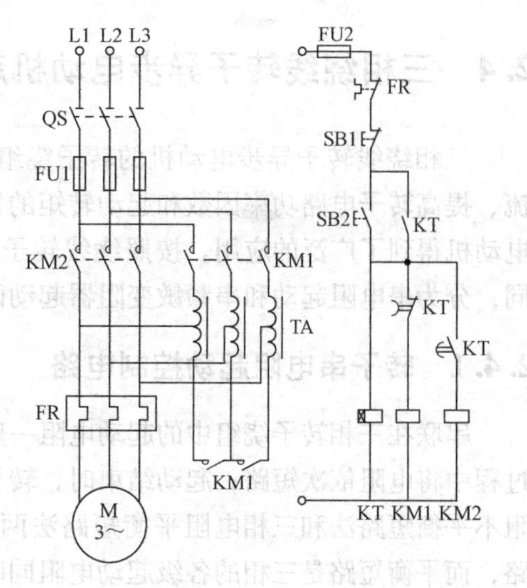

图2-10　自耦变压器减压起动控制电路

一般工厂常用的自耦变压器起动方法是采用成品的补偿减压起动器。这种补偿减压起动器包括手动、自动操作两种形式。手动操作的补偿减压起动器有QJ3、QJ5等型号，自动操作的补偿减压起动器有XJ01型和CTZ系列等。

XJ01型补偿减压起动器适用于14～28kW的电动机，其控制电路如图2-11所示。工作过程如下：合上电源开关QS，HL2（从上电至减压起动期间亮）、HL3（上电至未起动期间亮）指示灯亮。按下起动按钮SB2，KM1、KT线圈得电并被KT立即动作触头自锁，将自耦变压器接入，电动机定子绕组经自耦变压器供电做减压起动。同时，HL3指示灯灭，表明电动机减压起动。当电动机转速接近于额定转速时，KT动作，其延时闭合的触点闭合，使KA线圈得电并自锁，KA的常闭触点断开，使KM1、KT线圈断电释放，KA的常开触点闭合，使KM2线圈得电，将自耦变压器切除，电动机在额定电压下运行。同时，HL2指示灯灭，表示电动机起动结束，HL1指示灯亮，指示电动机进入全压正常运行。

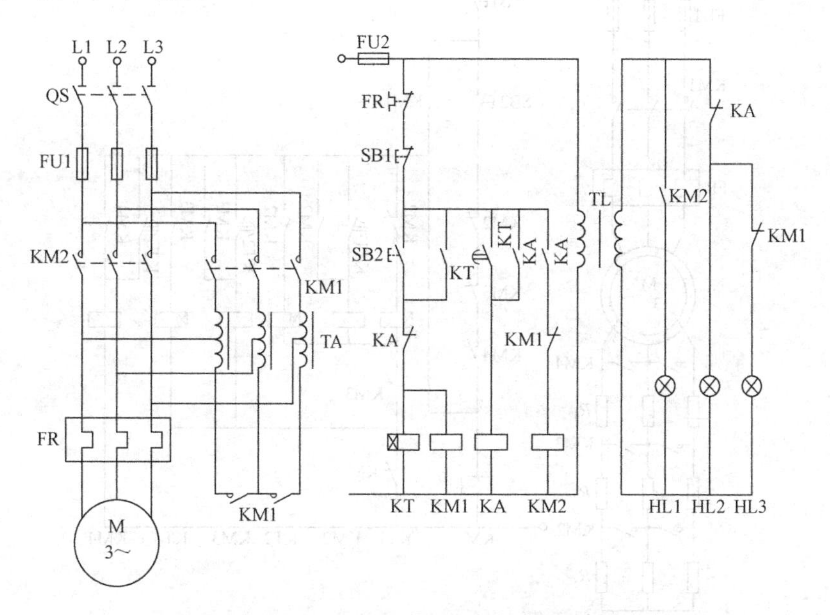

图2-11　XJ01型补偿减压起动器的控制电路

2.4 三相绕线转子异步电动机起动控制

三相绕线转子异步电动机的转子绕组可以通过集电环串联起动电阻以达到减小起动电流、提高转子电路功率因数和起动转矩的目的。在要求起动转矩较高的场合，绕线转子异步电动机得到了广泛的应用。按照绕线转子异步电动机转子绕组在起动过程中串联的装置不同，分为串电阻起动和串频敏变阻器起动两种控制电路。

2.4.1 转子串电阻起动控制电路

串联在三相转子绕组中的起动电阻一般都接成星形。起动前；起动电阻全部接入；起动过程中将电阻依次短路；起动结束时，转子电阻全部被短路。短路起动电阻的方式有三相电阻不平衡短路法和三相电阻平衡短路法两种。不平衡短路是每相的各级起动电阻轮流被短路，而平衡短路是三相的各级起动电阻同时被短路。这里仅介绍用接触器控制的三相电阻平衡短路法起动控制电路。

图 2-12 所示为转子绕组串入三级起动电阻按时间原则短路起动电阻的控制电路。图中 KM1 为线路接触器，KM2、KM3、KM4 为短路各级起动电阻的接触器，KT1、KT2、KT3 为起动时间继电器。电路的工作原理是：合上电源开关 QS，按下起动按钮 SB2，KM1 线圈得电并自锁，电动机转子接入三段电阻起动，同时 KT1 得电动作，当 KT1 延时时间到，其延时闭合的触点闭合，使 KM2 线圈得电并自锁，KM2 主触点闭合，短路电阻 R_3，KM2 的常开

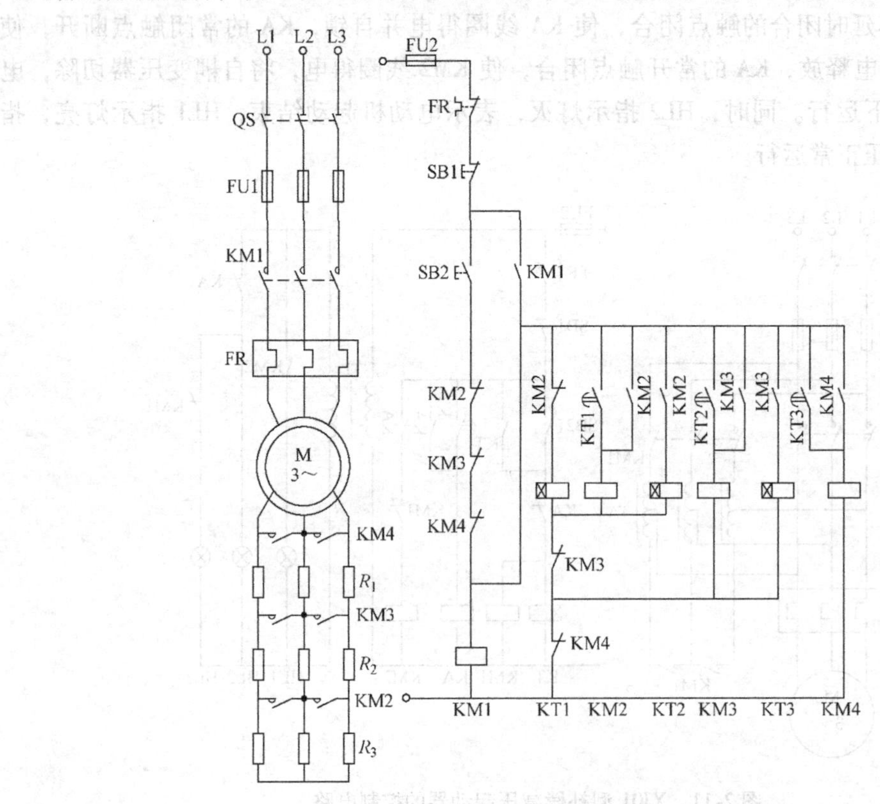

图 2-12 按时间原则短路起动电阻的控制电路

触点闭合，使 KT2 得电，当 KT2 延时时间到，其延时闭合的触点闭合，使 KM3 线圈得电并自锁，KM3 主触点闭合，短路电阻 R_2，KM3 的常开触点闭合，使 KT3 得电，KT3 延时时间到，其延时闭合的触点闭合，使 KM4 线圈得电并自锁，KM4 主触点闭合，短路电阻 R_1，电动机起动过程结束。要注意的是，电路中只有 KM1、KM4 长期通电，而 KT1、KT2、KT3、KM2、KM3 线圈的通电时间均被压缩到最低限度。这样做节省了电能，延长了电器寿命，更为重要的是减少了电路故障，保证了电路的安全可靠工作。但是该电路也存在一旦时间继电器损坏，电路将无法实现电动机正常起动和运行等问题。另外，在电动机的起动过程中，采用逐段短路电阻，也会使电流及转矩突然增大，产生较大的机械冲击。

图 2-13 为转子绕组按电流原则短路起动电阻的控制电路。它利用电动机转子电流在起动过程中由大变小的变化来控制电阻的切除。KI1、KI2、KI3 为欠电流继电器，其线圈串联在电动机转子电路中。它们的吸合电流相同，释放电流不同。其中 KI1 的释放电流最大，KI2 次之，KI3 最小。电路的工作原理是：按下起动按钮 SB2，KM1 线圈得电动作，电动机接通电源，刚起动时起动电流大，KI1、KI2、KI3 同时吸合动作，它们的常闭触点全部断开，使接触器 KM2、KM3、KM4 线圈均处于断电状态，转子起动电阻全部接入。当电动机转速升高，转子电流减小后，KI1 首先释放，其常闭触点恢复闭合，使接触器 KM2 线圈通电，短路第一段转子电阻 R_3，这时转子电流又有所增加，起动转矩增大，转速升高，电流又逐渐下降，使得 KI2 释放，其常闭触点恢复闭合使接触器 KM3 线圈通电，短路第二段起动电阻 R_2，如此下去，直到将转子全部电阻短路，电动机起动过程结束。

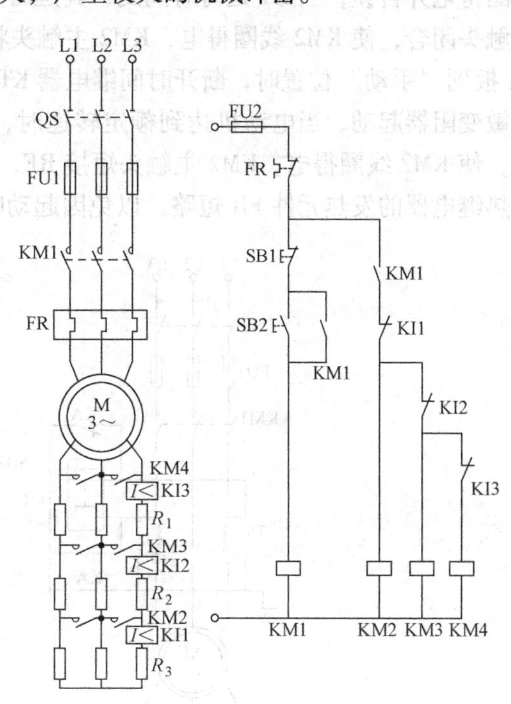

图 2-13　按电流原则短路起动电阻的控制电路

2.4.2　转子绕组串频敏变阻器起动控制电路

三相绕线转子异步电动机转子串联电阻起动时存在一定的机械冲击，同时存在串联电阻起动电路复杂、工作不可靠，而且电阻本身比较笨重、能耗大、控制箱体积大等缺点。从 20 世纪 60 年代开始，我国开始应用和推广自已独创的频敏变阻器。频敏变阻器的阻抗能够随着转子电流频率的减小而自动减小，它是绕线转子异步电动机较为理想的一种起动设备，常用于 380V 低压绕线转子异步电动机的起动控制。

频敏变阻器是一种由几片 E 形钢板叠成铁心，外面再套上绕组的三相电抗器，它有铁心、线圈两个部分，采用星形联结，其铁心损耗非常大。在起动过程中，转子频率是变化的，刚起动时，转速 n 等于零，转子电动势频率 f_2 最高（$f_2 = f_1 = 50\text{Hz}$），此时，频敏变阻器的电感与等效电阻最大，因此，转子电流相应受到抑制，定子电流不致很大。频敏变阻器的等效电阻和电抗同步变化，转子电路的功率因数基本不变，保证有足够的起动转矩。当转速逐渐上升时，转子频率逐渐减小，频敏变阻器的等效电阻和电抗也自动减小，当电动机运行正常时，f_2 很低（为 f_1 的 5% ~10%），频敏变阻器的等效阻抗变得很小。转子等效阻抗和转子回路感应电动势由大到小的变化，使串联频敏变阻器起动实现了近似恒转矩的起动特性。这种起动方式在空气压缩机等设备中有广泛应用。

图 2-14 为采用频敏变阻器的起动控制电路，图中 RF 为频敏变阻器，该电路可以实现自动和手动控制，自动控制时将开关 SA 扳向“自动”位置，按下起动按钮 SB2，KM1、KT 线圈得电并自锁，当 KT 延时时间到，其延时闭合的触头闭合，KA 线圈得电并自锁，KA 常开触头闭合，使 KM2 线圈得电，KM2 主触头将频敏变阻器短路，完成电动机的起动。开关 SA 扳到“手动”位置时，断开时间继电器 KT，按下 SB2，KM1 线圈得电并自锁，电动机串频敏变阻器起动，当电动机达到额定转速时，按下 SB3，KA 得电并自锁，KA 常开触头闭合，使 KM2 线圈得电，KM2 主触头短接 RF，起动过程结束。起动过程中，KA 的常闭触头将热继电器的发热元件 FR 短路，以免因起动时间过长而使热继电器误动作。

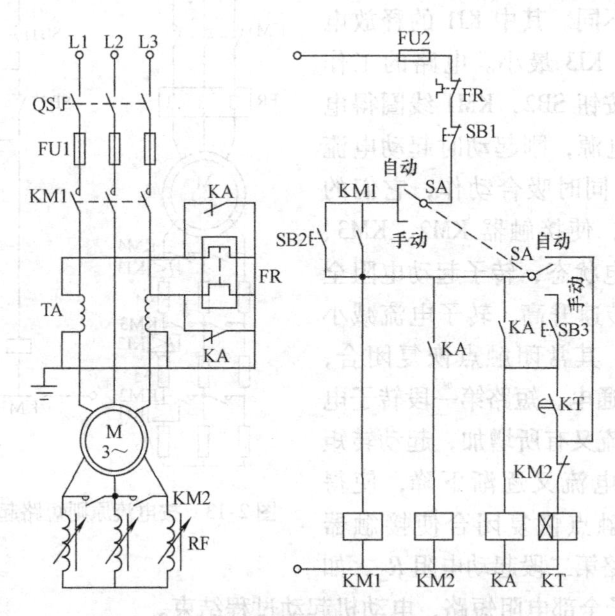

图 2-14　采用频敏变阻器的起动电路

2.5　三相异步电动机的制动控制

三相异步电动机自脱离电源，由于惯性的作用，转子要经过一段时间才能完全停止旋转，这就不能适应某些生产机械的工艺要求，如对万能铣床、卧式镗床、组合机床等，会出现运动部件停位不准、工作不安全等现象，同时也影响生产效率。因此，应对电动机进行有效的制动，使之能迅速停车。一般采取的制动方法有两大类：机械制动和电气制动。机械制动是利用电磁抱闸等机械装置来强迫电动机迅速停车；电气制动是使电动机工作在制动状态，使电动机的电磁转矩方向与电动机的旋转方向相反，从而起制动作用。电气制动控制电路包括反接制动和能耗制动。

2.5.1　反接制动控制电路

反接制动有两种情况：一种是在负载转矩作用下，使电动机反转但电磁转矩方向为正的倒拉反接制动，如起重机下放重物的情况；另一种是电源反接制动，即改变电动机电源的相序，使定子绕组产生反向的旋转磁场，从而产生制动转矩，使电动机转子迅速降速。这里讨论第二种情况。在使用这种电源反接制动方法时，为防止转子降速后反向起动，当电动机转速接近于零时应迅速切断电源；另外，转子与突然反向的旋转磁场的相对速度接近于两倍的同步转速，所以定子绕组中流过的反接制动电流相当于全电压直接起动时电流的两倍。为了减小冲击电流，通常在电动机主电路中串联电阻来限制反接制动电流。该电阻称为反接制动电阻。反接制动电阻的接线方法有对称和不对称两种接法。采用对称接法可以在限制制动转矩的同时，也限制制动电流，而采用不对称的接法，只是限制了制动转矩，未加制动电阻的那一相，仍有较大的电流。反接制动特点是制动迅速、效果好、冲击大，通常仅适用于10kW 以下的小容量电动机。

1. 电动机单向运转的反接制动控制电路

由以上分析可知，反接制动的关键是改变电动机电源的相序，并且在转速下降接近于零时，能自动将电源切除，以免引起反向起动。为此采用速度继电器来检测电动机转速的变化。速度继电器转速一般在 120～3000r/min 范围内触点动作，当转速低于 100r/min 时，触头复位。

图 2-15 为电动机单向运转的反接制动控制电路。起动时，按下起动按钮 SB2，接触器 KM1 得电并自锁，电动机全压起动。在电动机正常运转时，速度继电器 KS 的常开触点闭合，为反接制动做好准备。停车时，按下停止按钮 SB1，接触器 KM1 线圈断电，电动机脱离电源，由于惯性，此时电动机的转速还很高，KS 的常开触点依然闭合，SB1 常开触点闭合，反接制动接触器 KM2 线圈得电并自锁，KM2 主触点闭合，电动机定子绕组接入与正常运转相序相反的三相交流电源，进入反接制动状态，转速迅速下降，当电动机转速接近于零时（转速小于 100r/min），速度继电器常开触头复位，接触器 KM2 线圈断电，其主触头断开，电动机断电，反接制动结束。

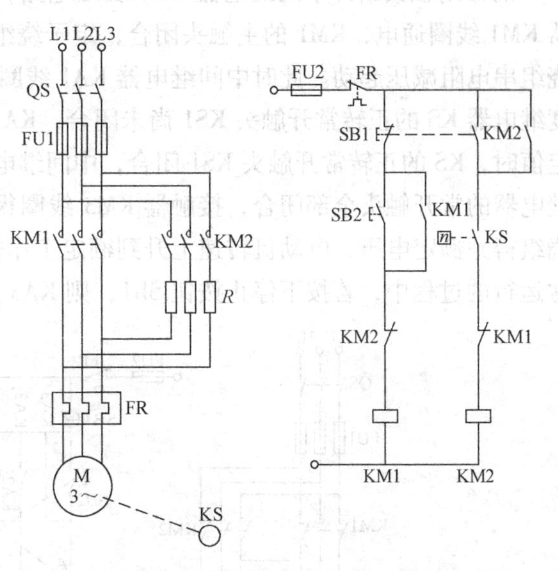

图 2-15　电动机单向运转的反接制动控制电路

2. 电动机可逆运行的反接制动控制电路

图 2-16 为电动机可逆运行的反接制动控制电路。按正转起动按钮 SB2，正转接触器 KM1 闭合，电动机接入正向三相交流电源开始运转，速度继电器 KS 动作，其正转的常闭触头 KS1 断开，常开触头 KS1 闭合。由于 KM1 的常闭辅助触头比正转的 KS1 常开触头动作时间早，所以正转的 KS1 的常开触头仅为 KM2 线圈的通电做准备，不能使 KM2 线圈立即通

电。按下停止按钮 SB1 时，KM1 线圈断电，KM1 的常闭触头闭合，反转接触器 KM2 线圈通电，定子绕组接到相序相反的三相交流电源，电动机进入正向反接制动。由于速度继电器的常闭触头 KS1 已断开，此时，反转接触器 KM2 线圈不能依靠其自锁触头自锁。当电动机转速接近于零时，正转常开触头 KS1 断开，KM2 线圈断电，正向反接制动过程结束。电动机的反向运转反接制动请读者自行分析。该电路的缺点是主电路未设置限流电阻，冲击电流大。

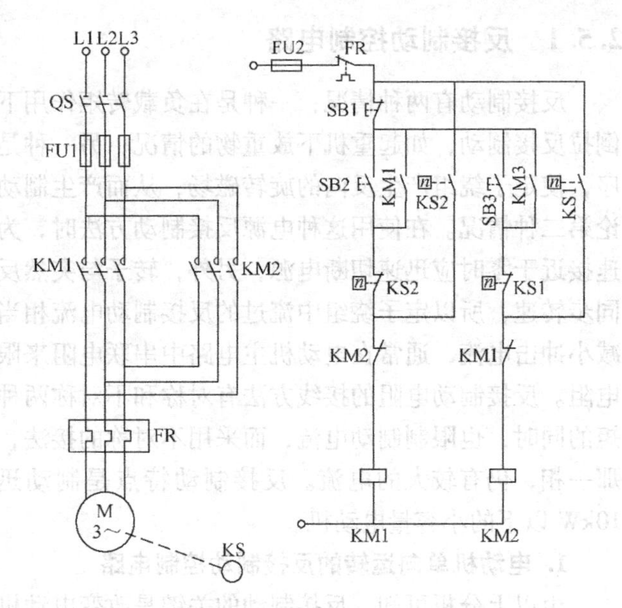

图 2-16 电动机可逆运行的反接制动控制电路

图 2-17 为电动机带制动电阻的可逆运行反接制动控制电路。图中电阻 R 是反接制动电阻，同时也有限制起动电流的作用。合上电源开关 QS，按下正转起动按钮 SB2，中间继电器 KA3 线圈得电并自锁，KA3 的常闭触头断开中间继电器 KA4 线圈电路，起互锁作用，KA3 常开触头闭合，使接触器 KM1 线圈通电，KM1 的主触头闭合，定子绕组经电阻 R 接通正向三相电源，电动机定子绕组串电阻减压起动。此时中间继电器 KA1 线圈电路中 KM1 常开辅助触头已闭合，由于速度继电器 KS 的正转常开触头 KS1 尚未闭合，KA1 线圈仍无法通电。当电动机转速上升到一定值时，KS 的正转常开触头 KS1 闭合，中间继电器 KA1 得电并自锁，这时 KA1、KA3 中间继电器的常开触头全部闭合，接触器 KM3 线圈得电，KM3 主触头闭合，短路电阻 R，定子绕组得到额定电压，电动机转速上升到额定工作转速，电动机的起动过程结束。在电动机正常运行的过程中，若按下停止按钮 SB1，则 KA3、KM1、KM3 线圈断电。但此时电动机转速

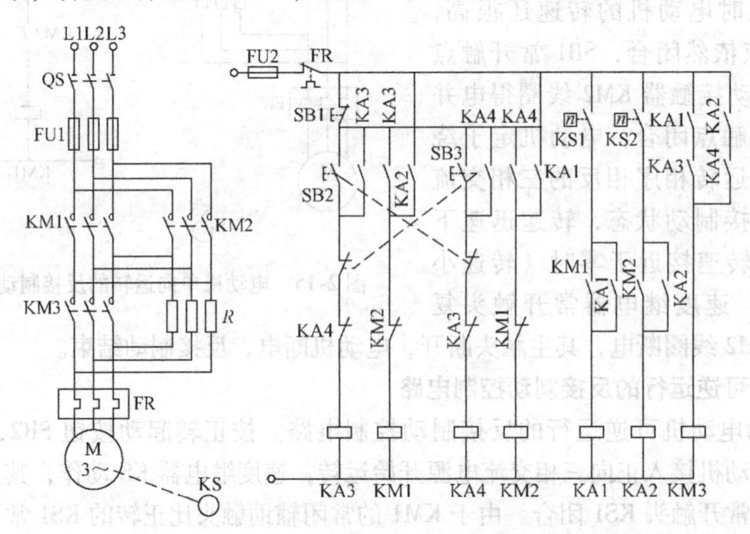

图 2-17 电动机带制动电阻的可逆运行反接制动控制电路

仍然很高，速度继电器 KS 的正转常开触头 KS1 还处于闭合状态，中间继电器 KA1 线圈仍得电，所以接触器 KM1 常闭触头复位后，接触器 KM2 线圈得电，KM2 常开主触头闭合，使定子绕组经电阻 R 获得反序的三相交流电源，电动机进行反接制动。转子速度迅速下降，当其转速小于 100r/min 时，KS 的正转常开触头 KS1 复位，KA1 线圈断电，接触器 KM2 线圈断电，KM2 主触头断开，反接制动过程结束。

2.5.2　能耗制动控制电路

能耗制动是指在电动机脱离三相交流电源之后，迅速在定子绕组上加一个直流电压，利用转子感应电流与静止磁场的作用来达到制动的目的。能耗制动可以采用时间或速度控制原则，分别由时间继电器和速度继电器完成。

1. 单向能耗制动控制电路

图 2-18 为按时间原则控制的单向能耗制动控制电路。电动机正常运行时，若按下停止按钮 SB1，KM1 线圈断电，其主触头断开，切断电动机的三相交流电源，同时，时间继电器 KT 线圈得电，接触器 KM2 线圈得电并自锁，KM2 主触头闭合，直流电源则加入定子绕组，电动机进行能耗制动。当电动机转子的惯性速度接近于零时，时间继电器延时断开的常闭触头 KT 断开接触器 KM2 线圈电路，KM2 线圈断电，其主触头断开，直流电源被切除，同时，KM2 常开辅助触头复位，时间继电器 KT 线圈断电，电动机能耗制动结束。

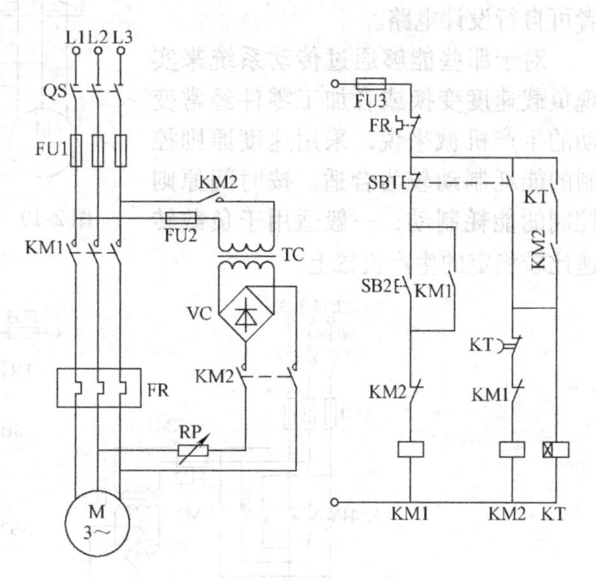

图 2-18　按时间原则控制的单向能耗制动控制电路

图中设置 KT 的瞬时常开触头的作用是考虑 KT 线圈断电或其他机械等故障时，在按下停止按钮 SB1 后电动机能迅速制动，保证定子绕组不长期接入能耗制动的直流电流。该电路具有手动能耗制动的功能，只要按下停止按钮 SB1，电动机就能实现能耗制动。

图 2-19 为按速度原则控制的单向能耗制动控制电路。该电路与图 2-18 所示控制电路基本相同，不同的是电路中取消了时间继电器 KT，而加装了速度继电器 KS，用 KS 的常开触头代替 KT 延时断开的常闭触头。制动时，按下停止按钮 SB1，KM 线圈断电，其主触头断开，断开电动机的三相交流电源。此时电动机转子的惯性速度仍然很高，速度继电器 KS 的常开触头仍然闭合，接触器 KM2 线圈能够依靠按下 SB1 按钮通电并自锁，两相定子绕组通入直流电，电动机能耗制动。当电动机转子的惯性速度接近零时，KS 常开触头复位，接触器 KM2 线圈断电，其主触头断开直流电源，能耗制动结束。

2. 电动机可逆运行能耗制动控制电路

图 2-20 为电动机按时间原则控制的可逆运行能耗制动控制电路。正常的正向运转过程中需要停止时，按下停止按钮 SB1，接触器 KM1 断电，其常闭触头复位，KM3 和 KT 线圈得电并自锁，KM3 常开主触头闭合，直流电源加到定子绕组，电动机进行正向能耗制动。

电动机正向转速迅速下降，当转速接近零时，时间继电器延时断开的常闭触头 KT 断开接触器 KM3 线圈电源。KM3 主触头断开直流电源，KM3 常开辅助触头复位，时间继电器 KT 线圈也随之断电，电动机正向能耗制动结束。反向控制过程与上述正向情况类似。

电动机可逆运行能耗制动也可以采用速度原则，用速度继电器取代时间继电器，同样能达到制动目的。读者可自行设计电路。

对于那些能够通过传动系统来实现负载速度变换或者加工零件经常变动的生产机械来说，采用速度原则控制的能耗制动较为合适。按时间原则控制的能耗制动，一般适用于负载转速比较稳定的生产机械上。

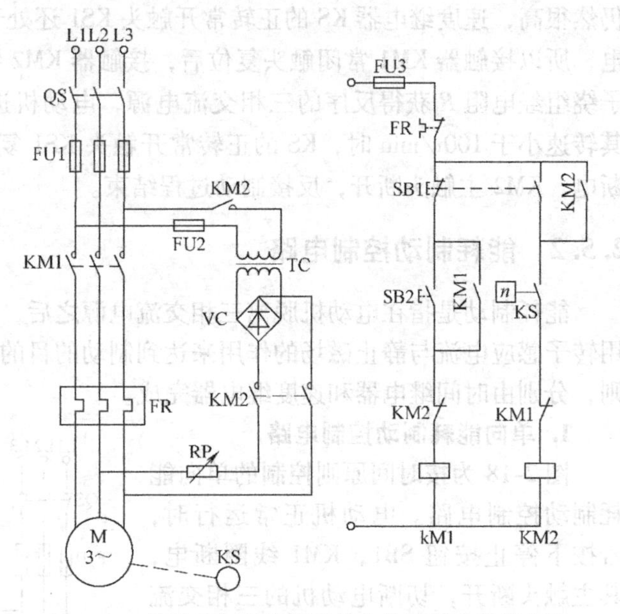

图 2-19　按速度原则控制的单向能耗制动控制电路

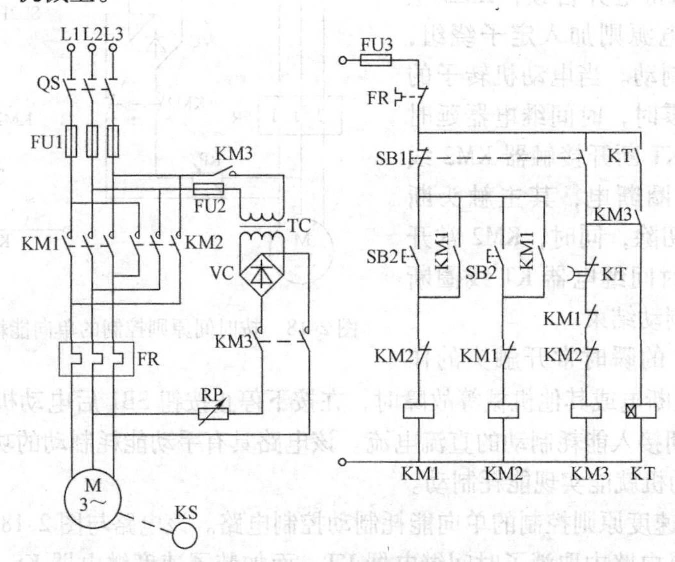

图 2-20　电动机按时间原则控制的可逆运行能耗制动控制电路

能耗制动与反接制动相比，具有消耗能量少、制动电流小等优点，但需要直流电源、控制电路复杂。通常能耗制动适用于电动机容量较大和起动、制动频繁的场合，反接制动适用于电动机容量较小而制动要求迅速的场合。

2.6　三相笼型异步电动机的有级调速控制

前面阐述了三相异步电动机的起动、制动控制，本节主要介绍三相笼型异步电动机的有级调速控制。

2.6.1 三相笼型异步电动机的有级调速控制原理

由三相异步电动机的转速公式 $n=60f_1(1-s)/p$ 可知，三相异步电动机的调速方法主要有变极对数调速、变转差率调速及变频调速三种。变转差率调速的方法可通过调定子电压、改变转子电路中的电阻以及采用串级调速、电磁转差离合器调速等来实现，这些方法目前在工厂应用都很广泛。改变转子电路电阻的调速方法只适用于绕线转子异步电动机，变频调速和串级调速比较复杂，将在专门的课程中讲授，本节仅介绍三相笼型异步电动机变磁极对数调速的基本控制电路。

改变磁极对数可以改变电动机的同步转速，也就是改变电动机的转速。一般的三相异步电动机磁极对数是不能随意改变的，因此，必须选用双速或多速电动机。由于电动机的磁极对数是整数，所以，这种调速方法是有级的。变磁极对数调速，原则上对三相笼型异步电动机和绕线转子异步电动机都适用，但对绕线转子异步电动机，如要改变转子磁极对数使之与定子磁极对数一致，其结构相当复杂，故一般不采用。而三相笼型异步电动机转子磁极对数具有与定子磁极对数相等的特性，因此，只要改变定子磁极对数就可以了，所以，变磁极对数仅适用于三相笼型异步电动机。

三相笼型异步电动机常采用两种方法来改变定子绕组的磁极对数：一是改变定子绕组的连接方法，二是在定子上设置具有不同磁极对数的两套互相独立的绕组。有时为了获得更多的速度等级（如需要得到三个以上的速度等级），在同一台电动机同时采用上述两种方法。

图2-21为4/2极的双速异步电动机定子绕组接线示意图。图2-21a是三角形联结，电动机定子绕组的U1、V1、W1接三相交流电源，定子绕组的U2、V2、W2悬空，此时每相绕组中的1、2线圈串联，电流方向如虚线箭头所示，电动机四极运行，为低速。图2-21b是双星形联结，电动机定子绕组的U1、V1、W1连在一起，U2、V2、W2接三相交流电源，此时每相绕组中的1、2线圈并联，电流方向如虚线箭头所示，电动机两极运行，为高速。

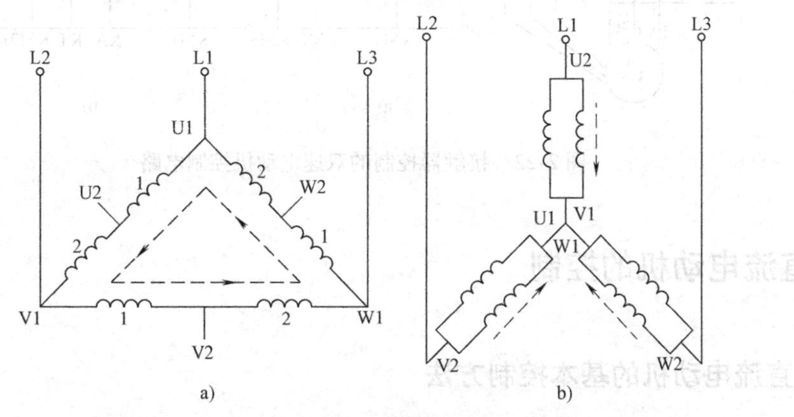

图2-21 4/2极的双速异步电动机定子绕组接线示意图

a）三角形联结低速运行 b）双星形联结高速运行

2.6.2 双速电动机控制电路

1. 手动控制低速、高速运行

控制电路如图2-22a所示。先合上电源开关QS，按下低速起动按钮SB2，低速接触器

KM1 线圈得电并自锁，KM1 主触头闭合，电动机定子绕组为三角形联结，电动机低速运转。高速运转时，按下高速起动按钮 SB3，低速接触器 KM1 线圈断电，其主触头断开，辅助常闭触头复位，高速接触器 KM2 和 KM3 线圈得电并自锁，其主触头闭合，电动机定子绕组为双星形联结，电动机高速运转。电动机的高速运转由 KM2 和 KM3 两个接触器来控制的，只有当两个接触器线圈都得电时，电动机才允许高速工作。

2. 时间继电器控制的自动低速、高速运行

控制电路如图 2-22b 所示。SB2 按钮是低速起动按钮，按下 SB2，接触器 KM1 线圈得电，其主触头闭合，电动机定子绕组为三角形联结，电动机低速运转。高速时，按下按钮 SB3，继电器 KA 得点并自锁，时间继电器 KT 线圈也得电，计时开始，接触器 KM1 线圈得电，其主触头闭合使电动机定子绕组为三角形联结，电动机先以低速起动。一段延时后，时间继电器 KT 动作，其常闭触头延时断开，接触器 KM1 线圈断电，KM1 主触头断开，KT 的延时常开触头延时闭合，接触器 KM2、KM3 线圈得电，KM2、KM3 的主触头闭合，使电动机定子绕组为双星形联结，以高速运转。

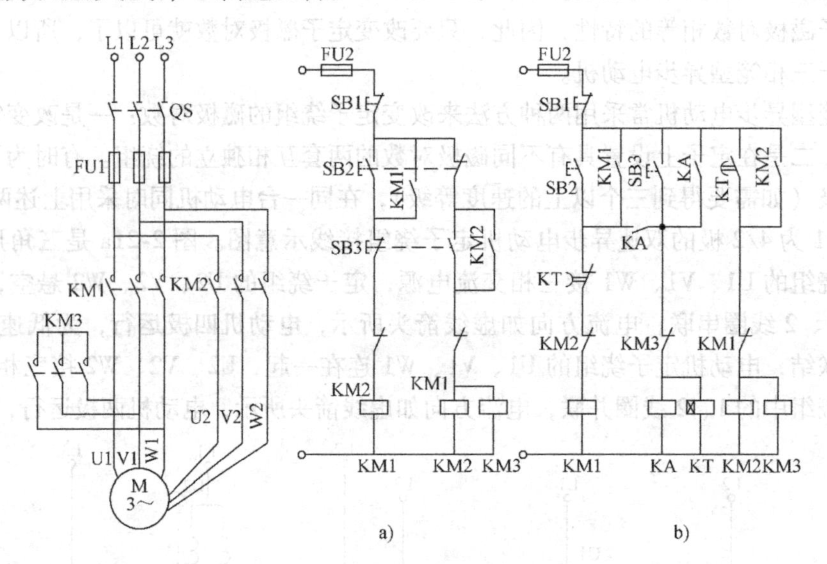

图 2-22　接触器控制的双速电动机控制电路

2.7　直流电动机的控制

2.7.1　直流电动机的基本控制方法

直流电动机具有优良的调速特性，调速平稳、方便，调速范围广，过载能力大，能快速起动、制动和反转，能满足生产过程自动化系统各种不同的特殊运行要求。虽然其制造成本和维护费用比交流电动机大，但在对电动机的调速性能和起动性能要求高的生产机械上仍得到广泛应用。例如轧钢机和龙门刨床等重型机床的主传动机构中，某些电力牵引和起重设备、电车、电力机车以直流电动机为拖动系统。随着电力电子技术与微处理器的发展，变频器的大量出现，交流电动机变频调速方式已经可以满足生产机械的调速要求。

1. 直流电动机的起动控制

直流电动机起动控制的要求与交流电动机类似。直流电动机起动冲击电流大，可达额定电流的 10～20 倍。除小型直流电动机外一般不允许直接起动，即在保证足够大的起动转矩下，尽可能地减小起动电流，再考虑其他要求。

为了保证起动过程中产生足够大的反电动势以减小起动电流和产生足够大的起动转矩，加速起动过程，避免空载失磁“飞车”事故的发生，他励、并励直流电动机起动时，在接通电枢绕组电源时，必须同时或提前接上额定的励磁电压。串励直流电动机的励磁电流和电枢电流是同时接通的。

2. 直流电动机的正反转控制

由电磁转矩 $T = C_T \Phi I$ 可知，改变直流电动机的转向有两个方法：一种是当电动机的励磁绕组两端电压的极性不变时，改变电枢绕组两端电压的极性，使电枢电流反向；另一种是电枢绕组两端电压极性不变，而改变励磁绕组两端电压的极性。

在采用改变电枢绕组两端电压极性来改变电动机转向时，由于主电路电流较大，故切换功率较大，给使用带来不便。因此，常采用改变直流电动机励磁电流的极性来改变转向的方法。为了避免改变励磁电流方向的过程中，因 $\Phi = 0$ 造成的“飞车”，通常要求改变励磁电流的同时要切断电枢绕组电源，另外必须加设阻容吸收装置来消除励磁绕组因触头断开产生的感应电动势。

3. 调速控制

直流电动机最突出的优点是能在很大的范围内具有平滑、平稳的调速性能。调速方法主要有电枢回路串电阻调速、改变电枢电压调速、改变励磁调速和混合调速。

4. 制动控制

与交流电动机类似，直流电动机的电气制动方法有能耗制动、反接制动和再生发电制动等几种方式。

2.7.2　他励（并励）直流电动机的控制电路

1. 电枢回路串电阻的起动与调速控制电路

图 2-23 所示的电路，利用主令控制器 Q 来实现直流电动机的起动、调速和停车控制。其工作原理如下：

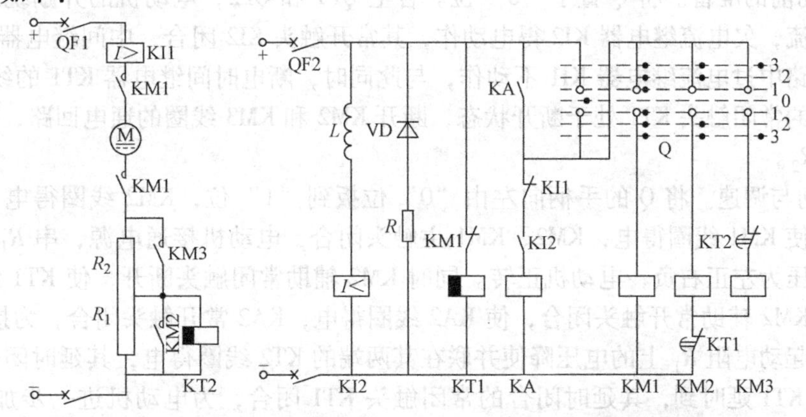

图 2-23　他励直流电动机电枢回路串电阻起动与调速控制电路

1）起动前的准备。将 Q 的手柄置“0”位。合上主电路断路器 QF1 和控制电路断路器 QF2，电动机的并励绕组中流过额定的励磁电流，欠电流继电器 KI2 得电动作，其常开触头 KI2 闭合，中间继电器 KA 通过 Q 的 1、2 触头得电并自锁。主电路中过电流继电器 KI1 不动作，与此同时，时间继电器 KT1 的线圈也得电，其延时闭合的常闭触头 KT1 立即断开，断开 KM2 和 KM3 线圈的通电回路，保证起动时串入 R_1 和 R_2。

2）起动。起动时，将 Q 的手柄由“0”位扳到“3”位，Q 的 1、2 触头断开，其他三对触头闭合。此时 KM1 线圈得电，其主触头闭合使电动机 M 串 R_1、R_2 起动，同时 KM1 常闭触头断开，使 KT1 线圈断电并开始延时。起动电阻 R_1 上的电压降使并联在其两端的 KT2 线圈得电，其延时闭合的常闭触头断开。当 KT1 延时到，其延时闭合的常闭触头 KT1 闭合，KM2 线圈得电。KM2 的常开触头闭合，切除起动电阻 R_1，电动机进一步加速，同时 KT2 线圈被短路，KT2 开始延时，延时到，其延时闭合的常闭触头 KT2 闭合，接触器 KM3 线圈得电，KM3 的主触头闭合，切除电阻 R_2，电动机再次加速，进入全电压运转，起动过程结束。

3）调速。低速时，将 Q 扳到“1”或“2”位，电动机在电枢串有两段或一段电阻下运行，其转速低于主令控制器处在“3”位时的转速。例如，将 Q 扳到 1 位，KM2、KM3 都不能得电，电动机串 R_1 和 R_2 运行。在调速过程中 KT1 和 KT2 的延时作用是保证电动机 M 有足够的加速时间，避免由于电流突变引起传动系统过大的冲击。

4）保护。电动机发生过载和短路时，主回路过电流继电器 KI1 立即动作，切断 KA 的通电回路，KM1、KM2、KM3 线圈均断电，使电动机脱离电源。

欠电流继电器 KI2 的作用是当励磁线圈断路或励磁电流减小时，KI2 动作，其闭合的常开触头切断 KA 线圈电路，电动机断电，起到失磁和弱磁保护的作用。

主令控制器 Q 具有零位保护和零压保护的作用，Q 手柄处于“0”位，KA 才能接通，避免了电动机的自起动，起零压保护作用；另外，也保证了电动机在任何情况下总是从低速到高速的安全加速起动过程，这种保护称零位保护。

电路中二极管 VD 与电阻 R 串联构成励磁绕组的吸收回路，防止在停车时由于过大的自感电动势引起励磁绕组的绝缘击穿，并保护其他元件。

2. 具有能耗制动的正反转控制电路

具有能耗制动的正反转控制电路如图 2-24 所示。电路中的两级电阻 R_1 和 R_2 具有限流和调速的作用。

1）起动前的准备。将 Q 置于“0”位。合上 QF1 和 QF2，电动机的并励绕组中流过额定的励磁电流，欠电流继电器 KI2 得电动作，其常开触头 KI2 闭合，中间继电器 KA 得电并自锁。主电路中过电流继电器 KI1 不动作，与此同时，断电时间继电器 KT1 的线圈也得电，其延时闭合的常闭触头 KT1 处于断开状态，断开 KM2 和 KM3 线圈的通电回路，保证起动时串入 R_1 和 R_2。

2）起动与调速。将 Q 的手柄向左由“0”位扳到“1”位，KM2 线圈得电，其常开辅助触头闭合使 KM1 线圈得电，KM2、KM1 主触头闭合，电动机接通电源，串 R_1、R_2 起动，此时电枢电压为左正右负，电动机正转。同时 KM2 辅助常闭触头断开，使 KT1 线圈断电并开始延时，KM2 辅助常开触头闭合，使 KA2 线圈得电，KA2 常开触头闭合，为接通 KM6 线圈做准备。起动电阻 R_1 上的电压降使并联在其两端的 KT2 线圈得电，其延时闭合的常闭触头断开。当 KT1 延时到，其延时闭合的常闭触头 KT1 闭合，为电动机进一步加速做准备。需要电动机加速时，将 Q 手柄向左由“1”扳到“2”位，KM4 线圈得电。KM4 的主触头闭

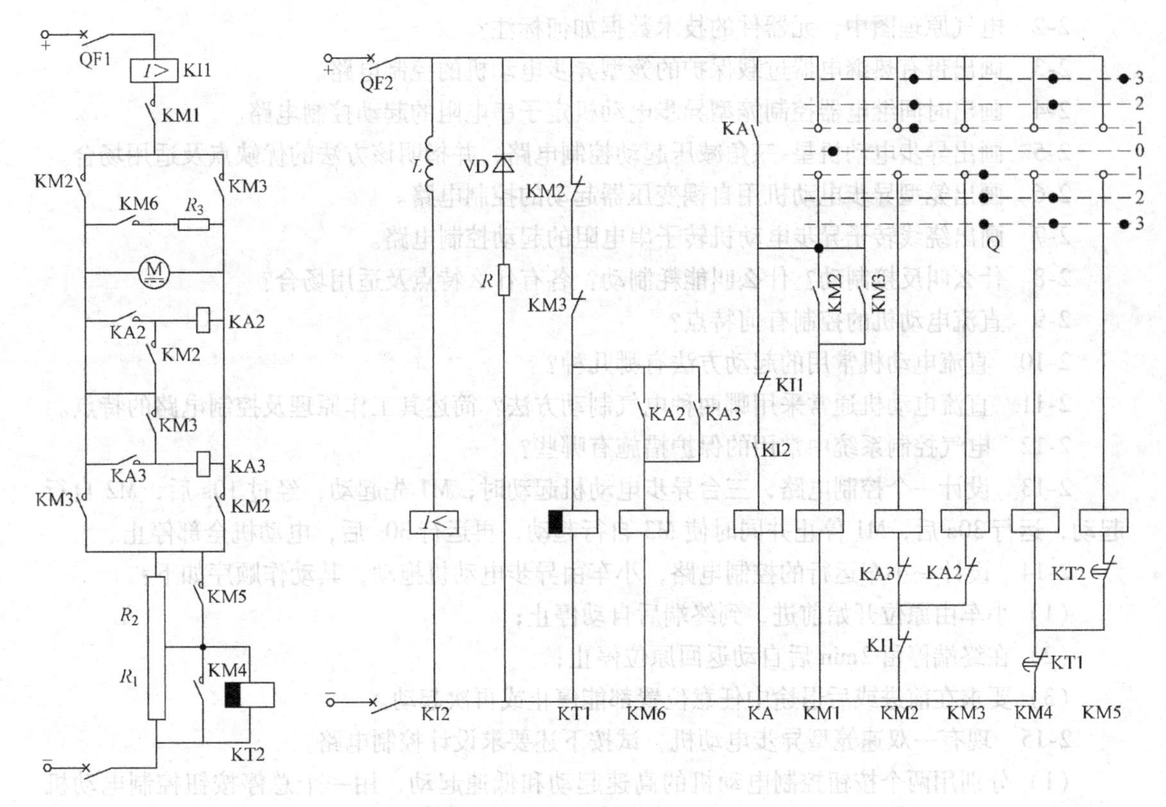

图 2-24　具有能耗制动的正反转控制电路

合，切除起动电阻 R_1，电动机进一步加速；同时 KT2 线圈被短路，KT2 开始延时，延时到，其延时闭合的常闭触头 KT2 闭合，为接触器 KM5 线圈得电做准备。将 Q 手柄向左由“2”扳到“3”位，KM5 线圈得电，KM5 的主触头闭合，切除电阻 R_2，电动机再次加速，进入全电压运转，起动过程结束。

3）制动。将 Q 手柄由左扳回“0”位，KM2 线圈断电，其主触头断开电动机电源，其辅助常闭触头闭合使 KM6 线圈得电，其主触头闭合，接通 R_3 电阻，电动机进入能耗制动状态。由于电动机的惯性，在励磁保持情况下，电枢导体切割磁场而产生感应电动势，使 KA2 中仍有电流而不释放，当转速降到一定数值时，KA2 断电，制动结束。电路恢复到原始状态，准备重新起动。

电动机处于反转状态，其停车的制动过程与上述过程相似，不同的只是利用中间继电器 KA3 来控制而已。

当用主令控制器手柄从正转扳到反转时，利用继电器 KA2（在制动结束以前一直是吸合的）断开了反转接触器 KM3 线圈的回路，保证先进行能耗制动，后改变转向。故即使主令控制器处于反转 3 位，也不能接通反转接触器。当主令控制器从反转瞬间扳到正转时，情况类似，读者自己进行分析。

思考题与习题

2-1　熟悉文字符号 QS、FU、KM、KA、KI、KT、SB、ST 的意义及相应的图形符号。

2-2　电气原理图中，元器件的技术数据如何标注？

2-3　画出带有热继电器过载保护的笼型异步电动机的控制电路。

2-4　画出时间继电器控制笼型异步电动机定子串电阻的起动控制电路。

2-5　画出异步电动机星-三角减压起动控制电路，并指明该方法的优缺点及适用场合。

2-6　画出笼型异步电动机用自耦变压器起动的控制电路。

2-7　画出绕线转子异步电动机转子串电阻的起动控制电路。

2-8　什么叫反接制动？什么叫能耗制动？各有什么特点及适用场合？

2-9　直流电动机的控制有何特点？

2-10　直流电动机常用的起动方法有哪几种？

2-11　直流电动机通常采用哪两种电气制动方法？简述其工作原理及控制电路的特点。

2-12　电气控制系统中常用的保护措施有哪些？

2-13　设计一个控制电路，三台异步电动机起动时，M1 先起动，经过 10s 后，M2 自行起动，运行 30s 后，M1 停止并同时使 M3 自行起动，再运行 30s 后，电动机全部停止。

2-14　设计一小车运行的控制电路，小车由异步电动机拖动，其动作顺序如下：

（1）小车由原位开始前进，到终端后自动停止；

（2）在终端停留 2min 后自动返回原位停止；

（3）要求在前进或后退途中任意位置都能停止或再次起动。

2-15　现有一双速笼型异步电动机，试按下述要求设计控制电路。

（1）分别用两个按钮控制电动机的高速起动和低速起动，用一个总停按钮控制电动机的停止。

（2）高速起动时，电动机先接成低速，然后经延时后自动换接到高速。

（3）具有短路保护与过载保护。

2-16　有一台四级传送带运输机，由四台笼型异步电动机 M1、M2、M3、M4 拖动，按如下要求设计电路：

（1）起动时，要求按 M1→M2→M3→M4 顺序起动；

（2）停车时，要求按 M4→M3→M2→M1 顺序停车；

（3）上述动作按时间原则控制。

第3章　典型生产机械电气控制电路分析

3.1　电气控制电路的分析基础

生产中使用的机械设备种类繁多，其控制电路和拖动控制方式各不相同。本章通过分析典型机械设备的电气控制系统，一方面进一步学习掌握电气控制电路的组成及其基本控制电路，掌握分析电气控制电路的方法与步骤，培养读图能力；另一方面通过几种有代表性的机床控制电路分析，使读者了解电气控制系统中机械、液压与电气控制配合的意义，为电气控制系统的设计、安装、调试、维护打下基础。

3.1.1　电气控制电路分析的内容

分析电气控制电路主要是通过对各种技术资料的分析，达到掌握其工作原理、使用方法和维护的目的。主要包括以下几方面的内容：

1. 设备说明书

设备说明书由机械（包括液压）与电气两部分组成，在分析时首先要阅读这两部分说明书，了解以下内容：

1）设备的构造，主要技术指标，机械、液压气动部分的工作原理。

2）电气传动方式，电动机、执行元器件等数目、规格型号、安装位置、用途及控制要求。

3）设备的使用方法，各操作手柄、开关、旋钮、指示装置的布置以及在控制电路中的作用。

4）机械、液压部分直接关联的元器件（行程开关、电磁阀、电磁离合器、传感器等）的位置、工作状态及与机械、液压部分的关系，在控制中的作用等。

2. 电气控制电路原理图

这是控制电路分析的主要内容。电气控制系统的电路图由主电路、控制电路、辅助电路、保护及联锁环节以及特殊控制电路等部分组成。

分析具体电路图时，必须与阅读其他技术资料结合起来。例如，各种电动机及执行元器件的控制方式、位置及作用，各种与机械有关的位置开关、主令电器的状态等，只有通过阅读说明书才能了解。

在电路图分析中还可以通过所选用的电气元器件的技术参数，分析出控制电路的主要参数和技术指标，估计出各部分的电流、电压值，以便在调试或检修中合理地使用仪表。

3.1.2　电路图阅读分析的方法与步骤

仔细阅读设备说明书，了解电气控制系统的总体结构，电动机元器件的分布状况及控制要求等内容后，便可以分析电路图。电路图分析的一般方法与步骤如下：

1. 分析主电路

从主电路入手，根据每台电动机和执行元器件的控制要求去分析各电动机和执行元器件的控制内容，包括第 2 章中讨论过的电动机起动、转向控制、调速、制动等基本控制环节。

2. 分析控制电路

根据主电路中电动机和执行元器件的控制要求，逐一找出控制电路中的控制环节，用第 2 章学过的基本控制环节的知识，将控制电路“化整为零”，按功能不同划分成若干个局部控制电路来进行分析。如果控制电路较复杂，则可先排除照明、显示等与控制关系不密切的电路，以便集中精力进行分析。控制电路一定要分析透彻。分析控制电路的最基本方法是“查线读图”法。

3. 分析辅助电路

辅助电路包括执行元器件的工作状态显示、电源显示、参数测定、照明和故障报警等部分，辅助电路中很多部分是由控制电路的元器件来控制的，所以在分析辅助电路时，还要对照控制电路进行分析。

4. 分析联锁与保护环节

生产机械对于安全性、可靠性有很高的要求，要实现这些要求，除了合理地选择拖动、控制方案以外，在控制电路中还设置了一系列电气保护和必要的电气联锁。电气联锁和电气保护环节是一个重要内容，不能遗漏。

5. 分析特殊控制环节

在某些控制电路中，还设置了一些与主电路、控制电路关系不密切，相对独立的某些特殊环节。如产品计数装置、自动检测系统、晶闸管触发电路、自动调温装置等。这些部分往往自成一个小系统，其分析方法可参照上述分析过程，并灵活运用所学过的电子技术、变流技术、自控系统、检测与转换等知识。

6. 总体检查

经过“化整为零”，逐步分析了每一个局部电路的工作原理以及各部分之间的控制关系之后，还必须用“集零为整”的方法，检查整个控制电路，看是否有遗漏。特别要从整体角度去进一步检查和理解各控制环节之间的联系，以达到清楚理解电路中每一个元器件的作用、工作过程及主要参数。

3.2 C616 型卧式车床的电气控制电路分析

车床是一种应用极为广泛的金属切削机床。用它能车削外圆、内孔、端面、螺纹定型表面等，并可装上钻头、铰刀等工具进行孔加工。C616 型卧式车床属于小型车床，床身最大工件回转半径 160mm，工件的最大长度为 500mm。

3.2.1 C616 型卧式车床的主要结构及运动形式

C616 型卧式车床的结构示意图如图 3-1 所示。它由床身、主轴箱、尾座、进给箱、丝杠、光杠、刀架及溜

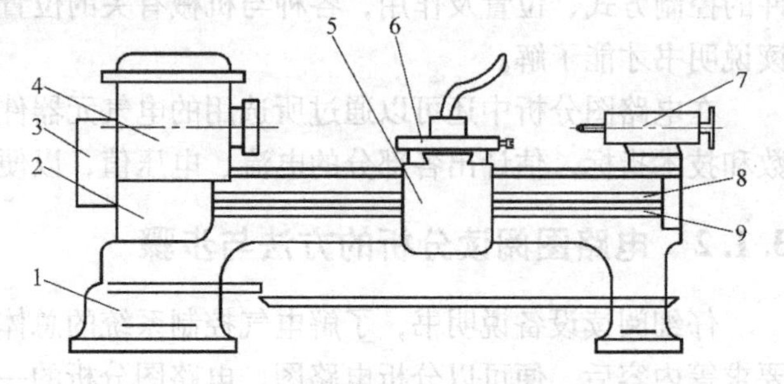

图 3-1　C616 型卧式车床的结构示意图

1—床身　2—进给箱　3—挂轮箱　4—主轴箱　5—溜板箱　6—溜板及刀架　7—尾座　8—丝杠　9—光杠

板箱等组成。

车床在加工过程中主要有两种运动：主运动和进给运动。主运动是主轴通过卡盘和顶尖带动工件做旋转的运动，它消耗绝大部分能量；进给运动是溜板带动刀架的纵向和横向的直线运动，它消耗的能量很小。

3.2.2　卧式车床的电力拖动及控制要求

根据卧式车床加工的需要，其电气控制电路应满足如下几点要求：

1）主轴转速和进给速度可调。车削加工时，由于工件的材料性质、尺寸、工艺要求、加工方式、冷却条件及刀具种类不同，切削速度应不同，因此要求主轴转速能在相当大的范围内调节。中小型卧式车床主轴转速的调节方法有两种：一种是通过改变电动机的磁极对数来改变电动机的转速，以扩大车床主轴的调速范围；另一种是用齿轮变速箱来调速。目前中小型车床多采用不变速的异步电动机拖动，靠齿轮箱的有级调速来实现变速。

加工螺纹时，要求工件的旋转速度与刀具的移动速度之间具有严格的比例关系。为此，车床溜板箱与主轴之间通过齿轮来连接。所以刀架移动和主轴旋转都是由一台电动机来拖动的，而刀具的进给是通过挂轮箱传递给进给箱，通过二者的配合来实现的。

2）主轴能正、反两个方向旋转。车削加工一般只需要单向旋转，但在车削螺纹时，为避免乱丝扣，要求主轴反转来退刀，因此，要求主轴能正、反转。车床主轴旋转方向可通过改变主轴电动机转向和机械手柄（离合器）齿轮组来控制。

3）主轴应能迅速停车。迅速停车可以缩短辅助时间，提高工作效率。为使停车迅速，电动机必须采取制动。C616型卧式车床采用导向开关实现反接制动。

4）车削时的刀具及工件应进行冷却。由于加工时，刀具及工件的温度相当高，应设专用电动机拖动冷却泵工作。

5）控制电路必须有保护及照明等电路。

3.2.3　C616型卧式车床电气控制原理图分析

图3-2为C616型卧式车床的电气控制原理图。按照电气原理图的分析方法对C616型卧式车床的电气原理进行分析。

1. 主电路分析

该车床有三台电动机，M1为主电动机，M2为润滑泵电动机，M3为冷却泵电动机。三相交流电源通过开关QS引入，FU1、FR1分别做为主电动机的短路保护和过载保护，KM1、KM2为主电动机M1的正转和反转接触器，KM3为M2电动机的起动和停止用接触器。SA1为M3电动机的接通和断开用组合开关。FR2、FR3为M2和M3电动机的过载保护用热继电器。

2. 控制、照明和显示电路分析

该控制电路设有控制变压器，控制电路直接由交流380V电源供电。合上开关QS后，三相交流电源被引入。当SA2的操纵手柄处在零位时，合上转换开关SA3，则接触器KM3通电吸合，润滑泵电动机M2起动。KM3的辅助常开触头闭合，为主电动机M1起动做好准备，说明M2与M1电动机之间有顺序起动联锁。

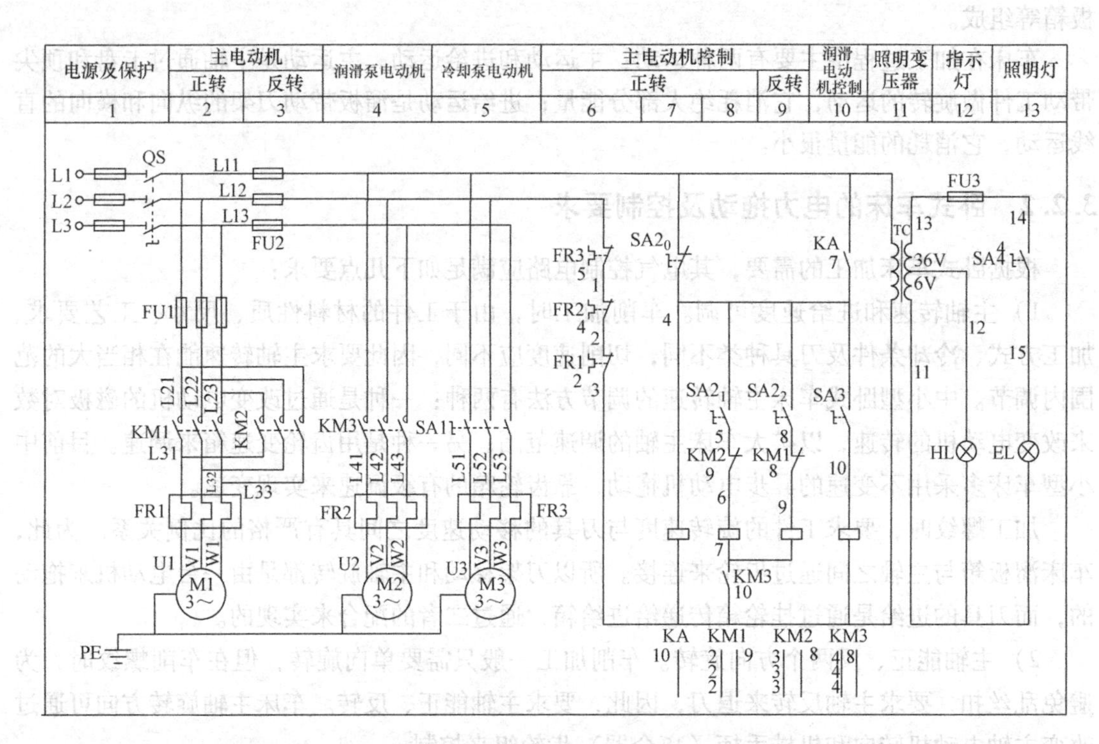

图 3-2　C616 型卧式车床的电气控制原理图

由操纵手柄控制的开关 SA2，它可以控制主电动机的正转与反转。SA2 有一对常闭触头和两对常开触头。当开关 SA2 在零位时，$SA2_0$ 接通，$SA2_1$、$SA2_2$ 断开，这时中间继电器 KA 通电吸合并自锁。当操纵手柄扳到向下位置时，$SA2_1$ 接通，$SA2_0$、$SA2_2$ 断开，正转接触器 KM1 通电吸合，主电动机 M1 正转起动。当操纵手柄扳到向上位置时，$SA2_2$ 接通，$SA2_0$、$SA2_1$ 断开，反转接触器 KM2 通电吸合，主电动机 M1 反转起动。开关 $SA2_1$ 和 $SA2_2$ 触头在机械上保证了 KM1、KM2 两个接触器在同一时间只能有一个吸合。KM1 和 KM2 接触器的常闭触头互联在对方的控制电路中，在电气上互锁也保证了同时只能有一个接触器吸合，这样就避免了两个接触器同时吸合造成电源相间短路的可能性。当操纵手柄扳回零位时，$SA2_1$、$SA2_2$ 断开，接触器 KM1 或 KM2 线圈断电，M1 电动机自由停车。有经验的操作工人在停车时，将手柄瞬时扳向相反转向的位置，M1 电动机进入反接制动状态，待主轴接近停止时，将手柄迅速扳回零位，可以大大缩短停车时间。

中间继电器 KA 起零压保护作用。在电路中，当电源电压降低或消失时，中间继电器 KA 释放，KA 的常开触头断开；接触器 KM3 释放，KM3 的常开触头断开，KM1 或 KM2 也断电释放。当电网电压恢复后，因为这时 SA2 开关不在零位，KM3 不会得电吸合，所以 KM1 或 KM2 也不会得电吸合。即使这时操纵手柄在零位，由于 $SA2_1$、$SA2_2$ 触头断开，KM1 或 KM2 也不会得电造成自起动，这就是中间继电器 KA 的零压保护作用。

大多数机床工作时的起动或工作结束时的停止都不采用开关操纵，而是用按钮进行控制，通过按钮的自动复位和接触器的自锁作用来实现零压保护作用。

照明电器的电源由照明变压器 TC 二次侧输出 36V 电压供电，SA4 为照明灯接通或断开的按钮开关。

3.3　X62W 型卧式万能铣床的电气控制电路分析

铣床是主要用于加工机械零件的平面、斜面、沟槽等型面的机床，在装上分度头以后，可以加工直齿轮和螺旋面；装上回转圆工作台，则可以加工凸轮和弧形槽。铣床的用途广泛，在金属切削机床使用数量上，仅次于车床。铣床的类型很多，有立铣、卧铣、龙门铣、仿型铣以及各种专用铣床。各种铣床在结构、传动形式、控制方式等方面有许多类似之处，下面仅以 X62W 型卧式万能铣床为例，对铣床电气控制电路进行分析。

3.3.1　X62W 型卧式万能铣床主要结构及运动形式

X62W 型卧式万能铣床主轴转速高、调速范围宽、调速平稳、操作方便，工作台装有完整的自动循环加工装置，是目前广泛应用的一种铣床。图 3-3 为 X62W 型卧式万能铣床的结构示意图。

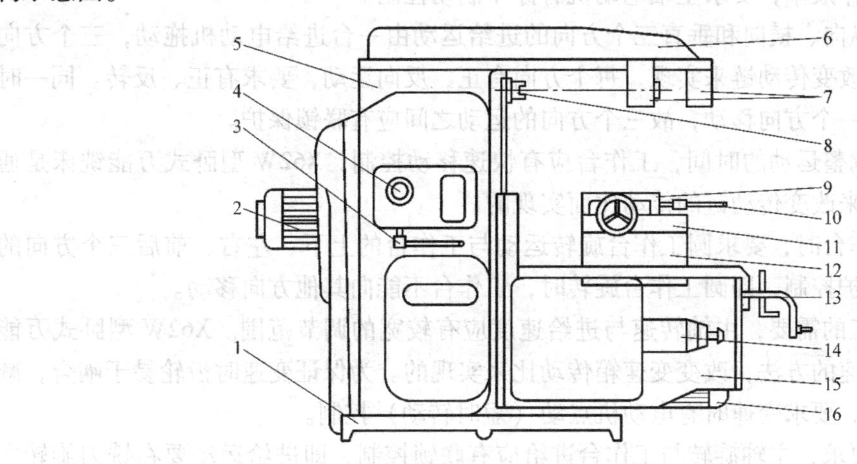

图 3-3　X62W 型卧式万能铣床的结构示意图

1—底座　2—主轴电动机　3—主轴变速手柄　4—主轴变速盘　5—床身　6—悬梁　7—刀杆支架　8—主轴　9—工作台　10—工作台纵向操纵手柄　11—回转台　12—溜板　13—工作台升降及横向操纵手柄　14—进给变速手柄及数字盘　15—升降台　16—进给电机

X62W 型卧式万能铣床由床身和工作台两大部分组成。箱形的床身固定在底座上，它是整个机身的主体，用来安装和连接机床其他部件。在床身内，装有主轴传动机构和变速操纵机构。在床身上部有水平导轨，其上装有带有刀杆支架（一个或两个）的悬梁。刀杆支架用来支撑铣刀心轴的一端，铣刀心轴的另一端固定在主轴上，由主轴带动其旋转。悬梁可沿水平导轨移动，刀杆支架也可沿悬梁做水平移动，以便按需要调整铣刀位置，便于安装不同规格的心轴。床身的前面装有垂直导轨，升降台可以沿着垂直导轨做上、下运动。在升降台上部有水平导轨，其上装有可沿平行于主轴轴线方向移动的溜板，溜板上部有可转动的回转台。工作台装在回转台上部的导轨上，并能在导轨上做垂直于主轴轴线方向的移动。工作台上有用于固定工件的燕尾槽。这样，使安装在工作台的工件可以在三个坐标轴的六个方向做进给运动。此外，由于回转盘可绕中心转过一个角度（45°），因此，工作台在水平面上除了能在平行于或垂直于主轴轴线方向进给外，还能在倾斜方向进给，故称万能铣床。

X62W 型卧式万能铣床有三种运动方式，即主运动、进给运动和辅助运动。主运动是主轴带动铣刀的旋转运动；进给运动是加工过程中工作台带动工件在三个互相垂直方向上的直线运动；辅助运动是工作台在三个互相垂直方向的快速直线运动和旋转运动。

3.3.2 X62W 型卧式万能铣床的电力拖动及控制要求

根据上面的结构分析以及运动情况分析可知，X62W 型卧式万能铣床对电力拖动控制的主要要求如下：

1）X62W 型卧式万能铣床的主运动和进给运动之间，没有速度比例协调的要求，所以，主轴与工作台各自采用单独的笼型异步电动机拖动。

2）主轴电动机是在空载时直接起动，为完成顺铣和逆铣，要求有正、反转。可根据铣刀的种类来选择转向，在加工过程中不必变换转向。

3）为了减小负载波动对铣刀转速的影响，保证加工质量，主轴上装有飞轮，其转动惯量较大。为提高工作效率，要求主轴电动机有停车制动控制。

4）工作台的纵向、横向和垂直三个方向的进给运动由一台进给电动机拖动，三个方向的选择由操纵手柄改变传动链来实现，每个方向有正、反向运动，要求有正、反转。同一时间只允许工作台向一个方向移动，故三个方向的运动之间应有联锁保护。

5）为了缩短调整运动的时间，工作台应有快速移动控制，X62W 型卧式万能铣床是通过快速电磁铁吸合来改变传动链的传动比而实现的。

6）使用圆工作台时，要求圆工作台旋转运动与工作台的上下、左右、前后三个方向的运动之间有联锁保护控制，即圆工作台旋转时，工作台不能向其他方向移动。

7）为适应加工的需要，主轴转速与进给速度应有较宽的调节范围。X62W 型卧式万能铣床是采用机械变速的方法，改变变速箱传动比来实现的。为保证变速时齿轮易于啮合，减小齿轮槽面的冲击，要求变速时有电动机点动（短时转动）控制。

8）根据工艺要求，主轴旋转与工作台进给应有联锁控制，即进给运动要在铣刀旋转之后才能进行，加工结束后必须先停止进给运动再停止铣刀转动。

9）冷却泵由一台电动机拖动，供给铣削时的切削液。

10）为操作方便，应能在两处控制主轴的起动、停止。

3.3.3 X62W 型卧式万能铣床控制电路分析

X62W 型卧式万能铣床电气控制电路如图 3-4 所示。

1. 主电路分析

由电路图可知，主电路中共有三台电动机。其中，M1 为主轴拖动电动机，M2 为工作台进给拖动电动机，M3 为冷却泵拖动电动机。

1）M1 由 KM1 控制，由转向选择开关 SA4 预选转向。KM2 的主触头串联两相电阻与速度继电器 KS 配合，实现 M1 的停车反接制动。另外，还通过机械机构和接触器 KM2 进行变速点动控制。

2）工作台拖动电动机 M2 由接触器 KM3、KM4 的主触头控制正、反转，并由接触器 KM5 的主触头控制快速电磁铁，决定工作台移动速度，KM5 接通为快速，断开为慢速。

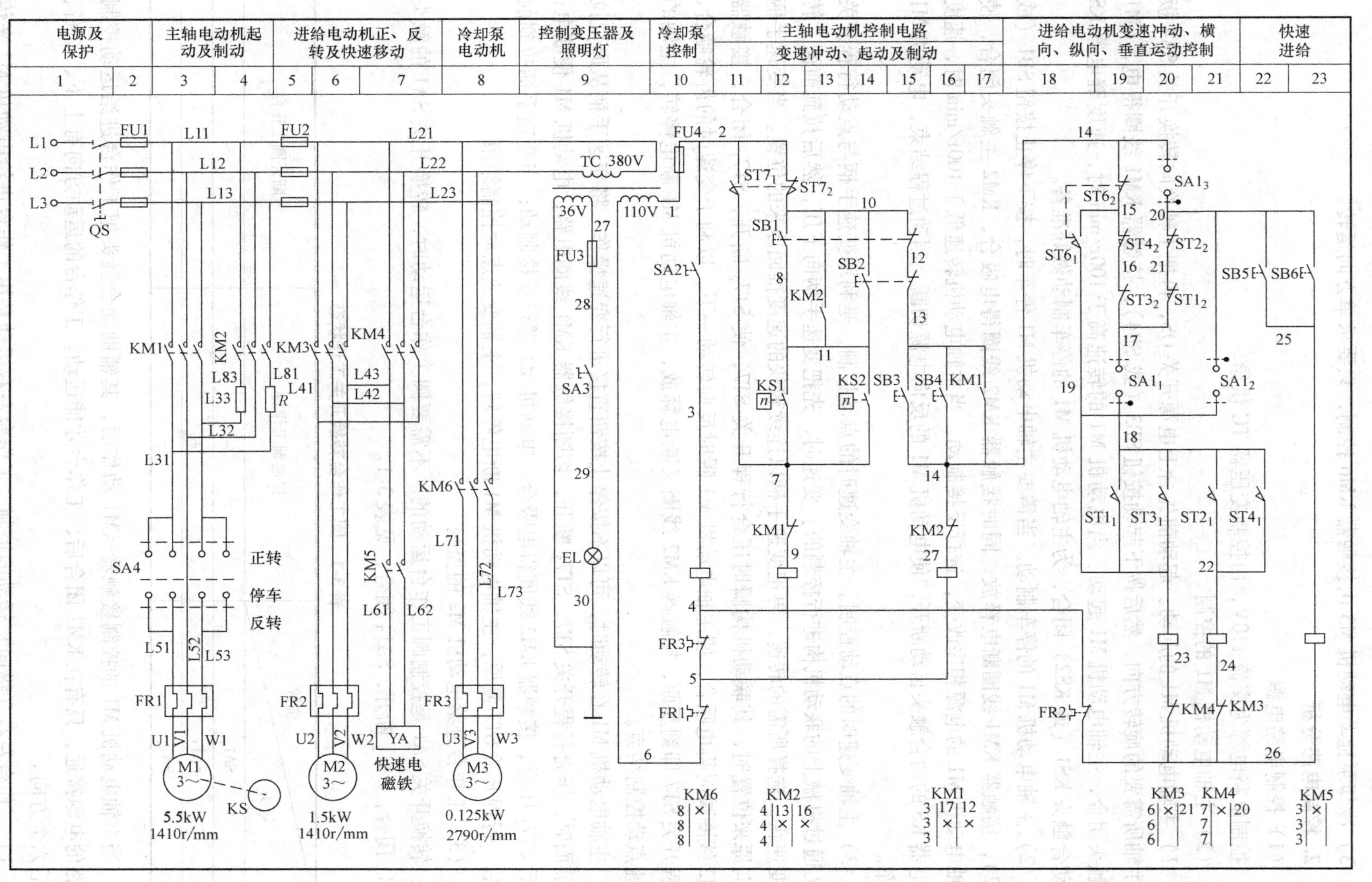

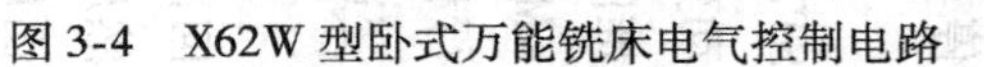
图3-4 X62W型卧式万能铣床电气控制电路

3）冷却泵拖动电动机 M3 由接触器 KM6 控制，只要求单方向运转。

2. 控制电路分析

（1）控制电路电源

控制电路电源为交流 110V，由控制变压器 TC 供给。

（2）主轴电动机 M1 的控制

1）主轴电动机 M1 的起动。起动前先合上电源开关 QS，再把主轴换向转换开关 SA4 扳到主轴所需要的旋转方向，然后按下起动按钮 SB3（或 SB4），接触器 KM1 线圈得电，KM1 主触头闭合，主轴电动机 M1 起动。当电动机 M1 的转速高于 100r/min 时，速度继电器 KS 的动合触头 KS1（或 KS2）闭合，为主轴电动机 M1 的停车制动做好准备。

2）主轴电动机 M1 的停车制动。当需要主轴电动机 M1 停车时，按下停止按钮 SB1（或 SB2），接触器 KM1 线圈断电释放，同时接触器 KM2 线圈得电吸合，KM2 主触头闭合，使主轴电动机 M1 的电源相序改变，进行反接制动。当主轴电动机转速低于 100r/min 时，速度继电器 KS 的动合触头自动断开，使电动机 M1 的反向电源切断，制动过程结束，电动机 M1 停车。

3）主轴变速时的点动控制。主轴变速时的点动控制，是利用变速手柄与点动行程开关 ST7 通过机械上的联动机构进行控制的。变速时，先把变速手柄向下压，然后拉到前面，转动变速盘，选择所需的转速，再把变速手柄以连续较快的速度推回原来的位置。当变速手柄推向原来位置时，其联动机构瞬时压合行程开关 ST7，使 $ST7_2$ 断开，$ST7_1$ 闭合，接触器 KM2 线圈瞬时得电吸合，使主轴电动机 M1 瞬时反向转动一下，以利于变速时的齿轮啮合，行程开关 ST7 即刻复原，接触器 KM2 线圈又断电释放，主轴电动机 M1 断电停转，主轴的变速点动控制结束。

主轴电动机 M1 在转动时，可以不按停止按钮直接进行变速操作。将变速手柄从原位拉向前面时，压合行程开关 ST7，$ST7_2$ 断开，切断接触器 KM1 线圈电路，电动机 M1 便断电；然后 $ST7_1$ 闭合，接触器 KM2 线圈得电吸合，电动机 M1 进行反接制动；当变速手柄拉到前面后，行程开关 ST7 复原，主轴电动机 M1 断电停转，主轴变速点动控制结束。

（3）工作台进给电动机 M2 的控制

转换开关 SA1 是控制圆工作台运动的。不需要圆工作台运动时，转换开关 SA1 的触头 $SA1_1$ 闭合，$SA1_2$ 断开，$SA1_3$ 闭合，见表 3-1。

表 3-1　圆工作台转换开关工作状态

触头＼位置	接通圆工作台	断开圆工作台
$SA1_1$	－	+
$SA1_2$	+	－
$SA1_3$	－	+

当主轴电动机 M1 的控制接触器 KM1 动作后，其辅助动合触头把工作台进给运动控制电路的电源接通，只有在 KM1 闭合后，工作台才能运动。工作台的运动方向有上下、左右、前后六个方向。

1）工作台左右（纵向）运动的控制。工作台左右运动是用工作台进给电动机 M2 来传动的，由工作台纵向操纵手柄来控制。此手柄是复式的，一个安装在工作台底座的顶面中央部位，另一个安装在工作台底座的左下方。手柄有三个位置：向右、向左、中间位置。在接触器 KM1 的辅助常开触头闭合后，把手柄扳到向右或向左运动方向，这时，手柄的联动机构一方面与纵向传动丝杠的离合器接合，为纵向运动丝杠的转动做好准备，另一方面它压下行程开关 ST1 或 ST2，使接触器 KM3 或 KM4 动作来控制电动机 M2 的正转或反转。如将手柄扳到中间位置时，纵向传动丝杠的离合器脱开，行程开关 $ST1_1$ 或 $ST2_1$ 断开，电动机 M2 断电，工作台停止运动。工作台纵向行程开关工作状态见表 3-2。

表 3-2　工作台纵向行程开关工作状态

触头 \ 纵向操作手柄	左	中间(停)	右
$ST1_1$	+	−	−
$ST1_2$	−	+	+
$ST2_1$	−	−	+
$ST2_2$	+	+	−

工作台左右运动的行程可通过调整安装在工作台两端的挡铁位置来控制，当工作台纵向运动到极限位置时，挡铁撞动纵向操纵手柄，使它回到中间位置，工作台停止运动，从而实现纵向运动的终端保护。

2）工作台的上下和前后运动的控制。工作台的上下（升降）运动和前后（横向）运动完全是由“工作台升降与横向操纵手柄”来控制的。此操纵手柄有两个，分别装在工作台的左侧前方和后方，操纵手柄的联动机构与行程开关 ST3 和 ST4 相连接，行程开关装在工作台的左侧，前面一个是 ST4，控制工作台的向上及向后运动；后面一个是 ST3，控制工作台的向下及向前运动，此手柄有五个位置。工作台横向、升降行程开关工作状态见表 3-3。

表 3-3　工作台横向行程开关工作状态

触头 \ 横向操作手柄	前 下	中间(停)	后 上
$ST3_1$	+	−	−
$ST3_2$	−	+	+
$ST4_1$	−	−	+
$ST4_2$	+	+	−

这五个位置是联锁的，各方向的进给不能同时接通。当升降台运动到上限或下限位置时，床身导轨旁的挡铁和工作台底座上的挡铁撞动十字手柄，使其回到中间位置，行程开关动作，升降台便停止运动，从而实现垂直运动的终端保护。工作台的横向运动的终端保护也是利用装在工作台上的挡铁撞动十字手柄来实现的。

工作台向上运动的控制。在 KM1 闭合后，需要工作台向上进给运动时，将手柄扳至向上位置，其联动机械一方面接合垂直传动丝杠的离合器，为垂直运动丝杠的转动做好准备；另一方面它使行程开关 ST4 动作，其动断触头 $ST4_2$ 断开，动合触头 $ST4_1$ 闭合，接触器 KM4 线圈得电吸合，KM4 主触头闭合，电动机 M2 正转，工作台向上运动。

工作台向下运动的控制。当操纵手柄向下扳时，其联动机械一方面使垂直传动丝杠的离合器接合，为垂直丝杠的转动做好准备；另一方面压合行程开关 ST3，使其动断触头 $ST3_2$ 断开，动合触头 $ST3_1$ 闭合，接触器 KM3 线圈得电吸合，KM3 主触头闭合，电动机 M2 反转，工作台向下运动。

工作台向后运动的控制。当操纵手柄向后扳时，由联锁机构拨动垂直传动丝杠的离合器，使它脱开而停止转动，同时将横向传动丝杠的离合器接合进行传动，使工作台向后运动。工作台向后运动也由 ST4 和 KM4 控制，其电气工作原理与向上运动的相同。

工作台向前运动的控制。工作台向前运动也由行程开关 ST3 及接触器 KM3 控制，其电气控制原理与工作台向下运动相同，只是将手柄向前扳时，通过机械联锁机构，将垂直丝杠的离合器脱开，而将横向传动丝杠的离合器接合，使工作台向前运动。

3）工作台进给变速时的点动控制。在改变工作台进给速度时，为了使齿轮易于啮合，也需要进给电动机 M2 瞬时点动一下。变速时，先起动主轴电动机 M1，再将蘑菇形手柄向外拉出并转动手柄，转盘也跟着转动，把所需进给速度的标尺数字对准箭头，然后再把蘑菇形的手柄用力向外拉到极限位置并随即推回原位，就在把蘑菇形手柄用力拉到极限位置瞬间，其连杆机构瞬时压合行程开关 ST6，使 $ST6_2$ 断开、$ST6_1$ 闭合，接触器 KM4 线圈得电吸合，进给电动机 M2 反转，因为这是瞬时接通，故进给电动机 M2 也只是瞬时接通而瞬时点动一下，从而保证变速齿轮易于啮合。当手柄推回原位后，行程开关 ST6 复位，接触器 KM4 线圈断电释放，进给电动机 M2 瞬时点动结束。

4）工作台的快速移动控制。工作台的快速移动也是由进给电动机 M2 来拖动的，在纵向、横向和垂直六个方向上都可以实现快速移动的控制。动作过程如下：

先将主轴电动机 M1 起动，将进给操纵手柄扳到需要的位置，工作台按照选定的速度和方向进给移动时，再按下快速移动按钮 SB5（或 SB6），使接触器 KM5 线圈得电吸合，KM5 主触头闭合，使快速电磁铁 YA 线圈获电吸合，通过杠杆使摩擦离合器合上，减少中间传动装置，使工作台按原运动方向快速移动；当松开快速移动按钮 SB5（或 SB6）时，电磁铁 YA 断电，摩擦离合器分离，快速移动停止，工作台仍按原进给速度继续运动。工作台快速移动是点动控制。

若要求快速移动在主轴电动机不转情况下进行时，可先起动主轴电动机 M1，但应将主轴电动机 M1 的转换开关 SA4 扳在“停止”位置，再按下 SB5（或 SB6），工作台就可在主轴电动机不转的情况下获得快速移动。

5）工作台各运动方向的联锁。在同一时间内，工作台只允许向一个方向运动，这种联锁是利用机械和电气的方法来实现的。例如工作向左、向右控制，是同一手柄操作的，手柄本身起到左右运动的联锁作用。同理，工作台的横向和升降运动四个方向的联锁，是由十字手柄本身来实现的。而工作台的纵向与横向、升降运动的联锁，则是利用电气方法来实现的。由纵向进给操作手柄控制的 $ST1_2 \rightarrow ST2_2$ 和横向、升降进给操作手柄控制的 $ST4_2 \rightarrow ST3_2$ 组成的两条并联支路控制接触器 KM3 和 KM4 的线圈，若两个手柄都扳动，则把这两个支路都断开，使 KM3 或 KM4 都不能工作，达到联锁目的，防止两个手柄同时操作而损坏机构。

6）圆工作台控制。为了扩大机床的加工能力，可在工作台上安装圆工作台。在使用圆工作台时，工作台纵向及十字操作手柄都应置于中间位置。在机床开动前，先将圆工作台转换开关 SA1 扳到“接通”位置，此时 $SA1_2$ 闭合，$SA1_1$ 和 $SA1_3$ 断开，当按下主轴起动按钮 SB3 或 SB4，主轴电动机便起动，而进给电动机也因接触器 KM3 得电而旋转，电流的路径为 14→$ST6_2$→$ST4_2$→$ST3_2$→$ST1_2$→$ST2_2$→$SA1_2$→KM3 线圈→KM4 常闭触头→26。电动机 M2 正转，并带动圆工作台单向运转，其旋转速度也可通过蘑菇状变速手柄进行调节。由于圆工作台的控制电路中串联了 ST1 ~ ST4 的常闭触头，所以扳动工作台任一方向的进给操作手柄，都将使圆工作台停止转动，这就起到圆工作台转动与工作台三个方向移动的联锁保护。

3. 冷却泵电动机 M3 的控制

将转换开关 SA3 合上，接触器 KM6 线圈得电吸合，冷却泵电动机 M3 起动，通过机械机构将切削液输送到机床切削部分。

4. 照明电路

机床照明电路由变压器 TC 供给 36V 安全电压，并由开关 SA3 控制。

5. 保护环节

由 FU1、FU2 实现主电路的短路保护，FU3 作为照明电路的短路保护，FU4 实现控制电路的短路保护。

M1、M2、M3 为连续工作制电动机，由 FR1、FR2、FR3 实现过载保护，热继电器的常闭触头串接在控制电路中，当主轴电动机 M1 或进给电动机 M2 或冷却泵电动机 M3 过载时，FR1 或 FR2 或 FR3 动作切除整个控制电路的电源。

3.4　卧式镗床的电气控制电路分析

镗床是一种精密加工机床，主要用于加工工件的精密圆柱孔。这些孔的轴线往往要求严格地平行或垂直，相互间的距离也要求很准确，这些要求都是钻床难以达到的。而镗床本身刚性好，其可动部分在导轨上的活动间隙很小，且有附加支撑，所以，能满足上述加工要求。

镗床除能完成镗孔工序外，在万能镗床上还可以进行镗、钻、扩、绞、车及铣等工序。因此，镗床的加工范围很广。

按用途的不同，镗床可分为卧式镗床、坐标镗床、金刚镗床及专门化镗床等。卧式镗床用于加工各种复杂的大型工件，如箱体零件、机体等，是一种功能很广的机床。除了镗孔外，卧式镗床还可以进行钻、扩、绞孔，以及车削内外螺纹、用丝锥攻螺纹、车外圆柱面和端面。安装了端面铣刀与圆柱面铣刀后，还可以完成铣削平面等多种工作。因此，在卧式镗床上，工件一次安装后，即能完成大部分表面的加工，有时甚至可以完成全部加工，这在加工大型及笨重的工件时，具有特别重要意义。

3.4.1　卧式镗床的主要结构及运动情况

卧式镗床的外形结构如图 3-5 所示。

卧式镗床的床身是由整体的铸件制成，床身的一端装有固定不动的前立柱，在前立柱的垂直导轨上装有镗头架，它可以上下移动。镗头架上集中了主轴部件、变速箱、进给箱与操纵机构等部件。切削刀具安装在镗轴前端的锥孔里，或装在平旋盘的刀具溜板上。在工作过程中，镗轴一面旋转，一面沿轴向做进给运动。平旋盘只能旋转，装在它上面的刀具溜板可在垂直于主轴轴线方向的径向做进给运动。平旋盘主轴是空心轴，镗轴穿过其中空心部分，通过各自的传动链传动，因此可独立转动。在大部分工作情况下，使用镗轴加工，只有在用车刀切削端面时才使用平旋盘。

卧式镗床后立柱上安装有尾座，用来夹持装在镗轴上的镗杆的末端。它可随镗头架同时升降，并且其轴心线与镗头架轴心线保持在同一直线上。后立柱可在床身导轨上沿镗轴轴线方向上做调整移动。加工时，工件放在床身中部的工作台上，工作台在溜板上面，上溜板下面是下溜板，下溜板安装在床身导轨上，并可沿床身导轨运动。上溜板又可沿下溜板上的导轨运动，工作台相对于上溜板可做回转运动。这样，工作台就可在床身上做前、后、左、右任一个方向的直线运动，并可做回旋运动。再配合镗头架的垂直移动，就可以加工工件上一系列与轴线相平行或垂直的孔。

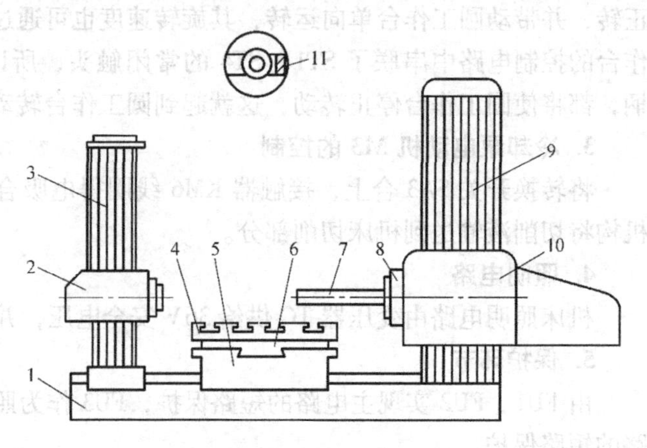

图 3-5　卧式镗床的外形结构图

1—床身　2—尾座　3—后立柱　4—工作台　5—下溜板　6—上溜板　7—镗轴　8—平旋盘　9—前立柱　10—镗头架　11—刀具溜板

由以上分析，可将卧式镗床的运动归纳为：镗轴的旋转运动与平旋盘的旋转运动的主运动；镗轴的轴向进给、平旋盘刀具溜板的径向进给、镗头架的垂直进给、工作台的横向进给与纵向进给；工作台的回旋、后立柱的轴向移动及垂直移动的辅助运动。

3.4.2　卧式镗床电力拖动及控制要求

卧式镗床加工范围广，运动部件多，调速范围广，对电力拖动及控制提出了如下要求：

1）主轴应有较大的调速范围，且要求恒功率调速，往往采用机电联合调速。

2）变速时，为使滑移齿轮能顺利进入正常啮合位置，应有低速或断续变速点动。

3）主轴能做正、反转低速点动调整，要求对主轴电动机实现正、反转及点动控制。

4）为使主轴迅速准确停车，主轴电动机应具有机械制动。

5）由于进给运动直接影响切削量，而切削量又与主轴转速、刀具、工件材料、加工精度等因素有关，所以一般卧式镗床主运动与进给运动由一台主轴电动机拖动，由各自传动链传动。主轴和工作台除工作进给外，为缩短时间，还应有快速移动，由另一台快速移动电动机拖动。

6）由于卧式镗床运动部件较多，应设置必要的联锁和保护，并使操作尽量集中。

3.4.3　T68 型卧式镗床的电气控制电路分析

T68 型卧式镗床是使用最为广泛的一种镗床，现以该型号镗床为例，分析卧式镗床的电气控制电路。图 3-6 所示为 T68 型卧式镗床电气控制电路。

1. 主电路分析

T68 型卧式镗床有两台电动机，M1 为主轴与进给电动机，M2 为快速移动电动机。其中 M1 为一台 4/2 极的双速电动机，绕组为三角/双星形联结。电动机 M1 由 5 只接触器控制。其中KM1、KM2为电动机正、反转控制接触器，KM3为低速起动接触器，接触器KM4、

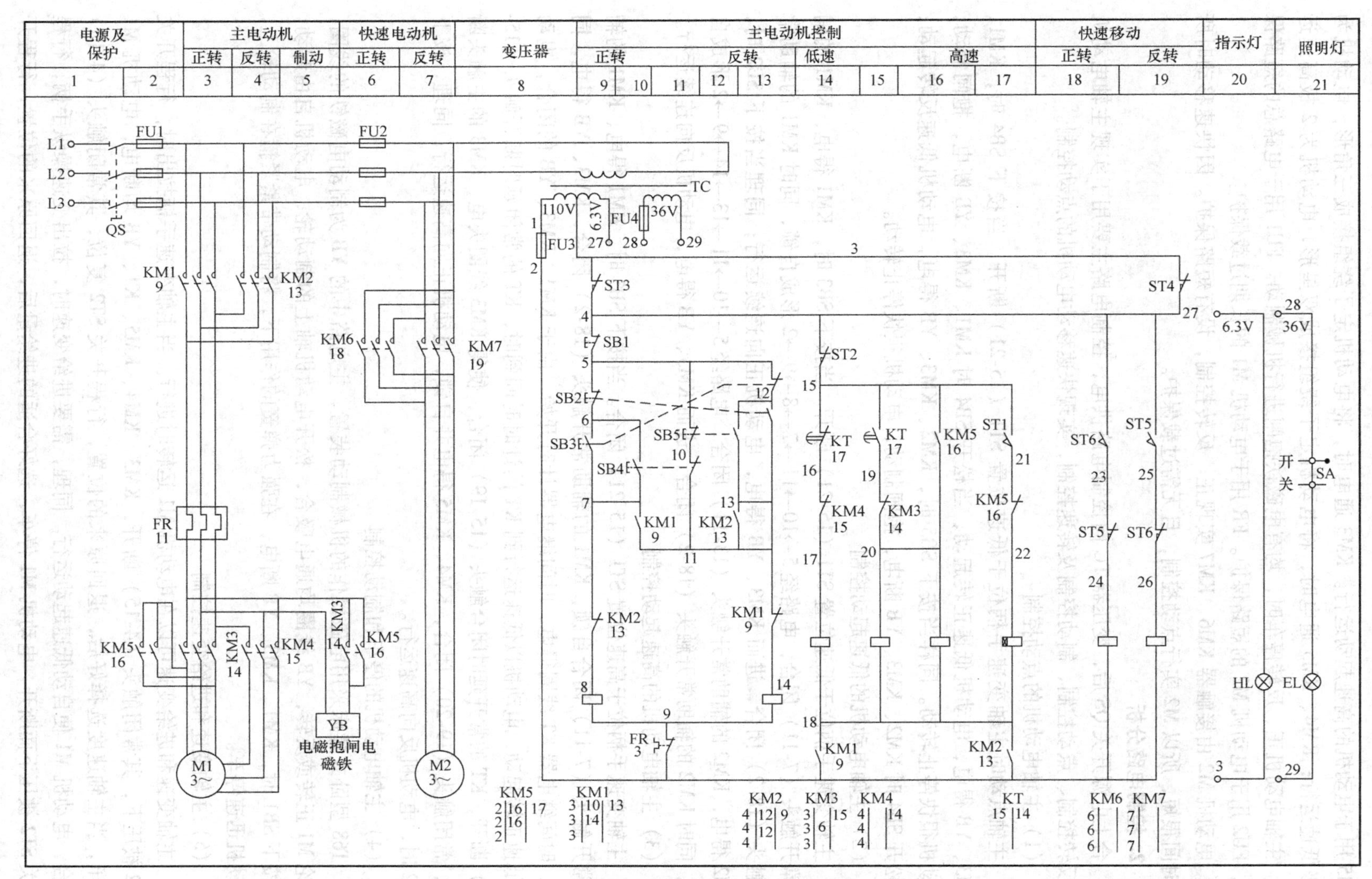

图 3-6　T68 型卧式镗床电气控制电路

KM5 用于电动机的高速起动运行。KM3 通电时，将电动机定子绕组接成三角形，电动机为 4 极低速运行；KM4、KM5 通电时，将电动机定子绕组接成双星形，电动机为 2 极高速运行。主轴电动机正、反转停车时，均有电磁铁抱闸进行机械制动。FU1 用于电路总的短路保护，FU2 用于电动机 M2 的短路保护。FR 用于电动机 M1 的长期过载保护。

电动机 M2 由接触器 KM6、KM7 实现正、反转控制，设有短路保护。因快速移动时所需时间很短，所以 M2 实行点动控制，且无需过载保护。

2. 控制电路分析

合上电源开关 QS 后，变压器 TC 向控制电路供电，控制电路主要用于实现主轴电动机正反转控制、点动控制、制动控制及转速控制，实现快速移动电动机的点动控制。

（1）主轴电动机的点动控制

主轴点动时主轴变速手柄位于低速位置 ST1（15-21）断开。当按下 SB4 时，KM1、KM3、YB 得电，电动机低速正转起动；当松开 SB4 时 KM1、KM3、YB 断电，抱闸制动，电动机很快停止转动。同样当按下 SB5 时，KM2、KM3、YB 得电，电动机低速反转起动；当松开 SB4 时 KM2、KM3、YB 断电，抱闸制动，电动机很快停止转动。

（2）主轴电动机的低速起动控制

主轴变速手柄位于低速位置 ST1（15-21）断开。当按下 SB3 时，KM1 得电，KM1 的辅助常开触头（7-11）闭合，电路经 5→10→11→7→8→9→2 形成自锁，同时 KM1 的辅助常开触头（18-2）闭合，进而 KM3、YB 得电，电动机正向连续运行；同理当按下 SB2 时，KM2 得电，KM2 的辅助常开触头（13-11）闭合，电路经 5→10→11→13→14→9→2 形成自锁，同时 KM2 的辅助常开触头（18-2）闭合，进而 KM3、YB 得电，电动机反向连续运行。

（3）主轴电动机的高速起动控制

主轴变速手柄位于高速位置 ST1（15-21）闭合。当按下 SB3 时，KM1 得电、KM1 的辅助常开触头（7-11）闭合自锁，KM1 的辅助常开触头（18-2）闭合，KM3、YB 得电，同时，时间继电器 KT 线圈得电，时间继电器计时开始，由于 KM1、KM3、YB 的闭合，电动机低速正转起动，电动机以低速运行到 KT 的计时时间到时，KT 的常闭延时断开触头（15-16）断开，KT 的常开延时闭合触头（15-19）闭合，使得 KM3 线圈失电，KM3 的主触头断开，常闭触头（19-20）闭合，KM4、KM5 得电并自锁，电动机正向高速运行；同理，按下 SB2 时，电动机反向高速运行。

（4）主轴电动机的停车和制动控制

T68 型卧式镗床采用电磁操作的机械制动装置，主电路中的 YB 为制动电磁铁的线圈，无论 M1 正转或反转，YB 线圈均通电吸合，松开电动机轴上的制动轮，电动机自由起动，当按下 SB1 时，KM1、KM3、YB 断电，在强力弹簧的作用下，将制动带紧紧箍在制动轮上，电动机迅速停车。

（5）主轴变速和进给变速控制

主轴变速和进给变速可以在电动机 M1 运转时进行。当主轴变速手柄拉出时，行程开关 ST2 被压下，其常闭触头（4-15）断开，KM3、KM4、KM5、KT、YB 均断电，电动机 M1 停车，当主轴速度选择好后，退回原来的位置，行程开关 ST2 复位，其常闭触头（4-15）闭合，电动机 M1 便自动低速起动运行。同理，需要进给变速时，拉出变速操纵手柄，行程开关 ST2 被压下而断开，电动机 M1 停车，选好合适的进给量后，退回原来的位置，行程开关 ST2 复位，电动机 M1 便自动低速起动运行。

在操作时，可能会碰到变速手柄推不上的情况，可以来回推动几次，使手柄通过弹簧装置作用于行程开关 ST2，使其反复通断几次，以便电动机 M1 产生低速点动，以便与齿轮啮合。

（6）镗头架、工作台快速移动的控制

为缩短辅助时间，提高生产率，由快速电动机 M2 经传动机构拖动镗头架和工作台做各种快速移动。运动部件及运动方向的预选由装在工作台前方的操作手柄进行，而控制则是由镗头架的快速操作手柄进行操作的。当扳动快速操作手柄时，将压合行程开关 ST5 或 ST6，接触器 KM6 或 KM7 通电，实现 M2 的快速正转或快速反转控制。电动机带动相应的传动机构拖动预选的运动部件快速移动。将快速移动手柄扳回原位时，行程开关 ST5 或 ST6 不再受压，KM6 或 KM7 断电，电动机 M2 停转，快速移动结束。

3. 照明电路

控制变压器的一组二次绕组向照明电路提供 36V 安全电压。照明灯 EL 由开关 SA 控制。熔断器 FU4 作为照明电路的短路保护。

4. 机床的联锁和保护

T68 卧式镗床工作台或主轴箱在自动进给时，不允许主轴或平旋盘刀架进行自动进给，否则将发生事故。为此设置了两个行程开关 ST3 和 ST4，以实现联锁保护。如前所述，行程开关 ST3 与主轴及镗头架的进给手柄相连，行程开关 ST4 与工作台及主轴箱的进给手柄相连，当二者有一个进给时，可以正常进行，如果两个都扳到进给的位置时，ST3 和 ST4 的常闭触头（3 号线与 4 号线之间）均断开，电动机 M1 和 M2 不能上电起动，这就避免了误操作而造成的事故。同时主电动机 M1 的正反转控制电路、高低速控制电路、快速进给电动机的控制电路也都设有互锁环节，以防止误操作而造成事故。

思考题与习题

3-1　电气控制系统分析的任务是什么？包括哪些内容？应达到什么要求？

3-2　在电气控制系统分析中，主要分析哪些技术资料和文件？各有什么用途？

3-3　分析电气原理图的步骤是什么？一般多采用哪种分析方法？

3-4　C616 型卧式车床主轴的正、反转是如何实现的？电路有哪些保护？

3-5　X62W 型万能铣床控制电路中的变速点动有什么意义？说明其工作过程。

3-6　说明 X62W 型万能铣床的主轴制动过程以及主轴运动与工作台运动的联锁关系。

3-7　说明 X62W 型万能铣床控制电路中工作台的七种运动的工作原理及联锁保护。

3-8　说明 T68 型卧式镗床的电气控制电路中主轴的正反转控制过程及制动过程。

3-9　说明 T68 型卧式镗床的电气控制电路中主轴低速起动过程和由低速向高速运行的控制过程。

3-10　说明 T68 型卧式镗床的主轴变速与进给变速过程。

第4章　PLC

可编程序逻辑控制器（Programmable Logical Controller，PLC）是一种以微处理器为核心的计算机系统，它是在继电器控制和计算机控制的基础上发展而来的一种新型工业自动控制装置。早期的PLC在功能上只能实现逻辑控制，因而被称为可编程序逻辑控制器，其主要特点是用简单的程序完成复杂的逻辑控制，同继电器控制系统相比具有可靠性高、控制逻辑容易改变、外接线简单等特点。随着微电子技术和微计算机技术的发展，PLC不仅可以实现逻辑控制，还能实现模拟量、运动和过程控制以及数据处理及通信。因此，美国电气制造商协会于1980年将它正式命名为可编程序控制器（Programmable Controller，PC），为避免与个人计算机（Personal Computer，PC）的简称混淆，习惯上仍称为PLC。

4.1　PLC简介

4.1.1　PLC的产生

20世纪初，人们把各种继电器、定时器、接触器及其触头按一定逻辑关系连接起来组成控制系统，控制各种生产机械，这就是前面所讲解的传统继电器控制系统。由于它结构简单、容易掌握、价格便宜，能在一定范围内满足控制要求，因而使用面甚广。但是，继电器控制系统有着明显的缺点：设备体积大、可靠性差、动作速度慢、功能少、难于实现较复杂的控制，由于它是靠硬连线逻辑构成的系统，接线复杂，当生产工艺或对象需要改变时，原有的接线和控制盘就要更换，所以通用性和灵活性较差。

20世纪60年代，计算机技术已开始应用于工业控制，但由于计算机技术本身的复杂性、编程难度高、难以适应恶劣的工业环境以及价格昂贵等原因而未能广泛用于工业控制。1968年美国汽车制造商通用汽车公司，为了适应汽车型号的不断翻新，尽可能减少重新设计和更换继电器控制系统的要求，迫切需要一种能适应工业环境的通用控制装置，并把计算机的编程方法和程序输入方式加以简化，用面向控制过程、面向问题的“自然语言”进行编程，使不熟悉计算机的人也能方便地使用。对这种自动化装置提出如下指标：

1）编程简单，可在现场修改程序；

2）维护方便，采用模块化结构；

3）可靠性高于继电器控制装置；

4）体积小于继电器控制装置；

5）可将数据直接送入管理计算机；

6）在成本上可与继电器控制装置竞争；

7）可直接使用115V交流输入；

8）输出为交流115V，2A以上，能直接驱动电磁阀、接触器等；

9）在扩展时，原有系统只需做很小变更；

10）用户程序存储器容量至少能扩展到4KB。

1969年末，美国数字设备公司（DEC）率先研制出第一台PLC，并在通用汽车公司的自动装配线上试用，获得成功，从而开创了工业控制的新局面。进入20世纪80年代以来，随着大规模和超大规模集成电路等微电子技术的迅猛发展，以16位和32位微处理器构成的微机化PLC得到了迅速的发展，使PLC在概念、设计、性价比以及应用等方面都有了长足的发展。不仅控制功能增强、功耗降低、体积减小、成本下降、可靠性提高、编程和故障检测更为灵活方便，而且远程I/O和通信网络、数据处理以及图像显示也有了很大的发展，所有这些已经使PLC完全可以应用于连续生产的过程控制系统，成为自动化技术的三大支柱之一。

4.1.2 PLC的定义

美国电气制造商协会（National Electrical Manufacturers Association，NEMA）和国际电工委员会（International Electro-technical Commission，IEC）对PLC分别作了定义：PLC是一种专门用于工业环境的、以开关量逻辑控制为主的自动控制装置。它具有存储控制程序的存储器，能够按照控制程序，将输入的开关量（或模拟量）进行逻辑运算、定时、计数和算术运算等处理后，以开关量（或模拟量）的形式输出，控制各种类型的机械或生产过程。

该定义强调了PLC直接应用于工业环境，它必须具有很强的抗干扰能力、广泛的适应能力和应用范围，是区别于一般微机控制系统的一个重要特征。

4.1.3 PLC的特点

PLC是面向用户的工业控制计算机，具有许多明显的特点：

1. 可靠性高，抗干扰能力强

可靠性是控制装置的生命。微机虽然具有很强的功能，但抗干扰能力差，工业现场的电磁干扰、电磁波动、机械振动、温度和湿度的变化，都可能使一般通用微机不能正常工作。而PLC在电子电路、机械结构以及软件结构上都吸收了生产厂家长期积累的生产控制经验，主要模块均采用现代大规模与超大规模集成电路技术，I/O系统设计有完善的通道保护与信号调理电路；在结构上对耐热、防潮、防尘、抗振等都有周到的考虑；在硬件上采用隔离、屏蔽、滤波、接地等抗干扰措施；在软件上采用数字滤波等抗干扰和故障诊断措施；所有这些都使PLC具有较高的抗干扰能力。

另外，传统的继电器控制系统中使用了大量的中间继电器、时间继电器、触头和接线，难免接触不良，因此容易出现故障。而PLC采用微电子技术，大量的开关动作由无触头的电子开关器件来完成，用软件代替大量的中间继电器和复杂的连线，仅剩下与输入和输出有关的少量接线，因此PLC寿命长，可靠性大大提高。

2. 功能完善，通用性强

PLC发展到今天，已经形成了大、中、小各种规模的系列化产品，可以用于各种规模的工业控制场合，要改变控制功能只需改变程序即可，具有较强的通用性。

PLC的输入/输出系统功能完善、性能可靠，能够适应各种形式和性质的开关量和模拟量的输入/输出。不仅具有开关量逻辑控制功能和步进、计数功能，而且还具有模拟量处理、温度控制、位置控制、网络通信等功能。既可单机使用，也可联网运行；既可集中控制，也可分布控制或者集散控制，并且在运行过程中，可随时修改控制逻辑，增减系统的功能。

3. 编程简单，易于掌握

PLC 通常采用与继电器控制电路图非常相似的梯形图作为编程语言，它既有继电器控制电路清晰直观的特点，又充分考虑到电气工人和技术人员的读图习惯。对使用者来说，几乎不需要专门的计算机知识，因此，易学易懂，控制改变时，也容易修改程序。

4. 使用简单，调试维修方便

PLC 的接线极其简单方便，只需将输出设备（如接触器、电磁阀等）与 PLC 的输出端子连接。PLC 的用户程序可在实验室模拟调试，输入信号用开关模拟，输出信号可以利用 PLC 的输出指示灯进行模拟调试。然后再将 PLC 在现场安装调试，这样比调试继电器控制系统的工作量要少得多。另外，PLC 的可靠性很高，并具有完善的自诊断功能和运行故障监视系统，一旦发生故障，能很快排除故障。所以 PLC 使用简单，调试、维修都很方便。

5. 体积小、质量轻、功耗低

由于采用了单片机等集成芯片，其体积小、质量轻、结构紧凑、功耗低。

4.1.4　PLC 的应用领域

目前，PLC 在国内外广泛应用于钢铁、石油、化工、建材、机械制造、汽车、轻纺、交通运输、环保及文化娱乐等各个行业。随着 PLC 性价比的不断提高，其应用范围越来越大，主要有以下几个方面：

1. 开关量控制

这是 PLC 最基本的应用领域，可用 PLC 取代传统的继电器控制系统，实现逻辑控制和顺序控制。在单机控制、多机群控和自动生产线控制方面都有很多成功的应用实例，如机床电气控制、起重机、带运输机和包装机械的控制、电梯的控制、生产线的控制等。

2. 过程控制及模拟量控制

在工业生产过程中，有许多连续变化的量，如温度、压力、流量和速度等都是模拟量。为了使 PLC 处理模拟量，必须实现模拟量（Analog）和数字量（Digital）之间的 A-D 和 D-A 转换。PLC 厂家都有配套的 A-D 和 D-A 转换模块。PLC 过程控制是指对温度、压力和流量等模拟量的闭环控制。PID 调节是一般闭环控制系统中用得较多的调节方法。大型 PLC 都有 PID 模块，许多小型 PLC 也具有 PID 功能。目前，过程控制广泛应用于冶金、化工、热处理和锅炉控制等场合。

3. 运动控制

PLC 的运动控制是指对直线和圆周运动的控制，也称位置控制。早期 PLC 的运动控制直接用开关量 I/O 模块连接位置传感器和执行机构，现在一般使用的运动模块，如驱动步进电动机或伺服电动机的单轴或多轴位置控制模块。目前，PLC 的运动控制功能广泛应用在金属切削机床、电梯、机器人等各种机械设备上，如 PLC 与计算机数控装置（CNC）组合成一体，构成先进的数控机床。

4. 通信联网

PLC 通信包括 PLC 之间的通信及 PLC 与其他智能设备之间的通信，利用 PLC 和计算机的 RS232 和 RS422 接口、PLC 专用通信模块，用双绞线和同轴电缆或光缆将它们连成网络，可实现相互间的信息交换，构成“集中管理、分散控制”的多级分布式控制系统，建立工厂的自动化网络。目前，几乎所有种类的PLC都具有与计算机通信的能力。

4.1.5 PLC的分类

通常，PLC产品可按结构形式、控制规模等进行分类。

1. 按结构形式分类

按结构形式不同，可以分为整体式和模块式两类。整体式的PLC是将电源、CPU、存储器、输入/输出单元等各个功能部件集成在一个机壳内，从而具有结构紧凑、体积小、价格低等优点，许多小型PLC多采用这种结构。模块式的PLC将各个功能部件做成独立模块，如电源模块、CPU模块、I/O模块等，然后进行组合。

2. 按控制规模分类

按控制规模大小，可以分为小型、中型和大型PLC三种类型。

（1）小型PLC

小型PLC的I/O点数在256点以下，存储容量在2k步以内，其中，输入/输出点数小于64点的PLC又称为超小型PLC，具有逻辑运算、定时、计数、移位及自诊断、监控等基本功能。

（2）中型PLC

中型PLC的I/O点数通常在256~2048点之间，用户程序存储器的容量为2~8k步，除具有小型机的功能外，还具有较强的模拟量I/O、数字计算、过程参数调节，如比例积分微分（PID）调节、数据传送与比较、数制转换、中断控制、远程I/O及通信联网等功能。

（3）大型PLC

大型PLC也称为高档PLC，I/O点数在2048点以上，用户程序存储器容量在8k步以上，其中I/O点数大于8192点的又称为超大型PLC，除具有中型机的功能外，还具有较强的数据处理、模拟调节、特殊功能函数运算、监视、记录、打印等功能，以及强大的通信联网、中断控制、智能控制和远程控制等功能。

4.1.6 PLC的发展现状及发展趋势

1. PLC的发展现状

PLC诞生不久即显示了其在工业控制中的重要地位，如日本、德国、法国等国家相继研制出各自的PLC，PLC技术随着微电子技术、计算机技术和通信技术的快速发展，采用了16位、32位高性能微处理器，融合多处理器、多通道技术而形成了现代意义上的PLC。

目前，世界上有200多个厂家生产PLC，比较著名的厂家有美国的AB、通用（GE）、莫迪康（MODICON）；日本的三菱（MITSUBISHI）、欧姆龙（OMRON）、富士（FUJI）、松下电工；德国的西门子（SIEMENS）；法国的施耐德（SCHNEEIDER）；韩国的三星（SAMSUNG）、LG；中国的台达、北京和利时、浙大中控、正泰、甘肃天水等。

2. PLC的发展趋势

随着PLC功能不断改进，应用范围迅速扩大，目前，PLC的发展主要有下面几个方面。

（1）向两极化方面发展

随着微电子技术的发展，新型元器件的涌现和应用，PLC有着向两个方面发展的趋势。其一是向结构更为紧凑、体积更小、速度更快、性能价格比更高的微型化方向发展，以真正完全取代最小的继电器系统，适应微小型单机、数控机床和工业机器人等领域的控制要求。其二是向大容量、高速度、多功能的大型高档方向发展。目前，输入/输出点数达到8192点以上的大型PLC已经很多。大型PLC不但运算速度快，而且具有PID、多轴定位、高速计数、远程I/O、光纤通信等多种功能，能与计算机组成分布式控制系统，实现对工厂生产全过程的集中管理。

(2) 编程语言和编程工具向标准化和多样化发展

随着计算机的日益普及，越来越多的用户使用基于个人计算机的编程软件。编程软件可以对PLC控制系统的硬件组态，即设置硬件的结构和参数，例如设置框架各个插槽上模块的型号、模块的参数、各串行通信接口的参数等。在屏幕上可以直接生成和编辑梯形图、语句表、功能块图和顺序功能图程序，并可以实现不同编程方式的相互转换。目前，美国、日本、法国等生产的PLC产品在控制方面的编程语言基本上用的是梯形图。但随着现代PLC产品应用的急速扩展，尤其是PLC在一些复杂的大规模控制系统以及通信联网方面的应用，仅靠梯形图是不够的，因此，近年来PLC编程语言出现了向高级语言发展的趋势，出现了多种PLC的高级编程语言。目前，许多公司的产品都可连接BASIC、C等编程语言模块。

(3) I/O组件标准化、功能组件智能化

PLC的输入/输出均模块化，其点数一般以8、16、32为模块单元，可根据需要进行组合、扩充。为满足工业自动化各种控制系统的需要，国内外众多PLC生产厂家不断致力于开发各种新型元器件和智能模块。智能模块是以微处理器为基础的功能部件，模块的CPU与主CPU并行工作，可以大大减少占用主CPU的时间，有利于提高PLC的扫描速度，又可以使模块具有自适应、参数自整定等功能，使调试时间减少，控制精度得到提高。目前，特殊功能智能模块主要有模拟I/O模块、比例积分微分（PID）控制模块、机械运动控制（如轴定位、步进电动机控制等）模块和高速计数模块等。

(4) 发展故障诊断技术和容错技术

相关调查表明，PLC系统80%以上的故障是由外围设备引起的。迅速准确地诊断故障将大大减少维修时间和提高设备的效率，因此，一些PLC制造厂家正在开发一些故障智能诊断系统，供用户了解I/O组件的状态和监测系统的故障等。

另外，一些PLC生产厂家为了适应大规模、复杂控制系统及高可靠性控制场合对PLC产品的要求，不断地发展容错技术，在其生产的PLC中增加容错功能，如冗余技术（当主CPU发生故障时，由冗余处理单元RPU控制）、自动投入备用CPU、双机热备、自动切换I/O、双机表决和I/O三重表决，以大幅度提高PLC控制系统的可靠性。

(5) 通信网络化

通信网络化是PLC系统的发展趋势。目前，几乎所有的PLC都具有通信联网功能。上位计算机与PLC、PLC与I/O之间都可以进行通信，它可广泛用于功能强、规模大的分散控制系统。该系统的主控制器和本地控制器均有CPU，执行各自的控制程序，可对复杂分布的自动生产线进行集中控制。PLC与现场总线相结合更是网络化通信的发展方向，是当前工业自动化的热点之一。现场总线以开放的、独立的、全数字化的双向多变量通信代替0～10V或4～20mA的现场电动仪表信号。使用现场总线后，自控系统的配线、安装、调试和维护等方面的费用可以节约2/3左右，现场总线I/O与PLC可以组成功能强大的、廉价的DCS。

4.2　PLC的系统组成、工作方式和编程语言

4.2.1　PLC的系统组成

世界各国生产的PLC外观各异，但作为工业控制计算机，其硬件结构都大体相同，与一般的微型计算机类似，PLC系统由硬件系统和软件系统组成。

1. PLC硬件系统组成

PLC硬件系统由中央处理器（CPU）、存储器（ROM、RAM）、输入/输出单元（I/O接口）、通信接口、扩展接口、外围设备接口和电源等几部分构成。PLC的硬件结构框图如图4-1所示。

对于整体式的PLC，这些部件都在同一个机壳内。而对于模块式结构的PLC，各部件独立封装，称为模块，各模块通过机架和电缆连接在一起。

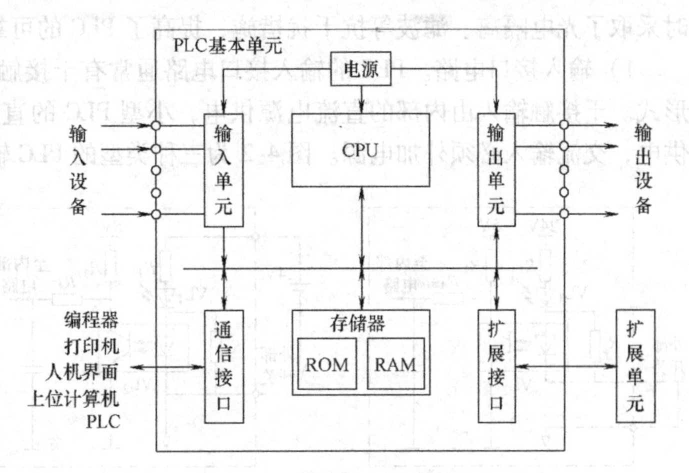

图4-1　PLC的硬件结构框图

主机内的各个部分均通过电源总线、控制总线、地址总线和数据总线连接。根据实际控制对象的需要配备一定的外围设备，可构成不同的PLC控制系统。常用的外围设备有编程器、打印机、EPROM写入器等。PLC可以配置通信模块与上位机及其他的PLC进行通信，构成PLC的分布式控制系统。

（1）中央处理器（CPU）

PLC中所采用的CPU随机型不同而有所不同，通常有三类：通用微处理器（如8086、80286、80386、80486等）、单片机、片位式微处理器。小型PLC大多采用8位、16位微处理器或单片机作CPU，具有集成度高、运算速度快、可靠性高等优点。大型PLC多采用32位微处理器或高速片位式微处理器，具有灵活性强、速度快、效率高等优点。例如三菱公司F系列PLC采用Intel 8039；F1、F2系列PLC采用Intel 8031；A系列PLC采用Intel 8086；A3H系列PLC采用Intel 80286等；

PLC的CPU与通用计算机一样，是PLC的核心部件，PLC的工作过程是在CPU的统一指挥和协调下完成的。它的主要功能有以下几点：

1）接收从编程器输入的用户程序和数据，送入存储器存储；

2）用扫描方式接收输入设备的状态信号，并存入相应的数据区（输入映像寄存器）；

3）监测和诊断电源、PLC内部电路工作状态和用户程序编程过程中的语法错误；

4）执行用户程序，完成各种数据的运算、传递和存储；

5）根据数据处理的结果，刷新有关标志位的状态和输出状态寄存器的内容，以实现输

出控制、制表打印和数据通信。

（2）存储器

PLC 配有两种存储器，即系统存储器（常采用 EEPROM）和用户存储器（常采用 RAM）。系统存储器用来存放系统管理程序，用户不能访问和修改这部分存储器的内容。用户存储器用来存放编制的应用程序和工作数据状态。存放工作数据状态的用户存储器也称为数据存储区，它包括输入/输出数据映像区，定时器/计数器预置数和当前值的数据区，存放中间结果的缓冲区。

（3）输入/输出（I/O）接口

PLC 的控制对象是工业生产过程，实际生产过程中信号电平是多种多样的，外部执行机构所需的电平也是各不相同的，而 PLC 控制器所处理的信号只能是标准电平，这样就需要有相应的 I/O 接口作为 PLC 与工业生产现场的桥梁，进行信号电平的转换。I/O 接口在设计时采取了光电隔离、滤波等抗干扰措施，提高了 PLC 的可靠性。

1）输入接口电路。PLC 的输入接口电路通常有干接触输入、直流输入、交流输入三种形式。干接触输入由内部的直流电源供电，小型 PLC 的直流输入电路也由内部的直流电源供电，交流输入必须外加电源。图 4-2 为三种类型的 PLC 输入接口电路原理示意图。

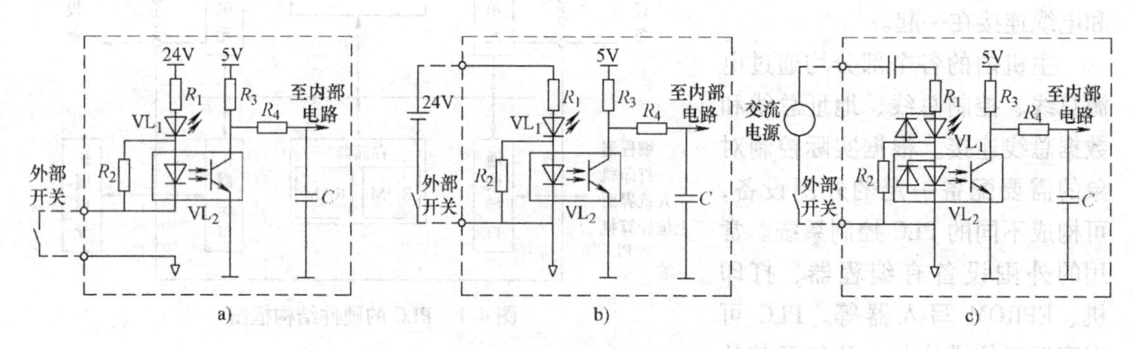

图 4-2　输入接口电路原理示意图

a）干接触输入接口　b）直流输入接口　c）交流输入接口

2）输出接口电路。输出接口的作用是将 PLC 执行用户程序所输出的 TTL 电平的控制信号转化为生产现场能驱动特定设备的信号，以驱动执行机构的动作。

通常输出接口电路有三种形式，即继电器输出、晶体管输出和双向晶闸管输出。图 4-3 所示为 PLC 的三种输出接口电路原理示意图。继电器输出可接直流或交流负载，晶体管输

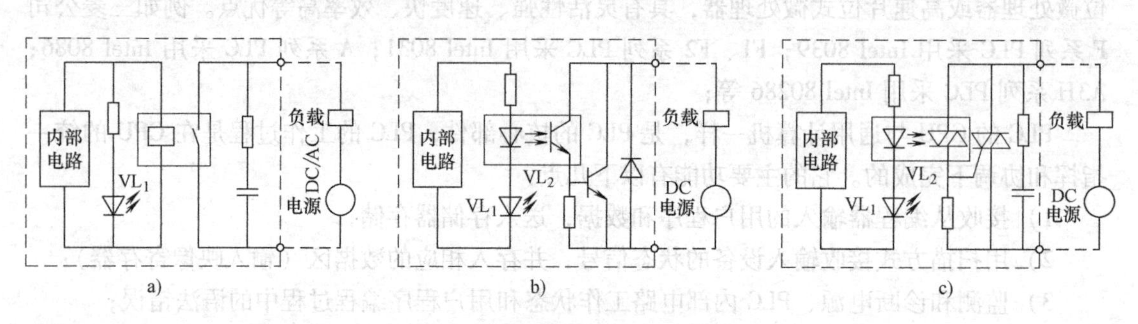

图 4-3　输出接口电路原理示意图

a）继电器输出接口　b）晶体管输出接口　c）双向晶闸管输出接口

出只能接直流负载，而双向晶闸管输出可以接交流负载。

（4）电源

小型PLC的主机内部一般配有电源模块。该电源模块除了为PLC工作提供直流电源外，通常还可以通过端子向外输出24V直流电，为外部设备供电，但该电源的容量不大，不足以带动较大负载，当驱动较大负载时需配置另外的直流电源。PLC电源模块的输入电压范围较宽，以满足工业环境应用。大中型PLC的CPU模块配有专门的24V开关稳压电源模块供用户选用。为防止PLC内部程序和数据等重要信息的丢失，PLC还带有锂电池作为后备电源。

（5）扩展单元

每个系列的PLC产品都有一系列与基本单元相匹配的扩展单元，以便根据所控制对象的规模大小灵活组成电气控制系统。扩展单元内部不配备CPU和存储器，仅扩展输入/输出接口电路，各扩展单元的输入信息经扩展连接电缆进入主机总线，由主机的CPU统一处理，执行程序后，需要输出的信息也由扩展连接电缆送至各扩展单元的输出电路。PLC处理模拟量输入/输出信号时，要使用模拟量扩展单元，这时的输入接口电路为A-D转换电路，输出接口电路为D-A转换电路。

（6）外围设备

小型PLC最常用的外围设备是编程器和PC。编程器的功能是完成用户程序的编制、编辑、输入主机、调试和执行状态监控，是PLC系统故障分析和诊断的重要工具。

PLC的编程器主要由键盘、显示屏、工作方式选择开关和外存储器接口等部件组成。按功能可分为简易型和智能型两大类。以三菱FX_{2N}系列PLC为例，它可以使用手持式简易编程器FX_{2N}-20P-E编程，该编程器功能较少，一般只能用语句表形式编程，且需要联机工作；也可以使用更高级的智能型图形编程器GP-80FX-E来编程。后者既可以用指令语句编程，又可以用梯形图编程；既可联机编程，又可脱机编程，但价格较高。大中型PLC多采用图形编程器，有液晶显示的便携式和阴极射线管式两种，它操作方便、功能强，可与打印机、绘图仪等设备连接，但价格相对较高。

目前，很多PLC都可利用微型计算机作为编程工具，只要配上相应的硬件接口和软件包，就可以用包括梯形图在内的多种编程语言进行编程，同时还具有很强的监控功能。通常不同厂商的PLC都具有相应的编程软件。

2. PLC软件系统组成

PLC的软件系统指PLC所使用的各种程序的集合。它由系统程序（系统软件）和用户程序（应用软件）组成。

（1）系统程序

系统程序包括监控程序，输入译码程序及诊断程序等。

监控程序用于管理、控制整个系统的运行。输入译码程序则是把应用程序（梯形图）输入、翻译成统一的数据格式，并根据输入接口送来的输入量，进行各种算术、逻辑运算处理，并通过输出接口实现控制。诊断程序用来检查、显示本机的运行状态，以方便使用和维修。系统程序由PLC生产厂家提供，并固化在EPROM中，用户不能直接读写。

（2）用户程序

用户程序是用户根据控制要求，用PLC的编程语言（如梯形图）编制的应用程序。用户通过编程器或 PC 将应用程序写入到 PLC 的 RAM 内存中，并可以修改和更新应用程序。当 PLC 断电时由锂电池保持。

4.2.2　PLC 的工作方式

1. PLC 的扫描工作方式

当 PLC 运行时，CPU 只能按分时操作原理每一时刻执行一个操作。但由于 CPU 的运算处理速度很高，使得从 PLC 外部来看似乎是同时完成的一样。这种按集中输入、集中输出、周期性循环扫描的工作过程称为 PLC 的扫描工作方式。在这种工作方式下，PLC 从第一条指令开始，在无中断或跳转控制的情况下，按程序存储的地址号递增的顺序逐条执行程序，直到程序结束。然后再从头开始扫描，并周而复始地重复进行。

PLC 工作时的扫描过程如图 4-4 所示，包括五个阶段：内部处理阶段、通信处理阶段、输入扫描阶段、程序执行阶段、输出处理阶段。PLC 完成一次扫描过程所需的时间称为扫描周期。扫描周期的长短与用户程序的长度和扫描速度有关。

开始
内部处理
通信处理
RUN方式?
N
Y
输入扫描
程序执行
输出处理

图 4-4　PLC 工作时的扫描过程

内部处理阶段，CPU 检查内部各硬件是否正常，在 RUN 模式下，还要检查用户程序存储器是否正常，如果发现异常，则停机并显示报警信息。

通信处理阶段，CPU 自动检测各通信接口的状态，处理通信请求，如与编程器交换信息，与微型计算机通信等。在 PLC 中配置了网络通信模块时，PLC 与网络进行数据交换。

当 PLC 处于 STOP 状态时，只完成内部处理和通信处理工作。当 PLC 处于 RUN 状态时，除完成内部处理和通信处理的操作外，还要完成用户程序的整个执行过程：输入扫描、程序执行和输出处理。

2. PLC 的程序执行过程

PLC 的程序执行过程一般可分为输入采样、程序执行和输出刷新三个主要阶段，如图 4-5 所示。

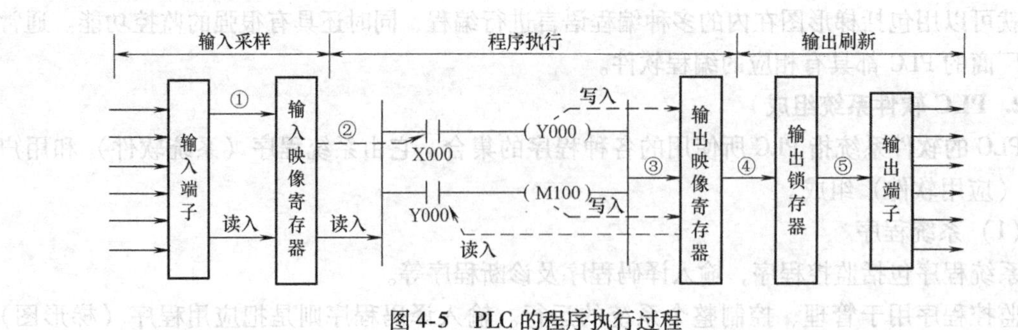

图 4-5　PLC 的程序执行过程

(1) 输入采样阶段

输入采样阶段，PLC 以扫描方式按顺序将所有输入端的输入信号状态（“0”或“1”，表现在接线端上是否有信号输入）读入到输入映像寄存器区。如图 4-5 中①所示。这个过程称为对输入信号的采样，或称输入刷新。

（2）程序执行阶段

在程序执行阶段，PLC对程序按顺序进行扫描，又称程序处理阶段。如果程序用梯形图表示，则按先上后下、先左后右的顺序对由触头构成的控制电路进行逻辑运算，然后根据逻辑运算的结果，刷新输出映像寄存器区或系统RAM区对应位的状态。在程序执行阶段，只有输入映像寄存器区存放的输入采样值不会发生改变，其他各种元素在输出映像寄存器区或系统RAM存储区内的状态和数据都有可能随着程序的执行随时发生改变。扫描从上到下顺序进行，前面执行的结果可能被后面的程序用到，从而影响后面程序的执行结果；而后面扫描的结果却不可能改变前面的扫描结果，只有到下一个扫描周期再次扫描前面程序时才有可能起作用。如果程序中两个操作相互用不到对方的操作结果，那么这两个操作的程序在整个用户程序中的相对位置是无关紧要的。程序执行阶段如图4-5中的②、③所示。

（3）输出刷新阶段

输出刷新阶段是在执行完用户所有程序后，PLC将输出映像寄存器中的内容送到输出锁存器中，再通过一定的方式去驱动用户设备的过程。输出刷新阶段如图4-5中的④、⑤所示。

以上三个阶段是PLC的程序执行过程。一般PLC在一个工作周期中，输入扫描和输出刷新的时间为4ms左右，而程序执行时间可因程序的长度不同而不同。

3. PLC的扫描周期

在PLC的实际工作过程中，每个扫描周期除了前面所讲的输入采样、程序执行、输出刷新三个阶段外，还要进行自诊断、与外围设备（如编程器、上位计算机）通信等处理。即一个扫描周期还应包含自诊断及与外围设备通信等时间。一般说来，同型号的PLC，其自诊断所需的时间相同，如三菱FX_{2N}系列PLC的自诊断时间为0.96ms。通信时间的长短与连接的外围设备多少有关系，如果没有连接外围设备，则通信时间为0。输入采样与输出刷新时间取决于其I/O点数，而扫描用户程序所用的时间则与扫描速度及用户程序的长短有关。如果程序中包含特殊功能指令，还必须根据用户手册查表计算执行这些特殊功能指令的时间。准确地计算扫描周期的大小比较困难，为方便用户，目前的PLC采取了一些措施。如在FX_{2N}系列PLC中，CPU将最大扫描周期、最小扫描周期和当前扫描周期的值分别存入D8012、D8011、D8010三个特殊数据寄存器中（计时单位：0.1ms），用户可以通过编程器查阅、监控扫描周期的大小及变化。在FX_{2N}系列PLC中，还提供一种以恒定的扫描周期扫描用户程序的运行方式。用户可将通过计算或实际测定的最大扫描周期再留点余量，作为恒定扫描周期的值存放在特殊数据寄存器D8039中（计时单位：1ms）；当特殊辅助继电器M8039线圈被接通时，PLC按照D8039中存放的数据以恒定周期扫描用户程序。若实际的扫描周期小于恒定扫描周期，则CPU在完成本次循环后处于等待状态，直到恒定扫描周期的时间到才开始下一个扫描周期。如果实际扫描周期大于恒定扫描周期时按实际扫描周期运行。

4. PLC的I/O响应时间

扫描操作是PLC区别于其他控制系统的最典型的特征之一。它提供了固定的逻辑判定顺序，按指令的次序求解逻辑运算，而且每个运算的结果，可立即用于后面的逻辑运算，从而消除了复杂电路的内部竞争，使用户在编程的时候，可以不考虑内部继电器动作的延迟。PLC采用集中I/O刷新方式，在程序执行阶段和输出刷新阶段，即使输入信号发生变化，输入映像寄存器区的内容也不会改变，不会影响本次循环的扫描结果，从而导致输出信号的变化滞后于输入信号的变化，这也产生了 PLC 的输入/输出响应滞后现象。最大滞后时间为 2～3 个扫描周期。

产生输入/输出响应滞后现象的原因除了 PLC 的扫描工作方式外，还与输入滤波器的滞后作用有关。为了提高 PLC 的抗干扰能力，在每个开关量的输入端都采用光电隔离和 RC 滤波电路等技术。其中，RC 滤波电路的滤波时间常数一般为 10～20ms。若 PLC 采用继电器输出方式，输出电路中继电器触头的机械滞后作用，也是引起输入/输出响应滞后现象的一个因素。

PLC 的这种滞后响应，在一般的工业控制系统是完全允许的，但不能适应要求 I/O 响应速度快的实时控制场合。因此，目前的大、中、小型 PLC 除了加快扫描速度，还在软硬件上采取一些措施，以提高 I/O 的响应速度。在硬件方面，可选用快速响应模块、高速计数模块等；可以在改变信息刷新方式、运用中断技术、调整输入滤波器等方面进行改进。

4.2.3　PLC 的编程语言

PLC 的编程语言有梯形图语言、助记符语言、顺序功能图语言、结构文本语言等。其中，前两种语言用得较多。

1. 梯形图语言

1）梯形图从上至下编写，每一行从左至右顺序编写。PLC 程序执行顺序与梯形图的编写顺序一致。

2）图左、右边垂直线称为起始母线、终止母线。每一逻辑行必须从起始母线开始画起。终止母线可以省略。

3）梯形图中的触头有两种，即常开触头和常闭触头。这些触头可以是 PLC 的输入触头或内部继电器触头，也可以是内部继电器、定时器/计数器的状态。与传统的继电器控制图一样，每一触头都有自己的特殊标记，以示区别。因每一触头的状态存入 PLC 内的存储单元中，可以反复读写，所以，同一标记的触头可以反复使用，次数不限。

4）梯形图的最右侧必须连接输出元素。

5）梯形图中的触头可以任意串、并联，而输出线圈只能并联，不能串联。

2. 助记符语言

助记符语言是 PLC 的命令语句表达式。用梯形图编程虽然直观、简便，但要求 PLC 配置较大的显示器方可输入图形符号，这在有些小型机上常难以满足，所以助记符语言也是较常用的一种编程方式。不同型号的 PLC，其助记符语言也不同，但其基本原理是相近的。编程时，一般先根据要求编制梯形图语言，然后再根据梯形图转换成助记符语言。

PLC 中最基本的运算是逻辑运算，最常用的指令是逻辑运算指令，如与、或、非等。这些指令再加上“输入”、“输出”、“结束”等指令，就构成了 PLC 的基本指令。各型号 PLC 的指令符号不尽相同。

3. 顺序功能图语言

顺序功能图（Sequential Function Chat，SFC）是一种描述顺序控制系统功能的图解表示法，主要由“步”、“转移”及“有向线段”等元素组成，它将一个完整的控制过程分为若干个阶段（状态），各阶段具有不同的动作，阶段间有一定的转换条件，条件满足就实现状态转移，上一状态动作结束，下一状态动作开始。

思考题与习题

4-1　PLC 由哪几部分组成？各部分的作用及功能是什么？

4-2　PLC 的输出模块有几种形式？各有什么特点？都适用于什么场合？

4-3　小型 PLC 有哪几种编程语言？

4-4　PLC 的等效工作电路由哪几部分组成？试与继电器控制系统进行比较。

4-5　PLC 的工作方式是什么？它的工作过程有什么显著特点？

4-6　简述 PLC 的扫描工作过程。

4-7　PLC 扫描过程中输入映像寄存器和输出映像寄存器各起什么作用？

第5章 FX_{2N}系列PLC

5.1 FX_{2N}系列PLC的基本性能指标及配置

三菱小型PLC有FX_{1S}、FX_{1N}、FX_{2N}、FX_{2NC}等子系列，其中，FX_{2N}子系列是FX家族中比较先进的子系列，具有执行速度快、通信功能齐全等特点，为工厂自动化应用提供极大的灵活性和控制能力。

5.1.1 FX_{2N}系列PLC的性能规格指标

FX_{2N}系列PLC的性能规格指标包括一般指标、电源指标、输入指标、输出指标和功能指标，分别见表5-1、表5-2、表5-3、表5-4、表5-5。

表5-1 FX_{2N}系列PLC的一般指标

<table>
<tr><th>项　目</th><th colspan="5">指　标</th></tr>
<tr><td>环境温度</td><td colspan="5">使用时:0~55℃;存储时:-20~70℃</td></tr>
<tr><td>相对湿度</td><td colspan="5">运行时:35%~85%RH(无凝霜)</td></tr>
<tr><td rowspan="5">抗振</td><td></td><td>频率</td><td>加速度</td><td>单振幅</td><td rowspan="5">X、Y、Z方向各10次
(合计各80min)</td></tr>
<tr><td rowspan="2">DIN导轨安装时</td><td>10~57Hz</td><td>—</td><td>0.035mm</td></tr>
<tr><td>57~150Hz</td><td>4.9m/s²</td><td>—</td></tr>
<tr><td rowspan="2">直接安装时</td><td>—</td><td>—</td><td>0.075mm</td></tr>
<tr><td>—</td><td>9.8m/s²</td><td>—</td></tr>
<tr><td>抗冲击</td><td colspan="5">依据JISG0041(147m/s²、作用时间11ms、正弦半波脉冲下X、Y、Z方向各3次)</td></tr>
<tr><td>抗噪声干扰</td><td colspan="5">采用噪声电压1000Vp-p、噪声宽度1μs、频率30~100Hz的噪声模拟器</td></tr>
<tr><td>耐压</td><td colspan="5">AC500V　1min</td></tr>
<tr><td>绝缘电阻</td><td colspan="5">DC500V兆欧表测5MΩ以上</td></tr>
<tr><td>接地</td><td colspan="5">D种接地(单独接地,不允许与强电系统共地)</td></tr>
<tr><td>使用环境</td><td colspan="5">无腐蚀性、可燃性气体,导电性尘埃(灰尘)不严重的场合</td></tr>
</table>

表5-2 FX_{2N}系列PLC的电源指标（AC电源、DC输入型）

项　目	指　标
电源电压	AC100~240V
电压允许范围	AC85~264V
额定频率	50/60Hz
允许瞬间断电时间	10ms以内的瞬时停电,可继续运行
电源熔断器	250V 3.15A(3A)Φ5×20mm(32点以下),250V 5AΦ5×20mm(32点以上)
功率/V·A	FX_{2N}-16M 30,FX_{2N}-32M 40,FX_{2N}-48M 50,FX_{2N}-64M 60,FX_{2N}-80M 70,FX_{2N}-128M 100

表 5-3　FX_{2N} 系列 PLC 的输入指标

项　目	DC 输入	DC 输入	AC 输入
机型	AC 电源型、DC 电源型 基本单元、扩展单元	扩展模块	基本单元、扩展单元
输入信号电压	DC24V(1 ±10%)	DC24V(1 ±10%)	AC100 ~120V －15% ~10%
输入信号电流	7mA/DC24V (X010 以后为 5mA/DC24V)	5mA/DC24V	6.2mA/AC110V 60Hz
输入 ON 电流	4.5mA 以上 (X010 以后为 3.5mA/DC24V)	3.5mA 以上	3.8mA 以上
输入 OFF 电流	1.5mA 以下	1.5mA 以下	1.7mA 以下
输入响应时间	约 10ms，X0-X17 内置数字滤波器，X0、X1 为最小 20μs		约 25 ~30ms
输入信号	触头输入或者 NPN 型集电极开路晶体管		不可以高速输入
回路绝缘	光耦隔离		光耦隔离
输入动作的显示	输入 ON 时，LED 亮灯		输入 ON 时，LED 亮灯

表 5-4　FX_{2N} 系列 PLC 的输出指标

项　目		继电器输出	晶闸管输出	晶体管输出
外部电源		AC250V DC30V 以下 (需外部整流二极管)	AC 85 ~242V	DC 5 ~30V
最大负载	电阻负载	2A/1 点 8A/4 点公用 8A/8 点公用	0.3A/1 点 0.8A/4 点公用 0.8A/8 点公用	0.5A/1 点 0.8A/4 点 1.6A/8 点 (0.3A/1 点 1.6A/16 点) (1A/1 点 2A/4 点)
	感性负载	80VA	15VA/AC100V 30VA/AC200V	12W/DC24V(2.4W/DC24V) (24W/DC24V)(7.2W/DC24V)
	灯负载	100W	30W(100W)	1.5W/DC24V(0.3W/DC24V) (3W/DC24V)(1W/DC24V)
开路漏电流		0	1mA/AC100V 2mA/AC200V	0.1mA DC30V
响应时间		约 10ms	ON 时：1ms； OFF 时：10ms	ON 时：0.2ms 以下；OFF 时：0.2ms 以下； 大电流时为 0.4ms 以下
电路隔离		机械隔离	光敏晶闸管隔离	光耦合隔离
输出动作显示		继电器线圈通电时 LED 灯亮	光电晶闸管驱动时 LED 灯亮	光耦合器驱动时 LED 灯亮

注：( ) 大电流扩展模块。

表 5-5　FX_{2N} 系列 PLC 的性能指标

项　目		性 能 规 格
运算控制方式		存储程序反复运算方式、中断命令
输入/输出控制方式		批处理方式(执行 END 指令时)，但是有 I/O 刷新指令
程序语言		继电器符号 + 步进梯形图方式(可用 SFC 表示)
程序存储器	最大存储容量	16k 步，(含注释文件寄存器最大 16k 步)，有键盘保护功能
	内置存储器容量	8k 步 RAM(内置锂电池后备)，电池寿命约 5 年，使用 RAM 卡盒约 3 年
	可选存储卡盒	RAM8k 步(也可配 16k 步)/EEPROM，8k 步/16k 步/EPROM8k 步(也可配 16k 步) 不能使用带有实时锁存功能存储卡盒

（续）

项　目		性能规格
指令种类	顺控步进梯形图	顺控指令 27 条，步进梯形图指令 2 条
	应用指令	132 种，309 个
运算处理速度	基本指令	0.08μs/指令
	应用指令	1.52～数 100μs/s
输入/输出点数	扩展并用时输入点数	X000～X267　184 点（8 进制编号）
	扩展并用时输出点数	Y000～Y267　184 点（8 进制编号）
	扩展并用时总点数	256 点
辅助继电器 M	一般用　*1	M0～M499　500 点
	保持用　*2	M500～M1023　524 点
	保持用　*3	M1024～M3071　2048 点
	特殊用	M8000～M8255　156 点
状态继电器 S	初始化	S0～S9　10 点
	一般用　*1	S10～S499　490 点
	保持用　*2	S500～S899　400 点
	信号用　*3	S900～S999　100 点
定时器 T	100ms 通用型	T0～T199　200 点（0.1～3276.7s）
	10ms 通用型	T200～T245　46 点（0.01～327.67s）
	1ms 累积型　*3	T246～T249　4 点（0.001～32.767s）
	100ms 累积型　*3	T250～T255　6 点（0.1～3276.7s）
计数器 C	16 位增　*1	C0～C99　100 点（0～32767 计数器）
	16 位增　*2	C100～C199　100 点（0～32767 计数器）
	32 位增/减　*1	C200～C219　20 点（-2147483648～+2147483647 计数器）
	32 位增/减　*2	C220～C234　15 点（-2147483648～+2147483647 计数器）
	32 位高速增/减　*2	C235～C255　6 点
数据寄存器 D（使用一对时 32 位）	16 位通用　*1	D0～D199　200 点
	16 位保持用　*2	D200～D511　312 点
	16 位保持用　*3	D512～D7999　7488 点（D1000 以后可以 500 点为单位设置文件寄存器）
	16 位保持用	D8000～D8195　106 点
	16 位保持用	V0～V7，Z0～Z7　16 点
指针 P	JAMP，CALL 分支用	P0～P127　128 点
	输入中断，计时中断	I0□□～I8□□　9 点
	计数中断	I010～I060　6 点
嵌套	主控	N0～N7　8 点
常数	10 进制（K）	16 位：-32768～+32768　32 位：-2147483648～+2147483647
	16 进制（H）	16 位：0～FFFF　32 位：0～FFFFFFF

注：*1：非电池后备区，通过参数设置可变为电池后备区。
　　*2：电池后备区，通过参数设置可变为非电池后备区。
　　*3：电池后备固定区，区域特性不可改变。

5.1.2　FX 系列 PLC 的型号命名规则

FX 系列 PLC 的型号命名规则如图 5-1 所示。

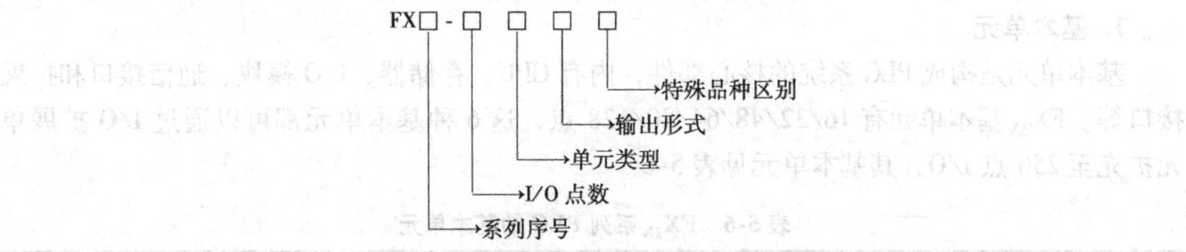

图 5-1　FX 系列 PLC 的型号命名规则

1）系列序号：0、2、0N、2C、1S、1N、2N、2NC、3U、3UC、3G。

2）I/O 点数：10——256 点。

3）单元类型：M——基本单元；E——扩展单元（输入/输出混合）；EX——扩展输入单元；EY——扩展输出单元。

4）输出形式：R——继电器输出；T——晶体管输出；S——晶闸管输出。

5）特殊品种区别：D——DC 电源，DC 输入；A——AC 电源，AC 输入；H——大电流输出扩展模块；V——立式端子排的扩展模块；C——接插口输入/输出方式；F——输入滤波器 1ms 的扩展单元；L——TTL 输入型扩展单元；S——独立端子（无公共端）扩展单元。

5.1.3　FX_{2N}系列 PLC 系统硬件配置

FX_{2N}系列 PLC 系统硬件配置包括基本单元、扩展单元、扩展模块、特殊功能模块及外围设备等。FX_{2N}系列 PLC 的各单元间采用叠装式结构，用扁平电缆连接，构成一个整齐的长方体。根据与基本单元的距离，对每个模块按 0 ~ 7 的顺序编号，最多可连接 8 个特殊功能模块。FX_{2N}模块连接图如图 5-2 所示。

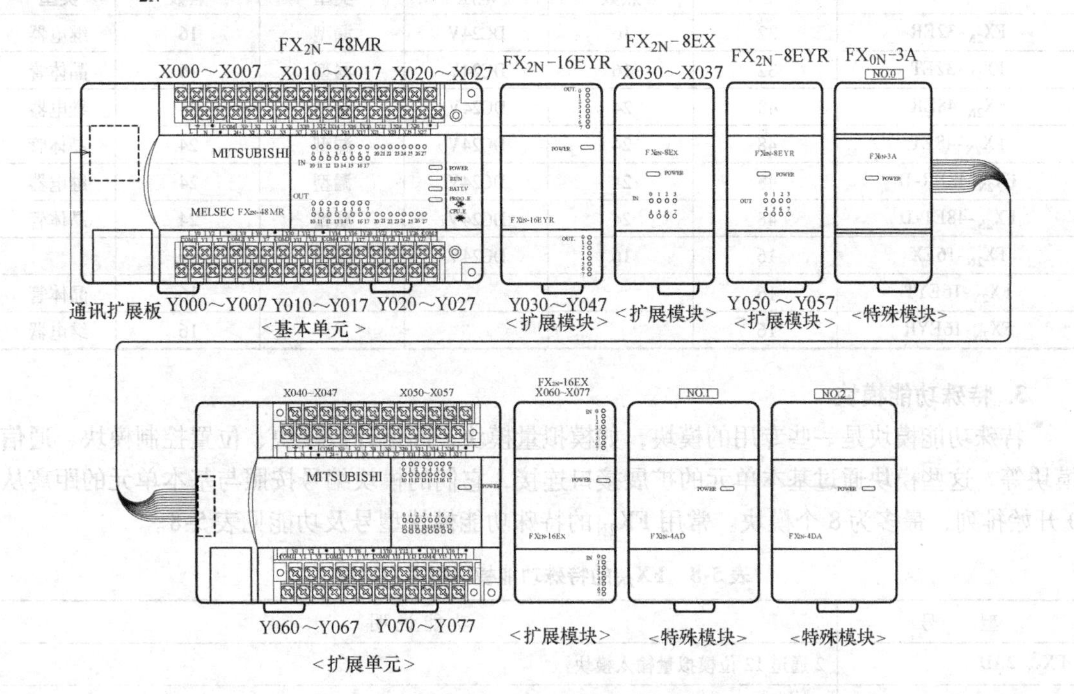

图 5-2　FX_{2N}模块连接图

1. 基本单元

基本单元是构成 PLC 系统的核心部件，内有 CPU、存储器、I/O 模块、通信接口和扩展接口等。FX_{2N}基本单元有 16/32/48/64/80/128 点，这 6 种基本单元都可以通过 I/O 扩展单元扩充至 256 点 I/O，其基本单元见表 5-6。

表 5-6　FX_{2N}系列 PLC 的基本单元

型号			输入点数	输出点数
继电器输出	晶体管输出	晶闸管输出		
FX_{2N}-16MR-001	FX_{2N}-16MT	FX_{2N}-16MS	8	8
FX_{2N}-32MR-001	FX_{2N}-32MT	FX_{2N}-32MS	16	16
FX_{2N}-48MR-001	FX_{2N}-48MT	FX_{2N}-48MS	24	24
FX_{2N}-64MR-001	FX_{2N}-64MT	FX_{2N}-64MS	32	32
FX_{2N}-80MR-001	FX_{2N}-80MT	FX_{2N}-80MS	40	40
FX_{2N}-128MR-001	FX_{2N}-128MT		64	64

2. I/O 扩展单元和扩展模块

FX_{2N}系列具有灵活的 I/O 扩展能力，可利用扩展单元和扩展模块实现 I/O 扩展。扩展单元内部具有电源，扩展模块内部无电源，需基本单元或扩展单元提供电源。但扩展单元和扩展模块均没有 CPU，所以，必须与基本单元一起使用，不可以单独使用。

FX_{2N}系列 PLC 的扩展单元及扩展模块见表 5-7。

表 5-7　FX_{2N}系列 PLC 的扩展单元及扩展模块

型　　号	I/O 点数	输　　入			输　　出	
		点数	电压	类型	点数	类型
FX_{2N}-32ER	32	16	DC24V	漏型	16	继电器
FX_{2N}-32ET	32	16	DC24V	漏型	16	晶体管
FX_{2N}-48ER	48	24	DC24V	漏型	24	继电器
FX_{2N}-48ET	48	24	DC24V	漏型	24	晶体管
FX_{2N}-48ER-D	48	24	DC24V	漏型	24	继电器
FX_{2N}-48ET-D	48	24	DC24V	漏型	24	晶体管
FX_{2N}-16EX	16	16	DC24V	漏型		
FX_{2N}-16EYT	16				16	晶体管
FX_{2N}-16EYR	16				16	继电器

3. 特殊功能模块

特殊功能模块是一些专用的模块，如模拟量模块、高速计数模块、位置控制模块、通信模块等。这些模块通过基本单元的扩展接口连接，它们的模块编号按照与基本单元的距离从 0 开始排列，最多为 8 个模块。常用 FX_{2N}的特殊功能模块型号及功能见表 5-8。

表 5-8　FX_{2N}的特殊功能模块型号及功能

型　　号	功能说明
FX_{2N}-2AD	2 通道 12 位模拟量输入模块
FX_{2N}-4AD	4 通道 12 位模拟量输入模块

（续）

型　号	功能说明
FX_{2N}-8AD	8 通道 12 位模拟量输入模块
FX_{2N}-4AD-PT	供 PT-100 温度传感器用的 4 通道 12 位模拟量输入模块
FX_{2N}-4AD-TC	供热电偶温度传感器用的 4 通道 12 位模拟量输入模块
FX_{2N}-2DA	2 通道 12 位模拟量输出模块
FX_{2N}-4DA	4 通道 12 位模拟量输出模块
FX_{2N}-2LC	2 路温度输入（热电偶或者铂电阻）、2 路集电极开路输出的 PID 控制模块
FX_{2N}-1HC	2 相 50Hz 的 1 通道高速计数模块
FX_{2N}-1PG	100kHz 脉冲输出模块（用于步进电动机控制）
FX_{2N}-10GM	具有 4 点输入、6 点输出的 1 轴定位模块
FX_{2N}-20GM	内置 EEPROM 的 2 轴定位模块
FX_{2N}-232IF	RS232C 接口模块

4. 编程器

最常用 FX 简易编程器有 FX-10P-E 和 FX-20P-E 手持式简易编程器，图 5-3 所示为 FX-20P-E 手持式简易编程器的外形。

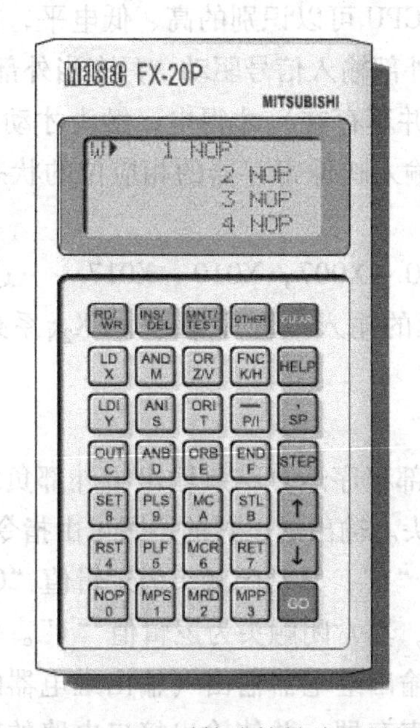

图 5-3　FX-20P-E 手持式简易编程器的外形

编程器有在线和离线编程两种方式，采用液晶显示屏显示，分别显示 2 行和 4 行字符，配有 ROM 写入器接口、存储器卡盒接口。编程器可用指令表的形式读出、写入、插入和删除操作，进行用户程序的输入和编辑。也可在线监视位编程元件的 ON/OFF 状态和字编程元件数据的当前值、内部数据寄存器的值以及 PLC 内部的其他信息。除了采用简易编程器编程外，采用功能更全的计算机编程是 PLC 编程的主要方式，采用计算机编程的方法将在后面的章节中详细介绍。

5.2 FX_{2N}系列 PLC 的内部软元件

PLC 在软件设计中需要各种各样的逻辑器件和运算器件，称为编程元件。编程元件用来完成程序所赋予的逻辑运算、算术运算、定时、计数等功能。这些器件的工作方式和使用概念与硬件继电器类似，具有线圈和常开、常闭触头，但 PLC 内部并不存在这些线圈和触头，为便于区别，称 PLC 的编程元件为软元件。

每种软元件根据其功能给一个名称并用相应的字母表示，如输入继电器 X、输出继电器 Y、辅助继电器 M、状态继电器 S、定时器 T、计数器 C、数据寄存器 D、指针 V/Z 等。对于多个同类的软元件，在字母后面加数字编号加以区别，此数字标号也是该元件的存储地址。其中，输入继电器 X 和输出继电器 Y 采用八进制编号，其他采用十进制编号。

5.2.1 输入继电器、输出继电器的编号及功能

1. 输入继电器 X

输入继电器与 PLC 的输入端子相对应，是专门用来接收 PLC 外部开关信号的软元件。来自现场设备的外部输入信号与硬件上的输入点一一对应，将外部开关的状态（接通、断开状态）通过接口电路转换为 CPU 可以识别的高、低电平，被 PLC 扫描读入后，存入输入映像寄存器。输入继电器仅由外部输入信号驱动，只有当外部信号接通即有信号输入时，对应的输入继电器线圈（实际上并不存在）才得电，触头才动作，它不能通过指令驱动。输入继电器的常开与常闭触头为输入映像寄存器的相应位的状态（“1”、“0”），可多次被程序使用，无次数限制。

FX_{2N}的输入点是按照 X000 ~ X007，X010 ~ X017……这样的八进制格式编号。扩展单元的输入点则接着基本单元的输入点顺序编号。FX_{2N}系列 PLC 最大的输入继电器可以到 X267。

2. 输出继电器 Y

输出继电器用来将 PLC 内部程序运算结果输出给外部负载的接口，具有输出继电器线圈和输出继电器常开、常闭触头。输出继电器的线圈可由指令驱动，当输出继电器的线圈为“1”时，其常开触头为逻辑值“1”，其常闭触头为逻辑值“0”；输出继电器的线圈为“0”时，其常开触头为逻辑值“0”，其常闭触头为逻辑值“1”。每个输出继电器通过输出接口电路与输出端子一一对应，当输出继电器输出（输出继电器的线圈为“1”）时，PLC 将输出继电器的状态存入输出映像寄存器，并使输出接口电路的输出开关（继电器输出、晶体管输出、晶闸管输出）接通，为输出外部电路提供通路。在编程时输出继电器的常开、常闭触头可以无限次使用。

FX_{2N}的输出点是按照 Y000 ~ Y007，X010 ~ X017……这样的八进制格式进行编号。扩展单元的输出点也接着基本单元的输出点顺序进行编号。FX_{2N}系列 PLC 最大的输出继电器可以到 Y267。

输入、输出继电器与外部电路连接的等效电路如图 5-4 所示。

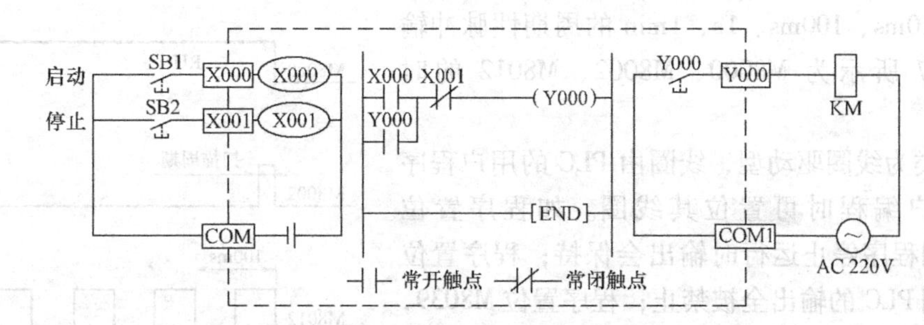

图 5-4　输入、输出继电器与外部电路连接的等效电路

5.2.2　辅助继电器、状态继电器的编号及功能

1. 辅助继电器 M

辅助继电器 M 可用软件驱动，不能由外部输入端子直接驱动，也不能直接驱动外部负载，它们相当于继电器控制系统中的中间继电器。辅助继电器有软线圈和软触头，其功能用于程序中间状态暂存、移位、辅助运算或赋予特别用途。分析方法同实际继电器相同，但其常开、常闭软触头可以无限次使用。PLC 的辅助继电器有通用型、断电保持型和特殊用途型三类。

（1）通用型辅助继电器 M0 ~ M499

通用型辅助继电器在 PLC 断电或 PLC 处于停止状态时其线圈将失电变为 OFF（“0”），并不记忆停电之前的状态，再来电或再次处于运行状态时，从失电状态开始执行程序。FX_{2N} 系列 PLC 中通用型辅助继电器按十进制编号，从 M0 ~ M499 共 500 个。如图 5-5 所示，当 X000 为 ON 时，M0 为“1”，Y001 输出，输出指示灯亮。

（2）掉电保持型辅助继电器 M500 ~ M3071

掉电保持型辅助继电器在断电或停止运行时，辅助继电器的状态由机内（用锂电池）记忆保持停电前的状态，再来电时仍保持停电前的状态，并从此时状态开始执行程序。FX_{2N} 系列 PLC 掉电保持型继电器按十进制编号，从 M500 ~ M3071 共 2572 个，其中，从 M500 ~ M1023 共 524 个可通过修改参数将其改为通用型。如图 5-6 所示，当 X000 为 ON 时，M500 为“1”，Y001 输出，输出指示灯亮。注意图 5-6 的程序现象与图 5-5 的区别。

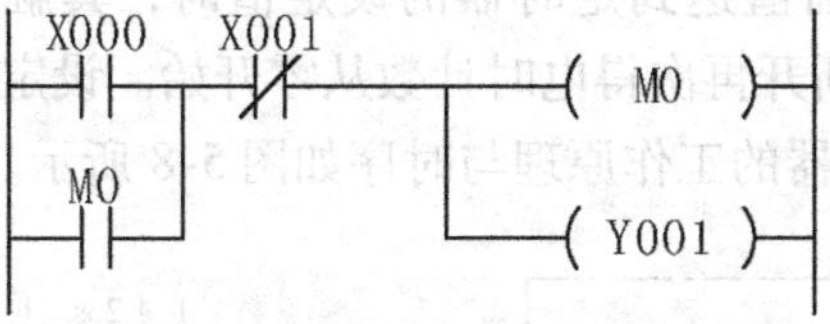

图 5-5　通用型辅助继电器的梯形图

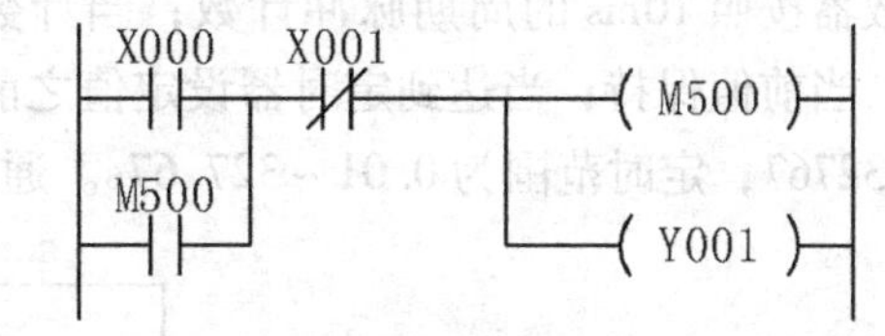

图 5-6　掉电保持型辅助继电器的梯形图

（3）特殊辅助继电器 M8000 ~ M8255

特殊辅助继电器有两类，第一类为触头利用型，其状态由 PLC 的系统程序自动产生，用户编程时可调用其触头：如特殊辅助继电器 M8000 的功能是在程序 RUN 时保持 ON 状态；M8001 的功能是在程序 STOP 时保持 ON 状态；M8002 的功能是仅在 PLC 从 STOP 到 RUN 时，M8002 接通一个扫描周期，供用户初始化使用；M8011、M8012、M8013、M8014 的功

能是提供 10ms、100ms、1s、1min 的周期性脉冲输出。图 5-7 所示为 M8000、M8002、M8012 的时序图。

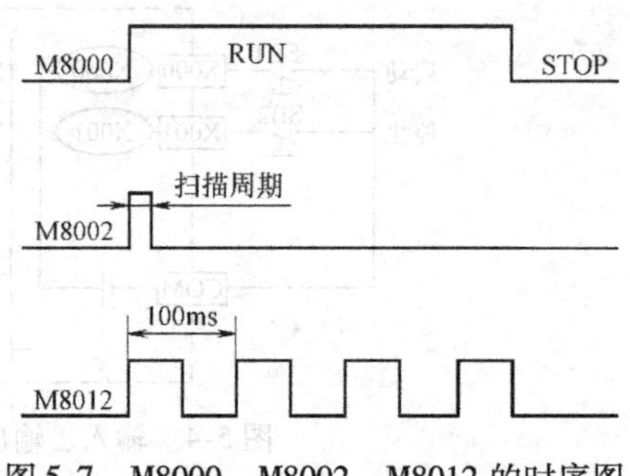

图 5-7　M8000、M8002、M8012 的时序图

第二类为线圈驱动型，线圈由 PLC 的用户程序驱动，用户编程时可置位其线圈。如程序置位 M8033，则程序停止运行时输出会保持；程序置位 M8034，则 PLC 的输出全被禁止；程序置位 M8039，则 PLC 按照 D8039 中指定的扫描时间工作。特殊辅助继电器的功能见附录一。

2. 状态继电器 S

状态继电器是用于步进顺序控制时表达工序号的继电器。FX_{2N} 系列 PLC 状态继电器 S 按十进制编号，从 S0 ~ S999 共 1000 点，其中，S0 ~ S9 供初始状态使用；S10 ~ S19 供返回原点使用；S20 ~ S499 为普通型；S500 ~ S899 为断电保持型；S900 ~ S999 供报警使用。状态继电器不做工序号使用时，可作为辅助继电器使用。

5.2.3　定时器的编号及功能

定时器 T 具有定时器线圈和常开、常闭触头。其工作原理是将 PLC 内的 1ms、10ms、100ms 等时钟脉冲进行加法计数，当它达到规定的设定值时，其触头动作。定时器利用内部时钟脉冲，可测量范围为 0.001 ~ 3276.7s。FX_{2N} 系列 PLC 中的定时器按十进制编号，从 T0 ~ T255 共 256 个。

1. 100ms 通用型定时器 T0 ~ T199

100ms 通用型定时器 T0 ~ T199 共 200 点。当通用型定时器线圈的驱动输入变为 ON 时，计数器按照 100ms 的周期脉冲计数；当计数器的当前值达到定时器的设定值时，其触头动作，当前值保持；当达到定时器设定值之前，线圈断开再次得电时计数从零开始。其中，只有T192 ~ T199 可以用在子程序和中断子程序中。设定值为 1 ~ 32767，定时范围为 0.1 ~ 3276.7s。

2. 10ms 通用型定时器 T200 ~ T245

10ms 通用型定时器 T200 ~ T245 共 46 点。当通用定时器线圈的驱动输入变为 ON 时，计数器按照 10ms 的周期脉冲计数；当计数器的当前值达到定时器的设定值时，其触头动作，当前值保持；当达到定时器设定值之前，线圈断开再次得电时计数从零开始。设定值为 1 ~ 32767，定时范围为 0.01 ~ 327.67s。通用型定时器的工作原理与时序如图 5-8 所示。

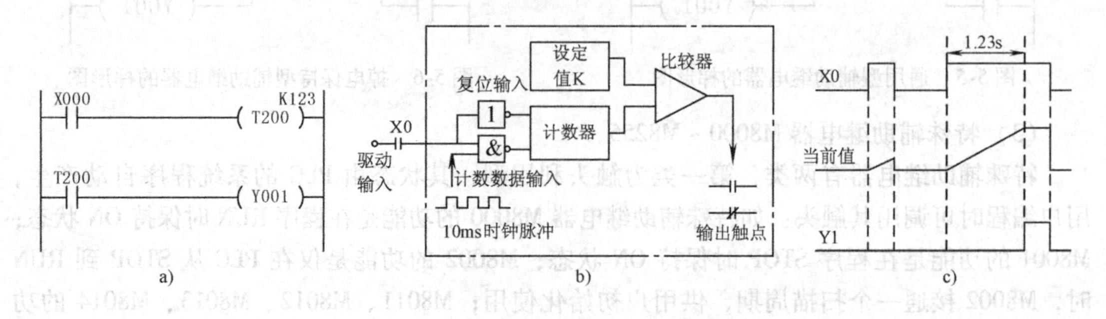

图 5-8　通用型定时器的工作原理与时序

3. 1ms 累积型定时器 T246～T249

1ms 累积型定时器 T246～T249 共 4 点。当通用定时器线圈的驱动输入变为 ON 时，计数器按照 1ms 的周期脉冲计数；当计数器的当前值累积达到定时器的设定值时，其触头动作，当前值保持；当达到定时器设定值之前，线圈断开再次得电时计数从断电前的值开始累积。设定值为 1～32767，定时范围为 0.001～32.767s。

4. 100ms 累积型定时器 T250～T255

100ms 累积型定时器 T250～T255 共 6 点。当通用定时器线圈的驱动输入变为 ON 时，计数器按照 100ms 的周期脉冲计数。当计数器的当前值累积达到定时器的设定值时，其触头动作，当前值保持；当达到定时器设定值之前，线圈断开再次得电时计数从断电前的值开始累积。设定值为 1～32767，定时范围为 0.1～3276.7s。累积型定时器的工作原理及时序如图 5-9 所示。

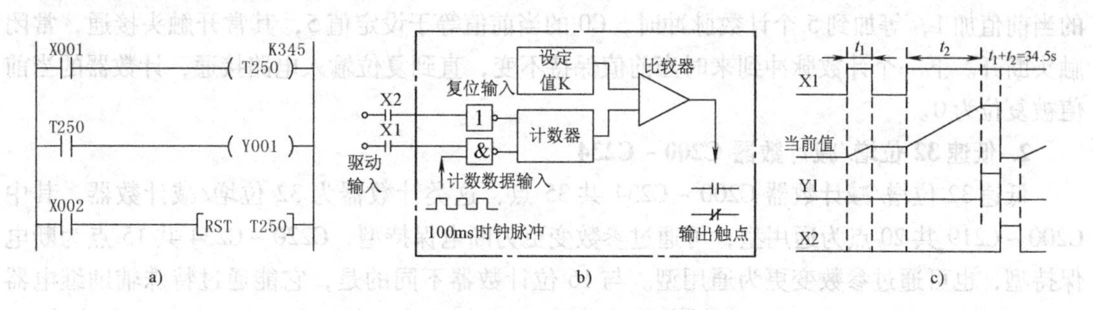

图 5-9　累积型定时器的工作原理及时序

a）梯形图　b）工作原理图　c）动作时序图

5.2.4　计数器的编号及功能

计数器 C 具有计数器线圈和常开、常闭触头。计数器 C 用于对触头通断次数进行计数。计数器与定时器相似，只是计数脉冲不是定时器的周期脉冲，而是控制触头指令的通断脉冲。当控制触头的通断脉冲次数达到设定值时，其常开、常闭触头动作。FX_{2N}系列 PLC 中的计数器按十进制编号，从 C0～C255 共 256 个。FX_{2N}系列 PLC 的计数器有低速计数器和高速计数器两类。低速计数器是在执行扫描操作时对触头的通断进行计数的，要求触头的通断时间应比扫描周期长。

1. 低速 16 位增计数器 C0～C199

低速 16 位通用型增计数器 C0～C199 共 200 点。其中，C0～C99 共 100 点为通用型，可通过参数变更为断电保持型；C100～C199 共 100 点为断电保持型，也可通过参数变更为通用型。使用时应设置一设定值，对于通用型计数器当计数数量累加达到设定值时，计数器的常开触头动作为 ON，常闭触头动作为 OFF。在计数过程中，当 PLC 断电或者 PLC 从 STOP 状态变为 ON 状态时，当前值复位为 0，计数从 0 开始。对于断电保持型计数器，如果 PLC 断电或者 PLC 从 STOP 状态变为 ON 状态时，当前计数值将被保持，再次上电或者从 STOP 变为 ON 时，从原计数值开始计数，直到设定值后动作。计数器的设定值为 1～32767。设定值可以用常数 K、H 设定，也可以用指定的数据寄存器 D 间接设定。低速 16 位通用型计数器的工作过程如图 5-10 所示。

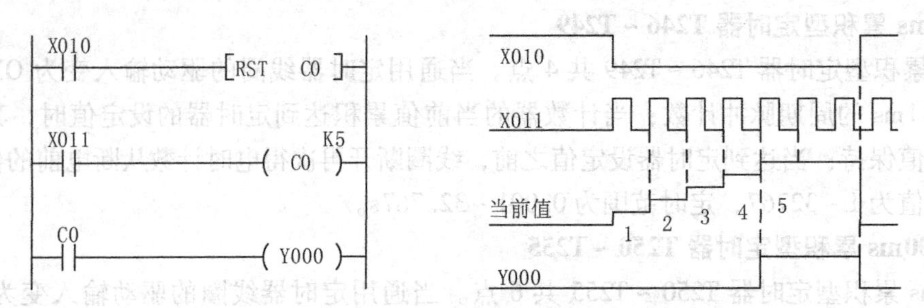

图 5-10　低速 16 位通用型计数器的工作过程

在图 5-10 中，X010 的常开触头接通后，C0 被复位，它的常开触头断开，常闭触头接通，同时其计数当前值被置为 0。X011 用以计数脉冲输入信号，当计数器的复位输入电路断开，计数器计数脉冲输入电路由断开变为接通（即计数脉冲的上升沿到来）时，计数器的当前值加 1，等加到 5 个计数脉冲时，C0 的当前值等于设定值 5，其常开触头接通，常闭触头断开。下一个计数脉冲到来时当前值保持不变，直到复位输入电路接通，计数器的当前值被复位为 0。

2. 低速 32 位增/减计数器 C200 ~ C234

低速 32 位增/减计数器 C200 ~ C234 共 35 点，这类计数器为 32 位增/减计数器，其中 C200 ~ C219 共 20 点为通用型，可通过参数变更为断电保持型，C220 ~ C234 共 15 点为断电保持型，也可通过参数变更为通用型。与 16 位计数器不同的是，它能通过特殊辅助继电器 M 的状态来控制实现加/减双向计数。当 M△△△为“1”时，对应的 C△△△为减计数，当 M△△△为“0”时，对应的 C△△△为加计数。

使用时应设置一设定值，设定值的范围为 -2147483648 ~ +2147483648（32 位），对于通用型 32 位计数器，当计数数量加到设定值时，计数器的常开触头动作为 ON，常闭触头动作为 OFF，当减到设定值时，计数器的常开触头动作为 OFF，常闭触头动作为 ON；对于断电保持型 32 位计数器与通用型不同的是，当计数过程中断电时，将保持当前的计数值待下次上电时从断电前的计数值开始计数。设定值可以用常数 K、H 设定，也可以用指定的数据寄存器 D 间接设定。

图 5-11 所示为 32 位增/减定时器的动作时序。用 X014 作为计数输入，驱动 C200 计数器进行计数操作，计数值为 -5。当计数器的当前值 -6 加 1 为 -5（增大）时，其触头接通（置 1）：当计数器的当前值由 -5 减 1 为 -6（减小）时，其触头断开（置 0）。当复位输入 X013 接通时，计数器的当前值就复位为 0。

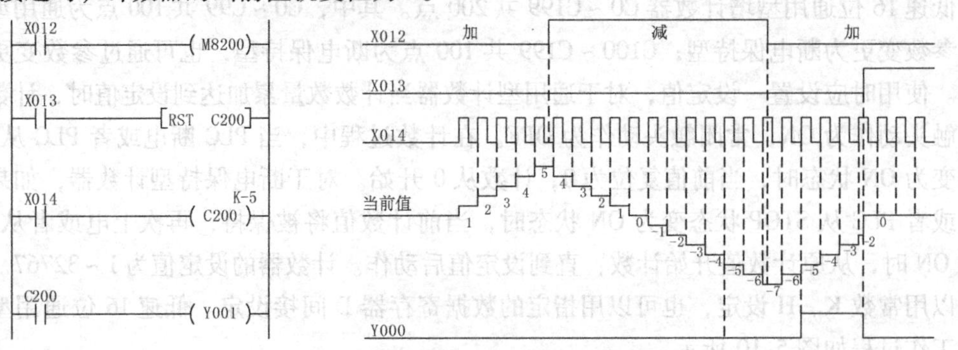

图 5-11　32 位增/减定时器的动作时序

3. 高速 32 位计数器 C235 ~ C255

高速 32 位计数器 C235 ~ C255 共 21 点，全部为断电保持型，且可通过参数修改为通用型。高速计数器直接对来自外部的高速脉冲（例如来自光电编码器、光电编码盘、光栅等）进行 32 位增/减计数，其输入脉冲可以由输入点 X000 ~ X005 输入，但不可重复使用，如果这 6 个输入端中的一个已被某个高速计数器占用，它就不能再用于其他高速计数器（或其他用途）。高速计数器的选择取决于所需计数器的类型及高速输入端子。表 5-9 给出各个高速计数器及其对应输入端子的名称。另外，高速计数器还可用作比较和直接输出等高速应用功能。计数脉冲频率与 PLC 的扫描周期无关，一般采用中断处理方式进行高速计数。

表 5-9　高速计数器及其对应输入端子的名称

输入	单相单计数输入											单相双计数输入					双相双计数输入				
端子	C235	C236	C237	C238	C239	C240	C241	C242	C243	C244	C245	C246	C247	C248	C249	C250	C251	C252	C253	C254	C255
X000	U/D						U/D			U/D		U	U		U		A	A		A	
X001		U/D					R			R		D	D		D		B	B		B	
X002			U/D					U/D			U/D		R		R			R		R	
X003				U/D				R			R			U		U			A		A
X004					U/D				U/D					D		D			B		B
X005						U/D			R					R		R			R		R
X006										S					S					S	
X007											S					S					S

注：U——加计数；D——减计数；A——A 相输入；B——B 相输入；R——复位输入；S——启动输入。

X006 和 X007 也是高速输入，但只能用作启动信号而不能用于高速计数。不同类型的计数器可同时使用，但它们的输入不能共用。输入端 X000 ~ X007 不能同时用于多个计数器，例如，若使用了 C251，因为 X000、X001 被占用，所以 C235、C236、C241、C244、C246、C247、C249、C252、C254 计数器不能使用，其他指令也不能再使用 X000、X001。

（1）单相单计数无启动/复位端子高速计数器 C235 ~ C240

这类高速计数器的触头动作与 32 位增/减计数器相同，可进行增/减计数（取决于 M8235 ~ M8240 的状态）。如图 5-12 所示，当 X010 断开，M8235 为 OFF，此时 C235 为增计数方式（反之为减计数），由 X012 接通表示选中 C235，C235 对 X000 输入端的脉冲开始增计数，当达到设定值 1234 时，C235 的常开为"1"，Y000 输出，其输出指示灯亮。

（2）单相单计数带启动/复位端子高速计数器 C241 ~ C245

这类高速计数器的触头动作也与 32 位增/减计数器相同，可进行增/减计数（取决于 M8241 ~ M8245 的状态）。如图 5-13 所示，当 X010 断开，M8244 为 OFF，此时 C244 为增计数方式（反之为减计数），由 X012 接通表示选中 C244，并且 X006 也接通表示 C244 开始计数，对 X000 输入端的脉冲开始增计数，当达到设定值 1234 时，C244 的常开为"1"，Y000 输出，其输出指示灯亮。除了可用 X001 立即复位外，也可以用梯形图中的 X011 复位。

（3）单相双计数输入高速计数器 C246 ~ C250

这类高速计数器有两个输入端，一个为增计数输入，一个为减计数输入。同样可以使用 M8246 ~ M8250 的状态监视 C246 ~ C250 的增/减动作。如图 5-14a 所示，X011 是 C246 的复位信号，X012 接通表示选中 C246，C246 开始计数，对 X000 输入端的脉冲开始增计数，

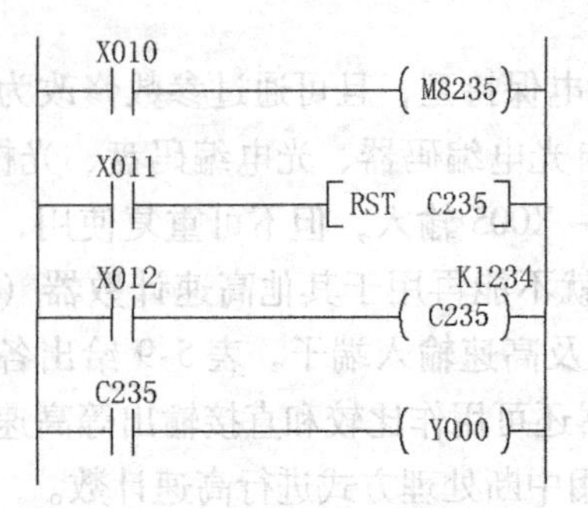

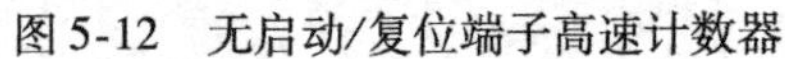
图 5-12　无启动/复位端子高速计数器

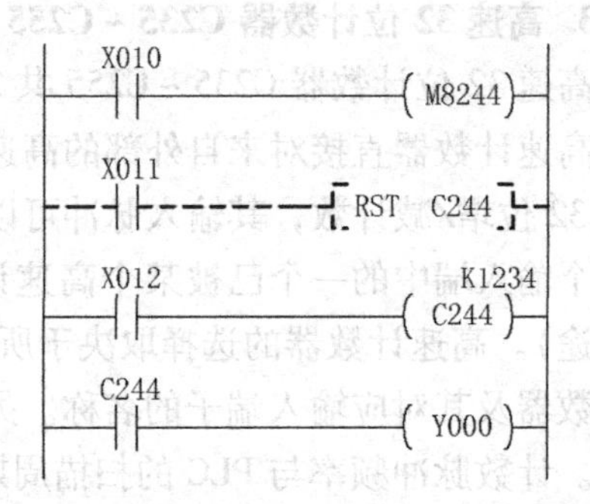

图 5-13　带启动/复位端子高速计数器

X001 输入端的脉冲开始减计数，当前值达到设定值 1234 时，C244 的常开为“1”，Y000 输出，其输出指示灯亮。如图 5-14b 所示，X011 是 C249 的复位信号，X012 接通表示选中 C249，并且 X006 也接通时，C249 开始计数，对 X000 输入端的脉冲开始增计数，X001 输入端的脉冲开始减计数，当前值达到设定值 D3D2 所组成的 32 位数时，C249 的常开为“1”，Y000 输出，其输出指示灯亮。当 X002 接通时，C249 立即复位。

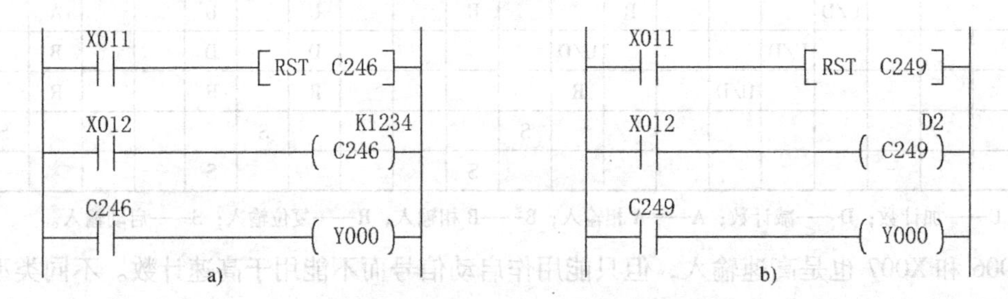

图 5-14　单相双计数输入高速计数器

（4）双相双计数输入高速计数器 C251 ~ C255

这类高速计数器有两个输入端，一个为 A 相输入，一个为 B 相输入。A 相和 B 相的信号相位决定了这类计数器是增/减计数器，图 5-15a 为增计数方式，图 5-15b 为减计数方式。常用于 2 相式编码器的输出中，同样可以使用 M8251 ~ M8255 的状态监视 C251 ~ C255 的增/减动作。

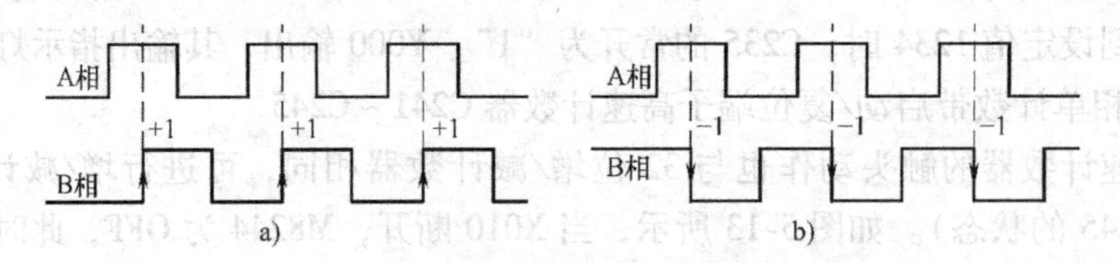

图 5-15　增/减计数与 A 相、B 相的关系

a）增计数　b）减计数

如图 5-16a 所示，X011 是 C251 的复位信号，X012 接通表示选中 C251，C251 开始计数，A 相为 X000 输入，B 相为 X001 输入端，当前值达到设定值 1234 时，C251 的常开为“1”，Y002 输出，其输出指示灯亮，根据 A 相与 B 相的电平关系，决定不同的计数方向（增/减），将影响 M8251 的结果，从而决定 Y003 是否输出。如图 5-16b 所示，X011 是

C254的复位信号，X012接通表示选中C254，并且X006也接通时，C254开始计数，A相为X000输入，B相为X001输入端，当前值超过设定值D3D2所组成的32位数时，C254的常开为“1”，Y004输出，其输出指示灯亮，根据A相与B相的电平关系，决定不同的计数方向（增/减），将影响M8254的结果，从而决定Y005是否输出。当X011接通时，C254立即复位。

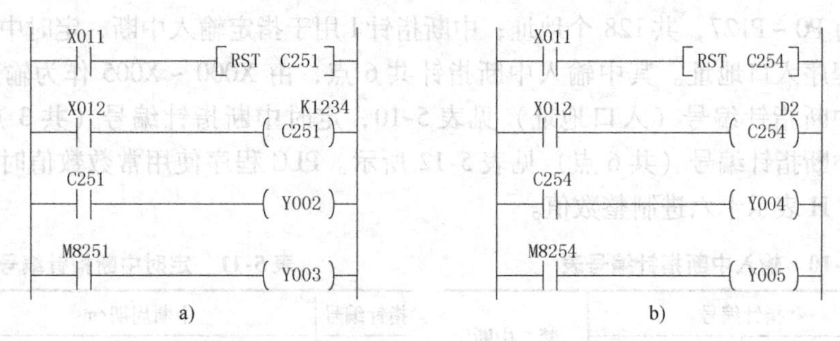

图5-16　双相双计数输入高速计数器

5.2.5　数据寄存器的编号及功能

数据寄存器D是存储数值数据的元件。FX_{2N}系列PLC中的数据寄存器D全是16位的（最高位为符号位），用两个寄存器组合就可以处理32位（最高位为符号位）数值。数值范围可参考“计数器”的相关说明。D寄存器按十进制编号，从D0～D8195共8196个，其中D0～D199是通用型数据寄存器，D200～D511是断电保持型数据寄存器，D512～D7999是断电保持型专用数据寄存器，D8000～D8195是已被系统程序赋予了特殊用途的数据寄存器。

1. 通用型数据寄存器D0～D199

将数据写入通用型数据寄存器后，其值将保持不变，直到下一次被改写。若特殊辅助继电器M8033为OFF，PLC从RUN状态进入STOP状态时，所有的通用数据寄存器被复位为0。若特殊辅助继电器M8033为ON，则PLC从RUN状态进入STOP状态时，通用寄存器的值保持不变。

2. 断电保持型数据寄存器D200～D7999

断电保持型数据寄存器共7800点，其中D200～D511（共312点）有断电保护功能，可以通过参数变为通用型，D512～D7999（共7488点）不能通过参数改变其断电保护的特性，根据参数设定可以将D1000以上的数据寄存器作为文件寄存器（一种用来存放大量数据的专用寄存器，以500点为一个单位）。

3. 特殊数据寄存器D8000～D8255

特殊数据寄存器D8000～D8255共256点，用来控制和监视PLC内部的各种工作方式和元件，如电池电压、扫描时间等。未定义的特殊数据寄存器，用户不能使用。

5.2.6　变址寄存器的编号及功能

FX_{2N}系列PLC内部有寻址用的16位V、Z寄存器，范围从V0～V7，Z0～Z7，共16点，将V、Z合起来使用可形成32位寄存器，Z为低位。变址寄存器可用来改变软元件的元件号，例如，当V0=12时，数据寄存器D6V0，则相当于D18（6+12=18）。通过修改变址寄存器的值，可以改变实际的操作数。变址寄存器也可以用来修改常数的值，例如，当 Z0 = 21 时，K48Z0 相当于常数 69（48 + 21 = 69）。

5.2.7 指针与常数的编号及功能

PLC 程序中指针有分支指针和中断指针两种。分支指针 P 用于指定条件跳转，或子程序调入地址，有 P0 ~ P127，共 128 个地址；中断指针 I 用于指定输入中断、定时中断、计数中断的中断子程序入口地址。其中输入中断指针共 6 点，由 X000 ~ X005 作为输入中断的输入，对应的中断指针编号（入口地址）见表 5-10，定时中断指针编号（共 3 点）见表 5-11，计数器中断指针编号（共 6 点）见表 5-12 所示。PLC 程序使用常数数值时，K 表示十进制整数值，H 表示十六进制整数值。

表 5-10 输入中断指针编号表

输入中断	指针编号		禁止中断
	上升沿中断	下降沿中断	
X000	I001	I000	M8050 = 1
X001	I101	I100	M8051 = 1
X002	I201	I200	M8052 = 1
X003	I301	I300	M8053 = 1
X004	I401	I400	M8054 = 1
X005	I501	I500	M8055 = 1

表 5-11 定时中断指针编号表

指针编号	中断周期/ms	禁止中断
I6□□	在指针编号的□□处填写 10 ~ 99 的整数，表示每隔□□ms 中断一次，例如：I620 表示每隔 20ms 中断一次。	M8056 = 1
I7□□		M8057 = 1
I8□□		M8058 = 1

表 5-12 计数器中断指针编号表

指针编号	禁止中断	指针编号	禁止中断
I010	M8059 = 1	I040	M8059 = 1
I020		I050	
I030		I060	

5.3 FX_{2N} 系列 PLC 的基本逻辑指令及其编程方法

FX_{2N} 系列 PLC 有 13 类 27 条基本逻辑指令。基本逻辑指令可采用指令助记符或者梯形图等常用语言表达形式。每条基本逻辑指令都有特定的功能和应用对象。基本逻辑指令功能见表 5-13。

表 5-13 基本逻辑指令功能

指令助记符名称	功能	回路表示和可用软元件	指令助记符名称	功能	回路表示和可用软元件
[LD] 取	运算开始常开触头	XYMSTC 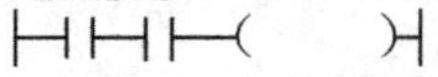	[AND] 与	串联常开触头	XYMSTC 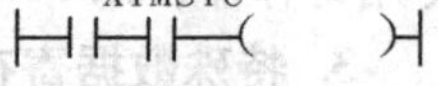
[LDI] 取反	运算开始常闭触头	XYMSTC 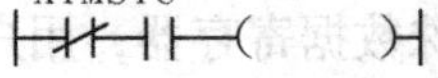	[ANI] 与非	串联常闭触头	XYMSTC 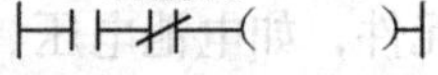
[LDP] 取脉冲上升沿	上升沿检出运算开始	XYMSTC 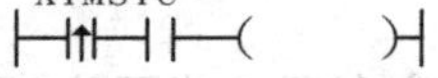	[ANDP] 与脉冲上升沿	上升沿检出串联连接	XYMSTC 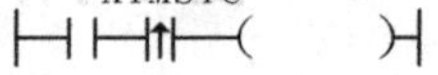
[LDF] 取脉冲下降沿	下降沿检出运算开始	XYMSTC 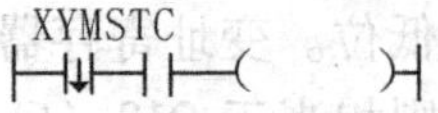	[ANDF] 与脉冲下降沿	下降沿检出串联连接	XYMSTC 

（续）

指令助记符名称	功能	回路表示和可用软元件	指令助记符名称	功能	回路表示和可用软元件
[OR]或	并联常开触头	XYMSTC	[PLS]上升沿脉冲输出	上升沿检出	PLS YM
[ORI]或非	并联常闭触头	XYMSTC	[PLF]下降沿脉冲输出	下降沿检出	PLF YM
[ORP]或脉冲上升沿	上升沿检出并联连接	XYMSTC	[MC]主控开始	公共串联点的连接线圈指令	MC N YM
[ORF]或脉冲下降沿	下降沿检出并联连接	XYMSTC	[MCR]主控复位	公共串联点的清除指令	MCR N
[ANB]回路块与	并联回路块的串联连接		[MPS]进栈	入栈	
[ORB]回路块或	串联回路块的并联连接		[MRD]读栈	读栈	
			[MPP]出栈	出栈	
[OUT]输出	线圈驱动指令	YMSTC	[INV]反转	运算的结果取反	INV
[SET]置位	设置为1	SET YMS	[NOP]空操作	无动作	清除程序流程
[RST]复位	清除复位为0	RST YMSTCD	[END]结束	顺控程序结束	顺控程序结束返回到0

5.3.1 逻辑取及线圈输出指令LD、LDI、OUT

1. 指令助记符与功能

逻辑取及线圈驱动指令的助记符与功能见表5-14。

表5-14 逻辑取及线圈驱动指令的助记符与功能

指令助记符	指令名称	指令可用软元件	占用程序步数
LD	取	X、Y、M、S、T、C	1
LDI	取反	X、Y、M、S、T、C	1
OUT	输出	Y、M、S、T、C	Y、M：1；S、特殊M：2；T：3；C：3～5

2. 指令功能说明

1）LD/LDI（LoaD/LoaD Inverse）指令用于常开/常闭触头与母线连接。OUT指令是对输出继电器线圈、辅助继电器线圈、状态继电器线圈、定时器线圈、计数器线圈的线圈驱动指令，用于将逻辑运算的结果驱动一个指定线圈。

2）OUT 指令可以连续使用若干次，相当于多个输出线圈并联。

3）对于定时器或计数器的线圈 OUT 输出指令后，必须设定定时器或计数器的设定值，可由常数 K、H 或者数据寄存器 D 间接指定。LD、LDI、OUT 指令的编程如图 5-17 所示（分号右边的文字为指令的注释，编程时不能输入，下同）。

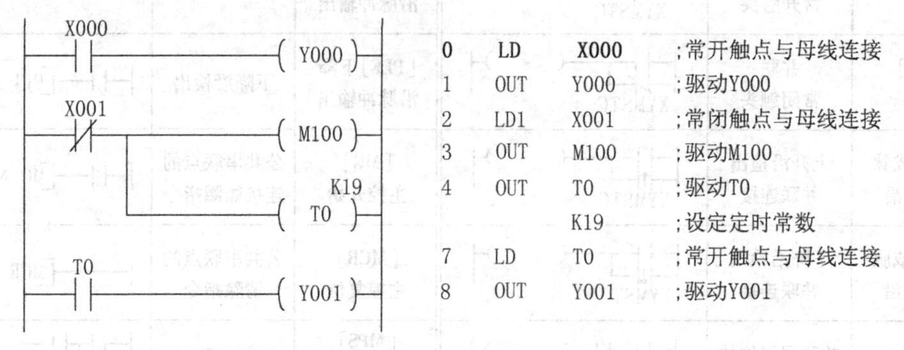

图 5-17　LD、LDI、OUT 指令的编程

5.3.2　触头串联指令 AND、ANI

1. 指令助记符与功能

触头串联指令的助记符与功能见表 5-15。

表 5-15　触头串联指令的助记符与功能

指令助记符	指令名称	指令可用软元件	占用程序步数
AND	与	X、Y、M、S、T、C	1
ANI	与非	X、Y、M、S、T、C	1

2. 指令功能说明

用 AND/ANI 指令可串联连接单个常开/常闭触头，串联触头数目没有限制，可重复多次使用，但为了获得更好的效果，最好小于 8 个。AND/ANI 指令的编程如图 5-18a 所示。如果采用图 5-18b 所示编程，则须要用后述的 MPS 指令。

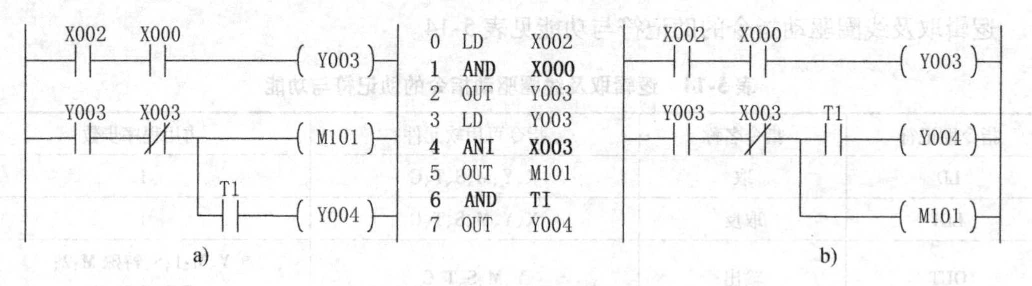

图 5-18　AND、ANI 指令的编程

5.3.3　触头并联指令 OR、ORI

1. 指令助记符与功能

触头并联指令的助记符与功能见表 5-16。

表 5-16　触头并联指令的助记符与功能

指令助记符	指令名称	指令可用软元件	占用程序步数
OR	或	X、Y、M、S、T、C	1
ORI	或非	X、Y、M、S、T、C	1

2. 指令功能说明

用 OR、ORI 指令可并联连接单个常开/常闭触头，并联触头数目没有限制，可重复多次使用。OR、ORI 指令的编程如图 5-19 所示。

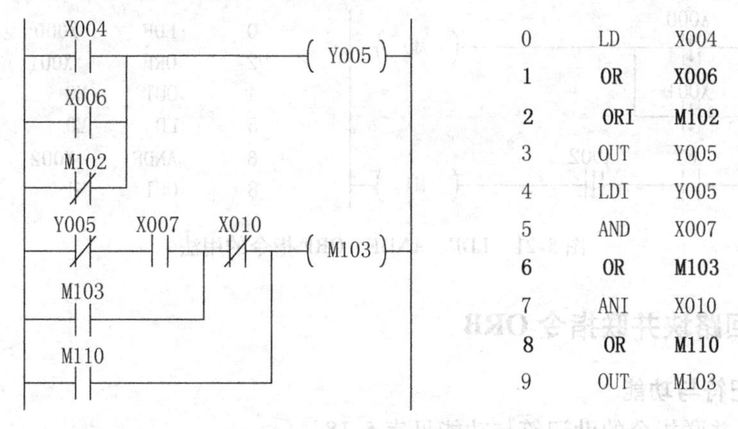

图 5-19　OR、ORI 指令的编程

5.3.4　边沿检出指令 LDP、LDF、ANDP、ANDF、ORP、ORF

1. 指令助记符与功能

边沿检出指令的助记符与功能见表 5-17。

表 5-17　边沿检出指令的助记符与功能

指令助记符	指令名称	指令可用软元件	占用程序步数
LDP	取脉冲上升沿	X、Y、M、S、T、C	2
LDF	取脉冲下降沿	X、Y、M、S、T、C	2
ANDP	与脉冲上升沿	X、Y、M、S、T、C	2
ANDF	与脉冲下降沿	X、Y、M、S、T、C	2
ORP	或脉冲上升沿	X、Y、M、S、T、C	2
ORF	或脉冲下降沿	X、Y、M、S、T、C	2

2. 指令功能说明

1）LDP、ANDP、ORP 指令是进行上升沿检出的触头指令，仅在指定位软元件的上升沿时（OFF→ON 变化时）接通一个扫描周期。

2）LDF、ANDF、ORF 指令是进行下降沿检出的触头指令，仅在指定位软元件的下降沿时（ON→OFF 变化时）接通一个扫描周期。

LDP、ANDP、ORP 指令的用法如图 5-20 所示，LDF、ANDF、ORF 指令的用法如图 5-21所示。

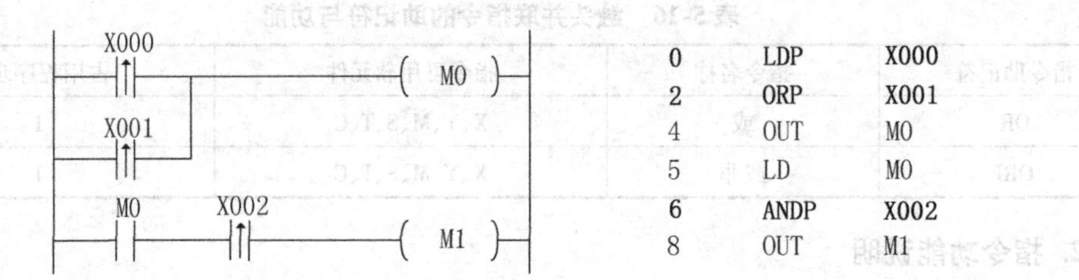

图 5-20　LDP、ANDP、ORP 指令的用法

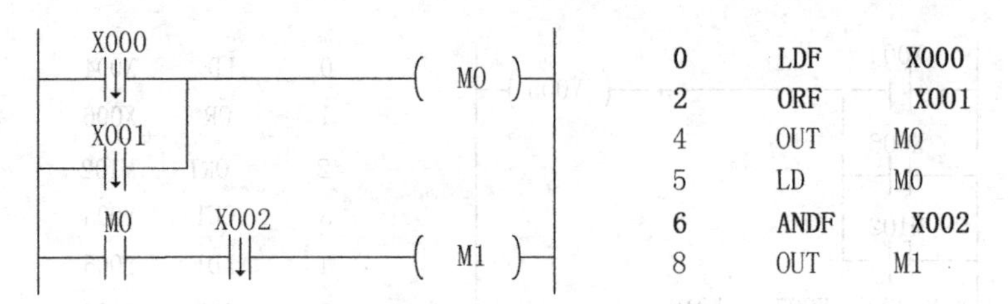

图 5-21　LDF、ANDF、ORF 指令的用法

5.3.5　串联回路块并联指令 ORB

1. 指令助记符与功能

串联回路块并联指令的助记符与功能见表 5-18。

表 5-18　串联回路块并联指令的助记符与功能

指令助记符	指 令 名 称	指令可用软元件	占用程序步数
ORB	回路块或	—	1

2. 指令功能说明

1）由两个以上的触头串联连接的回路称为串联回路块。当串联回路块并联时，分支开始用 LD、LDI 指令，分支结束用 ORB 指令。

2）ORB 指令不带软元件。

3）如果对每个回路块使用 ORB 指令，则并联的串联回路块没有限制。

4）ORB 指令也可以成批使用，但由于 LD，LDI 指令的重复次数被限制在 8 次以下，所以在编程时要注意。如图 5-22 所示有 3 块，每个子块左边第一个触头用 LD 或 LDI 指令，其余串联的触头用 AND 或 ANI 指令。每个子块的语句编写完后，加一条 ORB 指令作为该指令的结尾。ORB 是将串联块相并联，是回路块或指令。

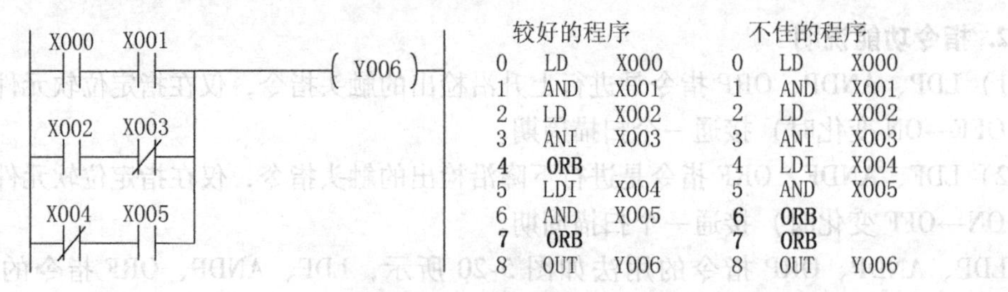

图 5-22　ORB 指令

5.3.6　并联回路块串联指令ANB

1. 指令助记符与功能

并联回路块串联指令的助记符与功能见表5-19。

表5-19　并联回路块串联指令的助记符与功能

指令助记符	指令名称	指令可用软元件	占用程序步数
ANB	回路块与	—	1

2. 指令功能说明

1）由两个以上的触头并联连接的回路被称为并联回路块。当并联回路块串联时，分支开始用LD、LDI指令，分支结束用ANB指令。

2）ANB指令不带软元件，如果对每个回路块使用ANB指令，则串联的并联回路块没有限制。

3）ANB指令也可以成批使用，但由于LD、LDI指令的重复次数被限制在8次以下，所以在编程时要注意。ANB指令如图5-23所示。

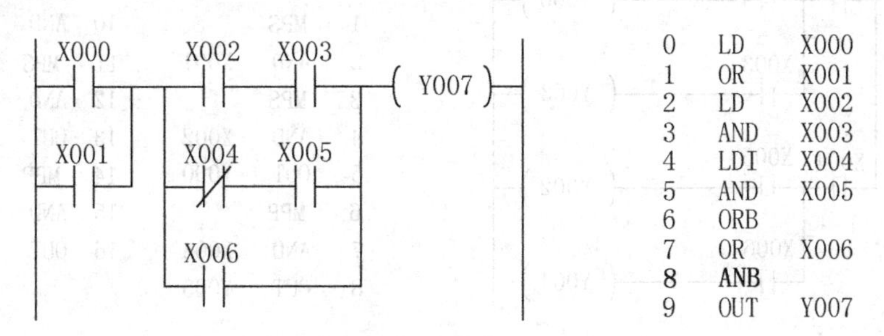

图5-23　ANB指令

5.3.7　栈操作指令MPS、MRD、MPP

1. 指令助记符与功能

栈操作指令的助记符与功能见表5-20。

表5-20　栈操作指令的助记符与功能

指令助记符	指令名称	指令可用软元件	占用程序步数
MPS	入栈	—	1
MRD	读栈	—	1
MPP	出栈	—	1

2. 指令功能说明

1）PLC中，有11个存储运算中间结果的存储器，使用一次MPS指令，该时刻的运算结果就推入栈区的最底部存储单元。再次使用MPS指令时，将再次存入栈的数据放入栈区的上面存储单元，以此类推，先进入的数据在下面。当使用MPP指令时，所存入的数据从上面依次移出。最上段的数据在移出后就从栈内消失。MRD是最上段所存的最新数据的读出专用指令。栈内的数据不发生变化。

2）栈操作指令不带软元件。

3）MPS、MRD、MPP 可以采用多层嵌套，并且 MPS 与 MPP 必须配对使用。图 5-24 所示为一层堆栈的梯形图和指令表，图 5-25 所示为二层堆栈的梯形图和指令表。

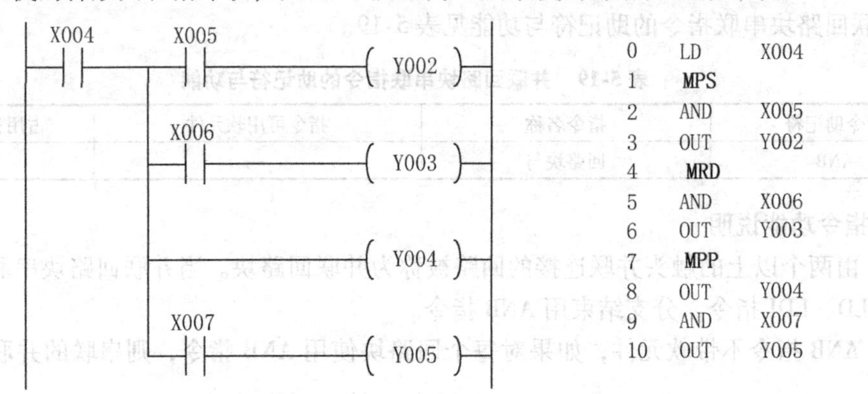

图 5-24　一层堆栈的梯形图和指令表

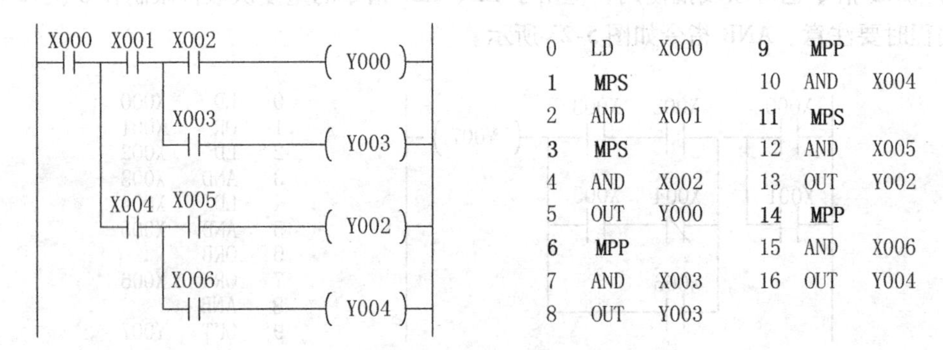

图 5-25　二层堆栈的梯形图和指令表

5.3.8　主控指令 MC、MCR

1. 指令助记符与功能

主控指令的助记符与功能见表 5-21。

表 5-21　主控指令的助记符与功能

指令助记符	指令名称	指令可用软元件	占用程序步数
MC	主控开始	Y、M 特殊继电器除外	3
MCR	主控复位(结束)	Y、M 特殊继电器除外	2

2. 指令功能说明

1）当控制触头输入接通时，执行 MC 与 MCR 之间的指令。当控制输入触头断开时，不执行主控命令，MC 与 MCR 指令之间的计数器与失电保持定时器和用 SET/RST 指令驱动的元件将保持当前状态；MC 与 MCR 指令之间的通用定时器，各内部线圈和输出线圈将复位。

2）对于层号 N*X* 相同的 MC 与 MCR 指令之间的输出，输出的软元件的编号不能相同，否则为双线圈输出。

3）在 MC 指令内可以使用 MC 指令进行主控嵌套，嵌套层数 N 的编号按顺序依次增大（N1→N2→N3→N4→N5→N6→N7），采用 MCR 指令返回时，按照大的嵌套级开始消除

（N7→N6→N5→N4→N3→N2→N1）。如图 5-26 所示的一层主控命令中 X000 接通时，执行主控命令，M100 接通（不同的编程软件版本，M100 的显示有差别，新版的编程软件只在监控状态下显示 M100 触头）。

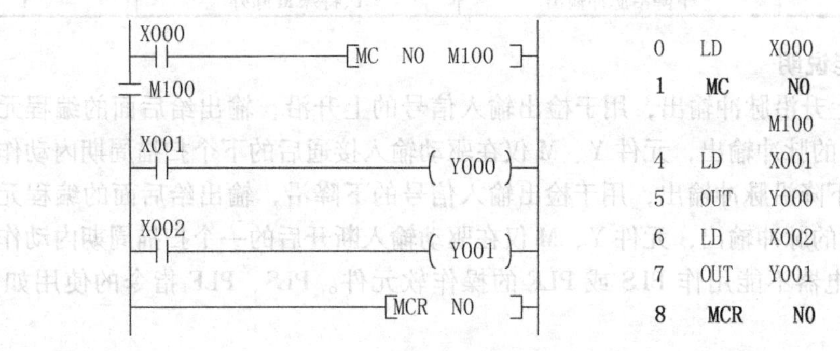

图 5-26　一层主控指令

5.3.9　结果取反指令 INV、空操作指令 NOP、结束指令 END

1. 指令助记符与功能

INV、NOP、END 的助记符与功能见表 5-22。

表 5-22　INV、NOP、END 的助记符与功能

指令助记符	指令名称	指令可用软元件	占用程序步数
INV	结果取反	—	1
NOP	空操作	—	1
END	结束	—	1

2. 指令功能说明

1）INV 不能与母线相连，也不能单独使用。

2）NOP 指令为空操作，执行时什么也不做，但要消耗一定的时间。编程时可以在适当的位置加入一些 NOP 指令，可以减少步号的变化。NOP 指令不能在梯形图模式下输入。

3）END 指令用于程序的结束，是无元件编号的独立指令。在程序调试过程中，可分段插入 END 指令，再逐段调试。在本段程序调试好后，删去 END 指令。然后进行下段程序的调试，直到全部程序调试完为止。

INV 指令的使用如图 5-27 所示。

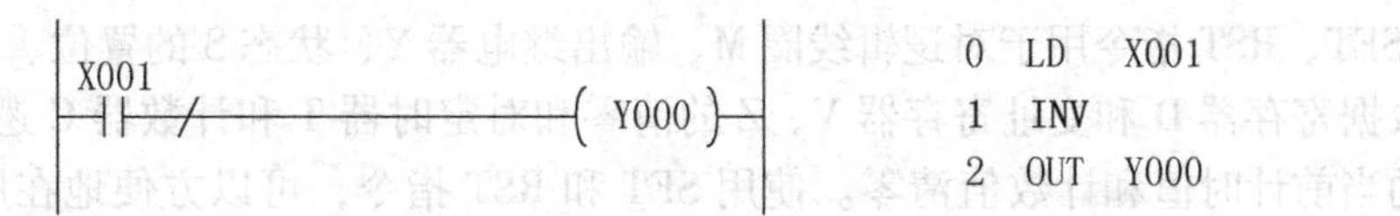

图 5-27　INV 指令的使用

5.3.10　上升沿脉冲输出指令 PLS、下降沿脉冲输出指令 PLF

1. 指令助记符与功能

PLS、PLF 的助记符与功能见表 5-23。

表 5-23　PLS、PLF 的助记符与功能

指令助记符	指令名称	指令可用软元件	占用程序步数
PLS	上升沿脉冲输出	Y、特殊 M 除外	1
PLF	下降沿脉冲输出	Y、特殊 M 除外	1

2. 指令功能说明

1）PLS 是上升沿脉冲输出，用于检出输入信号的上升沿，输出给后面的编程元件，获得一个扫描周期的脉冲输出，元件 Y、M 仅在驱动输入接通后的下个扫描周期内动作。

2）PLF 是下降沿脉冲输出，用于检出输入信号的下降沿，输出给后面的编程元件，获得一个扫描周期的脉冲输出，元件 Y、M 仅在驱动输入断开后的一个扫描周期内动作。

3）特殊继电器不能用作 PLS 或 PLF 的操作软元件。PLS、PLF 指令的使用如图 5-28 所示。

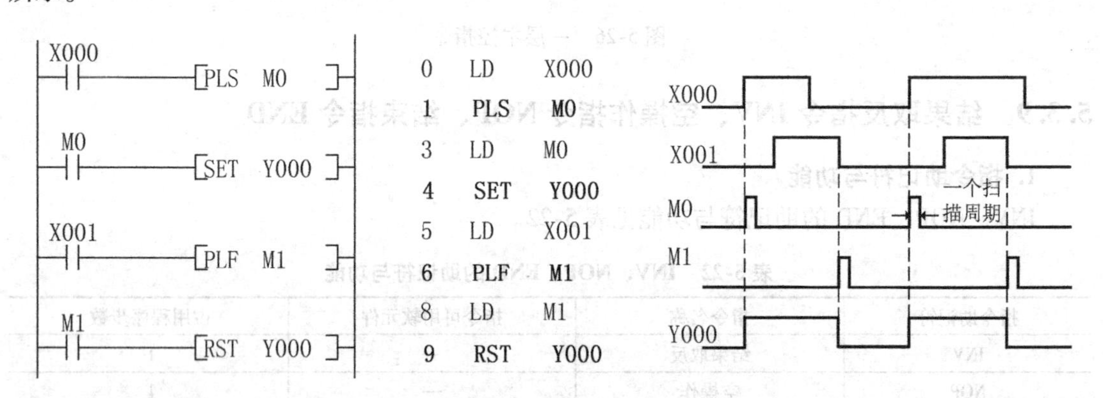

图 5-28　PLS、PLF 指令的使用

5.3.11　置位指令 SET、复位指令 RST

1. 指令助记符与功能

SET、RST 的助记符与功能见表 5-24。

表 5-24　SET、RST 的助记符与功能

指令助记符	指令名称	指令可用软元件	占用程序步数
SET	置位	Y、M、S	Y、M:1；S、特殊 M、T、C:2；
RST	复位	Y、M、S、T、C、D、V、Z	D、V、Z:3

2. 指令功能说明

1）SET、RST 指令用于对逻辑线圈 M、输出继电器 Y、状态 S 的置位、复位，RST 指令由于对数据寄存器 D 和变址寄存器 V、Z 的清零和对定时器 T 和计数器 C 逻辑线圈的复位，使它们的当前计时值和计数值清零。使用 SET 和 RST 指令，可以方便地在用户程序的任何地方对某个状态或事件设置标志和清除标志。

2）可对同一软元件多次使用，且具有自保持功能，SET 和 RST 指令的使用如图 5-28 所示。

5.3.12　基本指令梯形图的编写原则与技巧

在设计梯形图时一般要遵守以下原则：

1）PLC 在一个扫描周期内，程序的扫描是按照从左至右、从上到下的顺序扫描的。不能在输出线圈或功能指令与右母线之间插入其他软元件。

2）多条支路并联时，应将串联触头多的支路安排在上面，实现“上面大下面小”的状态。这样可以减少“块或”的个数。如图 5-29 所示，右边的程序中不用块或指令，程序少了一步。

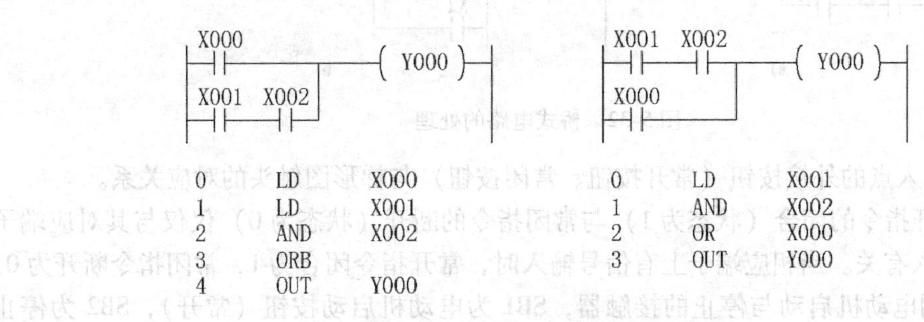

图 5-29 上下换位实现同样的功能

3）多个支路串联时，应将并联触头多的支路安排在左面，实现“左边大右边小”的状态，这样可以减少“块与”的个数。如图 5-30 所示，右边的程序中不用块与指令，程序少了一步。

X000 X001 X002 Y000 | X001 X000 X002 Y000

步	指令	操作数
0	LD	X000
1	LD	X001
2	OR	X002
3	ANB	
4	OUT	Y000

步	指令	操作数
0	LD	X001
1	OR	X002
2	AND	X000
3	OUT	Y000

图 5-30 左右换位实现同样的功能

4）对于同一线圈输出多次时，多次输出的结果以最后一次优先。如图 5-31 所示，如果 X001 = ON、X002 = OFF，则 PLC 在执行左面的梯形图的第一行时，Y003 = ON，并将 Y003 的状态存入输出映像寄存器中，到第 2 行时，Y004 = ON，并将 Y004 的状态存入输出映像寄存器中，到第 3 行时，Y003 = OFF，并将 Y003 的状态再次存入输出映像寄存器中，最终通过输出刷新使 Y003 = OFF、Y004 = ON 输出。这种结果可能不是编程者所希望的结果，需要改写成右边的梯形图程序。

5）不应该产生桥式连接的触头。使用时，应将图 5-32a 变换成图 5-32b 的形式。

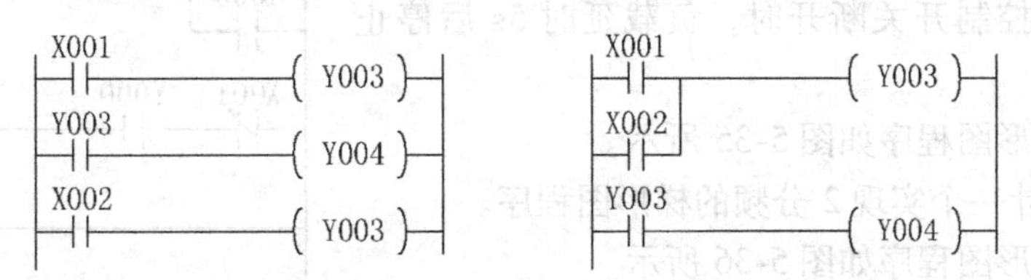

图 5-31 双线圈输出处理

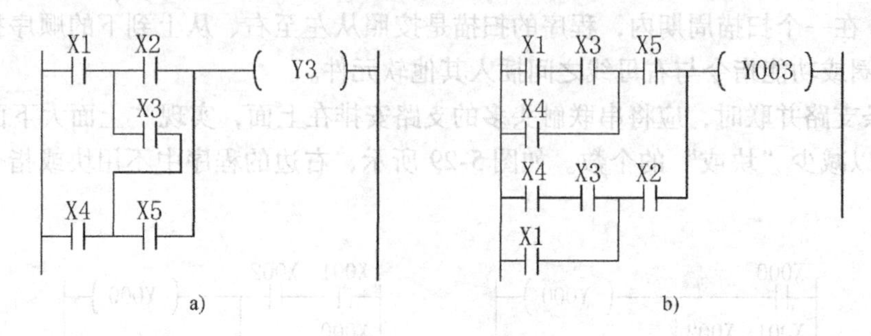

图 5-32　桥式电路的处理

6）PLC 输入点的外接按钮（常开按钮、常闭按钮）与梯形图触头的对应关系。

PLC 的常开指令的闭合（状态为 1）与常闭指令的断开（状态为 0）仅仅与其对应端子的有无信号输入有关。当相应端子上有信号输入时，常开指令闭合为 1，常闭指令断开为 0。

KM 为控制电动机启动与停止的接触器，SB1 为电动机启动按钮（常开），SB2 为停止按钮（常闭）。如果将 SB2 在 PLC 的 I/O 接线图中接成常闭，则接线图与梯形图的对应关系如图 5-33 所示。

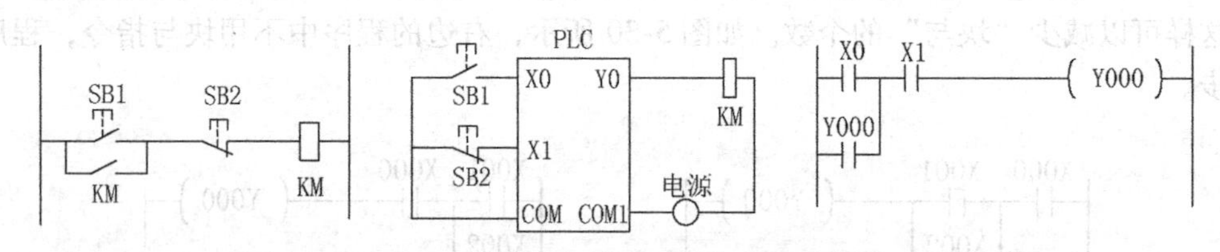

图 5-33　输入为常闭时的 PLC 接线图及梯形图

如果将 SB2 在 PLC 的 I/O 接线图中接成常开，则接线图与梯形图如图 5-34 所示。请读者仔细比较图 5-33 与图 5-34 的区别。

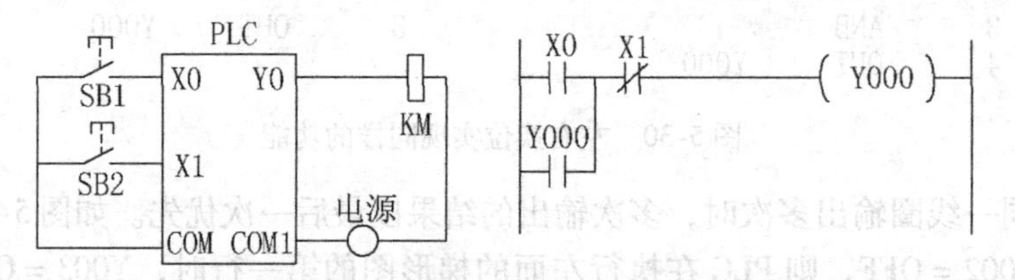

图 5-34　输入为常开时的 PLC 接线图及梯形图

5.3.13　基本逻辑指令的应用举例

例 5-1　设计梯形图程序。要求采用一个控制开关（接 X001 端子），当控制开关闭合时，负载工作（接 Y000 端子），当控制开关断开时，负载延时 5s 后停止工作。

所设计的梯形图程序如图 5-35 所示。

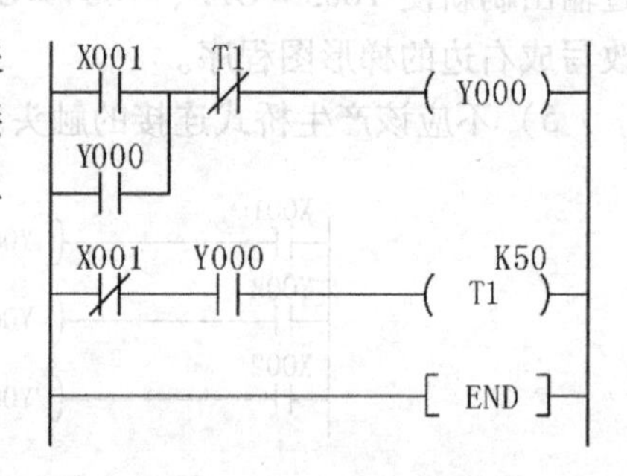

图 5-35　例 5-1 梯形图程序

例 5-2　设计一个实现 2 分频的梯形图程序。

所设计的梯形图程序如图 5-36 所示。

例 5-3　设计一个周期振荡梯形图程序。要求当输入开关（接 X000 端子）闭合时，输出 Y000 以通 3s 断 2s 的周期通断，当输入开关断开时，Y000 输出停止。

所设计的梯形图程序如图 5-37 所示。

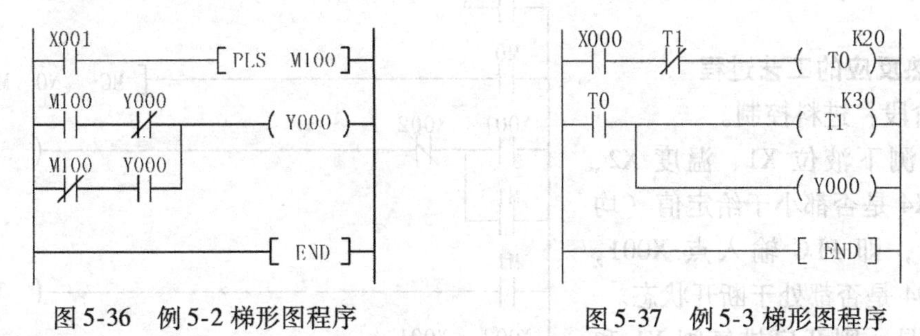

图 5-36　例 5-2 梯形图程序　　图 5-37　例 5-3 梯形图程序

例 5-4　设计一个延时 1h 的梯形图程序。当输入开关（接 X002 端子）闭合时，延时 1h 输出 Y000。

所设计的梯形图程序如图 5-38 所示。

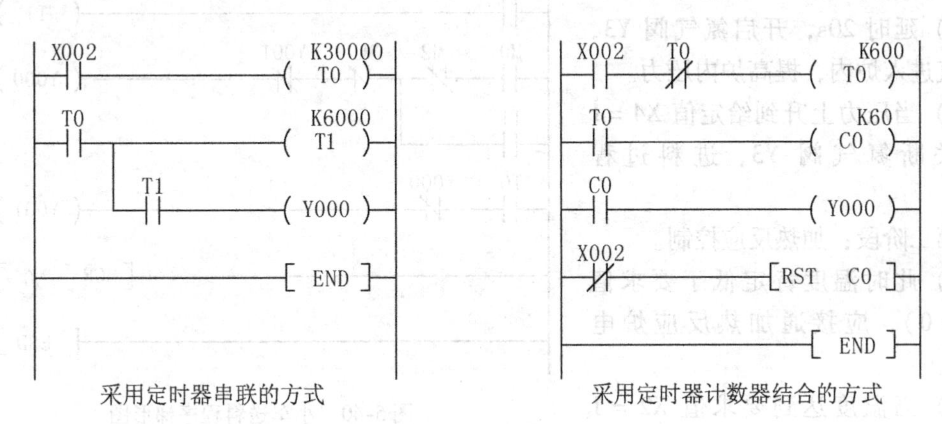

采用定时器串联的方式　　采用定时器计数器结合的方式

图 5-38　例 5-4 梯形图程序

例 5-5　设计一个小车送料自动控制系统的梯形图程序，小车送料示意图如图 5-39 所示，小车从任何位置开始，当按常开起动按钮（接 X000 端子），小车在导轨上向右移动（由一台三相异步电动机拖动，向右移动时，受 KM1 控制，电动机正转（接 Y000 端子）；向左移动时受 KM2 控制，电动机反转（接 Y001 端子）），当到达 B 点（压住 SQ1（常开接 X001 端子）），小车停 10s 后自动向左返回，到达 A 点（压住 SQ2（常开接 X002 端子））停止 20s 后，自动向右移动，进行周而复始的循环。按动常开停止按钮（接 X003 端子），小车停止。

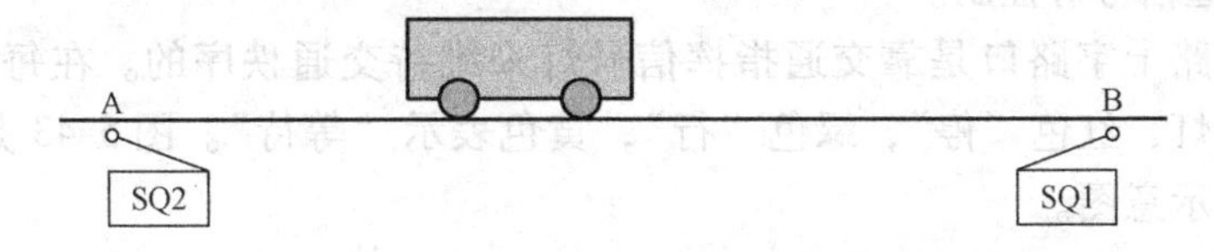

图 5-39　小车送料示意图

这是一个典型的自动往复运行的控制系统，其梯形图程序如图 5-40 所示。

例 5-6　加热反应炉自动控制。

1. 加热反应炉结构

加热反应炉的结构示意图如图 5-41 所示。

2. 加热反应的工艺过程

第一阶段：进料控制。

1）检测下液位 X1、温度 X2、炉内压力 X4 是否都小于给定值（均为逻辑 0），即 PLC 输入点 X001，X002，X004 是否都处于断开状态。

2）若是，则开启排气阀 Y1 和进料阀 Y2。

3）当液位上升到位，使 X3 闭合时，关闭排气阀 Y1 和进料阀 Y2。

4）延时 20s，开启氮气阀 Y3，使氮气进入炉内，提高炉内压力。

5）当压力上升到给定值 X4 = 1 时，关断氮气阀 Y3，进料过程结束。

第二阶段：加热反应控制。

1）此时温度肯定低于要求值（X2 = 0），应接通加热反应炉电源 Y5。

2）当温度达到要求值 X2 = 1 后，切断加热电源。

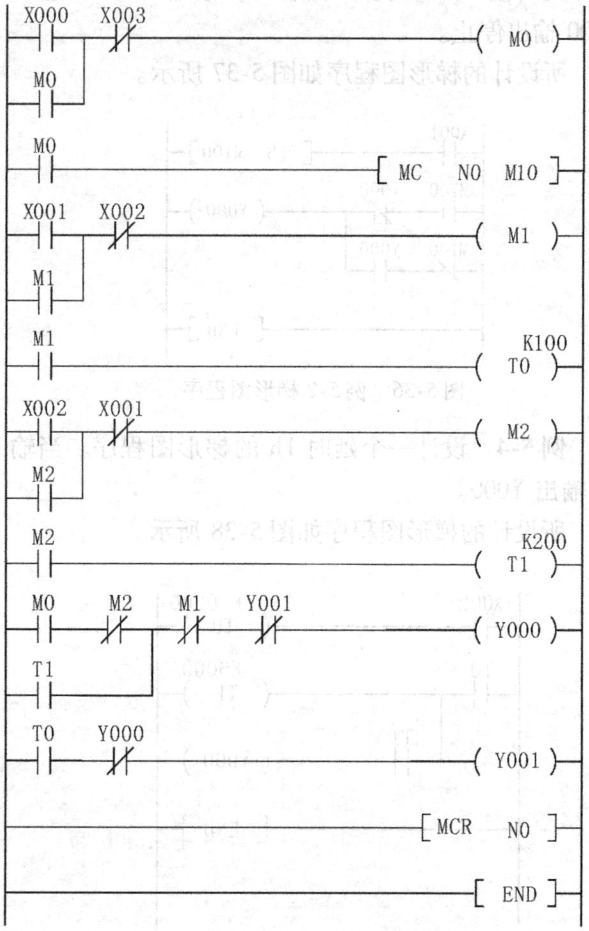

图 5-40　小车送料程序梯形图

3）加温到要求值后，维持保温 10min，在此时间内炉温实现通断控制，保持 X2 = 1。

第三阶段：泄放控制。

1）保温够 10min 时，打开排气阀 Y2，使炉内压力逐渐降到起始值 X4 = 0。

2）维持排气阀打开，并打开泄料阀 Y4，当炉内液位下降到下液位以下时（X1 = 0），关闭泄放阀 Y4 和排气阀 Y2，系统恢复到原始状态，重新进入下一循环。

3. PLC 控制程序

根据要求设计加热反应炉梯形图如图 5-42 所示。

例 5-7　交通信号灯控制。

城市交通道路十字路口是靠交通指挥信号灯来维持交通秩序的。在每个方向都有红、黄、绿三种信号灯，红色“停”，绿色“行”，黄色表示“等待”。图 5-43 是某十字路口的交通指挥信号灯示意图。

在系统工作时，有如下控制要求：

1）系统受一个启动按钮控制，按下启动按钮，信号灯系统开始工作，直到按下停止按钮，系统停止工作。

排气阀
进料阀
Y1
Y2
Y3
氮气阀
X3
上液位检测
X4
压力检测
X2
温度检测
Y4
泄料阀
X1
下液位检测
加热丝
Y5
AC220V

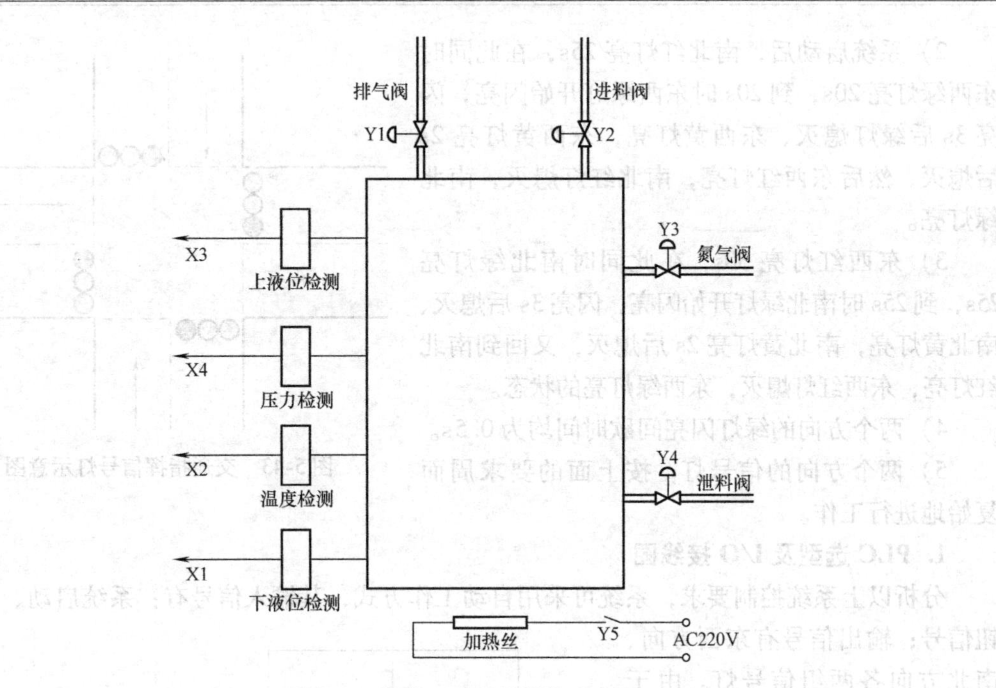

图 5-41　加热反应炉的结构示意图

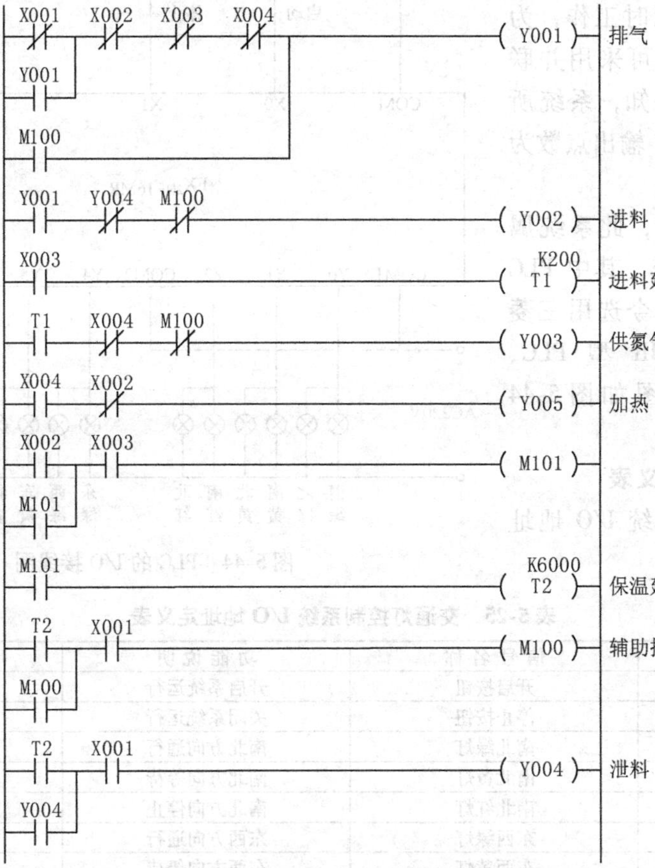

X001
X002
X003
X004
Y001
排气
Y001
M100
Y001
Y004
M100
Y002
进料
X003
K200
T1
进料延时
T1
X004
M100
Y003
供氮气
X004
X002
Y005
加热
X002
X003
M101
M101
M101
K6000
T2
保温延时
T2
X001
M100
辅助排气
M100
T2
X001
Y004
泄料
Y004

图 5-42　加热反应炉梯形图

2）系统启动后，南北红灯亮 25s，在此同时东西绿灯亮 20s，到 20s 时东西绿灯开始闪亮，闪亮 3s 后绿灯熄灭、东西黄灯亮，东西黄灯亮 2s 后熄灭，然后东西红灯亮，南北红灯熄灭，南北绿灯亮。

3）东西红灯亮 30s，在此同时南北绿灯亮 25s，到 25s 时南北绿灯开始闪亮，闪亮 3s 后熄灭、南北黄灯亮，南北黄灯亮 2s 后熄灭，又回到南北红灯亮，东西红灯熄灭，东西绿灯亮的状态。

4）两个方向的绿灯闪亮间歇时间均为 0.5s。

5）两个方向的信号灯，按上面的要求周而复始地进行工作。

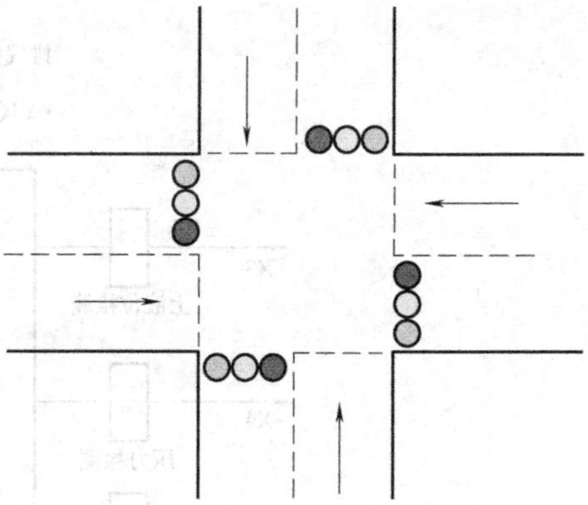

图 5-43　交通指挥信号灯示意图

1. PLC 选型及 I/O 接线图

分析以上系统控制要求，系统可采用自动工作方式，其输入信号有：系统启动、停止按钮信号；输出信号有东西方向、南北方向各两组信号灯。由于每一方向的两组信号灯中，同种颜色的信号灯同时工作，为了节省输出点数，可采用并联输出方法。由此可知，系统所需的输入点数为 2，输出点数为 6，且都是开关量。

根据以上分析，此系统属小型单机控制系统，其中 PLC 的选型范围较宽，今选用三菱公司的 FX_{2N}-16MR 型 PLC，PLC 的 I/O 接线图如图 5-44 所示。

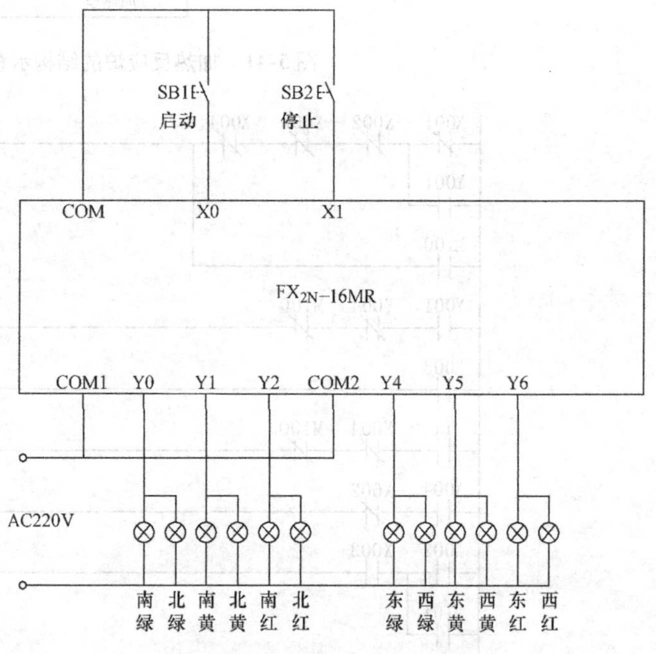

图 5-44　PLC 的 I/O 接线图

2. I/O 地址定义表

交通灯控制系统 I/O 地址定义见表 5-25。

表 5-25　交通灯控制系统 I/O 地址定义表

I/O 地址	信号名称	功能说明	备　注
X000	开启按钮	开启系统运行	常开
X001	停止按钮	关闭系统运行	常开
Y000	南北绿灯	南北方向通行	通有效
Y001	南北黄灯	南北方向等待	通有效
Y002	南北红灯	南北方向停止	通有效
Y004	东西绿灯	东西方向通行	通有效
Y005	东西黄灯	东西方向等待	通有效
Y006	东西红灯	东西方向停止	通有效

3. 梯形图程序设计

根据以上对系统控制要求的分析，结合 I/O 地址定义表，设计交通灯控制程序梯形图如图 5-45 所示。

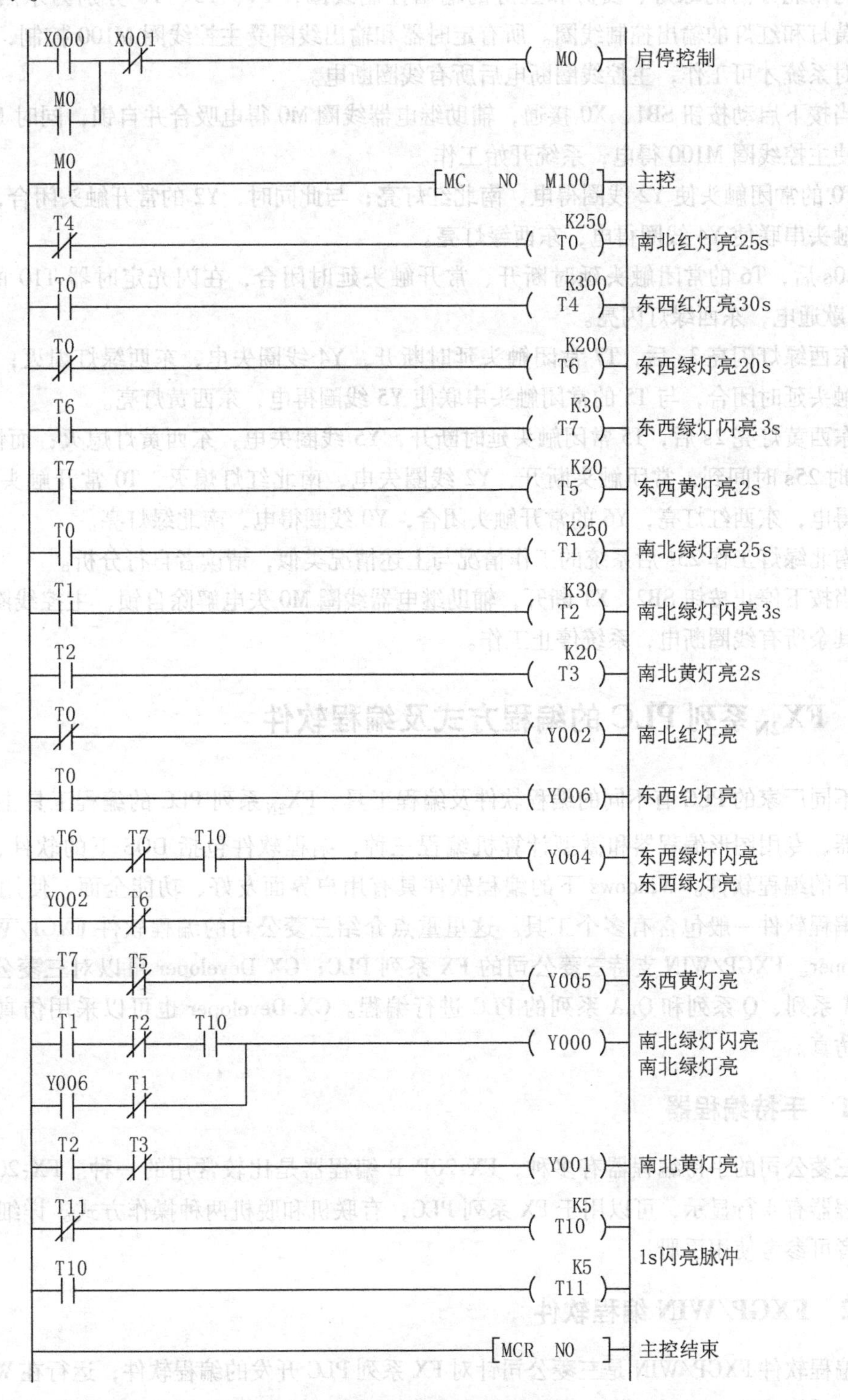

图 5-45　交通灯控制程序梯形图

系统是以时间为顺序进行工作的，周期循环的时间为南北红灯与东西红灯的时间之和，T0 ~ T7 为系统工作顺序定时器，T10、T11 构成 0.5s 亮 0.5s 灭的闪亮脉冲。Y0、Y1、Y2 分别为南北方向的绿灯、黄灯和红灯的输出控制线圈，Y4、Y5、Y6 分别为东西方向的绿灯、黄灯和红灯的输出控制线圈。所有定时器和输出线圈受主控线圈 M100 控制，主控线圈得电时系统才可工作，主控线圈断电后所有线圈断电。

当按下启动按钮 SB1，X0 接通，辅助继电器线圈 M0 得电吸合并自锁，同时 M0 的常开触头使主控线圈 M100 得电，系统开始工作。

T0 的常闭触头使 Y2 线圈得电，南北红灯亮；与此同时，Y2 的常开触头闭合，与 T6 的常闭触头串联使 Y4 线圈得电，东西绿灯亮。

20s 后，T6 的常闭触头延时断开、常开触头延时闭合，在闪光定时器 T10 的控制下，Y4 间歇通电，东西绿灯闪亮。

东西绿灯闪亮 3s 后，T7 常闭触头延时断开，Y4 线圈失电，东西绿灯熄灭；同时，T7 常开触头延时闭合，与 T5 的常闭触头串联使 Y5 线圈得电，东西黄灯亮。

东西黄灯亮 2s 后，T5 常闭触头延时断开，Y5 线圈失电，东西黄灯熄灭；而恰在此时，T0 延时 25s 时间到，常闭触头断开，Y2 线圈失电，南北红灯熄灭，T0 常开触头闭合，Y6 线圈得电，东西红灯亮，Y6 的常开触头闭合，Y0 线圈得电，南北绿灯亮。

南北绿灯工作 25s 后系统的工作情况与上述情况类似，请读者自行分析。

当按下停止按钮 SB2，X1 断开，辅助继电器线圈 M0 失电解除自锁，主控线圈 M100 失电，其余所有线圈断电，系统停止工作。

5.4 FX_{2N} 系列 PLC 的编程方式及编程软件

不同厂家的 PLC 有不同的编程软件及编程工具。FX_{2N} 系列 PLC 的编程工具主要有手持编程器、专用图形编程器和微型计算机编程三种，编程软件包括 DOS 下的软件，Windows 环境下的编程软件。Windows 下的编程软件具有用户界面友好、功能全面、使用方便等优点。编程软件一般包含有多个工具。这里重点介绍三菱公司的编程软件 FXGP/WIN 和 GX Developer。FXGP/WIN 支持三菱公司的 FX 系列 PLC；GX Developer 可以对三菱公司 FX 系列、A 系列、Q 系列和 QnA 系列的 PLC 进行编程。GX Developer 也可以采用仿真工具 LLT 进行仿真。

5.4.1 手持编程器

三菱公司的手持编程器有多种，FX-20P-E 编程器是比较常用的一种。FX-20P-E 手持可编程器有 4 行显示，可以用于 FX 系列 PLC，有联机和脱机两种操作方式。详细的操作说明读者可参考使用手册。

5.4.2 FXGP/WIN 编程软件

编程软件 FXGP/WIN 是三菱公司针对 FX 系列 PLC 开发的编程软件，运行在 Windows 平台上，系统小巧，可对三菱公司的 FX 系列 PLC 进行编程以及对软元件进行实时监控。

1. 进入编程环境

双击FXGP/WIN. exe的图标（或者从开始 \ MELSEC-F FX Applications \ FXGP_ WIN-C）启动编程软件，进入程序编制环境。未打开文件时的编程环境窗口如图5-46所示。

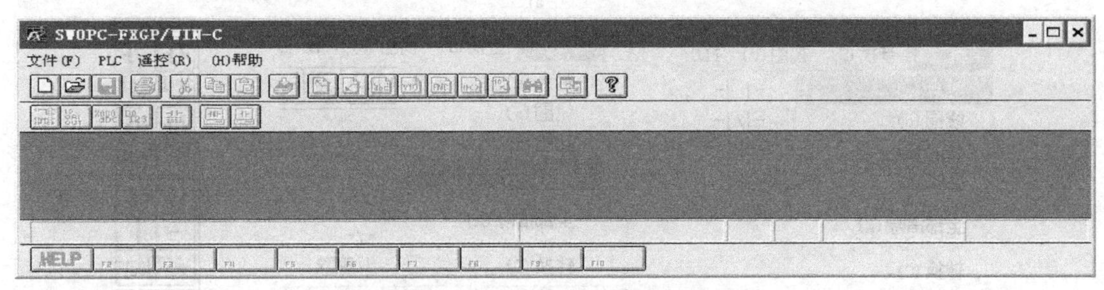

图5-46　未打开文件时的编程环境窗口

2. 建立新的FXGP/WIN文件或者打开已有的FXGP/WIN文件

在编程环境菜单中选择“文件（F）\ 新文件”，则出现PLC类型设置界面，选择PLC类型，单击确认，则可进入如图5-47所示的梯形图编程界面，如果PLC类型选择错误，可能会造成通信和运行不正常。在菜单中选择“文件（F）\ 打开（O）”，则显示PLC文件选择界面，单击合适的文件夹，选择合适的PLC文件，单击“确定”按钮，再单击“确认”按钮，也可进入如图5-47所示的梯形图编程界面。

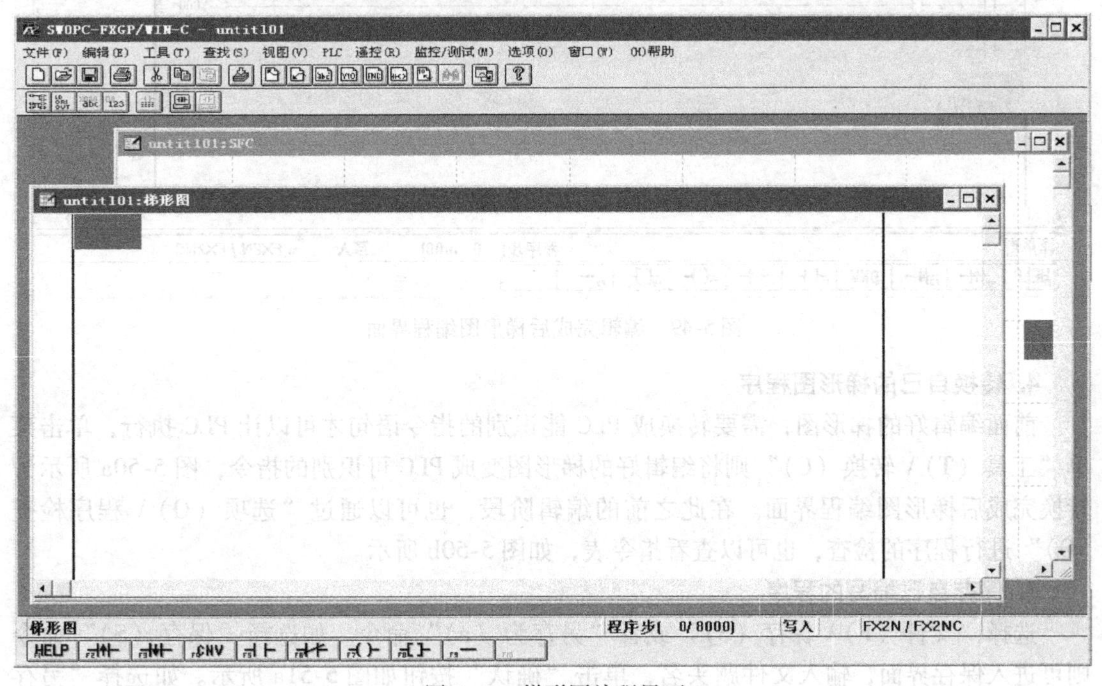

图5-47　梯形图编程界面

3. 编辑自己的PLC程序

从菜单的“视图（V）”中选择编程方式（语言），可选梯形图、指令表和SFC编程方式，一般选择梯形图编程方式，并从触头、线圈指令的快捷工具中选择需要的指令，如图5-48所示，输入相应的编号后，可以使用编辑菜单和查找菜单完成查找、复制、剪切、粘贴、行插入等编辑操作，这时的编辑窗口变成灰色的窗口，如图 5-49 所示。

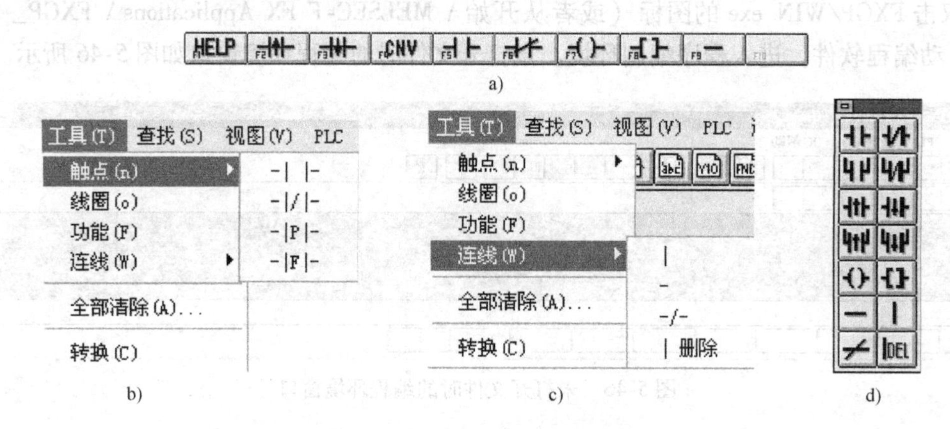

图 5-48　编辑完成后梯形图编程界面

a) 梯形图编程时的功能键　b)“触头（n)”子菜单　c)“连线（W)”子菜单　d) 功能图

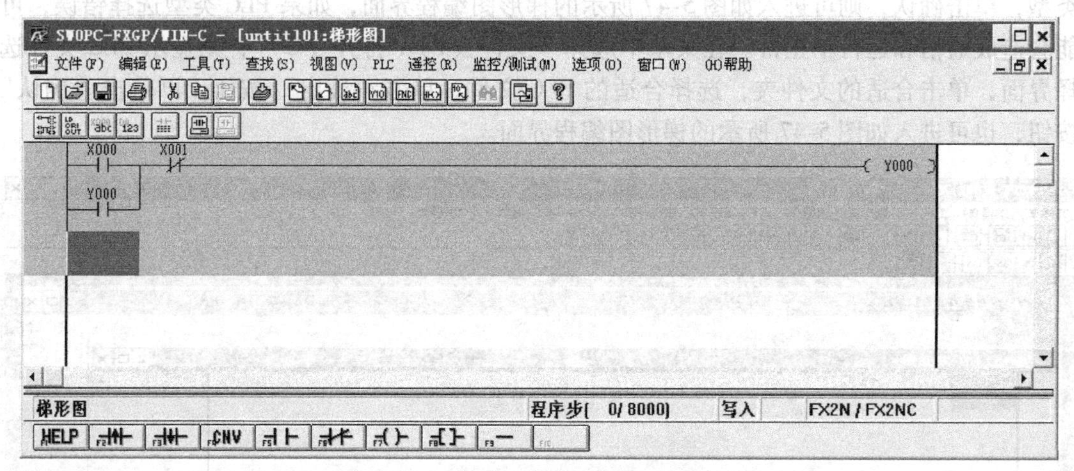

图 5-49　编辑完成后梯形图编程界面

4. 转换自己的梯形图程序

前面编辑好的梯形图，需要转换成 PLC 能识别的指令语句才可以让 PLC 执行，单击菜单“工具（T）\ 转换（C）”则将编辑好的梯形图变成 PLC 可识别的指令，图 5-50a 所示为转换完成后梯形图编程界面。在此之前的编辑阶段，也可以通过“选项（O）\ 程序检查（O）”进行程序的检查，也可以查看指令表，如图 5-50b 所示。

5. 保存自己编写的程序

选择“文件（F）\ 保存（S）”或者“另存为（a）”命令。如选择“保存（S）”命令则可进入保存界面，输入文件题头名，单击“确认”按钮如图 5-51a 所示。如选择“另存为（a）”命令则可进入另存为界面，输入文件名，单击“确认”按钮，如图 5-51b 所示。

6. 下载自己的程序

确认 PLC 与计算机已经正确地连接了通信电缆（编程电缆），FX_{2N} 系列 PLC 与计算机相连一端采用的是 D 型 9 针串行接口，经通信电缆转换为圆形接口的 RS422C，并且通过端口设置，设置了正确的通信端口和正确的传送速率，PLC 处于通电状态。选择菜单下的

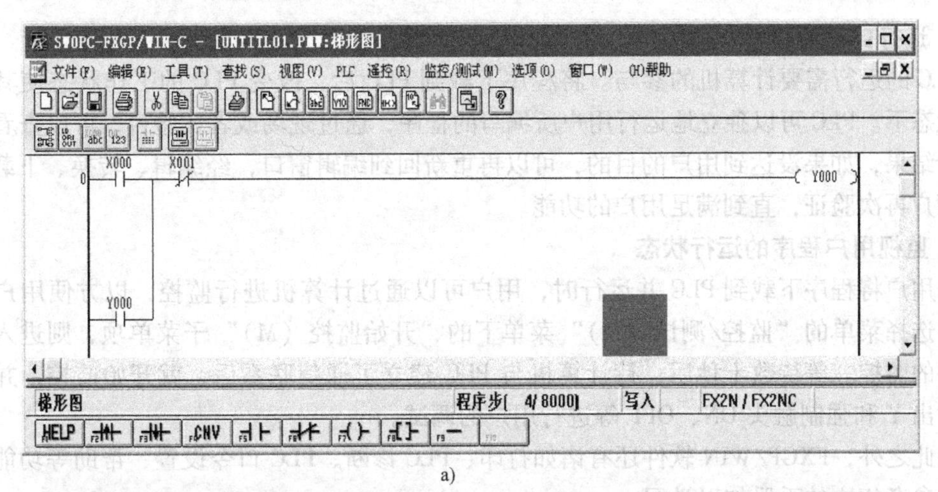

a)

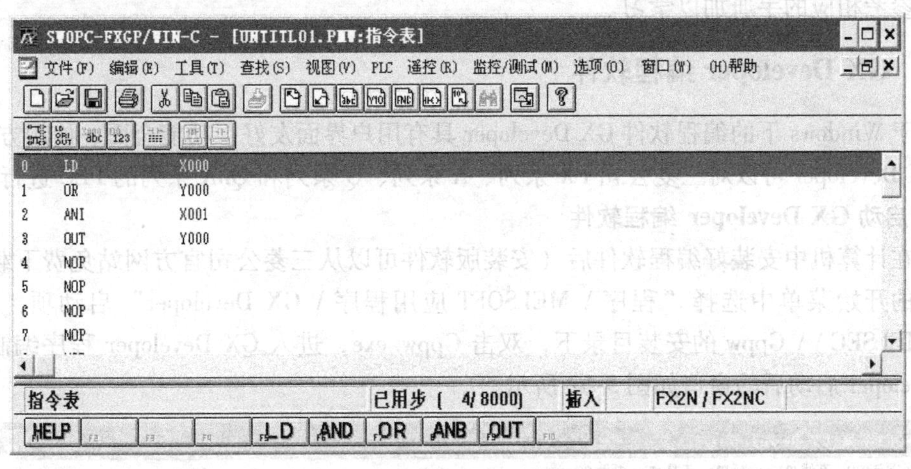

b)

图 5-50　转换完成后编程界面

a）梯形图　b）指令表

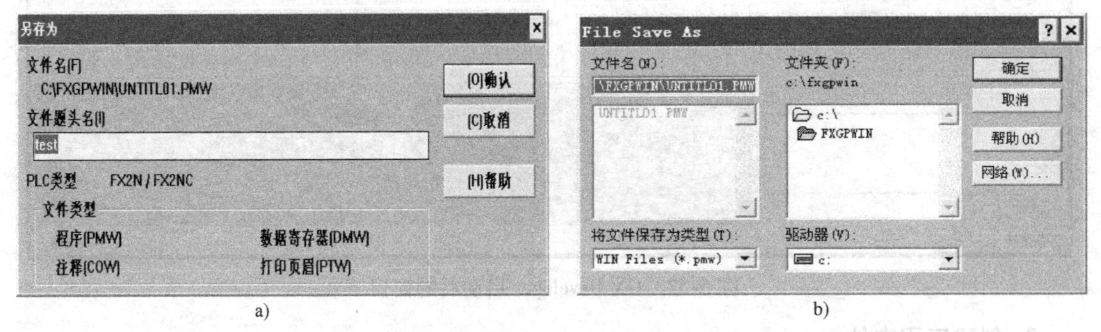

a)　b)

图 5-51　转换完成后编程界面

“PLC \ 传送（T）\ 写出（W）”命令，则可将计算机屏幕的程序写出到 PLC 中，也称为下载程序，经 PC 程序写入范围设置界面的设置，单击“确认”按钮后，等待数十秒后，写出程序到 PLC。同样也可以选择菜单下的“PLC \ 传送（T）\ 读入（R）”命令，则表示将 PLC 内的程序上传到计算机的编程软件中，也称为上传程序。

7. 运行自己的程序

PLC 的运行需要计算机的参与。将程序下载到 PLC 后，改变 PLC 的工作状态使其处于运行状态下。PLC 可以独立地运行用户所编写的程序，通过现场或者实验台，可以查看程序的运行结果，如果没达到用户的目的，可以再重新回到编辑窗口，经编辑、转换、下载的过程，用户再次验证，直到满足用户的功能。

8. 监视用户程序的运行状态

当用户将程序下载到 PLC 并运行时，用户可以通过计算机进行监控，以方便用户调试程序。选择菜单的“监控/测试（M）”菜单下的“开始监控（M）”子菜单项，则进入梯形图程序的监控。等待数十秒后，待计算机与 PLC 建立了通信联系后，就开始监控，并可以强制输出 Y 和强制触头 ON、OFF 等进行用户的调试。

除此之外，FXGP/WIN 软件还有诸如打印、PLC 诊断、PLC 口令设置、帮助等功能，用户可以参考相应的手册加以学习。

5.4.3　GX Developer 编程软件

基于 Windows 下的编程软件 GX Developer 具有用户界面友好、功能全面、使用方便等特点。GX Developer 可以对三菱公司 FX 系列、A 系列、Q 系列和 QnA 系列的 PLC 进行编程。

1. 启动 GX Developer 编程软件

当在计算机中安装好编程软件后（安装版软件可以从三菱公司官方网站免费下载），在计算机的开始菜单中选择“程序 \ MELSOFT 应用程序 \ GX Developer”启动项，或者在 C：\ MELSEC \ \ Gppw 的安装目录下，双击 Gppw. exe，进入 GX Developer 程序编制环境。GX Developer 启动后的窗口如图 5-52 所示。

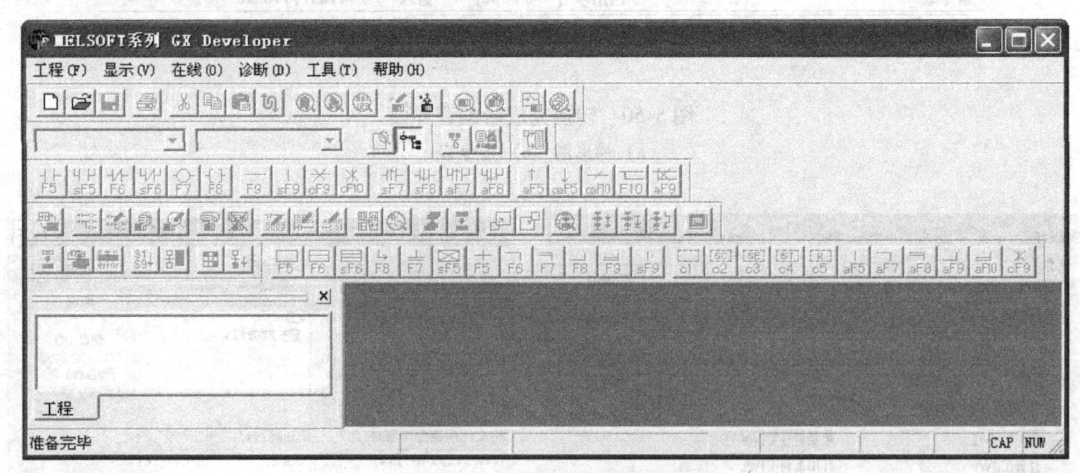

图 5-52　GX Developer 启动后的窗口

2. 创建工程文件

GX Developer 编程软件是按照工程的管理方式对文件进行管理的，启动编程软件后，单击菜单“工程（F）\ 创建新工程（N）”弹出创建新工程对话框，选择 PLC 系列、PLC 类型、程序类型（这里的 PLC 系列、PLC 类型必须与所使用的 PLC 一致，否则，后面的通信将可能不正常）、设置工程名，如图 5-53 所示，单击“确定”进入梯形图编辑界面，如图 5-54 所示。

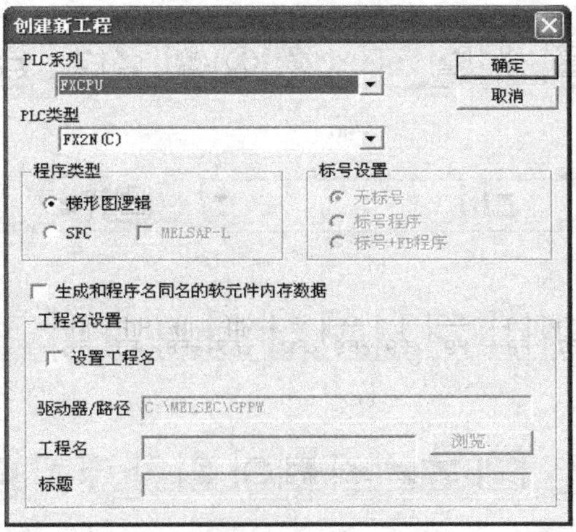

图 5-53　创建新工程窗口

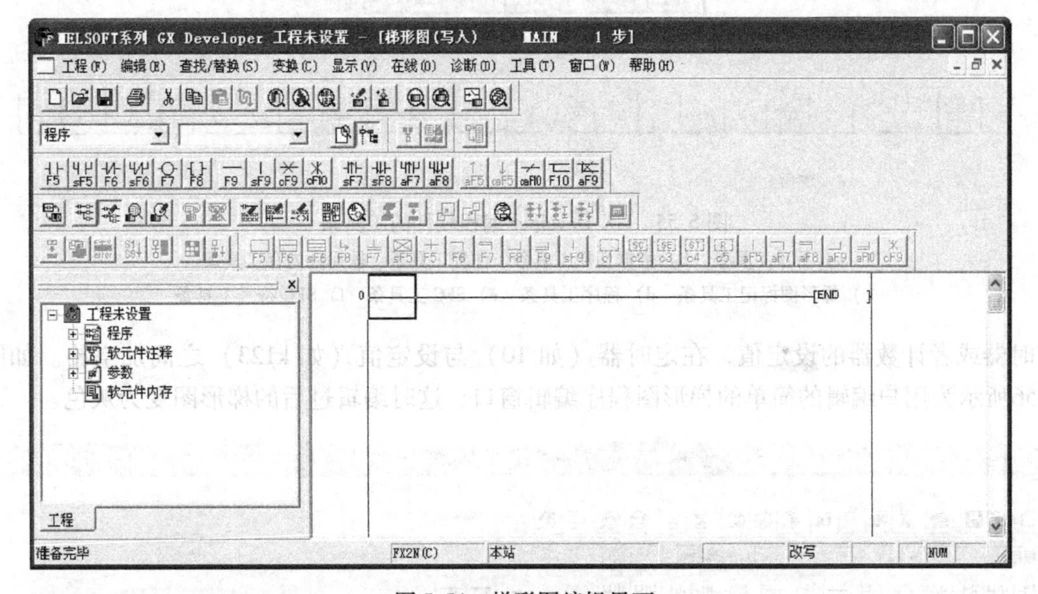

图 5-54　梯形图编辑界面

3. 编辑用户梯形图程序

用户编辑梯形图程序时，常用到工具栏上的快捷方式，可直接单击工具栏上相应的图标，实现快捷的操作。GX Developer 编程环境中有 8 种工具条，包括标准工具条、数据切换工具条、梯形图标记工具条、程序工具条、注释工具条、软元件内存工具条、SFC 工具条、SFC 符号工具条，如图 5-55 所示。

当鼠标的光标移动到某图标按钮上时，图标按钮的注释会出现在图标按钮的下方，方便用户理解相应的图标。

用户可以单击梯形图工具中相应的快捷工具，当然也可以从菜单中选择相应的功能，编辑用户的梯形图程序，例如单击常开触头，在梯形图输入窗口中输入 X5，单击“确定”输入常开触头 X5，如果要输入定时器或者计数器线圈指令时，在梯形图输入窗口一定要输入

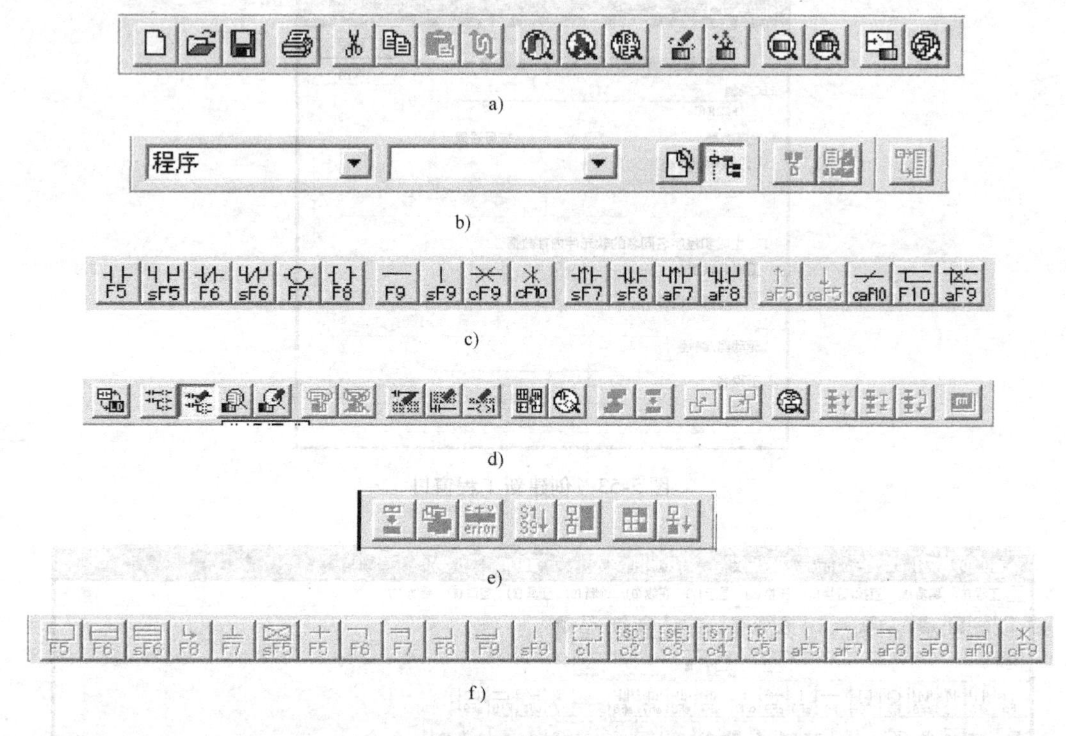

图 5-55　GX Develper 编程软件的工具条

a）标准工具条　b）数据切换工具条、注释工具条、软元件内存工具条

c）梯形图标记工具条　d）程序工具条　e）SFC 工具条　f）SFC 符号工具条

定时器或者计数器的设定值，在定时器（如 T0）与设定值（如 k123）之间加空格。如图 5-56所示为用户编辑的简单的梯形图程序编辑窗口，这时编辑过后的梯形图变为灰色。

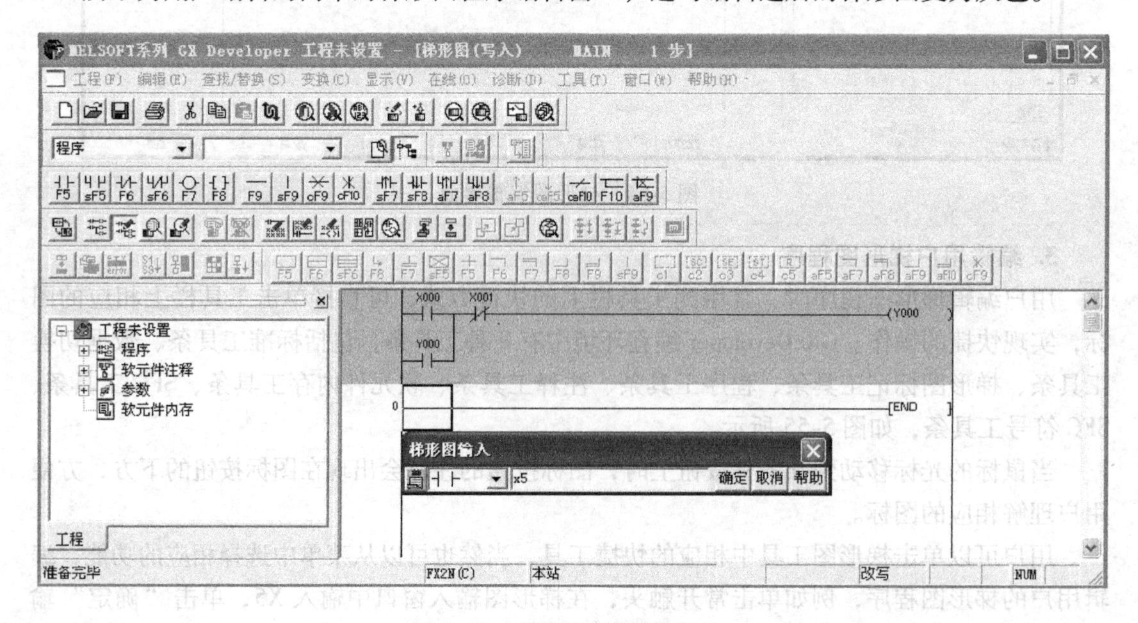

图 5-56　梯形图程序编辑窗口

4. 变换用户梯形图程序

在梯形图写入模式下，编辑完PLC程序后，需要将梯形图转换为PLC内部的格式。转换的同时，程序也对用户的梯形图程序进行语法检查。单击菜单的“变换（C）\ 变换（C）”进行梯形图的变换，如图5-57所示。变换完成后梯形图的背景由灰色变为白色。如果有错误或者存在不能变换的梯形图，则不能完成变换，光标停留在出错处，需要用户修改梯形图，直到转换完成。变换完成后梯形图的左母线左边出现了PLC程序的步序。

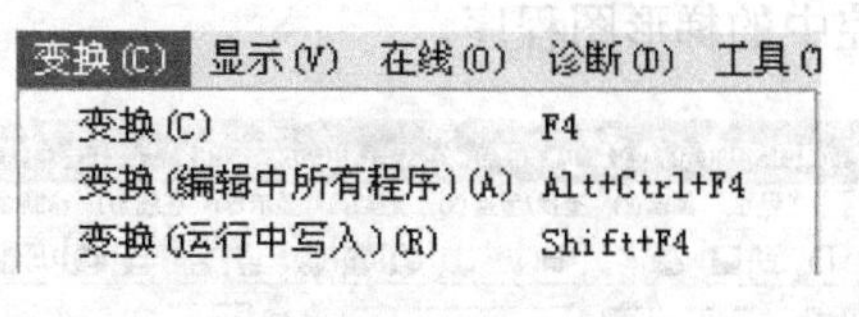

图5-57 “变换”菜单

5. 用户程序的保存

用户的程序可以进行保存，以便备份，当然也可以不保存程序。单击菜单“工程（F）”下的“保存工程（S）”或者“另存工程为（A）”，输入工程名和标题后保存即可。

6. 下载用户程序

用户编辑好的程序经转换完成后，可以下载到PLC内让PLC执行。常用的下载方式是通过编程电缆（计算机的RS232到PLC的RS422编程口）下载程序，下载之前要进行通信设置。单击菜单的“在线\ 传输设置”弹出传输设置对话框，双击“串口”进行串口设置，PLC的默认通信速率为9. 6kbit/s，与计算机连接的是哪个串口就选择哪个串口。设置完后，可以单击“通信测试”看是否连接成功。

通信设置后，则可以下载用户程序。单击菜单的“在线（O）\ PLC写入（W）”，弹出的“PLC写入”对话框如图5-58所示，选择“文件选择页”，选择“MAIN”程序。单击“执行”后，开始写入PLC用户程序。

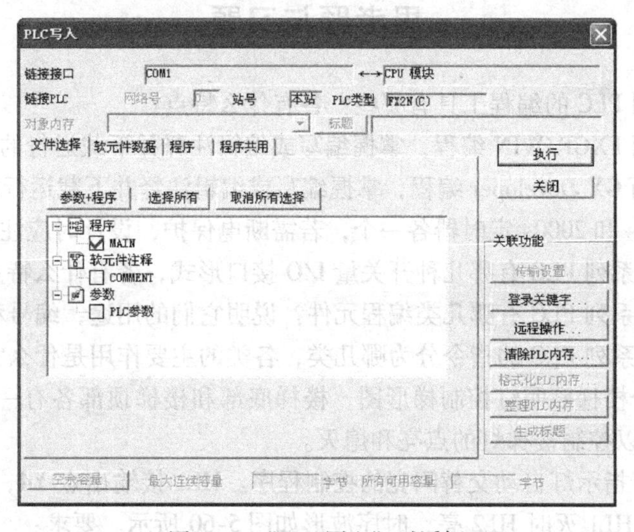

图5-58 “PLC写入”对话框

7. 运行用户程序

将程序下载到PLC内，PLC可以独立地运行用户所编写的程序。通过现场或者实验台，可以查看程序的运行结果，如果不是用户的运行结果，可重新回到编辑窗口，经编辑、转换、下载的过程，用户再次验证，直到满足用户的功能。

8. 监控调试用户程序

计算机进入监控模式下，用户可以观察 PLC 运行时相应的触头及线圈的状态，以蓝框表示 ON 的状态。这样，可以帮助用户快速地发现问题，从而解决问题。图 5-59 所示为监控中的梯形图程序。

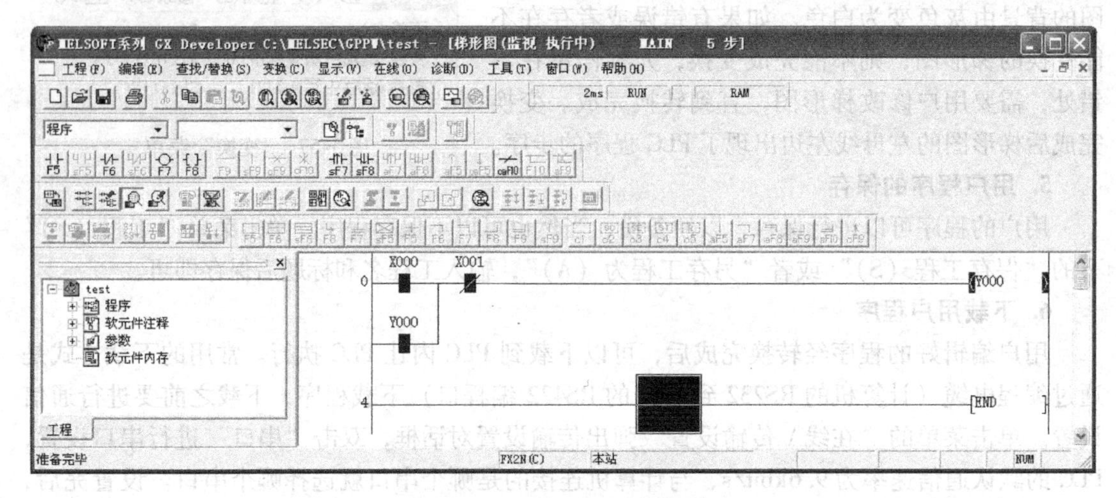

图 5-59　监控中的梯形图程序

除此之外，GX Developer 软件还有诸如打印、校验、读取/写入其他格式文件、PLC 诊断、PLC 口令设置、帮助等功能，读者可以参考相应的手册加以学习。

思考题与习题

5-1　三菱公司 PLC 的编程工具有哪些？各有什么特点？

5-2　练习应用 FXGP/WIN 编程，掌握编写或编辑注释并下载运行的方法。

5-3　练习应用 GX Developer 编程，掌握编写或编辑注释并下载运行的方法。

5-4　设计 200s 和 2000s 定时器各一个，若需断电保护，设计时应注意什么问题？

5-5　三菱 FX 系列 PLC 有哪几种开关量 I/O 接口形式，各有什么特点？

5-6　三菱 FX 系列 PLC 有哪几类编程元件？说明它们的用途，编号和使用方法。

5-7　三菱 FX 系列 PLC 的指令分为哪几类，各类的主要作用是什么？

5-8　设计一个楼梯照明灯控制梯形图，楼梯底部和楼梯顶部各有一个开关，人在楼梯底和楼梯顶处都可以控制楼梯灯的点亮和熄灭。

5-9　编写两个指示灯自动交替闪亮的控制程序。HL1 接输出点 Y4，HL2 接输出点 Y5，HL1 亮时 HL2 灭，HL1 灭时 HL2 亮，时序波形如图 5-60 所示。要求：

（1）画出电路接线图。

（2）设 $t_1 = t_2 = 0.5s$，设计控制程序梯形图。

（3）设 $t_1 = 1s$，$t_2 = 0.5s$，设计控制程序梯形图。

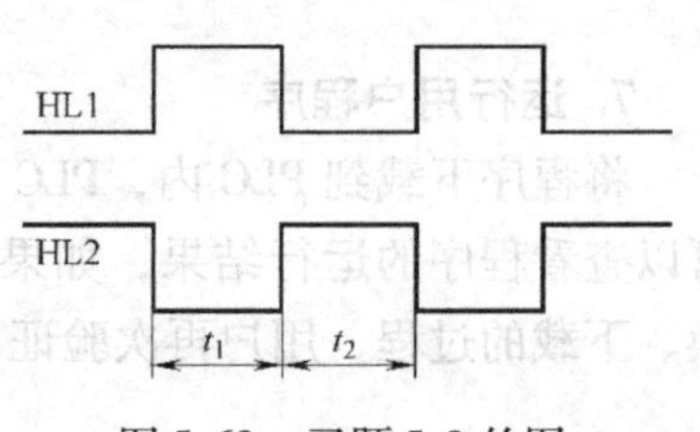

图 5-60　习题 5-9 的图

5-10　汽车转向灯开关有三个挡位，装有一个单刀三掷开关，开关扳向左边时左灯闪亮，扳向右边时右灯闪亮，经过中间位置时关灯。现要求开关扳向左侧时，左灯开始闪亮，亮灭闪烁间隔 0.2s；开关扳向右侧时右灯闪亮，亮灭闪烁间隔 0.2s；若驾驶人忘记关灯（即扳回中间位置），则 20s 后应自动关灯。

（1）左、中、右开关分别从 X0、X1、X2 输入，画出电路接线图。

（2）用 Y0、Y2 控制左右灯，设计控制程序梯形图。

5-11　设计一个 5 人的抢答器，主持人具有复位功能。要获得回答主持人问题的机会，必须抢先按下桌上的抢答按钮。任何一人抢答成功后，桌上的指示灯亮，其他人再按按钮无效。

5-12　设计一个三相异步电动机的星形-三角形减压起动控制，转换延时时间 3s。要求：

（1）画出电路接线图。

（2）设计控制程序梯形图、写出语句表，并加注释。

5-13　设计一个 4 级传送带送物的程序，4 台电动机按照 M1→M2→M3→M4 依次间隔 5s 的顺序起动，当停止时，按照反顺序停止。

第 6 章　FX_{2N} 系列 PLC 的步进指令及顺序功能图

基本逻辑指令和梯形图主要用于设计一般控制要求的 PLC 程序。对于复杂控制系统来说，系统的 I/O 点数较多，工艺复杂，每个工序的自锁要求及工序与工序之间的相互联锁关系也复杂，直接采用逻辑指令和梯形图进行设计较为困难。在实际控制系统中，可将生产过程的控制要求以工序划分成若干段，每个工序完成一定的功能，在满足转移条件后，从当前工序转移到下道工序，这种控制通常称为顺序控制。为了方便顺序控制设计，许多 PLC 都设置有专门用于顺序控制或称为步进控制的指令。FX_{2N}系列 PLC 在基本逻辑指令之外增加了两条步进指令，同时辅之以大量的状态继电器 S，结合顺序功能图可以很容易设计复杂的顺序控制程序。

6.1　顺序功能图

顺序功能图（Sequential Function Chart，SFC）是描述控制系统的控制过程、功能和特性的一种图形，是基于状态（工序）的流程以机械控制的流程来表示。主要由“步”、“步对应的动作”、“有向线段”、“短线”等构成。状态继电器 S 是对工序步进控制进行编程的重要软元件。FX_{2N}系列 PLC 有状态继电器 S0～S999。其中 S0～S9 为初始状态，因此在并行分支中最多可以有 10 个初始状态被同时选中。S10～S499 为普通型，S500～S899 为断电保持型，S900～S999 为信号报警型。S10～S19 在功能指令（FNC60）IST 中被用作回零状态器。图 6-1 为顺序控制的顺序功能图。

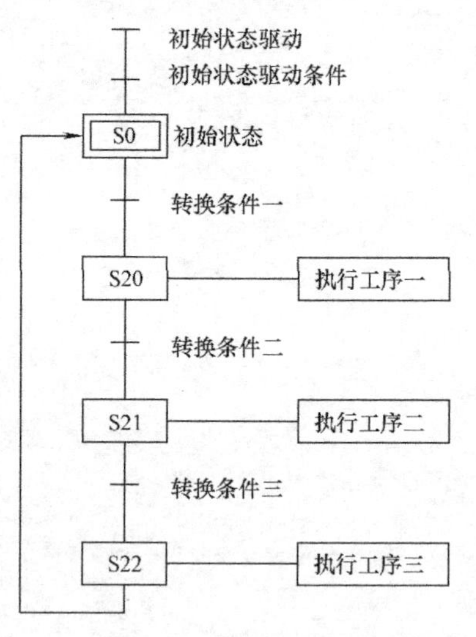

图 6-1　顺序功能图

顺序控制要根据预先规定的工作程序和各程序之间相互转换的条件，对控制过程各阶段的顺序进行自动控制。控制顺序根据逻辑规则所决定的信息传输与转换条件决定。因此，设计顺序功能图时，首先要将系统的工作过程分解成若干个连续的阶段，这些阶段称为状态或步。每一状态都要完成一定的操作，驱动一定的负载，相邻的状态之间具有不同的操作。一个步可以是动作的开始、持续或结束。一个过程划分的步越多，描述就越精确。状态与状态之间（也可以说是步与步之间）由转换条件来分隔。当相邻两步之间的转换条件满足时，转换得以实现。即上一步的活动结束是下一步的活动开始。

6.1.1　顺序功能图的画法

顺序功能图的画法如下：

1. “步”

“步”是控制系统中对应一个相对稳定的状态。在顺序功能图中，“步”通常表示某个执行元件的状态变化。用矩形框来表示“步”或“状态”，矩形框中用状态继电器S及其编号表示。

1）初始步：对应于控制系统的初始状态，是其运行的起点。一个控制系统至少要有一个初始步。

2）工作步：指控制系统正常运行时的状态。根据系统是否运行，“步”可有两种状态，即动步和静步，动步是指当前正在运行的步，静步是没有运行的步。初始步与工作步的符号如图6-2所示。

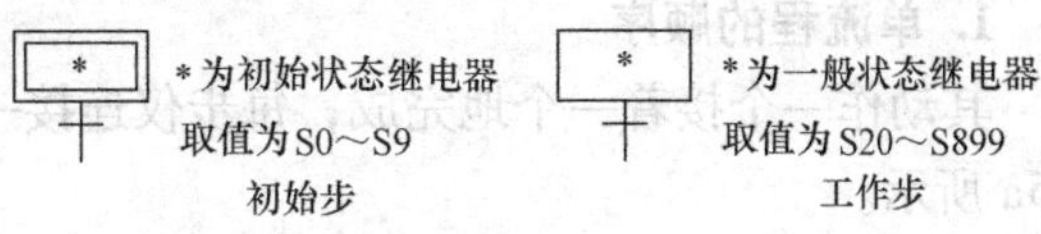

图6-2　初始步与工作步的符号

3）与步对应的动作：动作步是指一个稳定的状态，即表示过程中的一个动作，用该步右边的一个矩形框来表示。当一个步有多个动作时，用该步右边几个矩形框来表示。步对应的动作如图6-3所示。

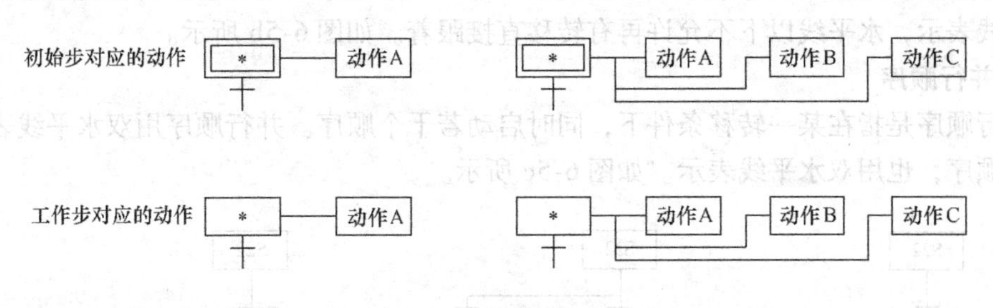

图6-3　步对应的动作

2. 步的转移及转移条件

为了说明从一个步到另一个步的变化，要用转移的概念。即用一个有向线段来表示转移的方向。两个步之间的有向线段表示这一转移。转移需要条件，当条件满足时，称为转移使能。如果该转移能够使步态实现转移，则称为触发。

一个转移能够触发，必须满足转移条件。转移条件可以采用文字语句或逻辑表达式等方式表示在转换符号旁。只有当一个步处于活动状态，而且与它相关的转移条件成立时，才能实现步状态的转移。转移的结果使紧接它的后续步处于活动状态，而使与其相连的前级步处于非活动状态。

步的转移及转移条件的符号如图6-4所示。

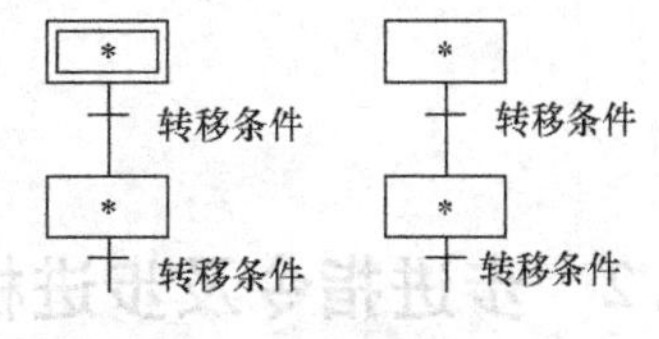

图6-4　步的转移及转移条件的符号

6.1.2　顺序功能图的构成规则

系统的顺序功能图必须满足以下规则：

1）步与步不能相连，必须用转移分开。

2）转移与转移不能相连，必须用步分开。

3）步与转移、转移与步之间的连接采用有向线，从上向下画时可以省略箭头。当有向线从下向上画时，必须画上箭头，以表示方向。

4）一个顺序功能图至少要有一个初始步。

图 6-1 给出的是顺序功能图的一种结构形式——单流程形式。它由一系列相继激活的步组成，在每步后面紧接一个转换。此外还有多分支的顺序功能图等。顺序功能图可以将一个复杂系统的顺序动作表示得非常清楚、简单、直观、容易理解。它并不涉及具体的实现方法，而便于不同专业人员间的技术交流，对于设计系统、编写与调试程序和系统维修都是非常有帮助的。

6.1.3 顺序功能图的基本形式

1. 单流程的顺序

其动作一个接着一个地完成，每步仅连接一个转移，每个转移也仅连接着一个步，如图 6-5a 所示。

2. 选择顺序

选择顺序是指在某一步后有若干单一顺序等待选择，一次只能选择进入一个顺序。为了保证一次选择一个顺序及选择的优先权，还必须对各个转移条件加以约束。其表示方法是在某一步后连接一条水平线，水平线下连接各个单一顺序的第一个转移。转移图结束时，用一条水平线表示，水平线以下不允许再有转移直接跟着。如图 6-5b 所示。

3. 并行顺序

并行顺序是指在某一转移条件下，同时启动若干个顺序。并行顺序用双水平线表示，结束若干顺序，也用双水平线表示。如图 6-5c 所示。

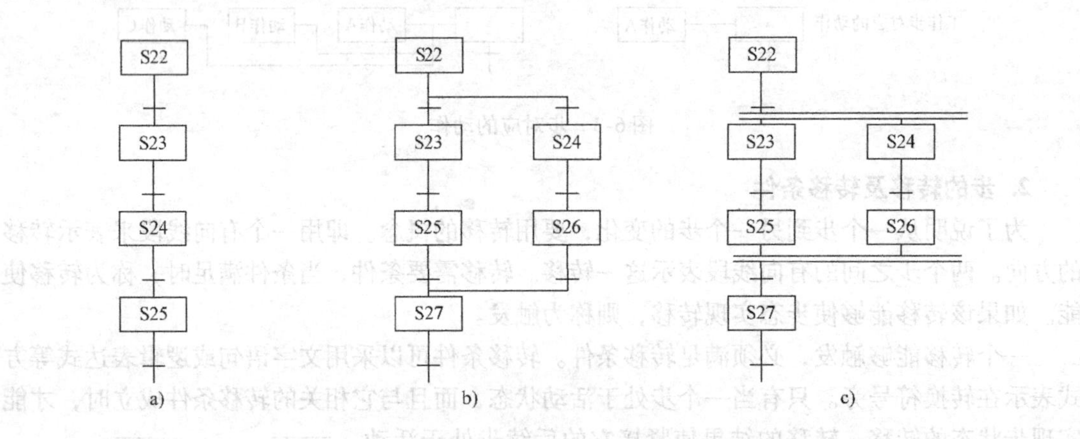

图 6-5 流程图的基本形式

6.2 步进指令及步进梯形图

6.2.1 步进指令

1）指令功能及说明。步进控制指令共有两条，其功能见表 6-1。

2）主控功能。STL 指令仅仅对状态寄存器 S 有效。STL 指令将状态寄存器 S 的触点与主母线相连并提供主控功能。使用 STL 指令后，触点的右侧起点处要使用 LD（LDI）指令，步进复位指令 RET 使 LD（LDI）点返回主母线。

表6-1　步进指令的功能

指令符	名　称	指令意义
STL	步进指令	在顺控程序上进行工序步进型控制的指令
RET	步进指令复位	表示状态流程的结束，返回主程序(母线)的指令

3）自动复位功能。即状态转移后原状态自动复位。当使用STL指令时，新的状态寄存器S被置位，前一个状态寄存器S将自动复位。对于STL指令后的状态寄存器S，使用OUT指令和SET指令具有同样的功能，即都能使转移源自动复位，另外还具有停电保持功能，两者的差别是OUT指令在状态转移图中只用于向分离的状态转移，而不是向相邻的状态转移。状态转移源自动复位须将状态转移电路设置在STL回路中，否则原状态不会自动复位。

4）驱动功能。STL触点可直接驱动或通过其他触点来驱动软元件线圈负载。

5）步进复位指令RET功能。使用STL指令后，与其相连的LD（LDI）回路块被右移，当需要把LD（LDI）点返回到主母线上，要用RET指令。这里要注意的是，STL指令与RET指令并不需要成对使用，但当全部STL电路结束时，一定要写入RET指令。

6.2.2　步进梯形图的编程方法

应用步进指令编程时，须注意指令的正确应用，注意指令的功能及程序执行中的差异。以下给出一些常见的编程方法。

1）输出的驱动方法。从步进指令内的母线，一旦写入LD或LDI指令后，对不再需要触点的指令就不能再编程。需要按图示方法改变这样的回路。图6-6所示为DOS版编程软件下的步进梯形图编程（DOS操作系统已经很少有人使用，本教材仅在此略提一下）。图6-6a为错误的编程方法，图6-6b为正确的编程方法的一种，在输出Y003前添加常开触点指令M8000，图6-6c是采用改变位置的一种正确编程方法，将输出Y003放置到输出Y002之前。

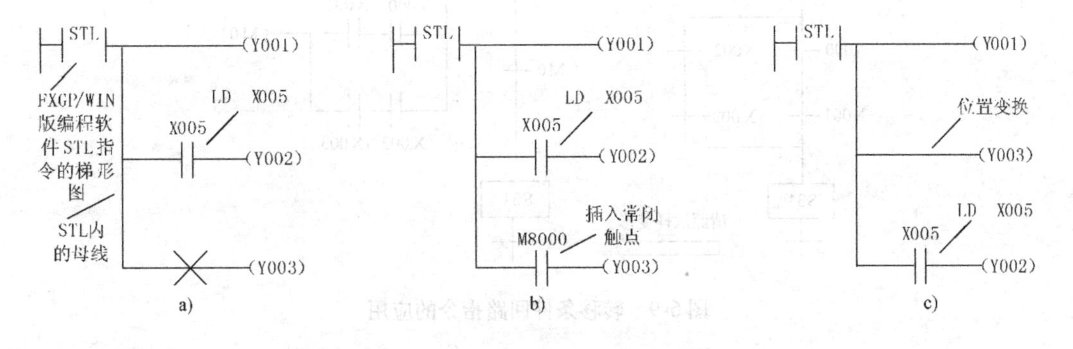

图6-6　DOS版编程软件下的步进梯形图编程

图6-7所示为Windows版FXGP/WIN编程软件STL指令的梯形图编程方法。

图6-8所示为Windows版GX Developer编程软件STL指令的梯形图编程方法。

2）状态的转移方法。OUT指令与SET指令对于STL指令后的状态寄存器S具有同样的功能，都能自动复位，此外还有自保持功能。但是使用OUT指令时，在STL图中用于向分

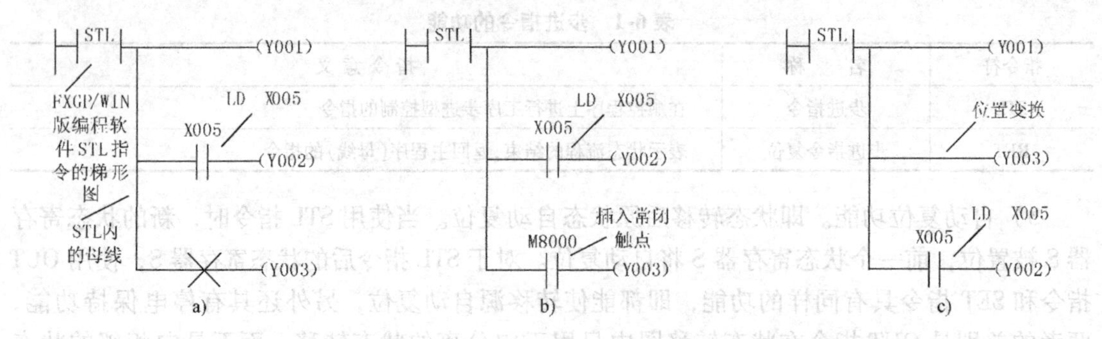

图 6-7　Windows 版 FXGP/WIN 编程软件 STL 指令的梯形图编程方法

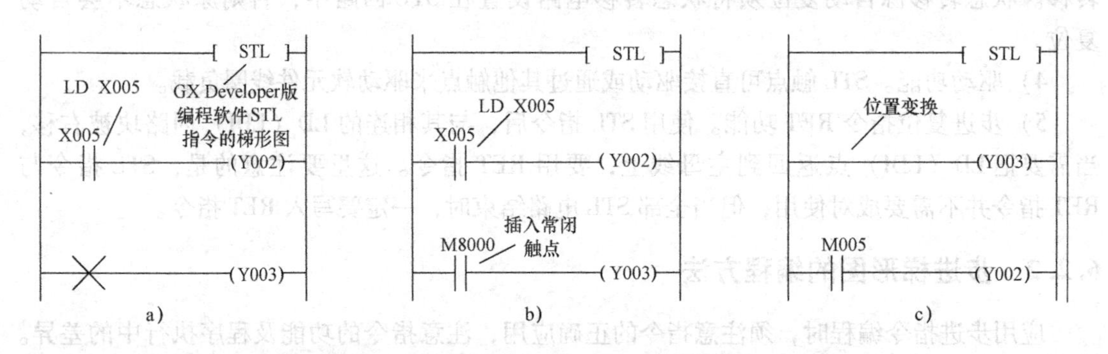

图 6-8　Windows 版 GX Developer 编程软件 STL 指令的梯形图编程方法

离的状态转移。

3）转移条件回路中不能使用的指令。在转移条件回路中，不能使用 ANB、ORB、MPS、MRD、MPP 等指令，如图 6-9 所示。

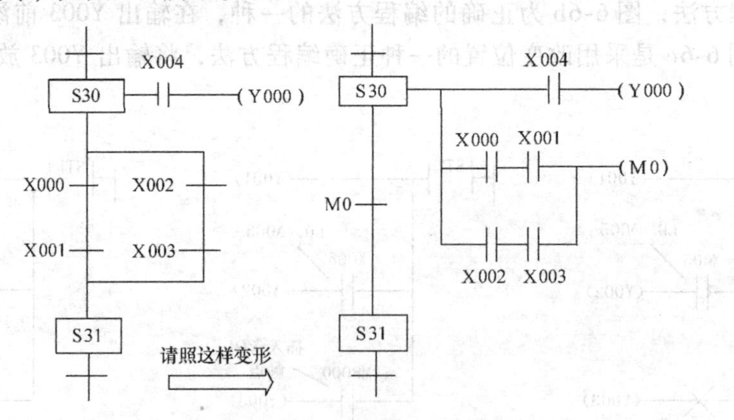

图 6-9　转移条件回路指令的应用

4）符号▼和▽的应用场合。在流程中表示状态的复位处理时，用符号▽表示；而符号▼则表示向上面的状态转移（重复）或向下面的状态转移（跳转），或者向分离的其他流程上的状态转移，如图 6-10 所示。

5）状态复位。在选定区间内的状态同时复位，如图 6-11 所示。

6）禁止输出的操作。禁止运行状态的输出，如图 6-12 所示。

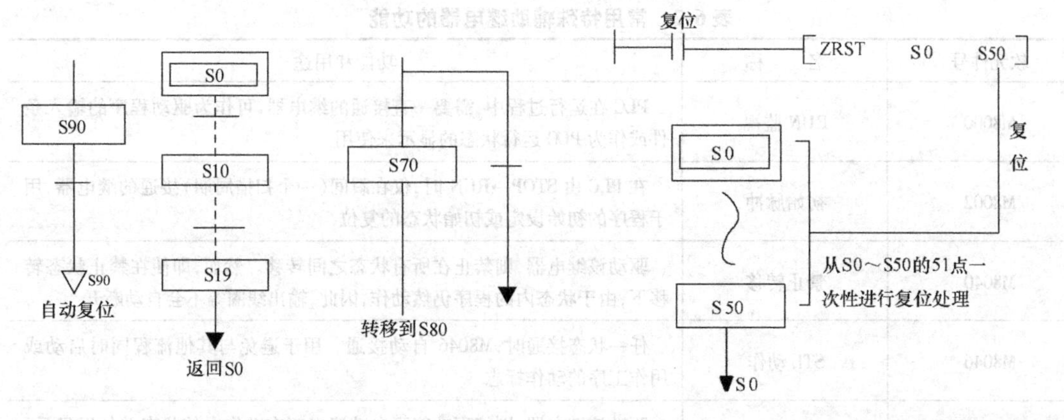

图 6-10　转移功能图　　　图 6-11　S0～S50 的 51 点状态寄存器的同时复位

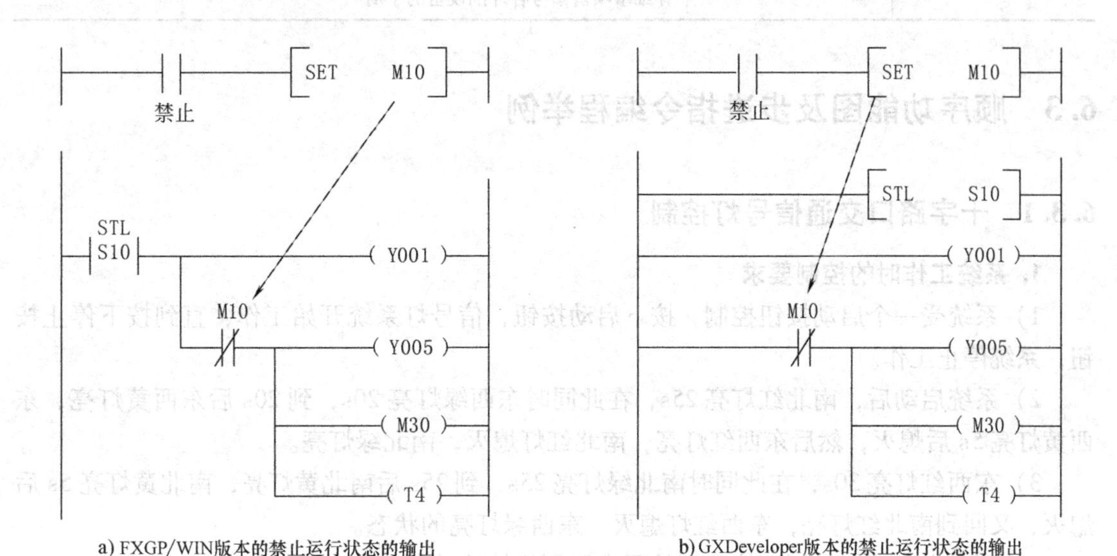

图 6-12　禁止运行状态的输出

7）断开输出继电器 Y 的操作。将 PLC 中的所有输出继电器 Y 断开，如图 6-13 所示。

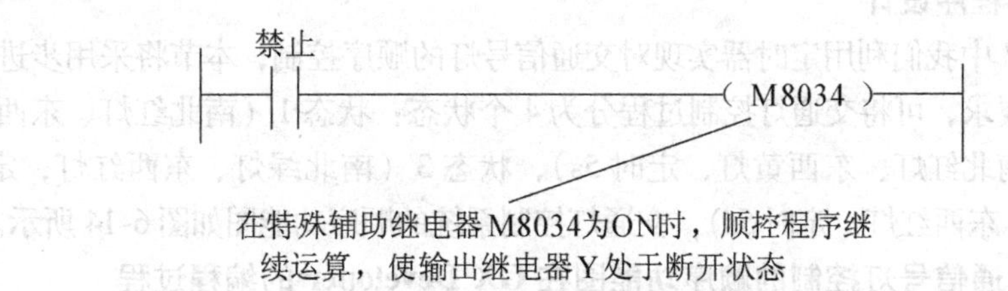

图 6-13　断开输出继电器

8）SFC 需采用的特殊辅助继电器和逻辑指令。为了有效地编写 SFC 图，需要采用表 6-2 所示的几种特殊辅助继电器。

9）停电保持用状态寄存器。用电池保持其动作状态。在机械动作中途发生停电之后，再次通电时从这里继续运行并使用这些状态。

表 6-2　常用特殊辅助继电器的功能

软元件号	名　称	功能和用途
M8000	RUN 监视	PLC 在运行过程中,需要一直接通的继电器,可作为驱动程序的输入条件或作为 PLC 运行状态的显示来使用
M8002	初始脉冲	在 PLC 由 STOP→RUN 时,仅在瞬间(一个扫描周期)接通的继电器,用于程序的初始设定或初始状态的复位
M8040	禁止转移	驱动该继电器,则禁止在所有状态之间转移。然而,即使在禁止状态转移下,由于状态内的程序仍然动作,因此,输出线圈等不会自动断开
M8046	STL 动作	任一状态接通时,M8046 自动接通。用于避免与其他流程同时启动或用作工序的动作标志
M8047	STL 监视有效	驱动该继电器,则编程功能可自动读出正在动作中的状态并加以显示。详细事项请参考各外围设备的手册

6.3　顺序功能图及步进指令编程举例

6.3.1　十字路口交通信号灯控制

1. 系统工作时的控制要求

1）系统受一个启动按钮控制，按下启动按钮，信号灯系统开始工作，直到按下停止按钮，系统停止工作。

2）系统启动后，南北红灯亮 25s，在此同时东西绿灯亮 20s，到 20s 后东西黄灯亮，东西黄灯亮 5s 后熄灭，然后东西红灯亮，南北红灯熄灭，南北绿灯亮。

3）东西红灯亮 30s，在此同时南北绿灯亮 25s，到 25s 后南北黄灯亮，南北黄灯亮 5s 后熄灭，又回到南北红灯亮，东西红灯熄灭，东西绿灯亮的状态。

4）两个方向的信号灯，按上面的要求周而复始地进行工作。

2. PLC 选型及 I/O 接线图

现仍选用三菱公司的 FX_{2N}-16MR 型 PLC，系统的 I/O 接线见第 5 章的图 5-44 所示。

3. 步进梯形图程序设计

在第 5 章例 5-7 中我们利用定时器实现对交通信号灯的顺序控制，本节将采用步进梯形图进行编程。根据控制要求，可将交通灯控制过程分为 4 个状态：状态 1（南北红灯、东西绿灯，定时 20s），状态 2（南北红灯、东西黄灯，定时 5s），状态 3（南北绿灯、东西红灯，定时 25s），状态 4（南北黄灯、东西红灯，定时 5s），交通灯控制系统的顺序功能图如图 6-14 所示。

4. 十字路口交通信号灯控制的顺序功能图在 GX Developer 的编程过程

由于三菱 PLC 的编程软件有多个版本，不同版本下的 SFC 编程过程不尽相同，下面以 GX Developer7.8 版为例详细说明十字路口交通信号灯控制的顺序功能图编程过程。

1）打开 GX Developer7.8 编程软件，选择 SFC 程序类型，创建新工程如图 6-15 所示。

2）单击“确定”出现 SFC 编程界面，如图 6-16 所示。

3）双击“块 0”，出现信息设置窗口，在块信息设置窗口输入“进入初始状态”，块类型选择“梯形图块”，单击“执行”后出现梯形图编辑界面。

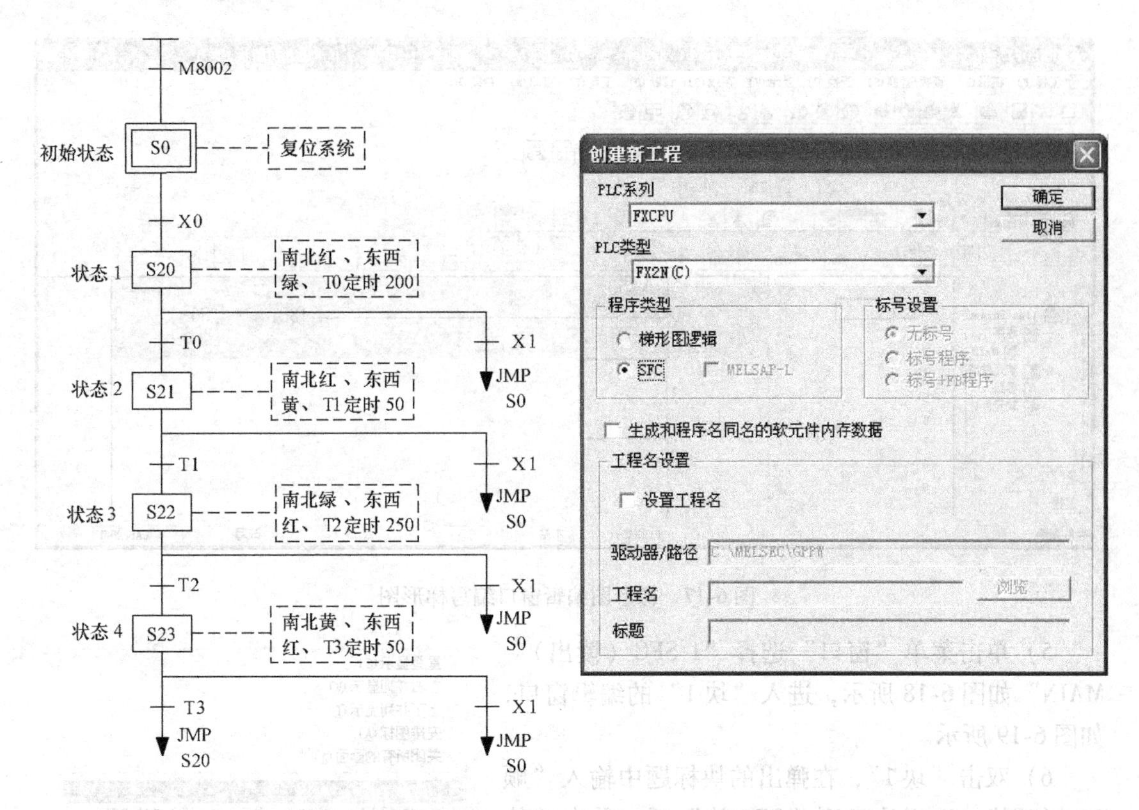

图 6-14　交通灯控制系统的顺序功能图　　　图 6-15　创建新工程

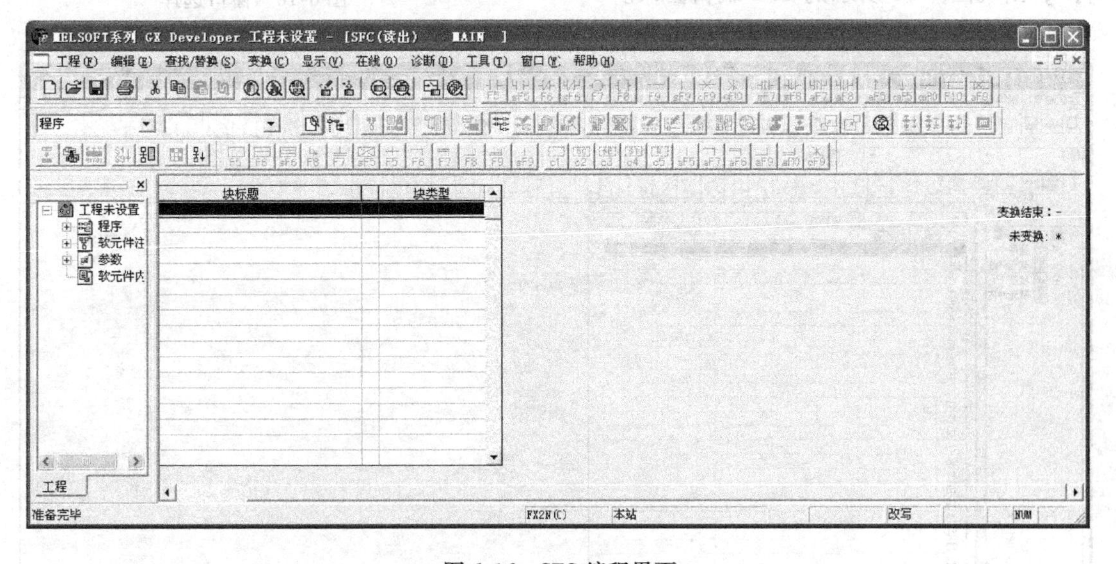

图 6-16　SFC 编程界面

4）在右边梯形图编辑窗口编写梯形图程序，如图 6-17 所示，完成后单击菜单“变换\变换”后，灰色的梯形图变成白色的梯形图，如果有错误的梯形图，则变换不能完成，提示错误，修改后，进行变换。需注意，在 SFC 程序的编制过程中每一个状态中的梯形图编制完成后必须进行变换，才能进行下一步工作，否则弹出出错信息。

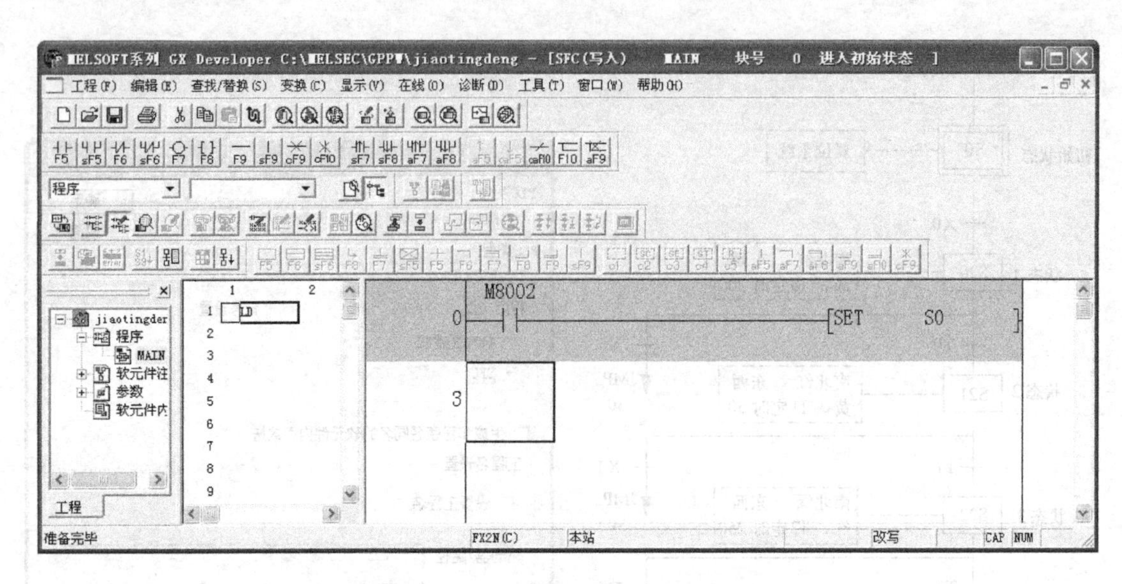

图 6-17　梯形图编辑窗口编写梯形图

5）单击菜单“窗口”选择“1 SFC（读出）MAIN”如图 6-18 所示，进入“块 1”的编辑窗口，如图 6-19 所示。

6）双击“块 1”，在弹出的块标题中输入“顺序功能图”，选择块类型“SFC 块”后，单击“执行”，出现图 6-20 所示的 SFC 编辑窗口。

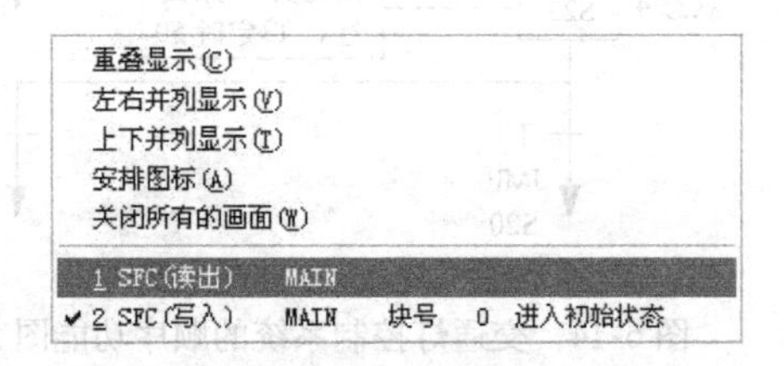

图 6-18　窗口选择

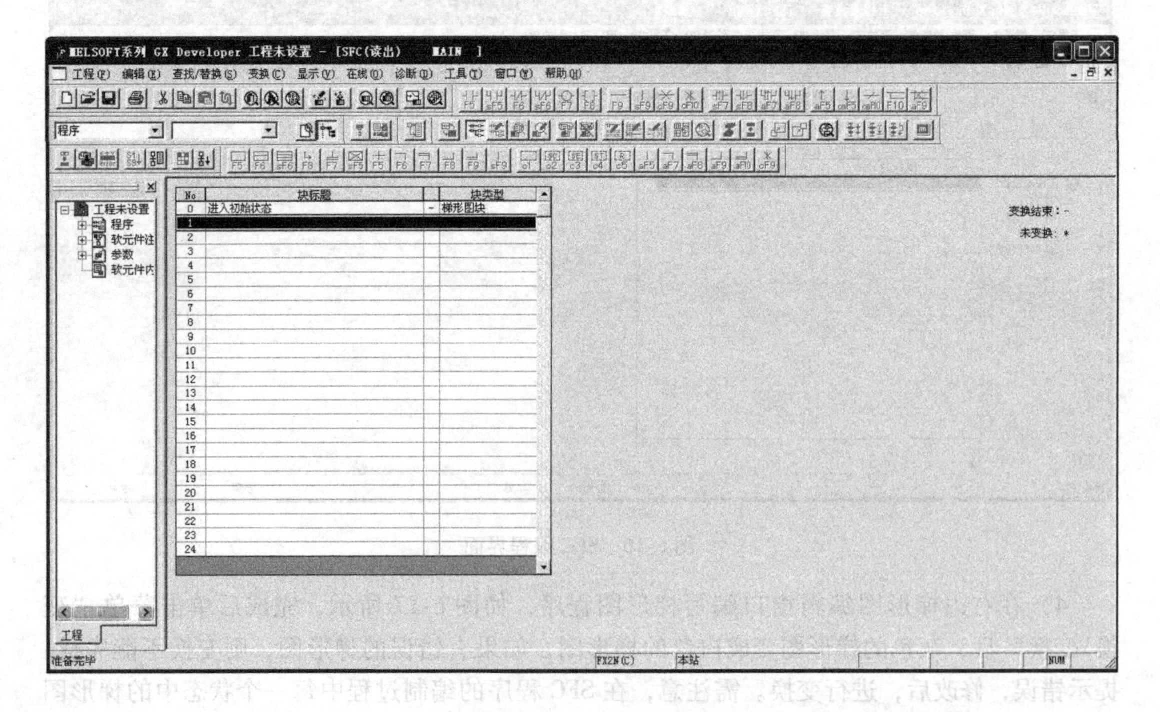

图 6-19 “块 1”的编辑窗口

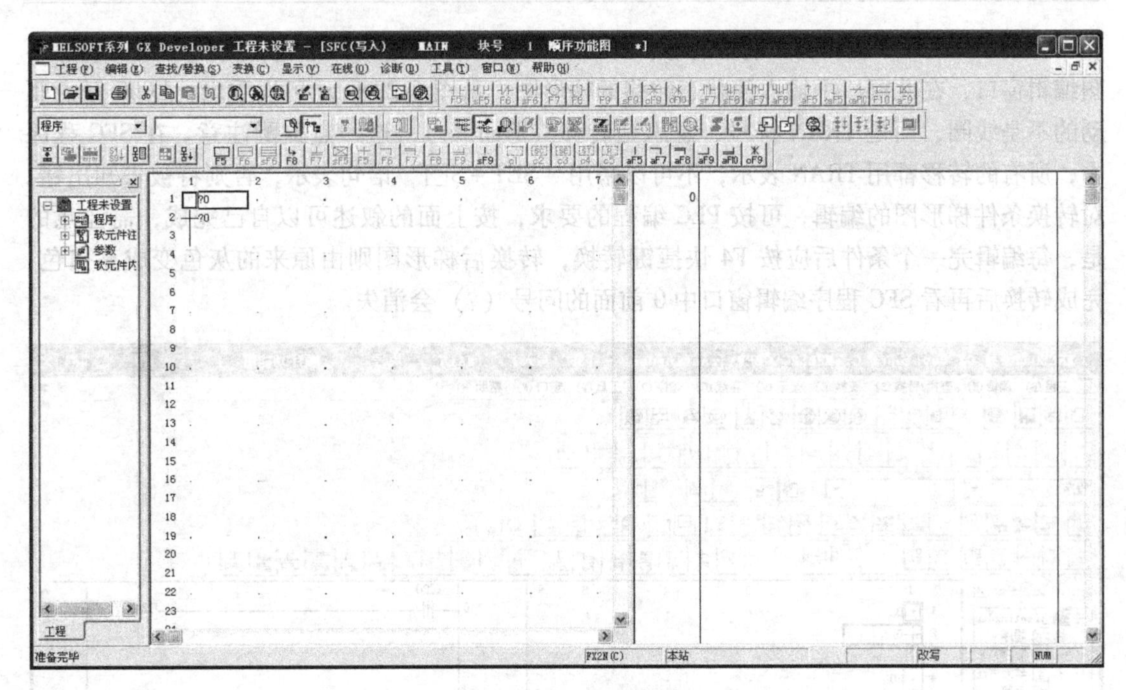

图 6-20　SFC 编辑窗口

7）在 SFC 编辑窗口输入 SFC 顺序功能图，单击步 0 的“？0”，在右边窗口输入梯形图如图 6-21 所示，变换后灰色窗口变成白色。SFC 程序中的每一个状态或转移条件都是以 SFC 符号的形式出现在程序中，每一种 SFC 符号都对应有图标和图标号。

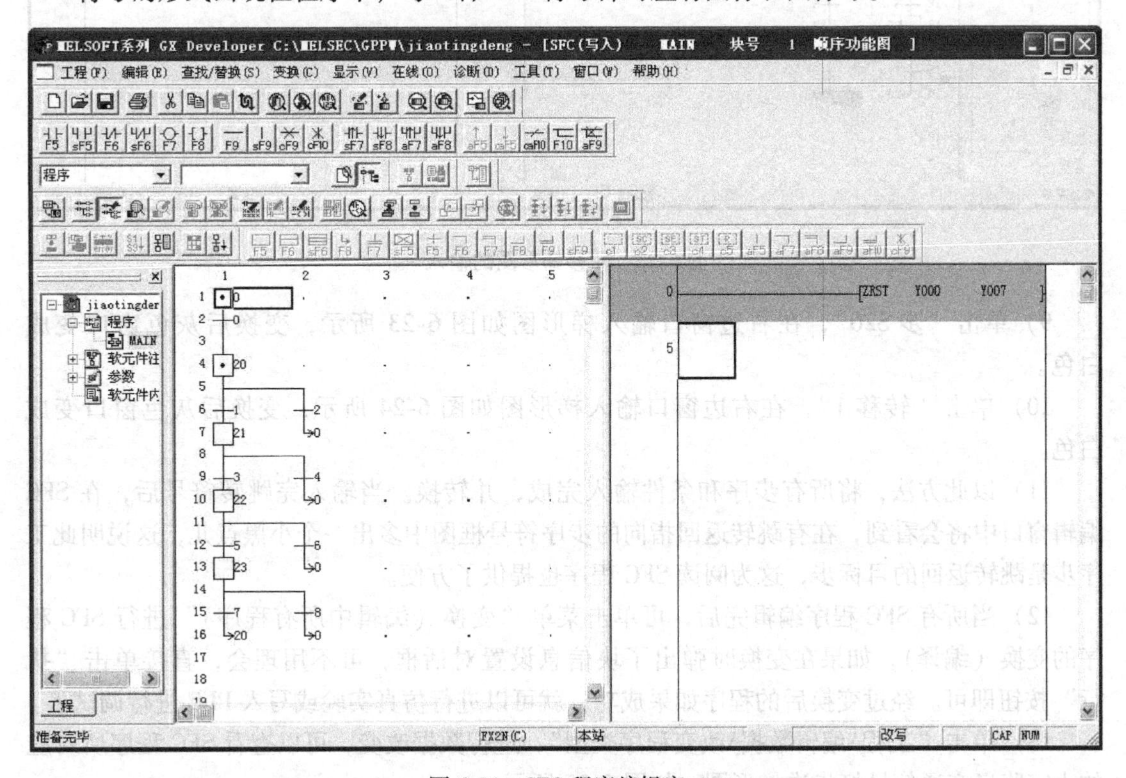

图 6-21　SFC 程序编辑窗口

8）在 SFC 程序编辑窗口将光标移到第一个转移条件符号处并单击，则在右侧出现梯形图编辑窗口，在此窗口中输入使状态转移的梯形图。从图 6-22 所示可以看出，X000 触点驱动的不是线圈，而是 TRAN 符号，意思是转移（Transfer），这一点提醒注意。在 SFC 程序中，所有的转移都用 TRAN 表示，不可以采用“SET + S□”语句表示，否则将被告知出错。对转换条件梯形图的编辑，可按 PLC 编程的要求，按上面的叙述可以自己完成，需注意的是，每编辑完一个条件后应按 F4 快捷键转换，转换后梯形图则由原来的灰色变成亮白色，完成转换后再看 SFC 程序编辑窗口中 0 前面的问号（?）会消失。

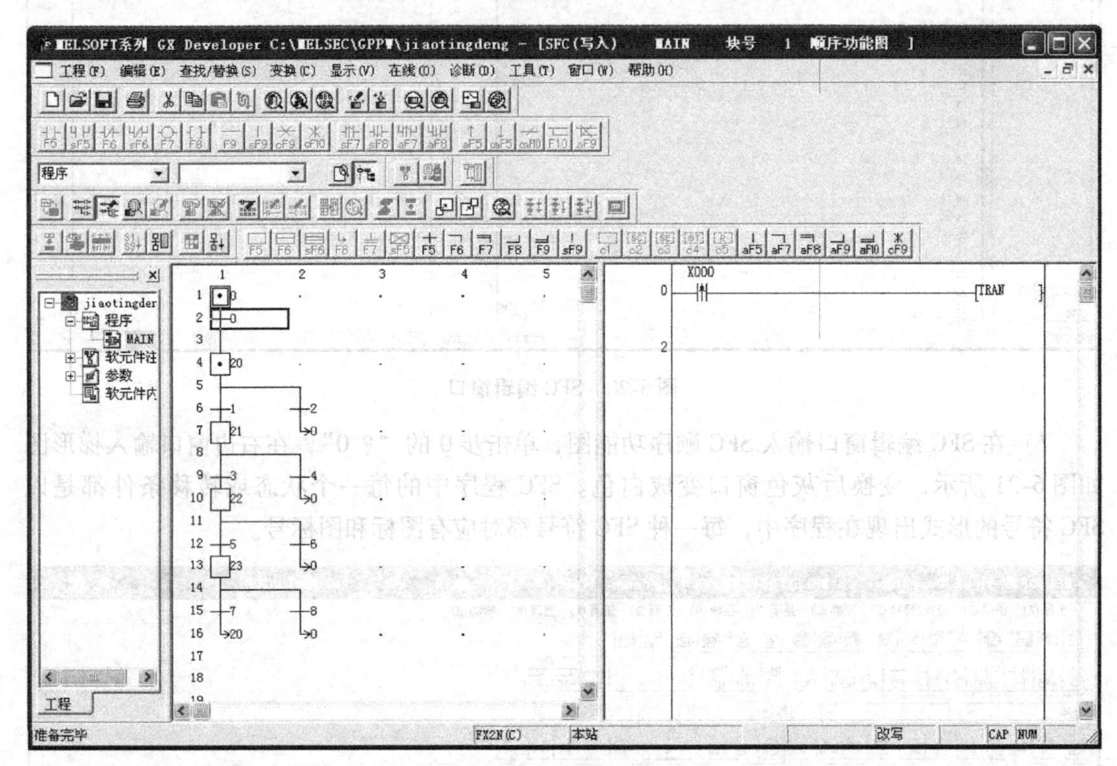

图 6-22　转移梯形图的输入

9）单击“步 S20”，在右边窗口输入梯形图如图 6-23 所示，变换后灰色窗口变成白色。

10）单击“转移 1”，在右边窗口输入梯形图如图 6-24 所示，变换后灰色窗口变成白色。

11）以此方法，将所有步序和条件输入完成，并转换。当输入完跳转符号后，在 SFC 编辑窗口中将会看到，在有跳转返回指向的步序符号框图中多出一个小黑点儿，这说明此工序步是跳转返回的目标步，这为阅读 SFC 程序也提供了方便。

12）当所有 SFC 程序编辑完后，可单击菜单“变换（编辑中所有程序）”进行 SFC 程序的变换（编译），如果在变换时弹出了块信息设置对话框，可不用理会，直接单击“执行”按钮即可。经过变换后的程序如果成功，就可以进行仿真实验或写入 PLC 进行调试了。

13）单击“工程\编辑数据\改变程序类型”，进行数据改变，可以查看 SFC 程序所对应的十字路口交通信号灯步进梯形图，如图 6-25 所示。

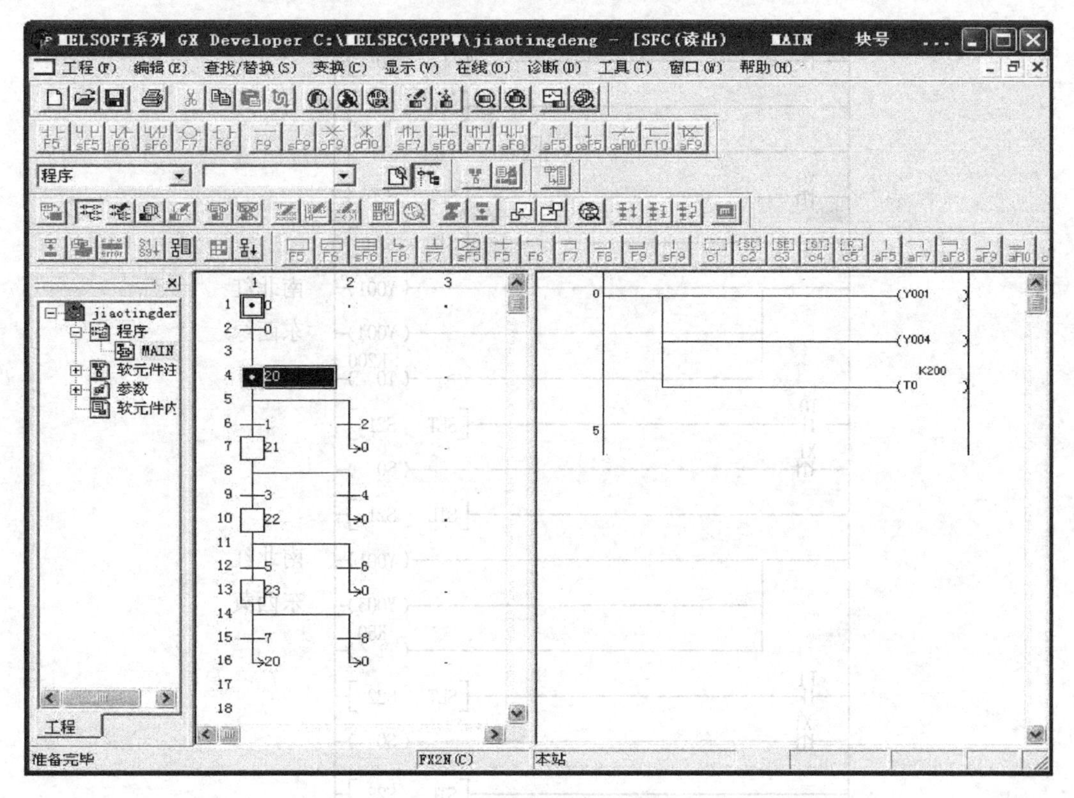

图 6-23　状态 S20 的梯形图

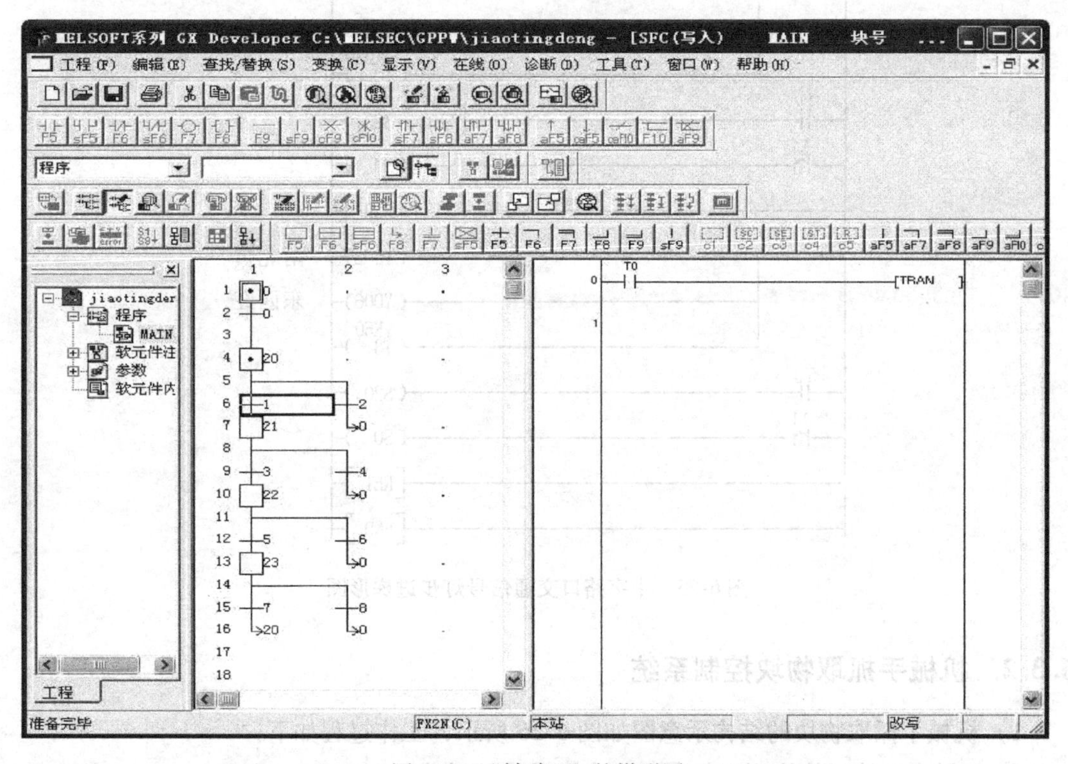

图 6-24　“转移 1”的梯形图

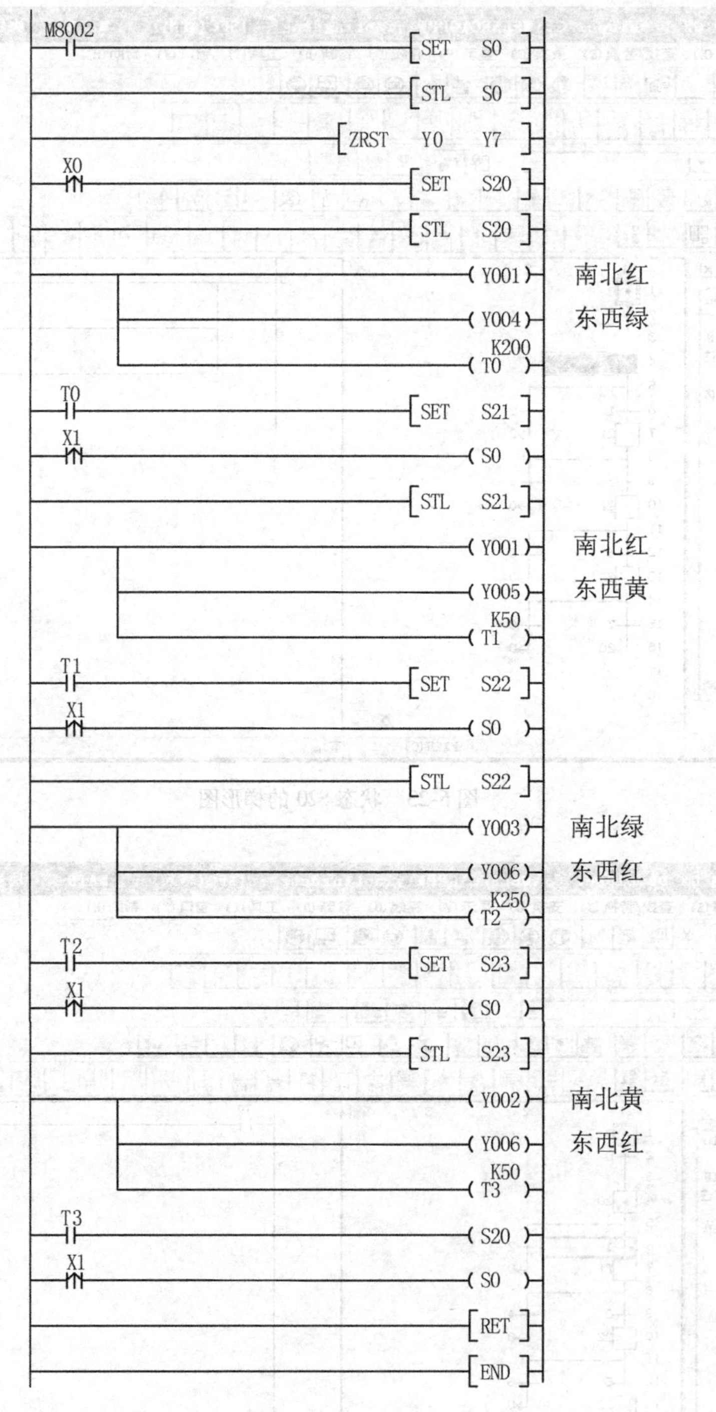

图 6-25　十字路口交通信号灯步进梯形图

6.3.2　机械手抓取物块控制系统

1）机械手抓取物块的结构示意图如图 6-26 所示，工作过程如下：

① 如果人工放置物块到工作台上，汽缸 B 向下动作。

② 汽缸 B 向下动作到位，汽缸 C 动作，抓紧物块。
③ 汽缸 C 抓紧物块，汽缸 B 向上动作。
④ 汽缸 B 向上动作到位，汽缸 A 向左动作。
⑤ 汽缸 A 向左动作到位，汽缸 B 向下动作。
⑥ 汽缸 B 向下动作到位，汽缸 C 松开抓手，将物块放置到传送带上。
⑦ 汽缸 C 松开抓手到位，汽缸 B 向上动作。
⑧ 汽缸 B 向上到位，传送带转动，送出物块，同时汽缸 A 向右移动。
⑨ 汽缸 A 向右移动到位，进行下次循环。

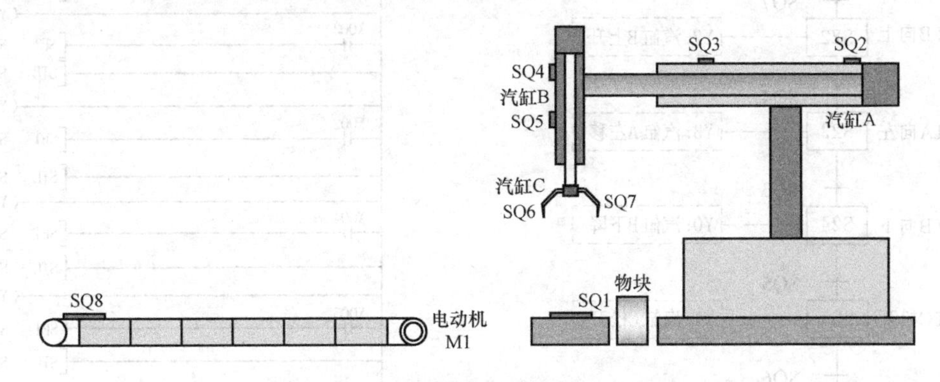

图 6-26　机械手抓取物块的结构示意图

2）I/O 点分配。根据动作顺序，I/O 点分配见表 6-3。

表 6-3　I/O 点分配

输入点		输出点	
SQ1 工作台物块行程开关	X0	汽缸 B 下降电磁阀	Y0
SQ2 汽缸 A 右移到位行程开关	X1	汽缸 C 抓紧电磁阀	Y1
SQ3 汽缸 A 左移到位行程开关	X2	汽缸 B 上升电磁阀	Y2
SQ4 汽缸 B 上升到位行程开关	X3	汽缸 A 左移电磁阀	Y3
SQ5 汽缸 B 下降到位行程开关	X4	汽缸 C 松开电磁阀	Y4
SQ6 汽缸 C 放松到位行程开关	X5	传送带电动机转动	Y5
SQ7 汽缸 C 抓紧到位行程开关	X6	汽缸 A 右移电磁阀	Y6
SQ8 传送带转动到位行程开关	X7		

3）机械手顺序功能图及步进梯形图如图 6-27 所示。

6.3.3　运料车运料控制系统

1. 控制要求

运料车运料示意图如图 6-28 所示。图中，运料车初始处于原点，下限位开关（即行程开关）SQ1 被压合，料斗门关，原点指示灯亮。当闭合选择开关 SA，按下启动按钮 SB1，料斗门打开，运料车装料 8s 后，料斗门关上，延时 1s 料车上升，直至压合上限位开关 SQ2 停止，延时 1s 后，卸料 10s，料车复位并下降至原点，压合 SQ1 后停止。然后开始下一个循环。当转换开关 SA 断开，料车工作一个循环后停止在原位，指示灯亮。任何时候，按下停车按钮 SB2 则运料车立即停止运行。

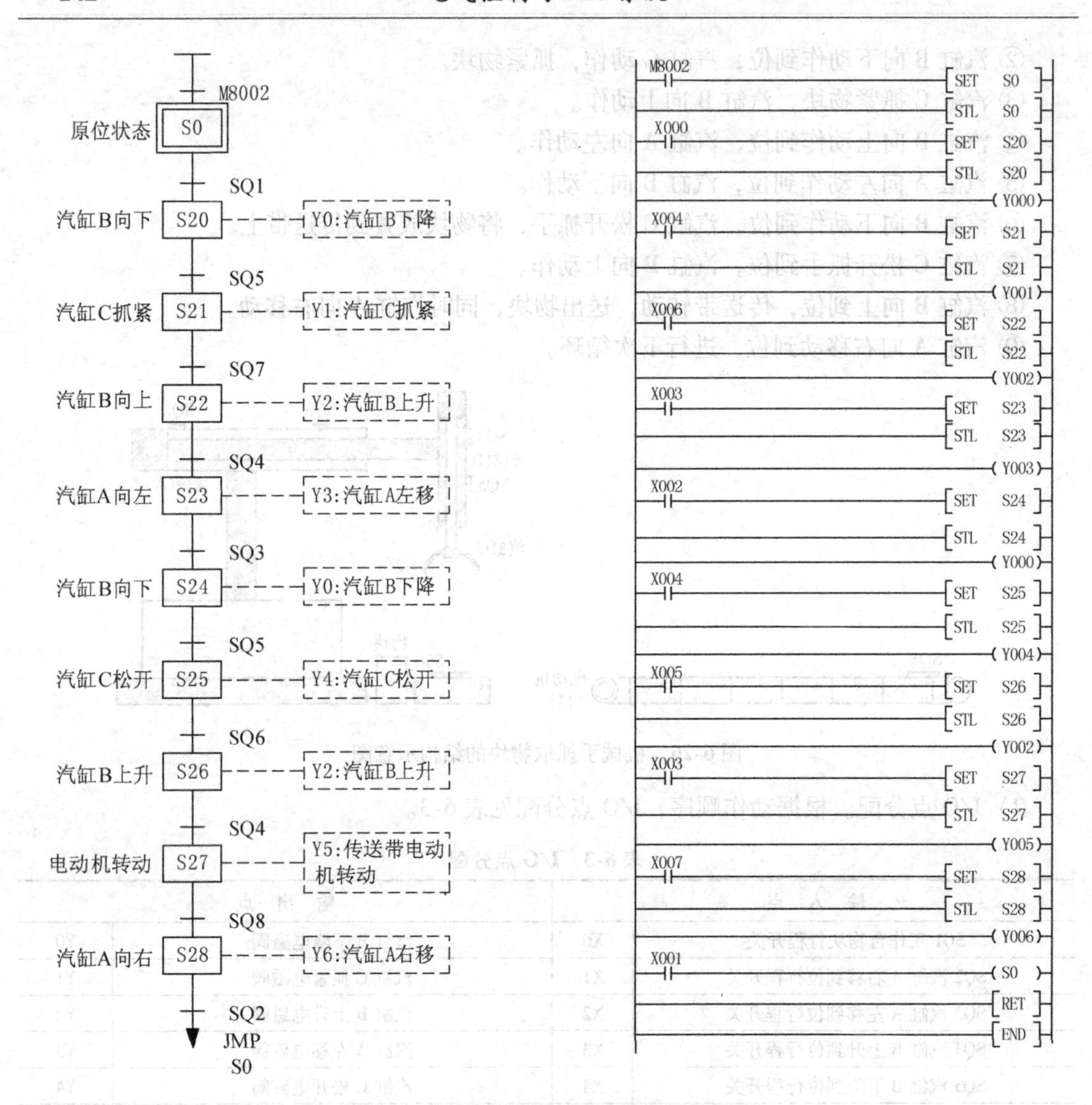

图 6-27　机械手顺序功能图及步进梯形图

2. I/O 点分配

启/停按钮 SB1、SB2 采用常开触点连接 PLC 输入点 X0、X1，转换开关 SA 接 X2，行程开关 SQ1、SQ2 采用常开触点接 PLC 输入点 X3 ~ X4，指示灯 HL 和运料车上升/下降及斗门卸料接触器 KM1 ~ KM4 接 PLC 输出点 Y0 ~ Y4。I/O 点分配见表 6-4。

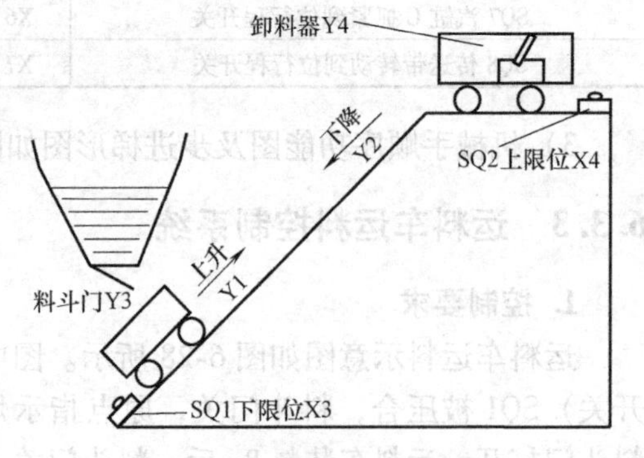

图 6-28　运料车运料示意图

3. 顺序功能图、步进梯形图及语句表

运料车运料 PLC 控制系统的顺序功能图如图 6-29 所示。步进梯形图及语句表如图 6-30 所示，顺序功能图的编程过程读者可以仿照前面的描述，自己进行编程，编程完成后，利用编程软件完成步进梯形图的转换，当然也可以转变成语句表。

表 6-4　I/O 点分配

输入点		输出点	
SB1 常开启动按钮	X0	原位指示灯	Y0
SB2 常开停止按钮	X1	运料车上升电动机接触器	Y1
SA 位置转换开关	X2	运料车下降电动机接触器	Y2
SQ1 下限位行程开关	X3	料斗门电磁铁	Y3
SQ2 上限位行程开关	X4	泄料器电磁铁	Y4

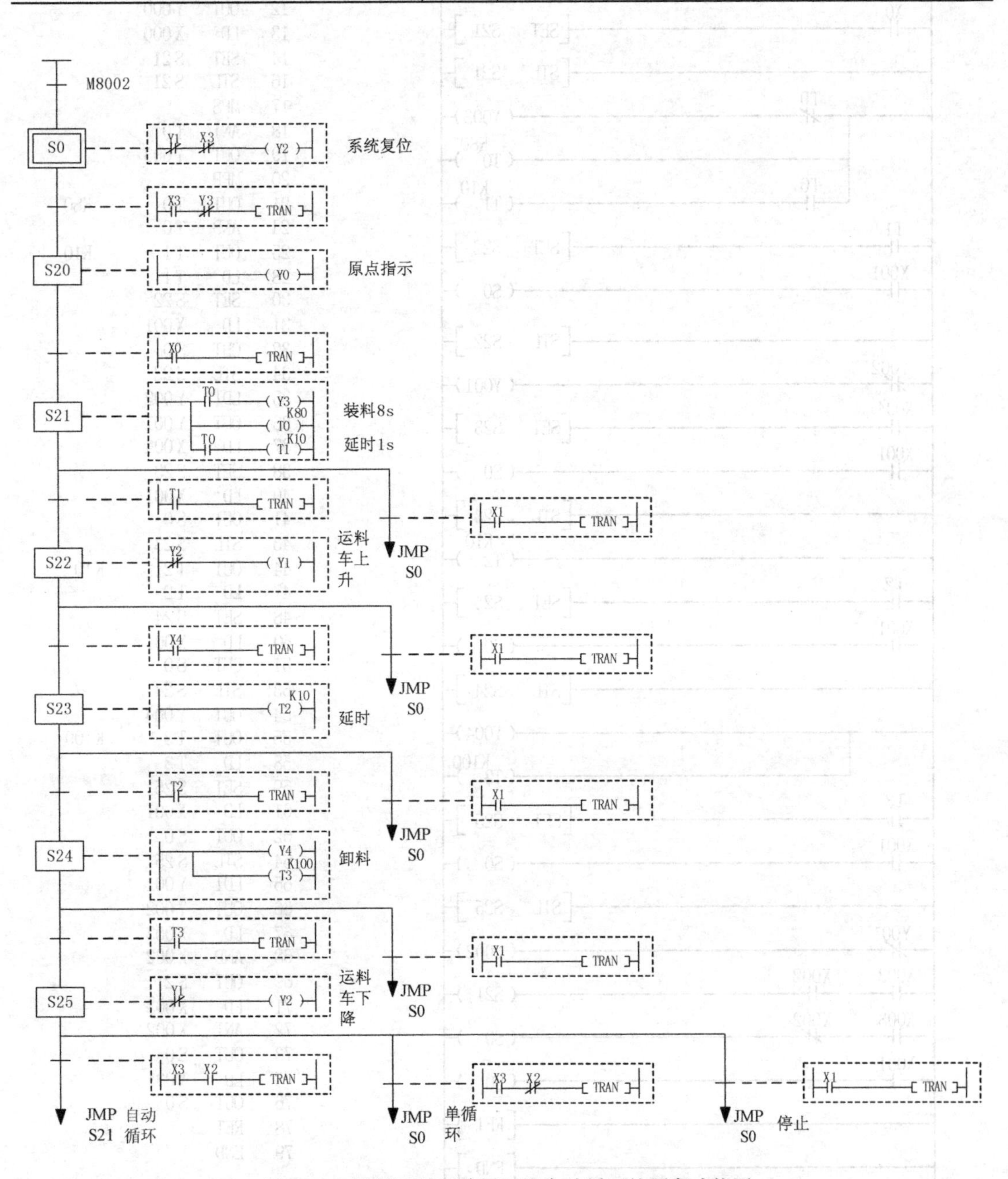

图 6-29　控制运料车单循环或自动循环的顺序功能图

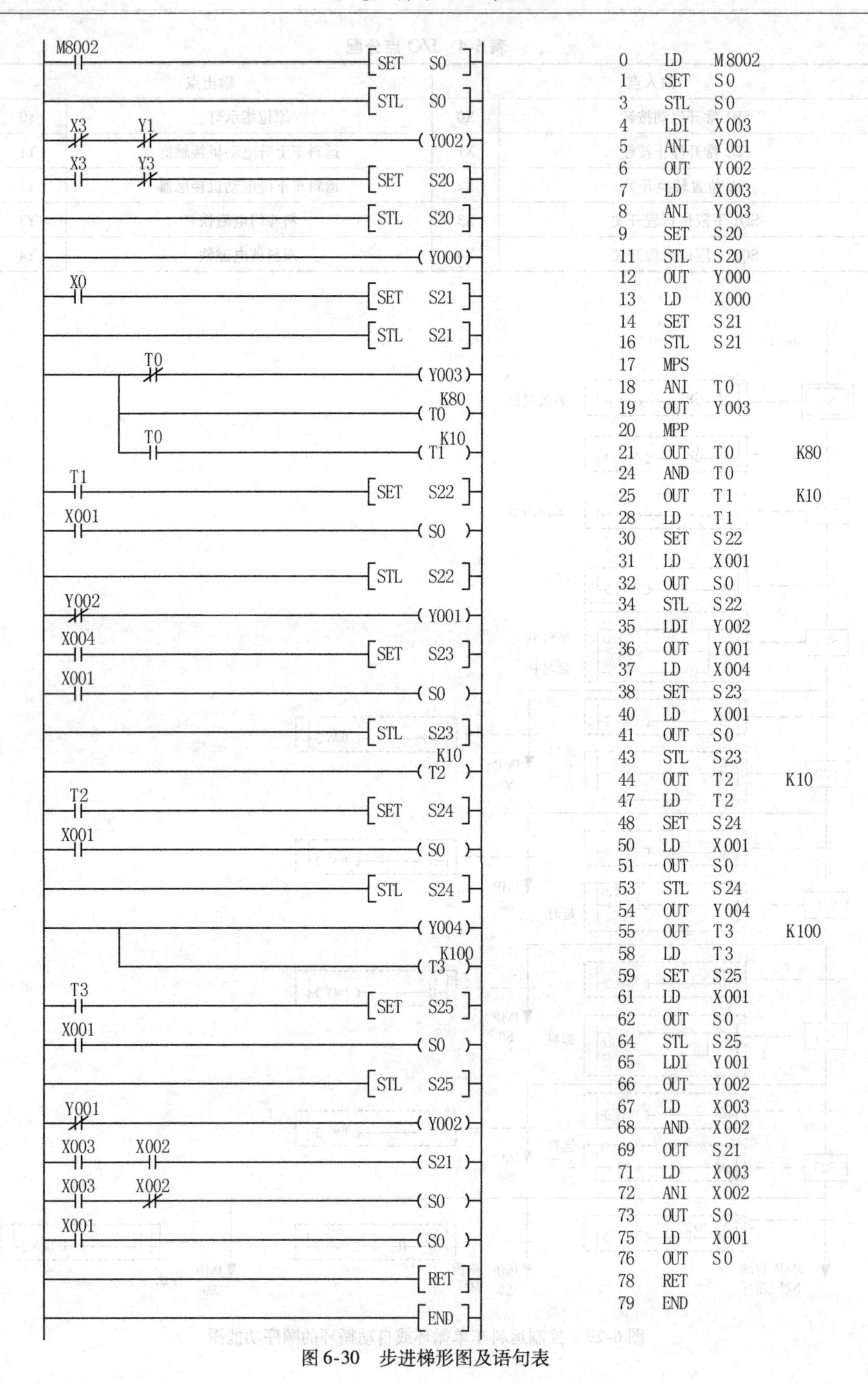

图 6-30　步进梯形图及语句表

当运料车处于原点，即下限位开关 SQ1 被压合，料斗门关上，则 S0 转到 S20，点亮原点指示灯 HL。当按下启动按钮 SB1，工作状态继电器从 S20 转移到 S21。S21 被激励后，接通输出继电器 Y003，料斗门打开 8s 后关闭，再延时 1s 后工作状态从 S21 转移到 S22。S22 被激励后，接通输出继电器 Y001，运料车上升直至上限位开关 SQ2 接通，工作状态便从 S22 转移到 S23。S23 被激励后，延时 1s，工作状态从 S23 转移到 S24。S24 被激励后，接通卸料机构驱动输出继电器 Y004，运料车卸料 10s 后，工作状态从 S24 转移到 S25。S25 被激励后，接通输出继电器 Y002，运料车下降直至下限位开关 SQ1 接通。此时如果工作方式选择开关 SA 闭合，则 X002 接通，工作状态从 S25 转移到 S21，运料车自动开始第二次循环工作。如果 SA 断开，即 X002 断开，则转移到初始状态 S0，当 X003 = ON，Y003 = OFF，则 S20 被激励，原点指示灯亮，此时启动按钮重新按下，又开始第二次循环工作。当停止按钮 SB2 按下时，则进入 S0 状态。

思考题与习题

6-1　什么是顺序功能图？顺序功能图有几种类型？

6-2　顺序功能图编程时，TRAN 是什么性质指令？

6-3　用 SFC 设计一个三相异步电动机的星形-三角形减压起动控制，转换延时时间 3s。

6-4　小车在初始状态时停在中间，限位开关 X000 为 ON，按下常开启动按钮 X003，小车按图 6-31 所示，从中间向右移动到右端，碰到右端的行程开关 SQ1（常开）后，返回到左端，碰到左端的行程开关 SQ2（常开）后，再返回至中间停在初始位置。请编写控制系统的顺序功能图、步进梯形图及语句表。

6-5　冷加工生产线的一个钻孔动力头，其加工时序图如图 6-32 所示，绘出其状态梯形图并编程，写出步进梯形图。

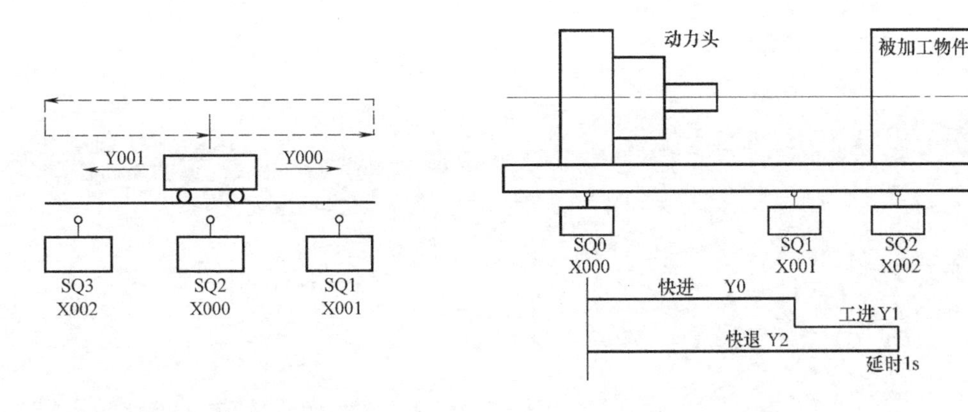

图 6-31　习题 6-4 的示意图　　图 6-32　习题 6-5 的示意图

6-6　如图 6-33 所示的 3 条传送带，为了避免输送中货物的堆积，起动时应先起动下面的传送带，再起动上面的传送带。按下起动按钮后，3 号传送带开始运行，5s 后 2 号传送带开始运行，再过 5s 后，1 号传送带起动。停止时，停止顺序与起动时相反，按照 1 号、2 号、3 号的顺序，间隔 5s。请画出 PLC 的 I/O 接线图、顺序功能图及步进梯形图。

Y000
Y001
Y002
1号传送带
2号传送带
3号传送带

图 6-33　习题 6-6 的示意图

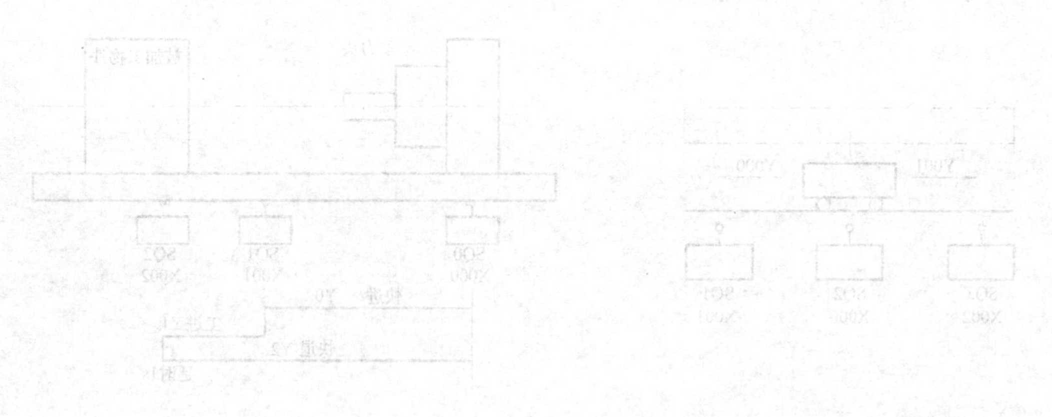

第 7 章　FX_{2N} 系列 PLC 的功能指令

FX_{2N}系列 PLC 除了基本逻辑指令、步进指令外，还有丰富的功能指令，也称为应用指令。功能指令实际上是许多功能不同的子程序，与基本逻辑指令只能完成一个特定动作不同，功能指令能完成实际控制中的许多不同类型的操作。FX_{2N}系列 PLC 的 130 多条功能指令按功能不同可分为程序流向控制指令、数据传递与比较指令、算术与逻辑运算指令、数据移位与循环指令、数据处理指令、高速处理指令、方便指令、外部设备 I/O 指令、外部设备串行通信指令、浮点运算指令、定位运算指令、时钟运算指令、触点比较指令等十几大类。对实际控制中的具体控制对象，选择合适的功能指令可以使编程更快捷方便。

7.1　功能指令的表示与执行方式

FX_{2N}系列 PLC 执行一条功能指令相当于执行一个子程序，完成一系列操作。FX_{2N}系列 PLC 的功能指令由编号 FNC00～FNC□□□指定，其表达形式与基本逻辑指令不同。功能指令采用梯形图和指令助记符相结合的功能框形式，用于表达该指令的功能。

7.1.1　功能指令的格式

1. 指令助记符与操作数

图 7-1 为 FX_{2N}系列 PLC 功能指令的格式及功能含义。X010 是功能指令的执行条件，其后的中括号就是功能指令。该指令的功能是：当 X010 满足条件（即接通）时，执行 FNC45 指令，而该指令的功能是取平均值。一般来说，功能指令由助记符（功能指令的功能含义）和操作数两部分组成，FNC45 是功能指令的第 45 号功能，对于采用简易的手持式编程器编程时可以由简易编程器按照功能号进行输入，对于采用计算机编程时，则输入功能号的指令助记符，二者的作用是相同的。

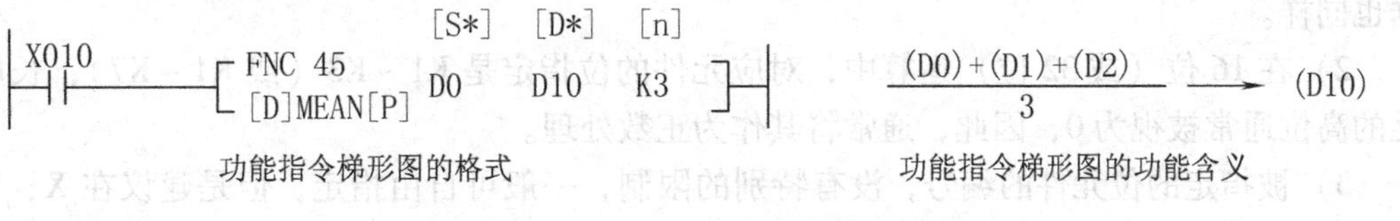

X010　FNC 45 [D]MEAN[P]　[S*] D0　[D*] D10　[n] K3

功能指令梯形图的格式

$$\frac{(D0)+(D1)+(D2)}{3} \longrightarrow (D10)$$

功能指令梯形图的功能含义

图 7-1　功能指令的格式及功能含义

功能指令中功能号（或者指令助记符）右侧为操作数，分为源操作数和目的操作数，不同的功能指令，其源、目的操作数的个数也不相同。

1）[S＊] 表示源操作数，当有多个源操作数时，分别用 [S1＊]、[S2＊]、[S3＊] 表示，＊表示可以进行变址寻址。默认方式是无＊，表示不能进行变址寻址方式。

2）[D＊] 表示目的操作数，当有多个目的操作数时，分别用 [D1＊]、[D2＊]、[D3

*] 表示，* 表示可以进行变址寻址。默认方式是无 *，表示不能进行变址寻址方式。

3）[n] 表示其他操作数，用来表示阐述或对源和目标操作数作出补充说明。表示常数时，K 为十进制数，H 为十六进制数。

4）程序步，指令执行所需的步数。功能指令的指令段的程序步数通常为 1 步，但是根据各指令是 16 位指令还是 32 位指令，会变为 2 步或 4 步。当功能指令处理 32 位操作数时，则在指令助记符号前加 [D] 表示，指令前无此符号时，表示处理 16 位数据。

图 7-1 中的 D0 是源操作数，D10 是目的操作数，K3 是参与计算的数据个数。其功能是将以 [S *] 为首地址（低地址）的连续 [n] 个二进制数取平均值，结果放置到 [D *] 中。因此图 7-1 的功能是当 X010 为 ON 时，将数据寄存器 D0、D1、D2 中的值取平均值，放置到数据寄存器 D10 中，当 X010 为 OFF 时，不执行此功能指令。

2. 指令的数据长度

根据数据处理值的大小，功能指令可以分为“16 位指令”和“32 位指令”，分别可以处理 16 位数据和 32 位数据。

（1）位元件

PLC 的位元件只有两个状态，1 或者 0（ON/OFF），只处理开关（ON/OFF）信息的元件，如 X、Y、M、S。当位元件的状态为 1 也就是对应寄存器的相应位为 1。

（2）字元件

字元件是 FX_{2N}系列 PLC 数据类元件的基本结构，一个字元件是由 16 位的存储单元构成，其最高位（第 15 位）为符号位，第 0 ~ 14 位为数值位，如 D、V、Z。

（3）双字元件

可以使用两个字元件组成双字元件，可组成 32 位数据操作数。双字元件是由相邻的两个寄存器组成。

其中字元件和双字元件可以由连续的若干位元件组合。FX_{2N}系列 PLC 提供一种位元件组合成字元件和双字元件的表达方式，用 KnMm 表示，是以 4 个位元件为一组的 n 组位元件组成二进制字元件。M 为位元件（X、Y、M、S），m 为位元件的首地址（低地址），一般用 0 结尾。例如：K2M0 表示以 M0 为最低位的连续 8 位位元件组合而成的数据，即 M7M6M5M4M3M2M1M0。使用位元件操作数时应注意以下几点：

1）若向 K1M0 ~ K3M0 传递 16 位数据，则数据长度不足的高位部分不被传递，32 位数据也同样。

2）在 16 位（或 32 位）运算中，对应元件的位指定是 K1 ~ K3（或 K1 ~ K7），长度不足的高位通常被视为 0，因此，通常将其作为正数处理。

3）被指定的位元件的编号，没有特别的限制，一般可自由指定，但是建议在 X、Y 的场合最低位的编号尽可能的设定为 0（X000、X010、X020、…、Y000、Y010、Y020、…），在 M、S 场合理想的设定数为 8 的倍数，为了避免混乱，建议设定为 M0、M10、M20。

7.1.2　功能指令的执行形式

FX_{2N}系列 PLC 的功能指令有“连续执行型”与“脉冲执行型”两种执行方式。

1. 连续执行型指令

当指令的驱动条件满足时，指令在每个扫描周期都执行，如图 7-2 所示，当 X000 为 1

时，每个扫描周期都要执行 32 位加 1 运算一次，即（D11、D10）+1 结果送到（D11、D10）。

2. 脉冲执行型指令

脉冲执行型指令总是在功能指令的驱动条件由 OFF 到 ON 变化一次时执行一次，其他时候不执行，图 7-3 所示是一条脉冲执行型加 1 指令，是对目标操作数（D11、D10）进行脉冲加 1 操作的。功能指令可将 32 位加 D 和脉冲输出加 P 的形式组合使用或单独使用。

图 7-2　功能指令的连续执行方式　　图 7-3　功能指令的脉冲执行方式

7.1.3　功能指令的变址操作

在传送、比较等指令中用来改变操作对象的操作数地址是常用的操作。变址的方法是将变址寄存器 V 和 Z 这两个 16 位的寄存器放在各种寄存器的后面充当操作数地址的偏移量。操作数的实际地址就是寄存器的当前值以及 V 和 Z 内容相加后的和。当源或目标寄存器用［S*］或［D*］表示时，就能进行变址操作。对 32 位数据进行操作时，要将 V、Z 组合成 32 位（V、Z）来使用，这时 Z 为低 16 位，V 为高 16 位。可以用变址寄存器进行变址的软元件有 X、Y、M、S、P、T、C、D、K、H、KnX、KnY、KnM、KnS。

如图 7-4 所示，当 X000 为 1 时，执行传送指令 V=8，当 X001 为 1 时，执行传送指令 Z=4，当 X002 为 1 时，执行传送指令 D（0+8）的数据传送到 D（10+4）中。

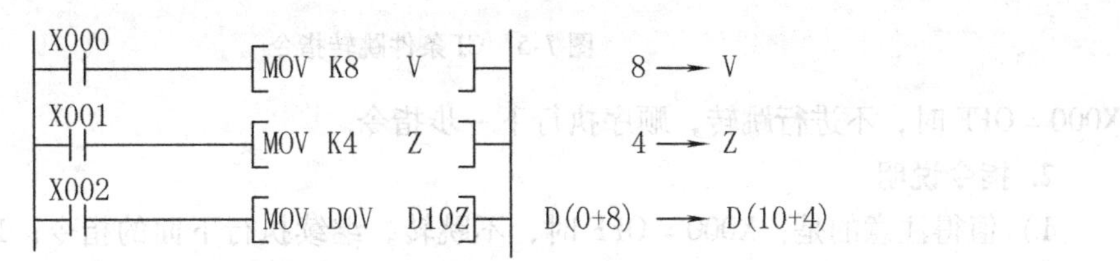

图 7-4　变址操作

7.2　程序流向控制指令

FX_{2N}系列 PLC 的功能指令中程序流向控制指令共有 10 条，功能号是 FNC00 ~ FNC09，PLC 的控制程序除常见的按顺序逐条执行情况外，在许多工程场合下还需按照控制要求改变程序的流向。用于这些控制要求的功能指令称为程序流向指令，例如，条件跳转、子程序调用与返回、中断调用与返回、循环、警戒时钟与主程序结束等。

7.2.1　条件跳转指令 CJ

1. 指令用法

条件跳转指令 FNC00　CJ 或 CJP 的目标元件是指针标号，其范围是 P0 ~ P127（允许变址修改），该指令程序步为 3 步。如图 7-5 所示，如果 X000 = ON，则跳转至标号 P8 处。

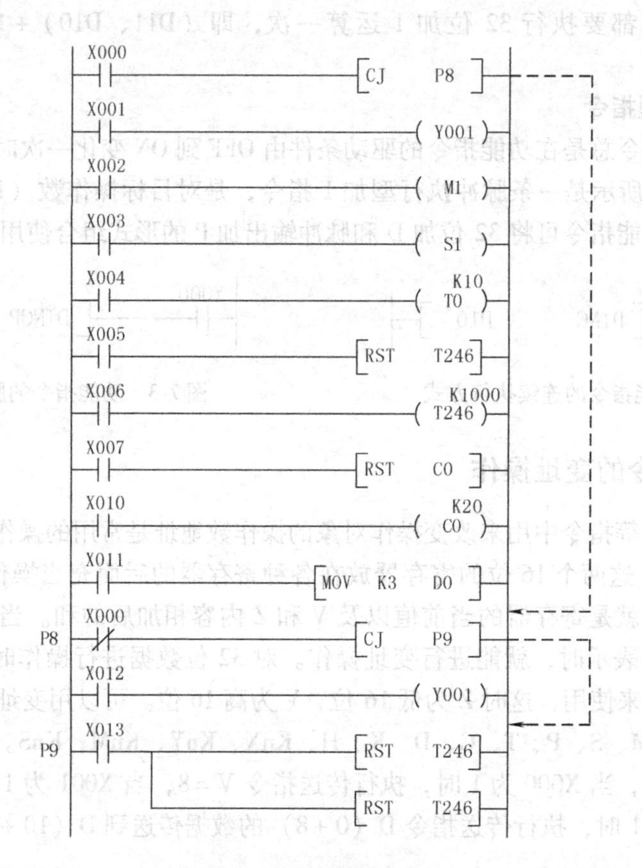

图 7-5　CJ 条件跳转指令

X000 = OFF 时，不进行跳转，顺序执行下一步指令。

2. 指令说明

1）值得注意的是：X000 = OFF 时，不跳转，继续执行下面的指令；X000 = ON 时跳转至 P8，如果 P8 处不跳转，继续执行 P8 下面的指令。

2）跳转程序中软元件的状态在发生跳转时，被跳过的那段程序中的驱动条件已经没有意义，该程序段中的各种继电器和状态寄存器、定时器等将保持跳转发生前的状态不变。

3）跳转程序中标号的多次引用标号是跳转程序的入口标识地址，在程序中只能出现一次，同一标号不能重复使用。但是，同一标号可以多次被引用，也就是说，可以从不同的地方跳转到同一标号处。

4）PLC 只有条件跳转指令，没有无条件跳转指令。在实际应用中遇到需要无条件跳转的情况，可以用条件跳转指令来构造无条件跳转指令，最常使用的是 M8000。因为只要 PLC 处于 RUN 状态，则 M8000 总是接通的，这个条件可使条件跳转变成无条件跳转。

7. 2. 2　子程序调用指令 CALL 和返回指令 SRET

1. 指令用法

子程序调用指令 FNC01 CALL、CALLP，子程序返回指令 FNC02 SRET。该指令的目标操作元件是指针号P0~P127（允许变址修改）。子程序调用指令CALL和CALLP用于在一定条件下调用并执行子程序，子程序返回用SRET指令。

CALL指令必须和FEND、SRET一起使用。子程序标号要写在主程序结束指令FEND之后。图7-6是CALL和SRET指令的使用举例。标号P10和子程序返回指令SRET间的程序构成了子程序的内容。当X001接通时，CALL指令使程序调至标号P10处，同时将调用指令后的一条指令的地址作为断点保存，并从P10开始逐条顺序执行子程序，即执行指令LD X003，OUT Y001，……直到SRET时，程序返回主程序断点处，继续执行主程序，即执行指令LD X002，OUT Y000……。

2. 指令说明

当主程序带有多个子程序时，子程序要依次放在主程序结束指令FEND之后，并用不同的标号相区别。子程序标号与条件转移中所用的标号相同，在条件转移中已经使用了标号，子程序不能再用。同一标号只能使用一次，而不同的CALL指令可以多次调用同一标号的子程序。

图7-7为CALLP和SRET指令的使用举例。CALLP与CALL的区别在于子程序，P11仅在X001由OFF到ON变化时执行一次。在执行P11子程序时，若X003接通，CALLP P12指令被执行，则程序又调用子程序P12，在子程序2的SRET指令执行后程序返回到P11中的CALLP P12指令的下一步，在子程序1的SRET指令执行后再返回主程序。因此在子程序中，可以形成子程序嵌套。

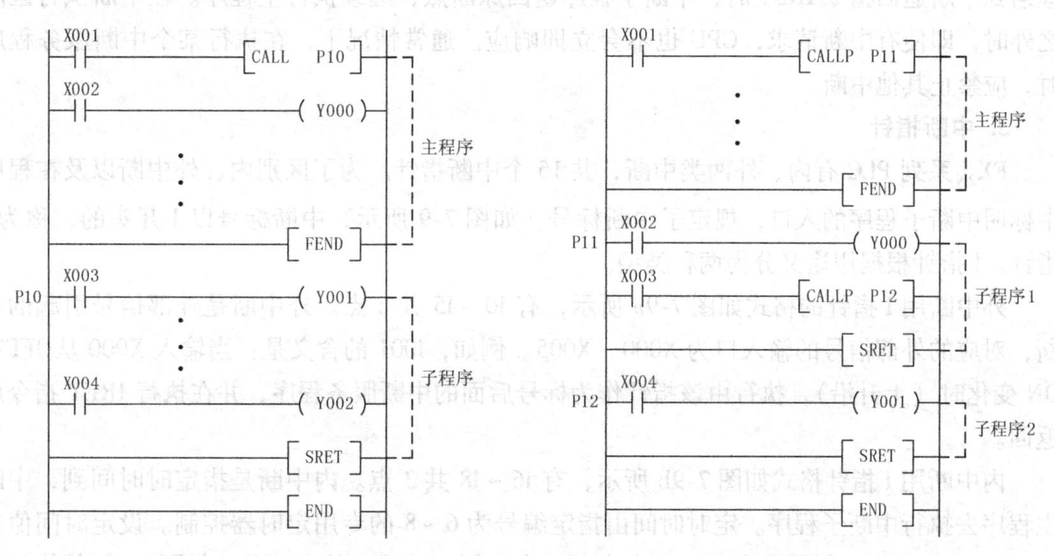

图7-6 CALL和SRET指令的使用举例　　图7-7 CALLP和SRET指令的使用举例

7.2.3 中断返回指令IRET、允许指令EI、禁止指令DI

FX_{2N}系列PLC中断指令包括：中断返回指令FNC03 IRET，中断允许指令FNC04 EI，中断禁止指令FNC05 DI。

中断是CPU与外围设备之间的数据传送的一种方式。数据传送时，外围设备的速度远远跟不上CPU的高速节拍，使CPU处理数据的工作效率大大降低。为此可以采用数据传送的中断方式来匹配两者之间的传送速度，以提高 CPU 的工作效率。采用中断方式后，CPU 与外围设备是并行工作的，平时 CPU 在执行主程序，当外围设备需要数据传送服务时，就去向 CPU 发出中断请求。在允许中断的情况下，CPU 可以响应外围设备的中断请求，从主程序中脱离出来，去执行一段中断服务子程序。该子程序执行完后，CPU 就不再管外围设备，而返回主程序。每当外围设备需要数据传送服务时，就向 CPU 发出中断请求。因此 CPU 只有在执行中断服务子程序短暂的时间里才同外围设备打交道，使 CPU 的工作效率大大提高。

1. 指令用法

FX_{2N}系列 PLC 有三类中断，即外部中断、内部定时器中断、内部计数器中断。外部中断信号从输入端子送入，可用于外部突发随机事件引起的中断。内部定时器中断是定时器定时时间到而引起的中断。内部计数器中断是与高速计数器输出指令配合使用的中断。FX_{2N}系列 PLC 设置有 9 个中断源，15 个中断指针。9 个中断源可以同时向 CPU 发出中断请求信号，多个中断依次发生时，以先发生为优先；完全同时发生时，中断指针号较低的有优先权。

2. 指令说明

在主程序的执行过程中，PLC 根据中断服务子程序的优先级决定能否响应中断。程序中允许中断响应的区间应该由 EI 指令开始，DI 指令结束，如图 7-8 所示。当中断子程序的处理遇到中断返回指令 IRET 时，中断子程序返回原断点，继续执行主程序。在中断执行区间之外时，即使有中断请求，CPU 也不会立即响应。通常情况下，在执行某个中断服务程序时，应禁止其他中断。

3. 中断指针

FX_{2N}系列 PLC 有内、外两类中断，共 15 个中断指针。为了区别内、外中断以及在程序中标明中断子程序的入口，规定了中断标号。如图 7-9 所示，中断标号以 I 开头的，称为 I 指针。I 指针根据用途又分为两种类型。

外中断用 I 指针的格式如图 7-9a 所示，有 I0 ~ I5 共 6 点。外中断是外部信号引起的中断，对应的外部信号的输入口为 X000 ~ X005。例如，I001 的含义是：当输入 X000 从OFF→ON 变化时（上升沿），执行由该指针作为标号后面的中断服务程序，并在执行 IRET 指令后返回。

内中断用 I 指针格式如图 7-9b 所示，有 I6 ~ I8 共 3 点。内中断是指定时时间到，中断主程序去执行中断子程序。定时时间由指定编号为 6 ~ 8 的专用定时器控制。设定时间值在 10 ~ 99ms 间选取，每隔设定时间就会中断一次。例如，I630 的含义是：每隔 30ms 就执行标号为 I6 后面的中断服务程序一次，在 IRET 指令执行后返回。图 7-9c 所示为计数器中断指针格式。

4. 中断举例

输入中断的基本程序示例如图 7-10 所示。当外部输入 X000 上升沿时，输出 Y000，即时刷新 Y000 ~ Y007 的状态。

定时器中断的基本程序示例如图 7-11 所示。当外部输入 X001 闭合时，置位 M3 使 INC 指令有效，每隔 10ms 中断一次，D0 加 1，当 D0 的值等于 1000 时，M3 复位。

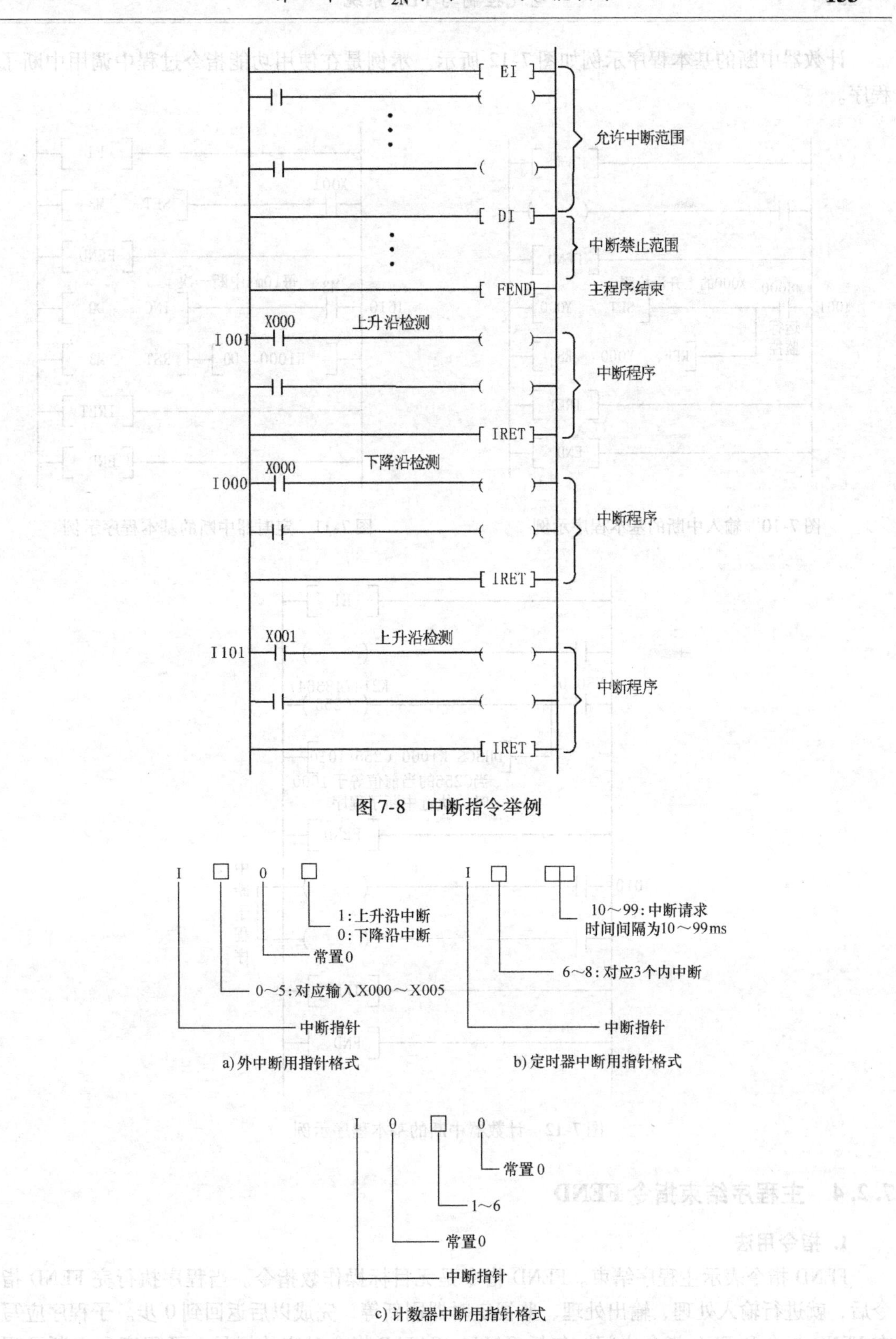

图7-8 中断指令举例

图7-9 中断指针格式

计数器中断的基本程序示例如图 7-12 所示。示例是在使用功能指令过程中调用中断子程序。

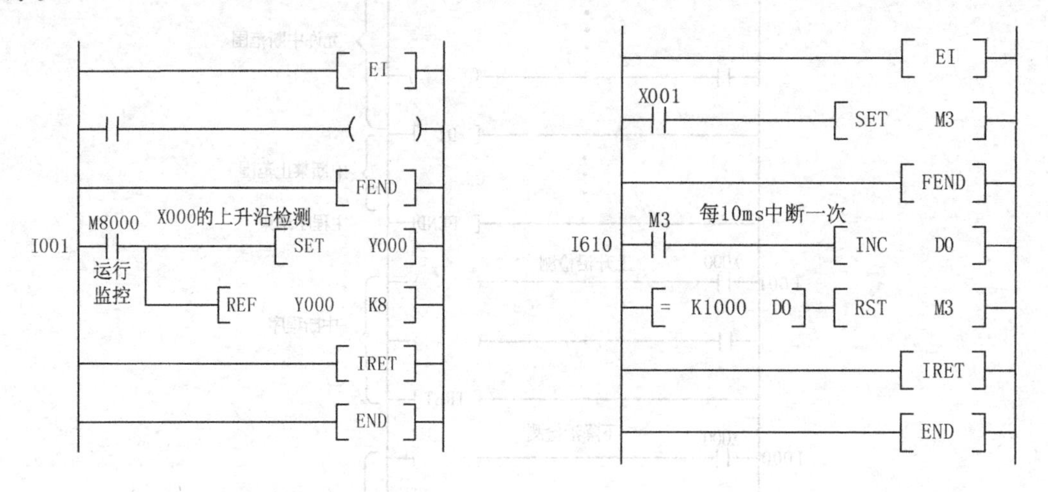

图 7-10　输入中断的基本程序示例　　图 7-11　定时器中断的基本程序示例

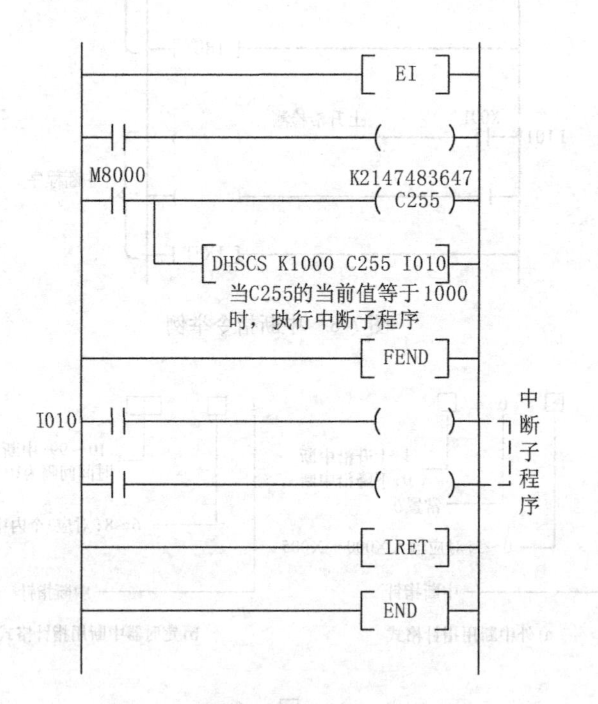

图 7-12　计数器中断的基本程序示例

7.2.4　主程序结束指令 FEND

1. 指令用法

FEND 指令表示主程序结束。FEND 指令是无目标操作数指令。当程序执行完 FEND 指令后，就进行输入处理、输出处理、监视定时器刷新等，完成以后返回到 0 步。子程序应写在 FEND 指令和 END 指令之间，包括 CALL，CALLP 指令对应的标号、子程序和中断子程序。FEND 指令的用法如图 7-13 所示。

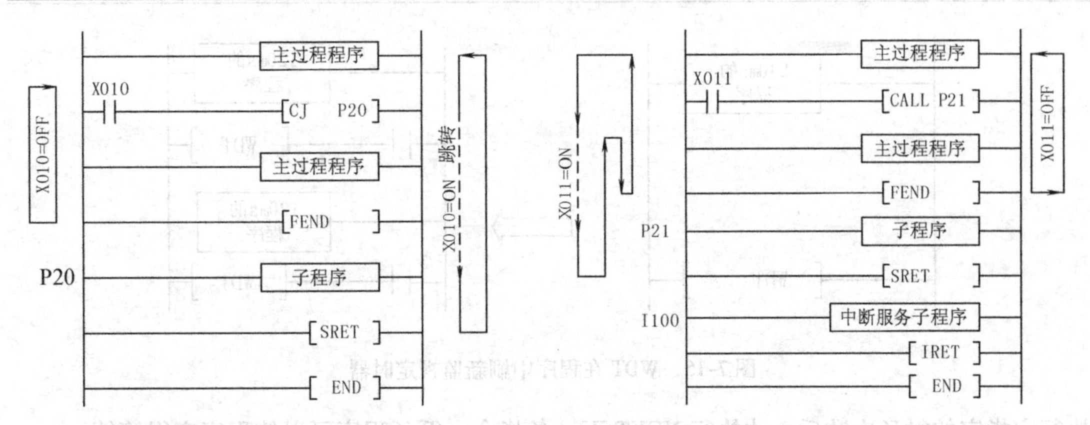

图 7-13　FEND 指令的用法

2. 指令说明

对于子程序调用 CALL，CALLP 指令必须在 FEND 指令后编程，且必须有子程序返回指令 SRET。中断程序同样也在 FEND 指令后编程，也必须要有中断返回 IRET 指令。

使用多个 FEND 指令的情况下，应在最后的 FEND 指令与 END 指令之间编写子程序或中断子程序。

当程序中没有子程序或中断服务程序时，也可以没有 FEND 指令。但是程序的最后必须用 END 指令结尾。所以，子程序及中断服务程序必须写在 FEND 指令与 END 指令之间。

7.2.5　监视定时器刷新指令 WDT

WDT 指令用来在程序中刷新监视定时器（D8000）。当 PLC 的运行扫描周期指令执行时间超过 200ms 时（监控定时器的默认值），CPU 的出错指示灯亮，同时停止工作。用户通过改写存于特殊数据寄存器 D8000 中的内容，可改变监视定时器的检出时间。同时当用户的程序较大时，可以在适当的位置处插入 WDT 指令，来刷新监视定时器的计数值，以使顺序程序得以继续执行到 END。WDT 指令的用法如图 7-14 所示。

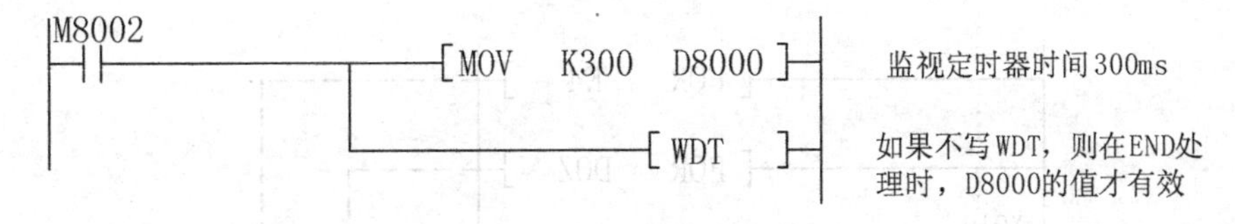

图 7-14　WDT 指令的用法

当扫描周期大于 200ms 时，系统将会出现错误，可以将一个运行时间大于 200ms 的程序用 WDT 指令分成几部分，使每部分的执行时间都小于 200ms。例如，若要执行一个扫描时间为 240ms 的程序，可以将其分为两个 120ms 的程序，为此只要在这两个程序之间插入 WDT 指令就行了，如图 7-15 所示。

7.2.6　循环开始指令 FOR 和循环结束指令 NEXT

1. 指令用法

循环开始指令可以反复执行某一段程序，只要将这一段程序放在 FOR ~ NEXT 之间，待

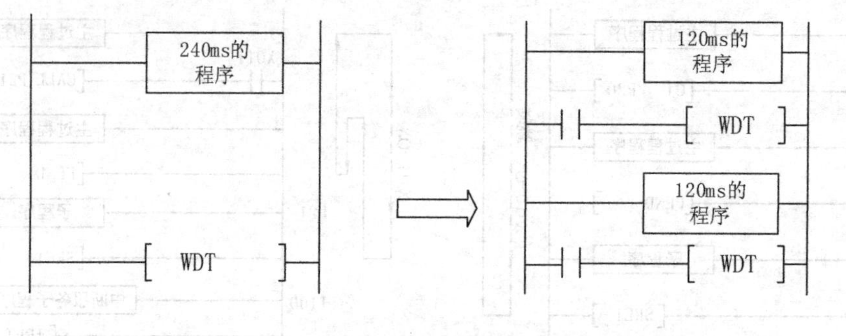

图 7-15 WDT 在程序中刷新监视定时器

执行完指定的循环次数后，才执行 NEXT 下一条指令。循环程序可以使程序变得简练。

FOR 和 NEXT 指令必须成对使用，只有在 FOR ~ NEXT 指令之间的程序（利用源数据指定的次数）执行 m 次后，才处理 NEXT 指令以后的一步。

循环次数在 FOR 后的数值指定。循环次数范围为 n = 1 ~ 32767 时有效。如循环次数小于 1 时，被当做 1 处理，FOR ~ NEXT 循环一次。

若不想执行 FOR ~ NEXT 间的程序时，利用 CJ 指令，使之跳转。循环次数多时扫描周期会延长，可能出现监视定时器错误。当 NEXT 指令在 FOR 指令之前、无 NEXT 指令、在 FEND 和 END 指令之后有 NEXT 指令、或 FOR 与 NEXT 的个数不一致时，循环都会出错。

2. 指令用法举例

图 7-16 所示是三重循环的嵌套程序。单独一个循环［A］执行的次数：当 X010 为 OFF 时，若 K1X000 的内容为 7，［A］循环执行 7 次；循环［B］执行次数（不考虑 C 循环）：［B］循环次数由 D0Z 指定，若 D0Z 为 6 次，因［B］循环包含了整个［A］循环，所以整个［A］循环都要被启动 6 次；［C］的程序循环次数由 K4 指定为 4 次：在［C］的程序执行 1 次的过程中，则［B］的程序执行 6 次，所以［A］循环总计被执行了 4 × 6 × 7 = 168 次。然后向 NEXT 指令（3）以后的程序转移。

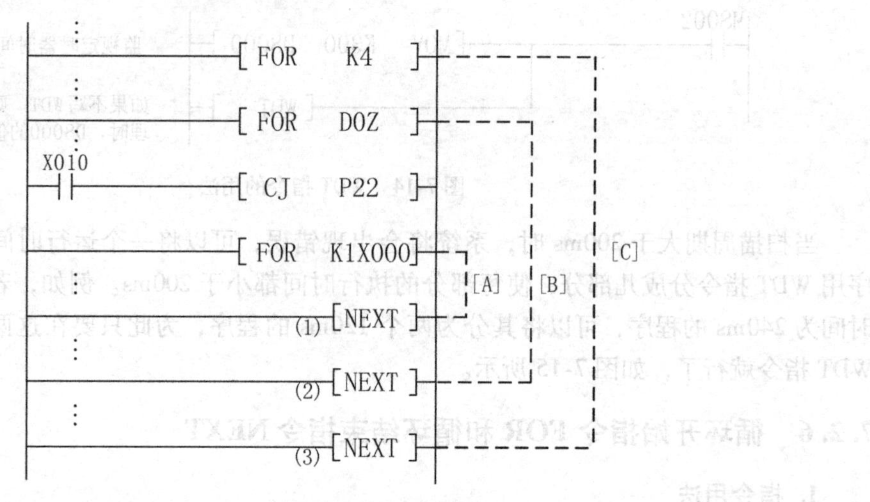

图 7-16 三重循环的嵌套程序

7.3　数据传送与比较指令

数据传送和比较是程序中常见的操作，FX_{2N}中设置了 2 条数据比较指令，8 条数据传送指令。其功能号是 FNC10 ~ FNC19，包括比较指令 CMP、区间比较指令 ZCP、传送指令 MOV、BCD 移位传送指令 SMOV、取反传送指令 CML、数据块传送指令 BMOV、多点传送指令 FMOV、数据交换指令 XCH、二进制数转换成 BCD 并传送指令 BCD 以及 BCD 转换为二进制并传送指令 BIN 共 10 条指令。

7.3.1　比较指令 CMP

1. 指令格式

指令编号及助记符：比较指令 FNC10 CMP [S1 ∗] [S2 ∗] [D ∗]。

其中 [S1 ∗]、[S2 ∗] 为两个比较的源操作数，[D ∗] 为比较结果的目标操作数，指令中给出的是软元件的首地址（标号最小的那个）。

标志位的软元件有 Y、M、S，源操作数的软元件有 T、C、V、Z、D、K、H、KnX、KnY、KnM、KnS。

2. 指令用法

比较指令 CMP 是将源操作数 [S1 ∗] 和源操作数 [S2 ∗] 进行比较，结果送到目标操作数 [D ∗] 中，比较结果有 3 种情况：大于、等于和小于。

在图 7-17 中，如果 X000 为 ON 时，则将执行比较指令，将 K100 与 C20 的当前值进行比较，再将比较结果写入相邻 3 个软元件 M0 ~ M2 中。指令中，目标操作数 [D ∗] 是由 3 个软元件 M0、M1、M2 组成，梯形图标出的是首地址 M0，另外两个软元件 M1、M2 自动占用。

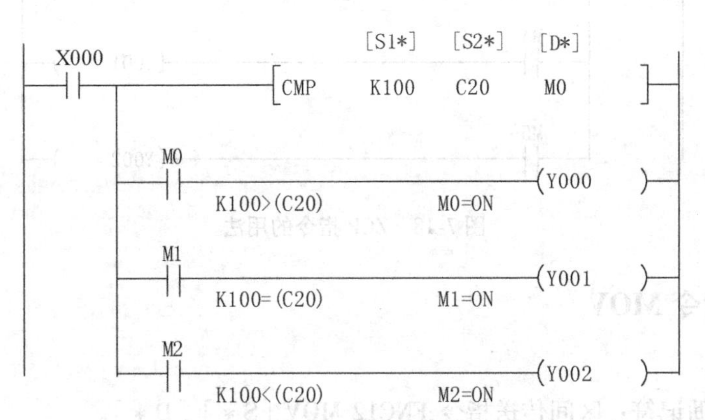

图 7-17　CMP 指令的用法

CMP 指令可以比较两个 16 位二进制数，也可以比较两个 32 位二进制数，在进行 32 位操作时，使用前缀（D）：DCMP [S1 ∗] [S2 ∗] [D ∗]。CMP 指令也可以有脉冲操作方式，使用后缀（P）：（D）CMPP [S1 ∗] [S2 ∗] [D ∗]，只有在驱动条件由 OFF→ON 时进行一次比较。32 位操作与脉冲操作可以同时使用，也可以单独使用，详见附录 B。

7.3.2 区间比较指令 ZCP

1. 指令格式

指令编号及助记符：区间比较指令 FNC11 ZCP［S1 *］［S2 *］［S3 *］［D *］。

其中［S1 *］、［S2 *］为区间比较的起点和终点源操作数，［S3 *］为另一比较软元件，［D *］为比较结果的目标操作数，指令中给出的是软元件的首地址（标号最小的那个）。

标志位的软元件有 Y、M、S，源操作数的软元件有 T、C、V、Z、D、K、H、KnX、KnY、KnM、KnS。

2. 指令用法

区间比较指令 ZCP 是将操作数［S3 *］与源操作数［S1 *］和源操作数［S2 *］进行比较，结果送到目标操作数［D *］中。ZCP 指令的用法如图 7-18 所示。

当［S1 *］>［S3 *］，即 K100 > C30 的当前值时，M3 接通；［S1 *］≤［S3 *］≤［S2 *］，即 K100≤C30 的当前值≤K120 时，M4 接通；［S3 *］>［S2 *］，即 C30 当前值 > K120 时，M5 接通。当 X000 为 OFF 时，不执行 ZCP 指令，M3 ~ M5 仍保持 X000 = OFF 之前的状态。

使用区间比较指令 ZCP 时应注意：使用 ZCP 时，［S2 *］的数值不能小于［S1 *］；所有的源数据都被看成二进制值处理。

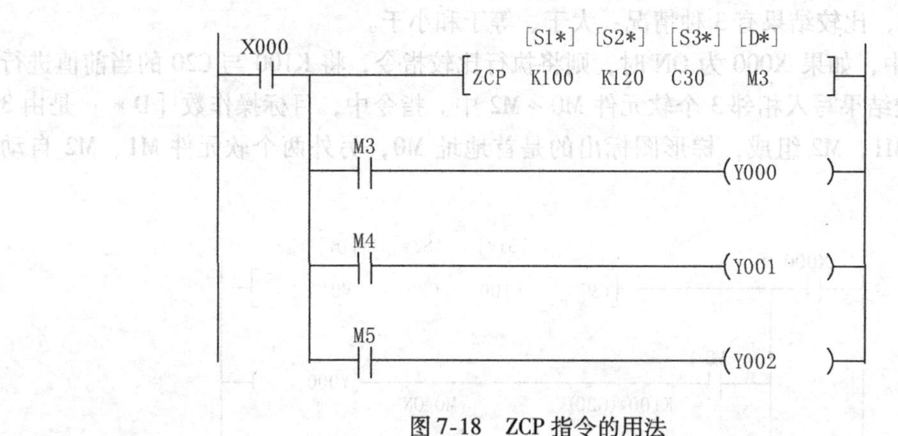

图 7-18 ZCP 指令的用法

7.3.3 传送指令 MOV

1. 指令格式

指令编号及助记符：区间传送指令 FNC12 MOV［S *］［D *］。

其中［S *］为源操作数，［D *］为目标操作数。

目标操作数的软元件有为 T、C、V、Z、D、KnY、KnM、KnS；源操作数的软元件有 T、C、V、Z、D、K、H、KnX、KnY、KnM、KnS。

2. 指令用法

传送指令是将源操作数传送到指定的目标操作数，即［S *］→［D *］。

在图 7-19 中，当常开触点 X000 闭合时，每扫描到 MOV 指令时，就把存入［S *］源数据中操作数 100（K100）转换成二进制数，再传送到目标操作数 D10 中去。当 X000 为 OFF 时，则指令不执行，数据保持不变。

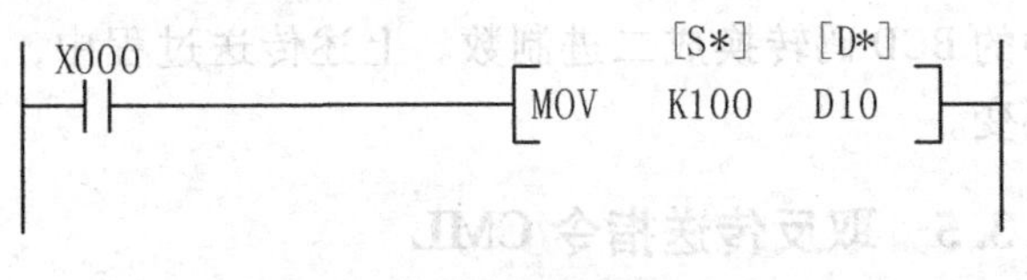

图 7-19　传送指令 MOV 的用法

7.3.4　移位传送指令 SMOV

1. 指令格式

指令编号及助记符：移位传送指令 FNC12 SMOV［S *］ m1 m2［D *］n。

其中［S *］为源操作数，m1 为被传送的起始位，m2 为传送位数，［D *］为目标操作数，n 为传送的目标起始位。

目标操作数的软元件为 T、C、V、Z、D、KnY、KnM、KnS；源操作数的软元件有 T、C、V、Z、D、K、H、KnX、KnY、KnM、KnS。n，m1，m2 的软元件有 K、H。

2. 指令用法

移位传送指令的功能是将［S *］第 m1 位开始的 m2 个数移位到［D *］的第 *n* 位开始的 m2 个位置去，m1、m2 和 n 取值均为 1 ~ 4。分开的 BCD 码重新分配组合，一般用于多位 BCD 拨盘开关的数据输入。

SMOV 指令使用说明如图 7-20 所示。X000 满足条件，执行 SMOV 指令。源操作数［S *］内的 16 位二进制数自动转换成 4 位 BCD，然后将源操作数（4 位 BCD 码）的右起第 m1 位开始，向右数共 m2 位的数，传送到目标操作数（4 位 BCD 码）的右起第 n 位开始，向右数共 m2 位上去，最后自动将目的操作数［D *］中的 4 位 BCD 码转换成 16 位二进制数。图中，m1 为 4，m2 为 2，n 为 3，当 X000 闭合时，每扫描一次该梯形图，就执行 SMOV 移位传送操作，先将 D1 中的 16 位二进制数自动转换成 4 位 BCD 码，并从 4 位 BCD 码右起第 4 位开始（m1 为 4），向右数共 2 位（m2 为 2）（即 10^3，10^2）上的数传送到 D2 内 4 位 BCD 码的右起第 3 位（n = 3）开始，向右数共 2 位（即 10^2，10^1）的位置上去，最后自动将 D2

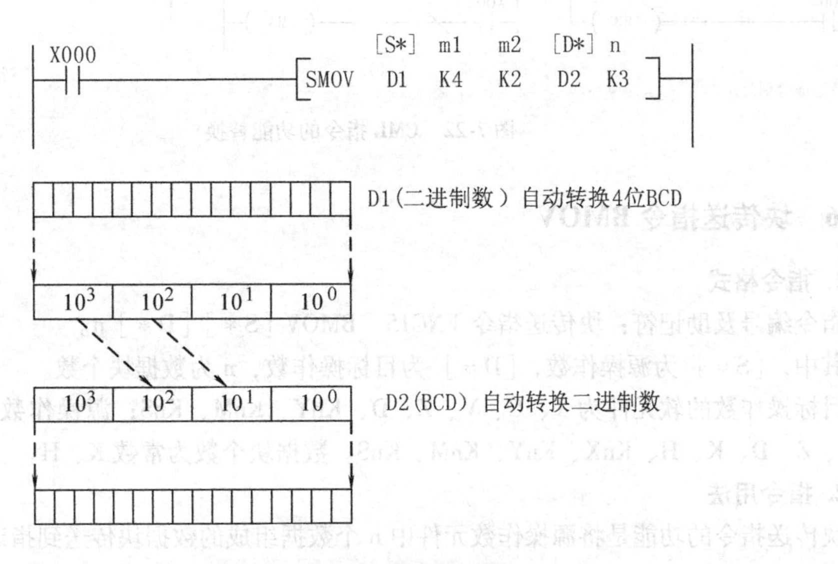

图 7-20　SMOV 指令使用说明

中的 BCD 码转换成二进制数。上述传送过程中，D2 中的另两位即 10^3、10^0 上的数保持不变。

7.3.5　取反传送指令 CML

1. 指令格式

指令编号及助记符：取反传送指令 FNC14　CML［S＊］［D＊］。

其中，［S＊］为源操作数，［D＊］为目标操作数。

目标操作数的软元件为 T、C、V、Z、D、KnY、KnM、KnS；源操作数的软元件有 T、C、V、Z、D、K、H、KnX、KnY、KnM、KnS。

2. 指令用法

CML 指令的功能是将［S＊］源操作数按二进制的位逐位取反并传递到指定目标操作数中。CML 指令的用法如图 7-21 所示。将 D0 的 16 位二进制数按位取反后送到 K1Y0 中，由于 K1Y0 只有 4 位，所以指令将 D0 的低 4 位取反送入 Y3 ~ Y0 中，其他的 Y17 ~ Y4 保持不变。

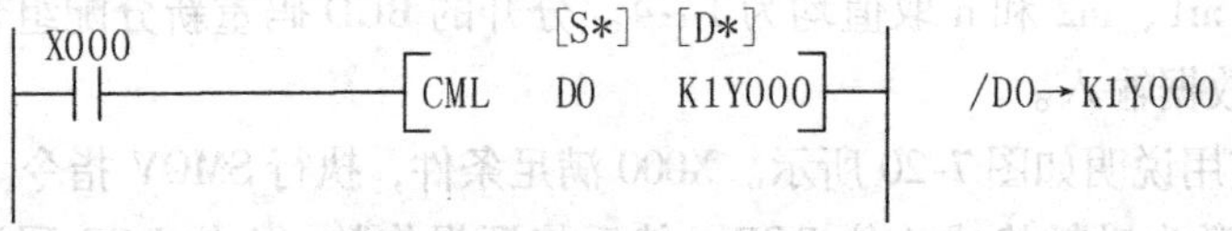

X000　[S*]　[D*]
CML　D0　K1Y000　/D0→K1Y000

图 7-21　CML 指令的用法

同样，图 7-22a、b 所示的梯形图可以用图 7-22c 表示，其功能是相同的。

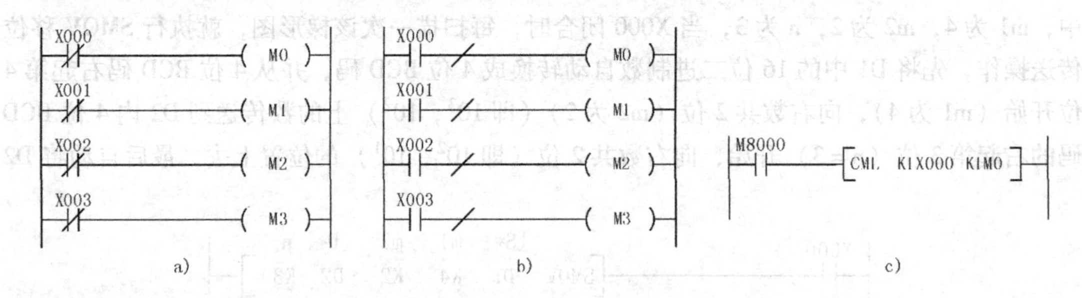

图 7-22　CML 指令的功能替换

7.3.6　块传送指令 BMOV

1. 指令格式

指令编号及助记符：块传送指令 FNC15　BMOV［S＊］［D＊］n。

其中，［S＊］为源操作数，［D＊］为目标操作数，n 为数据块个数。

目标操作数的软元件为 T、C、V、Z、D、KnY、KnM、KnS；源操作数的软元件有 T、C、V、Z、D、K、H、KnX、KnY、KnM、KnS。数据块个数为常数 K、H。

2. 指令用法

块传送指令的功能是将源操作数元件中 n 个数据组成的数据块传送到指定的目标软元件中去。如果元件号超出允许元件号的范围，数据仅传送到允许范围内。

BMOV 指令说明如图 7-23 所示。如果 X000 断开，则不执行块传送指令，源、目标数据均不变。如果 X000 接通，则将执行块传送指令。根据 K3 指定数据块个数为 3，则将 D5 ~ D7 中的内容传送到 D10 ~ D12 中去。传送后 D5 ~ D7 中的内容不变，而 D10 ~ D12 内容相应被 D5 ~ D7 内容取代。当源操作数、目标操作数的类型相同时，传送顺序自动决定。如果源操作数、目标操作数的类型不同，只要位数相同就可以正确传送。如果源操作数、目标操作数号超出允许范围，则只对符合规定的数据进行传送。

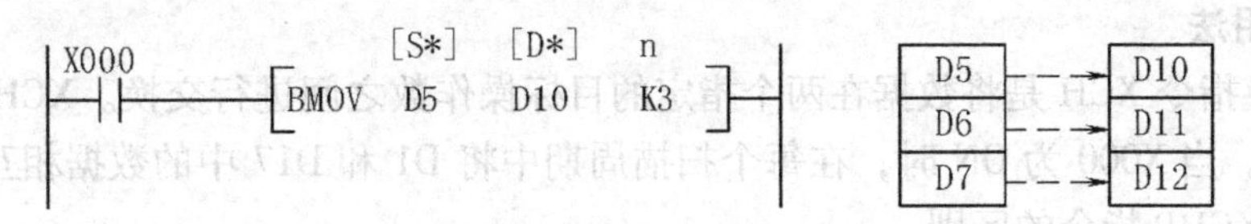

图 7-23　BMOV 指令说明

当传送范围有重叠时，为了防止传送源数据没传送完就改写，如图 7-24 所示，根据编号重叠的方式，按照① ~ ③的顺序自动传送。

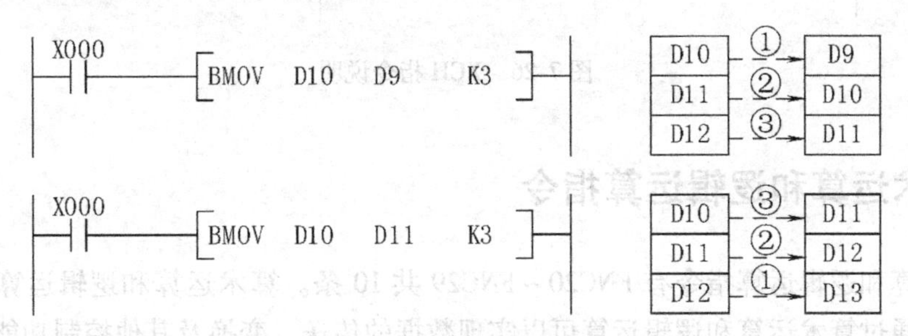

图 7-24　数据重叠时的传送

7.3.7　多点传送指令 FMOV

1. 指令格式

指令编号及助记符：多点传送指令 FNC16　FMOV [S＊] [D＊] n。

其中，[S＊] 为源数据，[D＊] 为目标操作数，*n* 为数据块个数。

目标操作数的软元件为 T、C、D、KnY、KnM、KnS；源操作数的软元件有 T、C、D、K、H、KnX、KnY、KnM、KnS。数据块个数为常数 K、H，n≤512。

2. 指令用法

FMOV 指令是将源操作数中的数据传送到指定目标开始的 n 个元件中去，这 n 个元件中的数据完全相同。FMOV 指令说明如图 7-25 所示。如果 X000 断开，则不执行多点传送指令，源操作数、目标操作数均不变。如果 X000 接通，则将执行多点传送指令。根据 K3 指定数据块个数为 3，则将 K10 立即数送到 D0 ~ D2 中去。

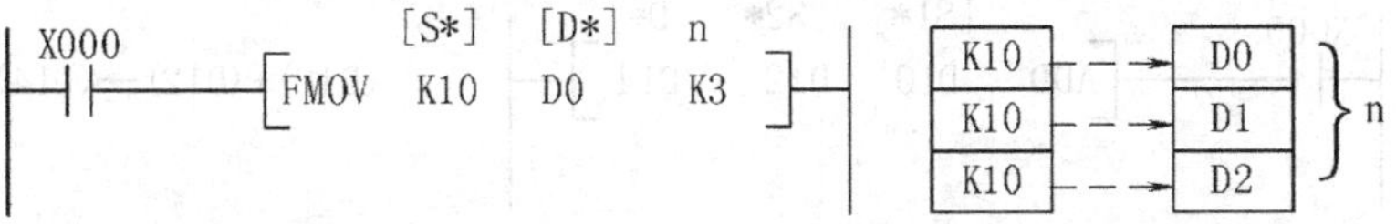

图 7-25　FMOV 指令说明

7.3.8 数据交换指令 XCH

1. 指令格式

指令编号及助记符：数据交换指令 FNC17 XCH [D1 *] [D2 *]。

其中，[D1 *]、[D2 *] 为两个目标操作数。目标操作数的元件可取 KnY、KnM、KnS、T、C、D、V 和 Z。

2. 指令用法

数据交换指令 XCH 是将数据在两个指定的目标操作数之间进行交换。XCH 指令说明如图 7-26 所示。当 X000 为 ON 时，在每个扫描周期中将 D1 和 D17 中的数据相互交换。注意 XCH 指令与 XCHP 指令的区别。

X000
[D1*] [D2*]
XCH D1 D17
D1
D17

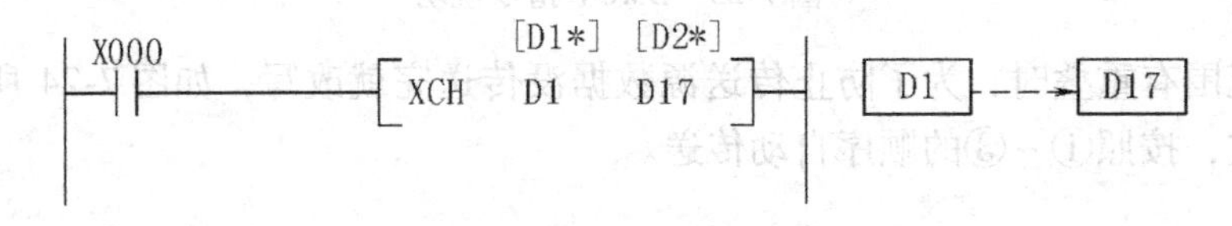

图 7-26 XCH 指令说明

7.4 算术运算和逻辑运算指令

算术运算和逻辑运算指令有 FNC20 ~ FNC29 共 10 条。算术运算和逻辑运算指令是基本运算指令，通过算术运算和逻辑运算可以实现数据的传送、变换及其他控制功能。主要包括数 BIN 加法指令 ADD、减法指令 SUB、乘法指令 MUL、除法指令 DIV、递增指令 INC、递减指令 DEC、逻辑字与指令 WAND、逻辑字或指令 WOR、逻辑字异或指令 WXOR、求补指令 NEG。

7.4.1 加法指令 ADD

1. 指令格式

指令编号及助记符：二进制加法指令 FNC20 ADD [S1 *] [S2 *] [D *]。

其中，[S1 *]、[S2 *] 为两个作为加数的源操作数，[D *] 为存放相加结果的目标操作数。

源操作数可取所有数据类型；目标操作数可取 KnY、KnM、KnS、T、C、D、V 和 Z。

2. 指令用法

ADD 指令将两个源操作数 [S1]、[S2] 相加，结果放到目标软元件 [D] 中。ADD 指令的用法如图 7-27 所示。

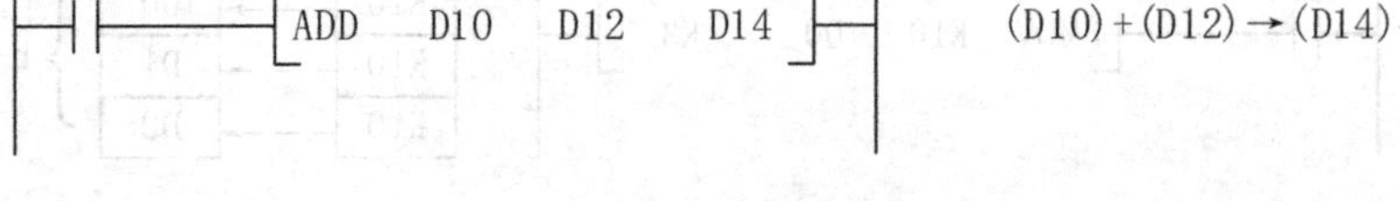

X000
[S1*] [S2*] [D*]
ADD D10 D12 D14
(D10)+(D12)→(D14)

图 7-27 ADD 指令的用法

两个源操作数进行二进制加法后传递到目标处，各数据的最高位是正（0）、负（1）的符号位，这些数据以代数形式进行加法运算，如 5 + (−8) = −3。

ADD 指令有 4 个标志位，M8020 为 0 标志位，M8021 为借位标志位，M8022 为进位标志位，M8023 为浮点标志位。如果运算结果为 0，则 0 标志位 M8020 置 1，运算结果超过 32767（16 位运算）或 2147453647（32 位运算），则进位标志位 M8022 位置 1。如果运算结果小于 −32767（16 位运算）或 −2147483467（32 位运算），则借位标志位 M8021 置 1。

在 32 位运算中，为了防止编号重复，常取偶数编号为软元件的低 16 位。

注意：若源操作数和目标操作数为同一软元件，且采用连续执行型指令 ADD，（D）ADD 时，加法的结果在每个扫描周期都会改变。如图 7-28 所示，ADD 指令以脉冲方式运行时，当 X000 为 ON 时，执行一次加法运算。

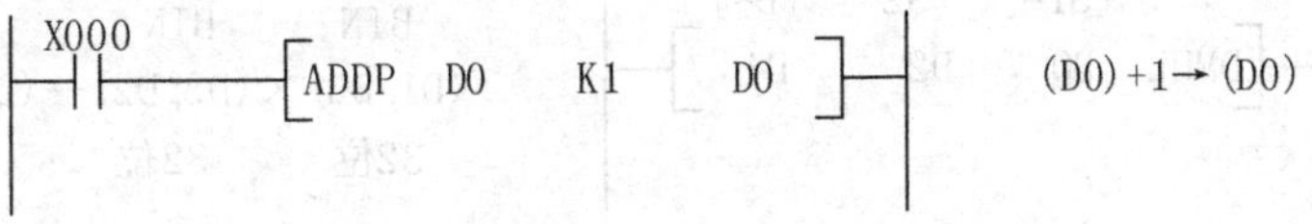

X000　[ADDP　D0　K1　D0]　(D0)+1→(D0)

图 7-28　ADD 指令的脉冲执行方式

7.4.2　减法指令 SUB

1. 指令格式

指令编号及助记符：减法指令 FNC21　SUB　[S1 *] [S2 *] [D *]。

其中，[S1 *]、[S2 *] 分别为作为被减数和减数的源操作数，[D *] 为存放相减结果的目标操作数。

源操作数可取所有数据类型；目标操作数可取 KnY、KnM、KnS、T、C、D、V 和 Z。

2. 指令用法

SUB 指令的功能是将指定的两个源操作数 [S1]、[S2] 中的有符号数，进行二进制代数减法运算，然后将相减的结果送入指定的目标操作数中。减法指令与加法指令相同也会影响标志位。

SUB 指令的梯形图格式如图 7-29 所示。

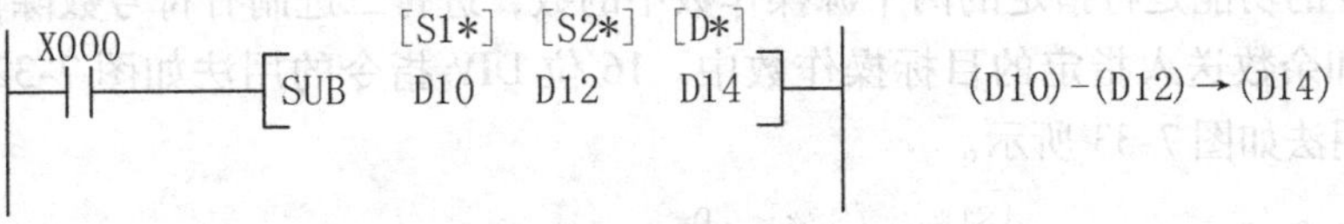

X000　[SUB　D10 [S1*]　D12 [S2*]　D14 [D*]]　(D10)−(D12)→(D14)

图 7-29　SUB 指令的梯形图格式

7.4.3　乘法指令 MUL

1. 指令格式

指令编号及助记符：乘法指令 FNC22　MUL [S1 *] [S2 *] [D *]。

其中，[S1 *]、[S2 *] 分别为被乘数和乘数的源操作数，[D *] 为存放相乘积的目标操作数的首地址。

源操作数可取所有数据类型；目标操作数可取 KnY、KnM、KnS、T、C、D、V 和 Z。

2. 指令用法

MUL 指令的功能是将指定的［S1 *］、［S2 *］两个源操作数中的数进行二进制代数乘法运算，然后将相乘结果积送入指定的目标操作数中。16 位 MUL 指令的用法如图 7-30 所示，32 位 MUL 指令的用法如图 7-31 所示。

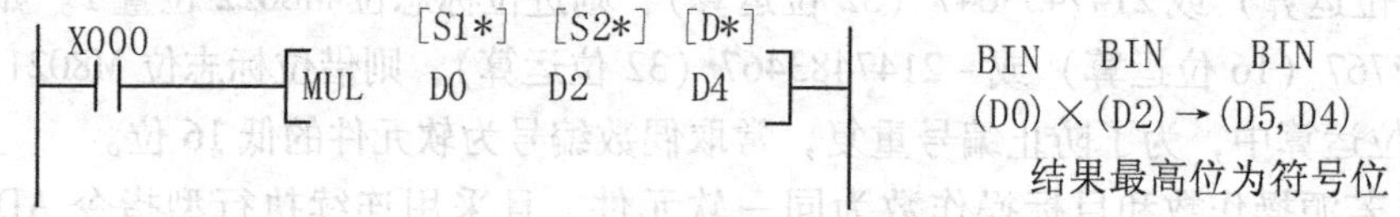

X000　[MUL　D0　D2　D4]　（[S1*]　[S2*]　[D*]）

BIN　BIN　BIN
(D0) × (D2) → (D5, D4)
结果最高位为符号位

图 7-30　16 位 MUL 指令的用法

X000　[DMUL　D0　D2　D4]　（[S1*]　[S2*]　[D*]）

BIN　BIN　BIN
(D1, D0) × (D3, D2) → (D7, D6, D5, D4)
32位　32位　64位

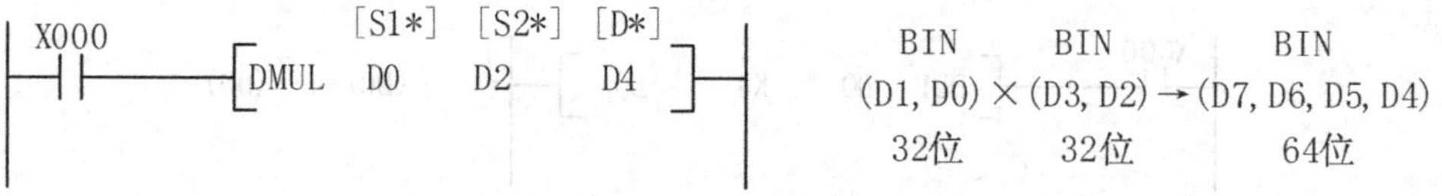

图 7-31　32 位 MUL 指令的用法

在 32 位运算中，若目标软操作数使用位软元件，只能得到低 32 位的结果，不能得到高 32 位的结果。这时应先向字软元件传送一次后再进行计算，利用字软元件作目标时，不可能同时监视 64 位数据内容，只能通过监控运算结果的高 32 位和低 32 位并利用下式计算 64 位数据内容。在这种情况下，建议最好采用浮点运算。64 位结果 =（高 32 位数据）$\times 2^{32}$ + 低 32 位数据。

7.4.4　除法指令 DIV

1. 指令格式

指令编号及助记符：除法指令 FNC23　DIV　［S1 *］［S2 *］［D *］。

其中，［S1 *］、［S2 *］分别为作为被除数和除数的源操作数，［D *］为商和余数的目标操作数的首地址。

源操作数可取所有数据类型；目标操作数可取 KnY、KnM、KnS、T、C、D、V 和 Z。

2. 指令用法

DIV 指令的功能是将指定的两个源操作数中的数，进行二进制有符号数除法运算，然后将相除的商和余数送入指定的目标操作数中。16 位 DIV 指令的用法如图 7-32 所示，32 位 DIV 指令的用法如图 7-33 所示。

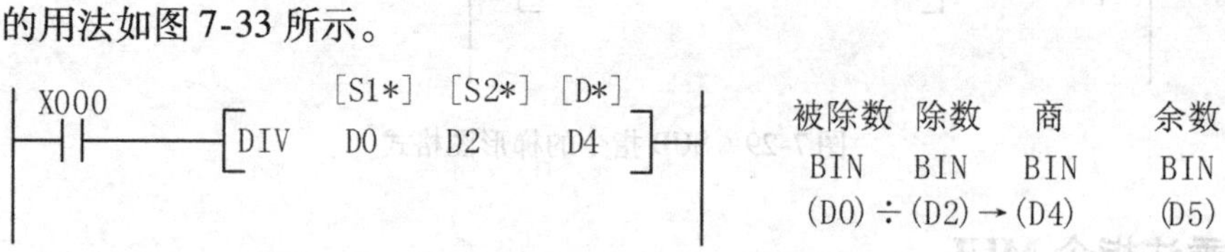

X000　[DIV　D0　D2　D4]　（[S1*]　[S2*]　[D*]）

被除数　除数　商　余数
BIN　BIN　BIN　BIN
(D0) ÷ (D2) → (D4)　(D5)

图 7-32　16 位 DIV 指令的用法

X000　[DDIV　D0　D2　D4]　（[S1*]　[S2*]　[D*]）

被除数　除数　商　余数
BIN　BIN　BIN　BIN
(D1, D0) ÷ (D3, D2) → (D5, D4)　(D7, D6)
32位　32位　32位　32位

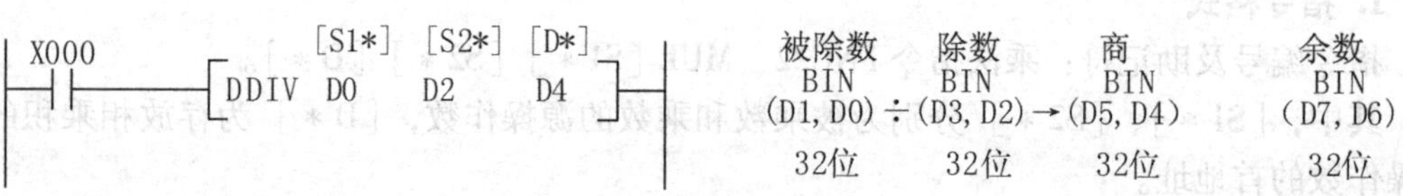

图 7-33　32 位 DIV 指令的用法

7.4.5　加1指令/减1指令 INC/DEC

1. 指令格式

指令编号及助记符：加1指令 FNC24　INC［D＊］；减1指令 FNC25　DEC［D＊］。

其中，［D＊］是要加1（或要减1）的目标操作数。

目标操作数的软元件为 KnY、KnM、KnS、T、C、D、V 和 Z。

2. 指令用法

INC 指令的功能是将指定的目标操作数的内容增加1，DEC 指令的功能是将指定的目标操作数的内容减1。INC/DEC 指令的用法如图7-34所示。

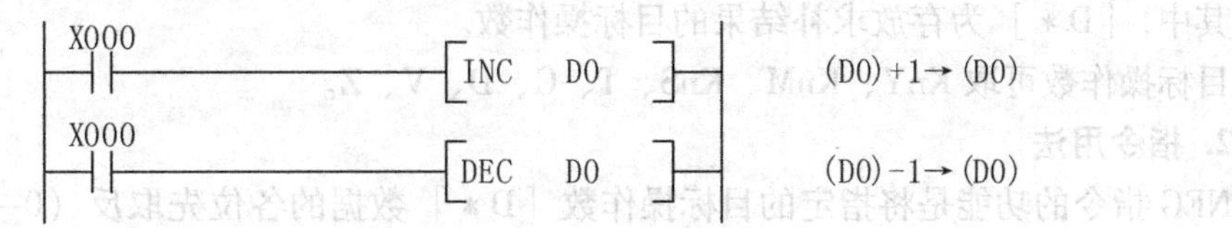

图7-34　INC/DEC 指令的用法

16位运算时，如果＋32767加1变成－32768，标志位不置位；32位运算时，如果＋2147483647加1变成－2147483648，标志位不置位。

在连续执行指令中，每个扫描周期都将执行运算，注意与脉冲执行方式的区别。所以一般采用输入信号的上升沿触发运算一次。

16位运算时，如果－32768再减1，值变为＋32767，标志位不置位；32位运算时，如果－2147483648再减1变为＋2147483647，标志位不置位。

7.4.6　逻辑字与/字或/字异或指令 WAND/WOR/WXOR

1. 指令格式

指令编号及助记符：逻辑“字与/字或/字异或”指令 FNC26/27/28　WAND/WOR/WXOR［S1＊］［S2＊］［D＊］。

其中，［Sl＊］、［S2＊］为两个“字与/字或/字异或”，的源操作数，［D＊］为“字与/字或/字异或”结果的目标操作数。

源操作数可取 KnX、KnY、KnM、KnS、T、C、D、K、H、V、Z；目标操作数可取 KnY、KnM、KnS、T、C、D、V、Z。

2. 指令用法

指令功能是将指定的两个源操作数［S1］和［S2］中的数，进行二进制按位“与/或/异或”运算，然后将相“与/或/异或”结果送入指定的目标操作数中。如图7-35所示，存放在源操作数即（D10）和（D12）中的两个二进制数据，以位为单位作逻辑“与/或/异或”运算，结果存放到目标操作数（D14）中。

7.4.7　求补指令 NEG

1. 指令格式

指令编号及助记符：求补指令 FNC29　NEG［D＊］。

X000
[S1*] [S2*] [D*]
WAND D10 D12 D14
(D10)∧(D12)→(D14)
X001
[S1*] [S2*] [D*]
WOR D10 D12 D14
(D10)∨(D12)→(D14)
X002
[S1*] [S2*] [D*]
WXOR D10 D12 D14
(D10)⊕(D12)→(D14)

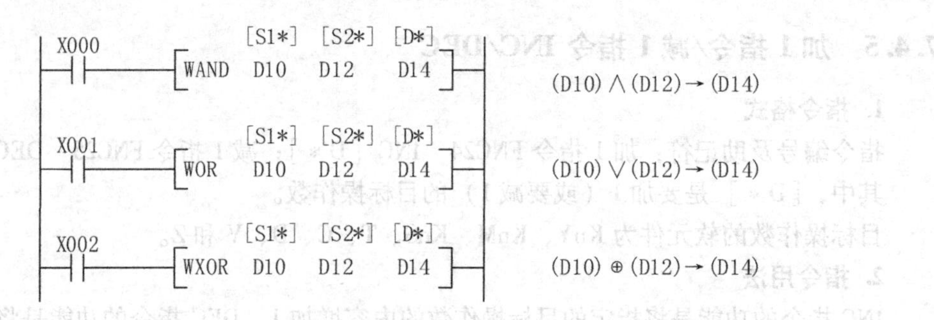

图 7-35 “与/或/异或”指令的用法

其中，[D∗] 为存放求补结果的目标操作数。

目标操作数可取 KnY、KnM、KnS、T、C、D、V、Z。

2. 指令用法

NEG 指令的功能是将指定的目标操作数 [D∗] 数据的各位先取反 (0→1，1→0)，然后再加 1，将其结果送入原先的目标操作数中。

NEG 指令的用法如图 7-36 所示。如果 X000 断开，则不执行这条 NEG 指令，源操作数、目标操作数中的数据均保持不变。如果 X000 接通，则执行求补运算，即将 D10 中的二进制数，进行“连同符号位求反加 1”，再将求补的结果送入 D10 中。

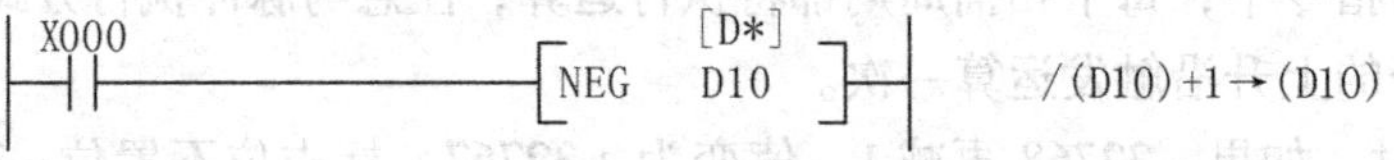

X000
[D*]
NEG D10
/(D10)+1→(D10)

图 7-36 NEG 指令的用法

7.5 循环移位与移位指令

循环移位与移位是控制程序中常见的操作。FX_{2N}系列 PLC 中设置了 10 条循环移位与移位指令，可以实现数据的循环移位、移位及先进先出等功能，其功能号是 FNC30 ~ FNC39。包括循环右移指令 ROR、循环左移指令 ROL、带进位右移指令 RCR、带进位左移指令 RCL，位元件右移指令 SFTR、位元件左移指令 SFTL、字元件右移指令 WSFR、字元件左移指令 WSFL、移位写入指令 SFWR、移位读出指令 SFRD 共 10 个。

7.5.1 循环左移/右移指令 ROL/ROR

1. 指令格式

指令编号及助记符：循环右移/左移指令 FNC30/31　ROR/ROL [D∗] n。

其中，[D∗] 为要移位的目标操作数，n 为每次移动的位数。

目标操作数可取 KnY、KnM、KnS、T、C、D、V、Z；移动位数 n 为指定的常数 K 和 H。

2. 指令用法

循环右移指令 ROR 的功能是将指定的目标操作数中的二进制数按照指令中 n 规定的移动位数由高位向低位移动，最后移出的那一位将进入进位标志位 M8022。每执行一次 ROR

指令，“n”位的状态向量右移一次，最右的“n”位状态循环移位到最左端“n”处，特殊辅助继电器 M8022 表示最右端的“n”位中向右移出的最后一位的状态；同样每执行一次 ROL 指令，“n”位的状态向量向左移一次，最左端的“n”位状态循环移位到最右端“n”处，特殊辅助继电器 M8022 表示最左端的“n”位中向左移出的最后一位的状态。ROR/ROL 指令梯形图格式如图 7-36 所示。注意连续与脉冲的区别。

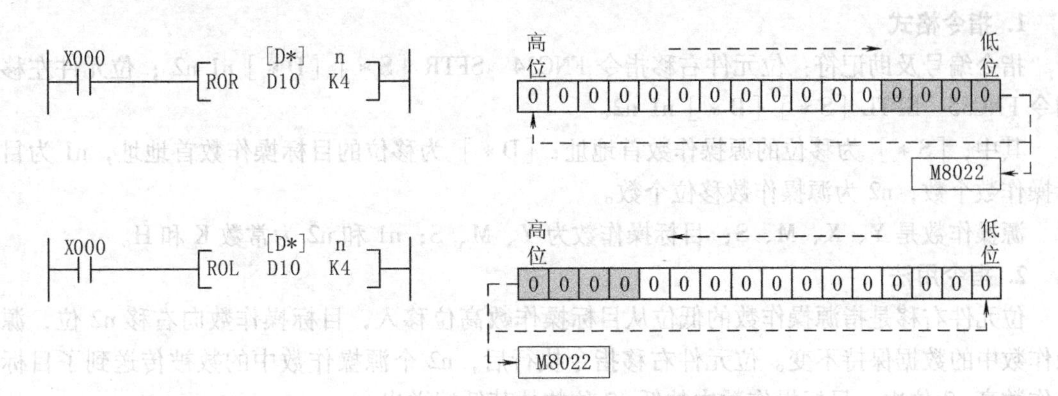

图 7-37　ROR/ROL 指令梯形图格式

7.5.2　带进位的左/右移位指令 RCL/RCR

1. 指令格式

指令编号及助记符：带进位的循环右移指令 FNC32　RCR [D *] n；带进位的循环左移指令 FNC33 RCL [D *] n。

其中，[D *] 为要移位的目标操作数，n 为每次移动的位数。

目标操作数可取 KnY、KnM、KnS、T、C、D、V、Z。

移动位数 n 为指定的常数 K 和 H。

2. 指令用法

RCR 指令的功能是将指定的目标操作数中的二进制数按照指令规定移动次数，每次由高位向低位移动，最低位移到进位标志位 M8022，M8022 中的内容则移动到最高位。RCL 指令的功能是将指定的目标操作数中的二进制数按照指令规定的移动次数，每次由低位向高位移动，最高位移动到进位标志位 M8022。M8022 中的内容则移动到最低位。RCR/RCL 指令如图 7-38 所示。

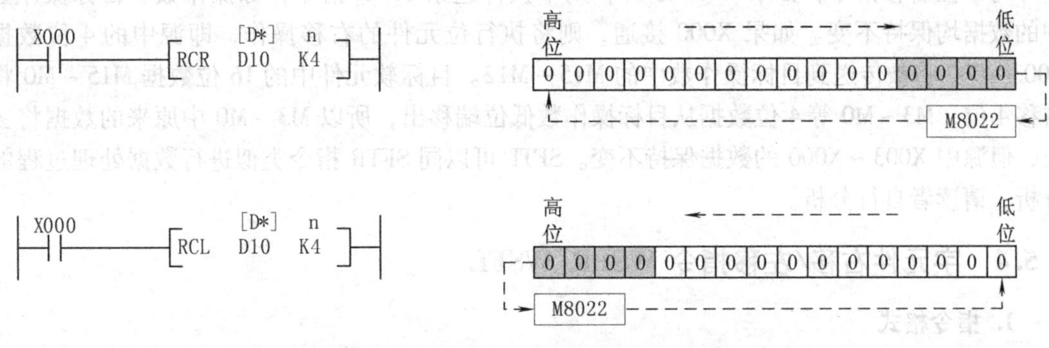

图 7-38　RCR/RCL 指令

这两条指令的执行基本上与 ROL 和 ROR 相同，只是在执行 RCL、RCR 时，标志位 M8022 不再表示向左或向右移出的最后一位的状态，而是作为循环移位单元中的一位处理，同样也要注意与脉冲执行方式的区别。

7.5.3　位元件左移/右移指令 SFTL/SFTR

1. 指令格式

指令编号及助记符：位元件右移指令 FNC34　SFTR [S＊] [D＊] n1 n2；位元件左移指令 FNC35　SFTL [S＊] [D＊] n1 n2。

其中，[S＊] 为移位的源操作数首地址，[D＊] 为移位的目标操作数首地址，n1 为目标操作数个数，n2 为源操作数移位个数。

源操作数是 Y、X、M、S；目标操作数为 Y、M、S；n1 和 n2 为常数 K 和 H。

2. 指令用法

位元件右移是指源操作数的低位从目标操作数高位移入，目标操作数向右移 n2 位，源操作数中的数据保持不变。位元件右移指令执行后，n2 个源操作数中的数被传送到了目标操作数高 n2 位中，目标操作数中的低 n2 位数从其低端溢出。

位元件左移是指源操作数的高位从目标操作数低位移入，目标操作数向左移 n2 位，源操作数中的数据保持不变。位元件左移指令执行后，n2 个源操作数中的数被传送到了目标操作数低 n2 位中，目标操作数中的高 n2 位数从其高端溢出。SFTR/SFTL 指令示意图如图 7-39 所示。

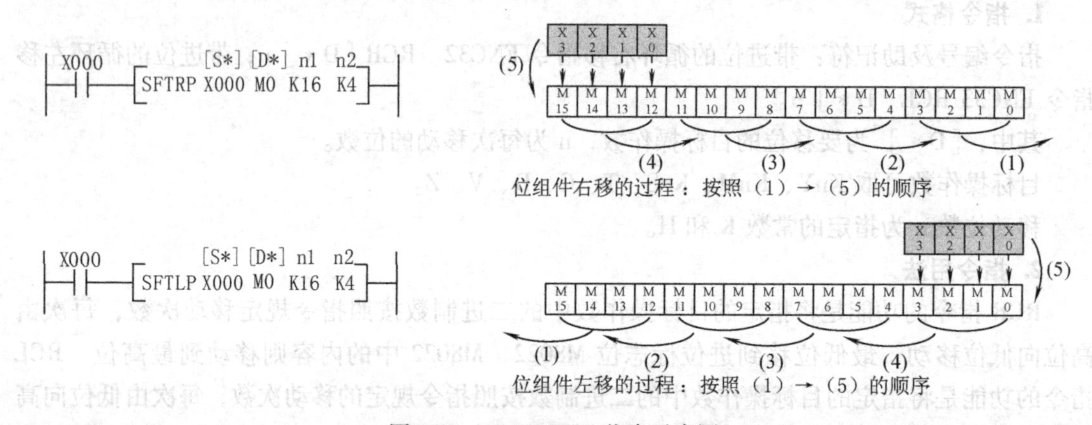

图 7-39　SFTR/SFTL 指令示意图

对于位右移指令，如果 X000 断开，则不执行这条 SFTR 指令，源操作数、目标操作数中的数据均保持不变。如果 X000 接通，则将执行位元件的右移操作，即源中的 4 位数据 X003 ~ 000 将被传送到目标操作数中的 M15 ~ M12。目标软元件中的 16 位数据 M15 ~ M0 将右移 4 位，M3 ~ M0 等 4 位数据从目标操作数低位端移出，所以 M3 ~ M0 中原来的数据将丢失，但源中 X003 ~ X000 的数据保持不变。SFTL 可以同 SFTR 指令类似进行数据处理过程的分析，请读者自行分析。

7.5.4　字元件右移/左移指令 WSFR/WSFL

1. 指令格式

指令编号及助记符：字元件右移指令 FNC36　WSFR（P）[S＊] [D＊] n1 n2；字元件

左移指令 FNC37　WSFL（P）［S＊］［D＊］n1 n2。

其中，［S＊］为移位的源操作数首地址，［D＊］为移位的目标操作数首地址，n1 为目标操作数个数，n2 为源操作数移位个数。

源操作数可取 KnX、KnY、KnM、KnS、T、C、D；目标操作数可取 KnY、KnM、KnS、T、C、D；n1，n2 可取 K，H。

2. 指令用法

字元件右移和字元件左移指令以字为单位，其工作的过程与位移位相似，是将 n1 个字右移或左移 n2 个字。WSFR/WSFL 指令操作过程示意图如图 7-40 所示。

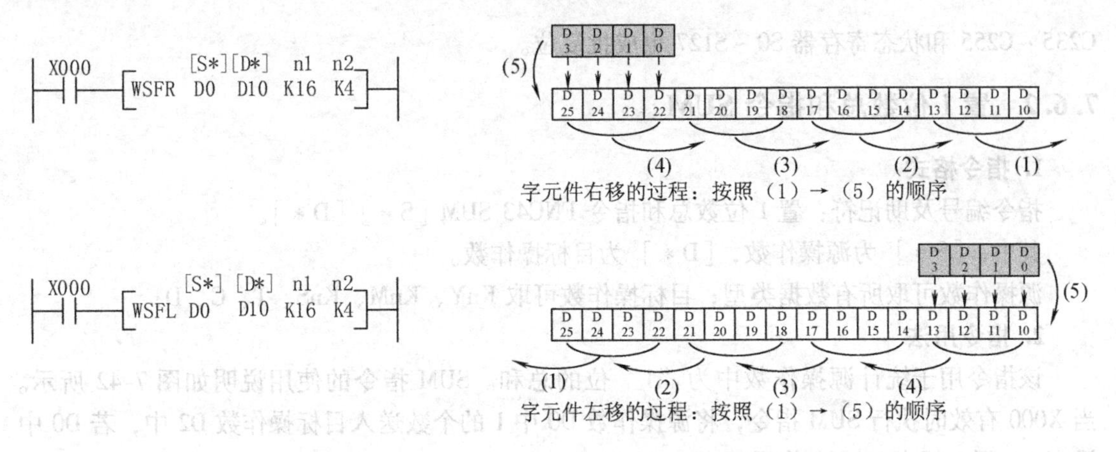

图 7-40　WSFR/WSFL 指令操作过程示意图

使用字元件右移和字元件左移指令时应注意：字移位指令只有 16 位操作，占用 9 个程序步；n1 和 n2 的关系为 n2≤n1≤512。

7.6　数据处理指令

数据处理指令有 10 条，编号为 FNC40 ~ FNC49，分别有区间复位指令 ZRST、译码指令 DECO、编码指令 ENCO、置 1 位数总和指令 SUM、置 1 位判别指令 BON、平均值指令 MEAN、信号报警器置位指令 ANS、信号报警器复位指令 ANR、BIN 数据开方运算指令 SQR、BIN 整数转换为二进制浮点数指令 FLT。

7.6.1　区间复位指令 ZRST

1. 指令格式

指令编号及助记符：区间复位指令 FNC40　ZRST［D1＊］［D2＊］。

其中，［D1＊］是复位的目标操作数的首地址元件，［D2＊］是复位的目标操作数的末地址元件，［D1＊］与［D2＊］必须是同类元件，且［D1＊］的元件号应小于［D2＊］的元件号。

［D1＊］和［D2＊］可取 Y、M、S、T、C、D。

2. 指令用法

区间复位指令是将指定范围内的同类元件成批复位。复位的含义一般是将目标操作数清零。如图 7-41 所示，当 M8002 由 OFF→ON 时，位元件 M500 ~ M599 成批复位，字元件

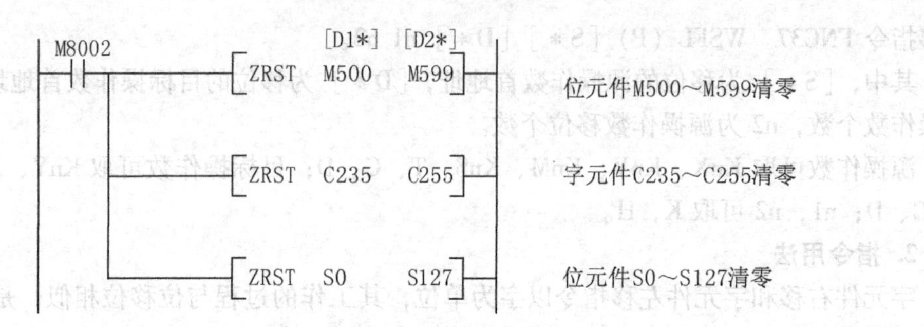

图 7-41　ZRST 指令的用法

C235 ~ C255 和状态寄存器 S0 ~ S127 也成批复位。

7.6.2　置 1 位数总和指令 SUM

1. 指令格式

指令编号及助记符：置 1 位数总和指令 FNC43 SUM［S＊］［D＊］。

其中，［S＊］为源操作数，［D＊］为目标操作数。

源操作数可取所有数据类型；目标操作数可取 KnY、KnM、KnS、T、C、D；

2. 指令用法

该指令用于统计源操作数中为“1”位的总和。SUM 指令的使用说明如图 7-42 所示。当 X000 有效时执行 SUM 指令，将源操作数 D0 中 1 的个数送入目标操作数 D2 中，若 D0 中没有 1，则 0 标志 M8020 将置 1。

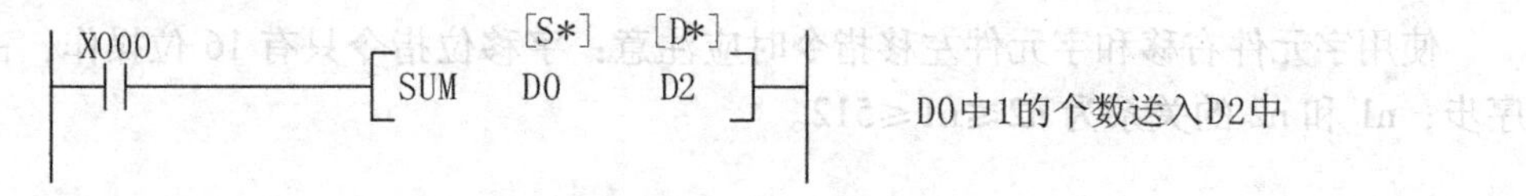

图 7-42　SUM 指令的使用说明

7.6.3　置 1 位判别指令 BON

1. 指令格式

指令编号及助记符：置 1 位判别指令 FNC44 BON［S＊］［D＊］n。

其中，［S＊］为源操作数，［D＊］为目标操作数，n 为源操作数的判别位数。

源操作数可取所有数据类型；目标操作数可取 Y、M、S；

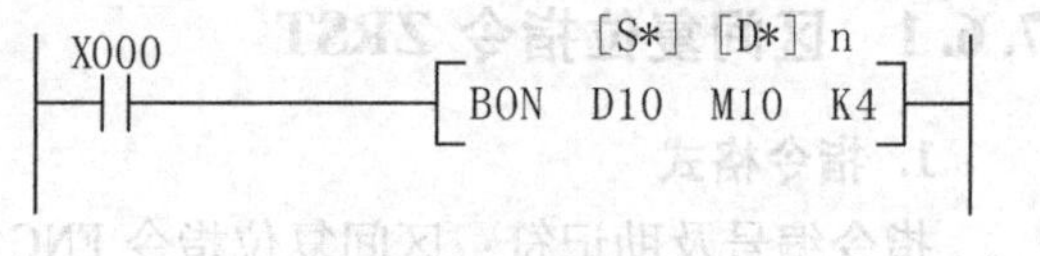

图 7-43　BON 指令

2. 指令用法

如图 7-43 所示，当 X000 接通时，将执行 BON 指令，指令对由 K4 指定的源操作数 D10 从 0 算起的第 4 位进行判断，当判断结果为 1 时，目标操作数 M10 = 1，否则 M10 = 0。

7.6.4　平均值指令 MEAN

1. 指令格式

指令编号及助记符：平均值指令 FNC45 MEAN［S＊］［D＊］n。

源操作数可取 KnX、KnY、KnM、KnS、T、C、D、V、Z；目标操作数可取 KnY、KnM、KnS、T、C、D、V、Z；

2. 指令用法

平均值指令的功能是将 n 个源数据的平均值送到指定目标（余数省略），若程序中指定的 n 值超出 1 ~ 64 的范围将会出错。MEAN 指令如图 7-44 所示。

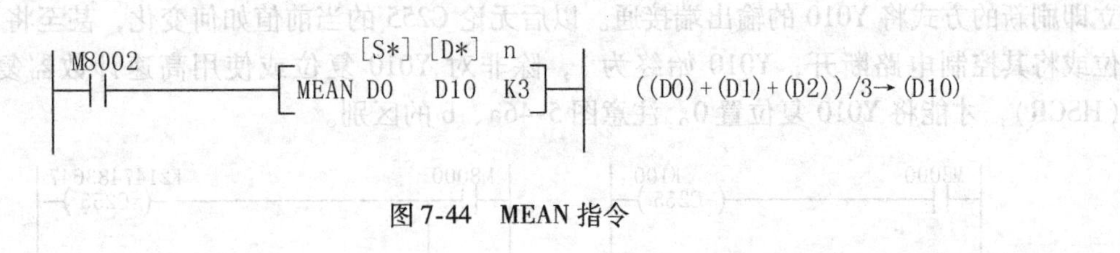

图 7-44　MEAN 指令

7.7　高速处理指令

高速处理指令有 10 条，编号为 FNC50 ~ FNC59，可以用最新的输入/输出信息进行顺控的高速处理指令，能有效利用 PLC 的高速处理能力进行中断处理。分别有 I/O 刷新指令 REF、滤波调整指令 REFF、矩阵输入指令 MTR、高速计数器置位指令 HSCS、高速计数器复位指令 HSCR、区间比较指令 HSZ、脉冲密度指令 SPD、脉冲输出指令 PLSY、脉宽调节指令 PWM、带加减速的脉冲输出指令 PLSR。

7.7.1　I/O 刷新指令 REF

1. 指令格式

指令编号及助记符：I/O 刷新指令 FNC50　REF［D＊］n，其中，目标操作数为元件编号个位为 0 的 X 和 Y；n 应为 8 的整倍数。

2. 指令用法

FX 系列 PLC 采用集中 I/O 的方式。如果需要最新的输入信息以及希望立即输出结果则必须使用该指令。如图 7-45 所示，当 X000 接通时，X010 ~ X017 共 8 点将被刷新；当 X000 接通时，则 Y000 ~ Y007、Y010 ~ Y017、Y020 ~ Y027 共 24 个输出点将被刷新。

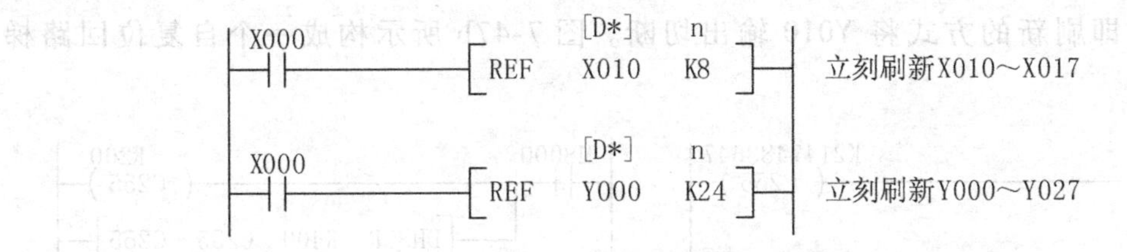

图 7-45　REF 指令

7.7.2　高速计数器置位指令 HSCS

1. 指令格式

指令编号及助记符：FNC53　HSCS［S1＊］［S2＊］［D＊］。

其中，源操作数［S1＊］可取所有数据类型，［S2＊］为 C235～C255；目标操作数可取 Y、M 和 S。

2. 指令用法

HSCS 指令梯形图格式如图 7-46 所示。当 M8000 闭合，计数器计数条件满足，开始计数，C255 的当前值与 K100 常数比较，一旦相等，立即采用中断方式将 Y010 置 1，采用 I/O 立即刷新的方式将 Y010 的输出端接通。以后无论 C255 的当前值如何变化，甚至将 C255 复位或将其控制电路断开，Y010 始终为 1，除非对 Y010 复位或使用高速计数器复位指令（HSCR），才能将 Y010 复位置 0。注意图 5-46a、b 的区别。

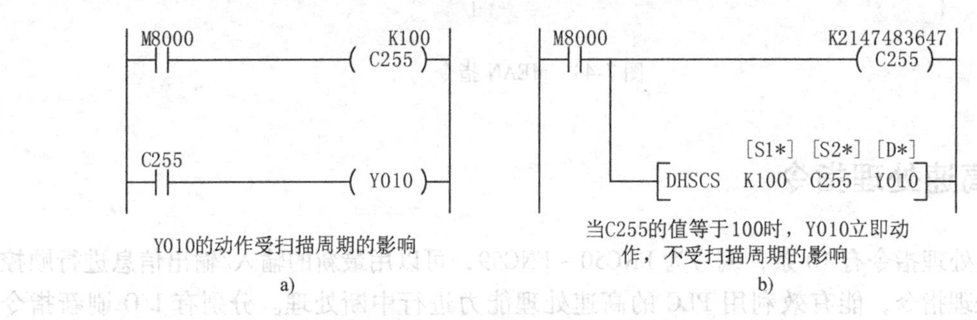

图 7-46　HSCS 指令梯形图格式

在 FX 系列 PLC 中，C235～C255 高速计数器的设定值和当前值都是 32 位二进制数，所以 HSCS 之前要加“D”。

7.7.3　高速计数器复位指令 HSCR

1. 指令格式

指令编号及助记符：FNC54　HSCR［S1＊］［S2＊］［D＊］。

其中，源操作数［S1＊］可取所有数据类型，［S2＊］为 C235～C255；目标操作数可取 Y、M 和 S。

2. 指令用法

HSCR 指令的梯形图格式如图 7-47a 所示。只要 C255 开始计数，就将 C255 的当前计数值与常数 K200 比较，当前计数值等于 200 时，立即采用中断方式将 Y010 置 0，并且采用 I/O 立即刷新的方式将 Y010 输出切断。图 7-47b 所示构成一个自复位回路梯形图。

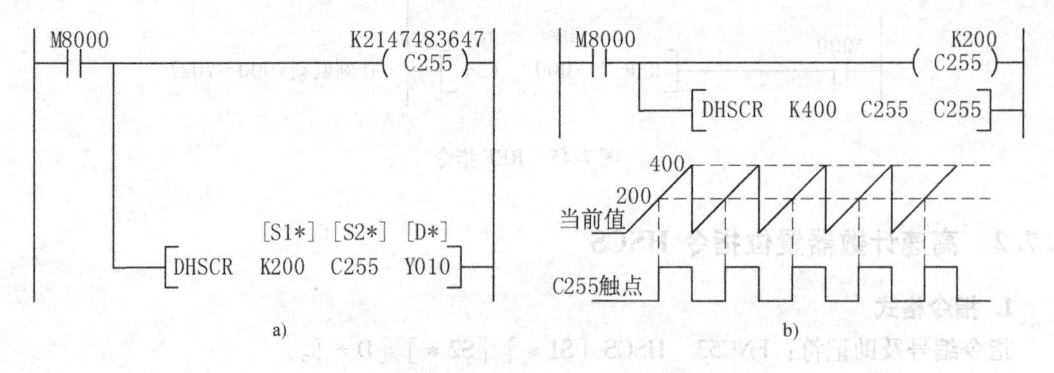

图 7-47　HSCR 指令梯形图格式

7.7.4　脉冲输出指令 PLSY

1. 指令格式

指令编号及助记符：脉冲输出指令 FNC57　PLSY [S1 *] [S2 *] [D *]。

其中，源操作数 [S1 *]、[S2 *] 可取所有数据类型；目标操作数可取 Y0、Y1。

2. 指令用法

PLSY 指令的梯形图格式如图 7-48 所示。[S1 *] 表示输出脉冲的频率，其范围为 2 ~ 20000Hz，[S2 *] 表示输出脉冲个数，在执行本指令期间，可以通过改变 [S1 *] 内的数来改变输出脉冲的频率。PLSY 采用中断方式输出脉冲，与扫描无关。

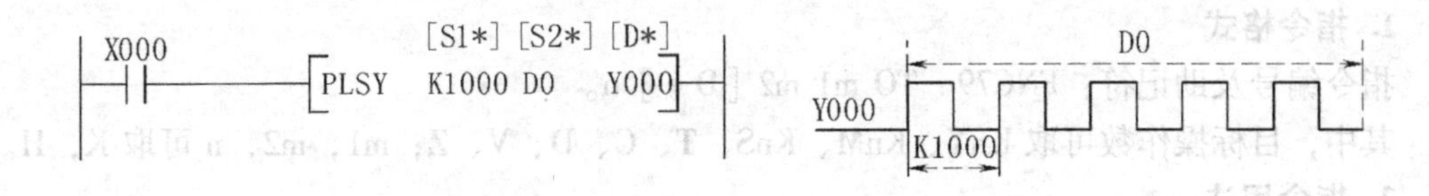

图 7-48　PLSY 指令的梯形图格式

当 X000 闭合，CPU 扫描到该梯形图程序时，立即采用中断方式，通过 Y000 输出频率为 1000Hz，占空比为 50% 的脉冲，当输出脉冲达到 [S2 *] 所规定的数值时，停止脉冲输出。

7.8　方便指令与外部设备 I/O 指令

方便指令有 10 条，编号为 FNC60 ~ FNC69，就是用最简单顺控指令进行复杂控制的指令。分别有初始化指令 IST、数据查找指令 SER、绝对方式凸轮控制指令 ABSD、增量方式凸轮控制指令 INCD、示教定时器指令 TTMR、特殊定时器指令 STMR、交替输出指令 ALT、斜坡信号指令 RAMP、旋转工作台控制指令 ROTC、数据排序指令 SORT。

外部设备 I/O 指令有 10 条，编号为 FNC70 ~ FNC79，用 PLC 的输入/输出与外部设备进行数据交换的指令。分别有十键输入指令 TKY、十六键输入指令 HKY、数字开关指令 DSW、七段译码指令 SEGD、七段码分时显示指令 SEGL、方向开关指令 ARWS、ASCII 码转换指令 ASC、ASCII 码打印输出指令 PR、读特殊功能模块指令 FROM、写特殊功能模块指令 TO。

7.8.1　读特殊功能模块指令 FROM

1. 指令格式

指令编号及助记符：FNC78　FROM m1 m2 [D *] n。

其中，目标操作数可取 KnY、KnM、KnS、T、C、D、V、Z；m1，m2，n 可取 K，H。

2. 指令用法

FROM 指令的梯形图格式如图 7-49 所示。m1 表示特殊功能模块的模块号，按照距离基本单元的远近从 0 ~ 7 编号，m2 表示特殊功能模块缓冲区的单元号，不同的特殊模块，其缓冲区的大小也不一样，[D *] 表示传送目标，n 表示传送的点数。

X000
FROM
m1
K1
模块号
m2
K29
缓冲区号
[D*]
K4M0
传送目标
n
K1
传送点数

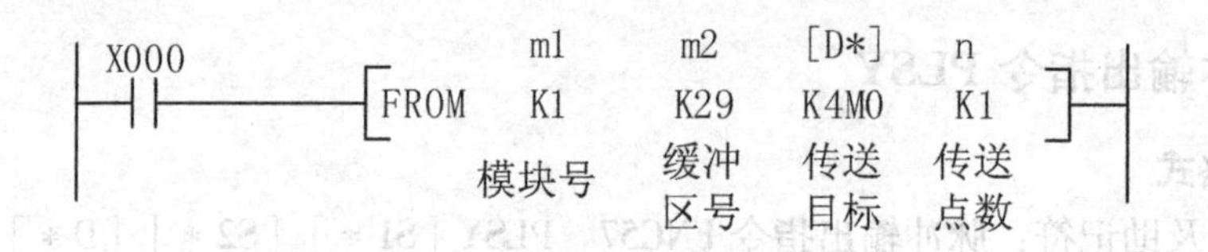

图 7-49　FROM 指令的梯形图格式

当 X0 为 ON 时，执行 FROM 指令，将特殊功能模块 1 中第 29 号单元的数据读取送到 K4M0 组成的字单元。

7.8.2　写特殊功能模块指令 TO

1. 指令格式

指令编号及助记符：FNC79　TO m1 m2 [D＊] n。

其中，目标操作数可取 KnY、KnM、KnS、T、C、D、V、Z；m1，m2，n 可取 K，H。

2. 指令用法

TO 指令的梯形图格式如图 7-50 所示。m1 表示特殊功能模块的模块号，按照距离基本单元的远近从 0 ~ 7 编号，m2 表示特殊功能模块缓冲区的单元号，不同的特殊模块，其缓冲区的大小也不一样，[D＊] 表示传送目标，n 表示传送的点数。

当 X0 为 ON 时，执行 TO 指令，将 K4M0 组成的字单元数据写入到特殊功能模块 1 中第 29 号单元中。

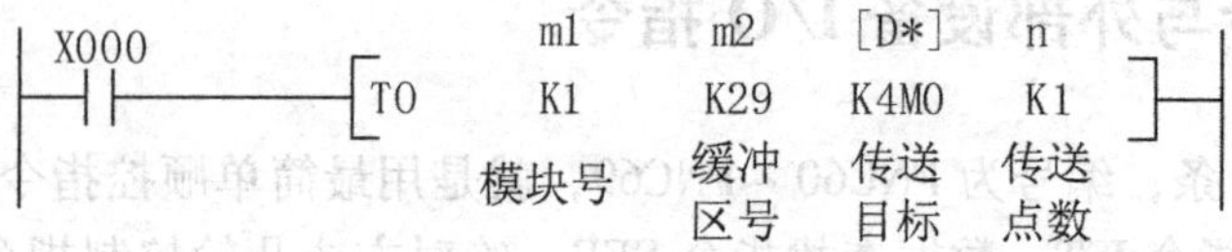

X000
TO
m1
K1
模块号
m2
K29
缓冲区号
[D*]
K4M0
传送目标
n
K1
传送点数

图 7-50　TO 指令的梯形图格式

7.9　外部串口设备指令

外部串口设备指令有 10 条，编号为 FNC80 ~ FNC89，用于对连接串口的特殊适配器进行控制。分别有串口数据传送指令 RS、八进制位传送指令 PRUN、HEX→ASCII 转换指令 ASCI、ASCII→HEX 转换指令 HEX、校验码指令 CCD、电位器值读出指令 VRRD、电位器刻度指令 VRSC、PID 运算指令 PID。

7.9.1　串口数据传送指令 RS

1. 指令格式

指令编号及助记符：FNC80　RS [S＊] m [D＊] n。

其中，源操作数、目标操作数只能是 D；m、n 可取 K、H、D。

2. 指令用法

RS 指令的梯形图格式如图 7-51 所示。[S＊] 指定传送缓冲区的首地址，m 指定传送信

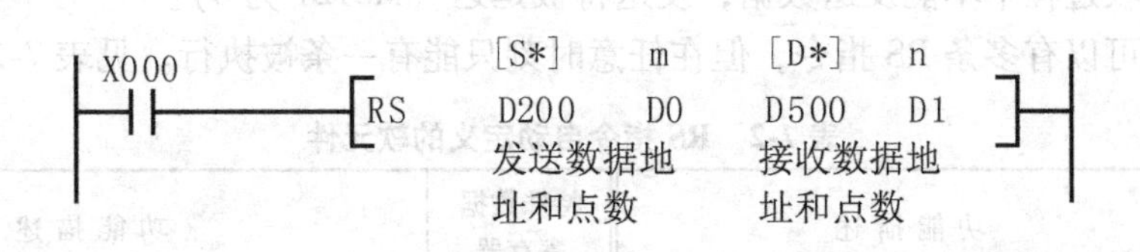

图 7-51　RS 指令的梯形图格式

息的长度；[D＊] 指定接收缓冲区的首地址，n 指定接收数据的长度，即接收信息的最大长度。

FX_{2N}系列 PLC 与通信设备之间的数据交换必须保持通信双方的通信格式一致，主要包括波特率、数据位数等，这些参数由特殊寄存器 D8120 内容决定，表 7-1 为 D8120 的位定义。

表 7-1　D8120 的位定义

位号	意　义	内　容	
		0(OFF)	1(ON)
b0	数据长度	7 位	8 位
b2 b1	奇偶性	(b2,b1)(0,0):无奇偶校验　(0,1):奇校验　(1,1):偶校验	
b3	停止位	1 位	2 位
b4 b5 b6 b7	波特率(bit/s)	(b7,b6,b5,b4) (0,0,1,1):300 (0,1,1,0):2400 (1,0,0,1):19200 (b7,b6,b5,b4) (0,1,0,0):600 (0,1,1,1):4800	(b7,b6,b5,b4) (0,1,0,1):1200 (1,0,0,0):9600
b8	起始标志字符	无	起始字符在 D8124 中,默认值为 STX(02H)
b9	结束标志字符	无	结束字符在 D8125 中,默认值为 ETX(03H)
b10 b11	控制线	(b11,b10) (0,0):RS—485/422 接口 (1,0):RS—232C 接口	
b12	不使用		
b13	和检查	和检查码不附加	和检查码自动附加
b14	协议	无协议	专用协议
b15	传送控制协议	协议格式 1	协议格式 4

3. RS 指令使用说明

发送和接收缓冲区的大小决定了每传送一次信息所允许的最大数据量，缓冲区的大小在发送缓冲区发送之前，即 M8122 置 ON 之前或者接收缓冲区信息接收完后且 M8123 复位前可加以修改。

在信息接收过程中不能发送数据，发送将被延迟（M8121 为 0）。

在程序中可以有多条 RS 指令，但在任意时刻只能有一条被执行。见表 7-2。

表 7-2 RS 指令自动定义的软元件

特殊辅助继电器	功能描述	特殊数据寄存器	功能描述
M8121	数据发送延时(RS 命令)	D8120	通信格式(RS 命令、计算机链接)
M8122	数据发送标志(RS 命令)	D8121	站号设置(计算机链接)
M8123	完成接收标志(RS 命令)	D8122	未发送数据数(RS 命令)
M8124	载波检测标志(RS 命令)	D8123	接收的数据数(RS 命令)
M8126	全局标志(计算机链接)	D8124	起始字符(初始值为 STX,RS 命令)
M8127	请求式握手标志(计算机链接)	D8125	结束字符(初始值为 EXT,RS 命令)
M8128	握请求式出错标志(计算机链接)	D8127	请求式起始元件号寄存器(计算机链接)
M8129	请求式字/字节转换(计算机链接),超时判断标志(RS 命令)	D8128	请求式数据长度寄存器(计算机链接)
M8161	8/16 位转换标志(RS 命令)	D8129	数据网络的超时定时器设定值(RS 命令和计算机链接,单位为 10ms,为 0 时表示 100ms)

4. 通信举例

如图 7-52 所示，通过 RS 指令，实现数据的串口通信，当 X000 为 ON 时，驱动 RS 指令，发送数据 11、22、33、44、55。

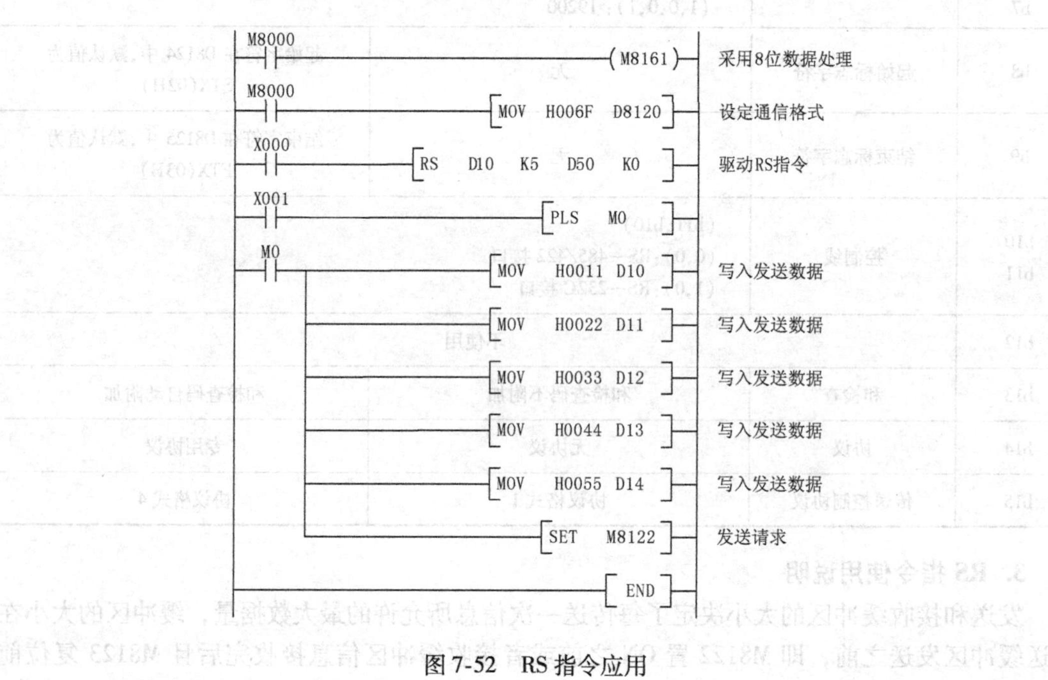

图 7-52 RS 指令应用

7.9.2　PID 指令 PID

1. 指令格式

指令编号及助记符：FNC88　PID［S1］［S2］［S3］［D］。

其中，源操作数、目标操作数只能是 D。

2. 指令用法

本指令对当前值数据寄存器 S2 和设定值数据寄存器 S1 进行比较，通过 PID 回路处理两值之间的偏差来产生一个调节值，此值已考虑了计算偏差的前一次的迭代和趋势。PID 回路计算出的调节值存入目标操作数 D 中。PID 控制回路的设定参数存储在由 S3 +0 到 S3 +24 的 25 个地址连续的数据寄存器中。PID 指令的梯形图格式如图 7-53 所示。

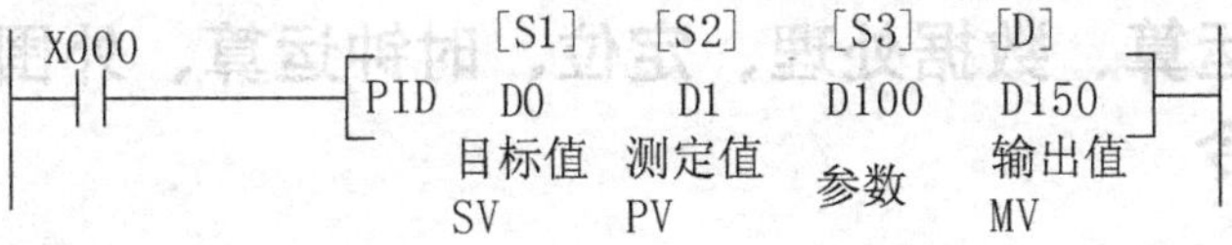

X000 ─┤├─ [PID　D0　D1　D100　D150]

[S1] D0 目标值 SV　[S2] D1 测定值 PV　[S3] D100 参数　[D] D150 输出值 MV

图 7-53　PID 指令的梯形图格式

PID 设置参数 S3 是由 25 个地址连续的数据寄存器组成的数据栈。这些软元件中，有些是要输入的数据，有些是内部操作运算要用的数据，有些是 PID 运算返回的数据。有关数字 PID 运算的算法请参考有关书籍。表 7-3 给出了 PID 指令中 S3 参数的功能和设定范围。

表 7-3　S3 参数的功能和设定范围

<table>
<tr><th>参数
S3 + 偏移</th><th>名称/功能</th><th colspan="2">说　明</th><th>设定范围</th></tr>
<tr><td>S3 +0</td><td>采样时间 T_S</td><td colspan="2">读取系统的当前 S2 采样所设定的时间间隔</td><td>1 ~ 32767ms</td></tr>
<tr><td>S3 +1</td><td>正/反作用及报警控制</td><td colspan="2">B0 =0/1，正/反作用；B1 =0/1，当前值 S2 变化报警 OFF/ON；B2 =0/1，输出值 D 变化报警 OFF/ON；B3 ~ B15 保留</td><td></td></tr>
<tr><td>S3 +2</td><td>输入滤波器 α</td><td colspan="2">改变输入滤波器的效果</td><td>0 ~ 99%</td></tr>
<tr><td>S3 +3</td><td>比例增益 K_P</td><td colspan="2">PID 回路的比例输出因子 P 部分</td><td>1% ~ 32767%</td></tr>
<tr><td>S3 +4</td><td>积分时间常数</td><td colspan="2">PID 回路的 I 部分</td><td>(0 ~ 32767%)
* 10ms</td></tr>
<tr><td>S3 +5</td><td>微分增益</td><td colspan="2">PID 回路的微分输出因子</td><td>0 ~ 99%</td></tr>
<tr><td>S3 +6</td><td>微分时间常数</td><td colspan="2">PID 回路的 D 部分</td><td>(0 ~ 32767%)
* 10ms</td></tr>
<tr><td>S3 +7 ~
S3 +19</td><td></td><td colspan="2">保留</td><td></td></tr>
<tr><td>S3 +20</td><td>当前值，上限报警</td><td rowspan="2">S3 +1 的
B1 =1 时有效</td><td>用户定义的上限，一旦当前值超过此值，触发 S3 +24 的 B0 置 1</td><td rowspan="3">0 ~ 32767</td></tr>
<tr><td>S3 +21</td><td>当前值，下限报警</td><td>用户定义的上限，一旦当前值超过此值，触发 S3 +24 的 B1 置 1</td></tr>
<tr><td>S3 +22</td><td>输出值，上限报警</td><td>S3 +1 的
B2 =1 时有效</td><td>用户定义的上限，一旦当前值超过此值，触发 S3 +24 的 B2 置 1</td></tr>
</table>

（续）

<table>
<tr><th>参数
S3 + 偏移</th><th>名称/功能</th><th colspan="2">说　明</th><th>设定范围</th></tr>
<tr><td>S3 + 23</td><td>输出值，上限报警</td><td>S3 + 1 的
B2 = 1 时有效</td><td>用户定义的上限，一旦当前值超过此值，触发 S3 + 24 的 B3 置 1</td><td>0 ~ 32767</td></tr>
<tr><td>S3 + 24</td><td>报警输出标志（只读）</td><td colspan="2">B0 = 1，当前值 S2 超出上限；B1 = 1，当前值 S2 小于下限；B2 = 1，输出值 D 超出上限；B3 = 1，输出值 D 小于下限；B3 ~ B15 保留</td><td></td></tr>
</table>

一般 PID 指令用于生产过程的控制，来自现场的过程信号，一般经 A-D 转换，采用 PID 运算，结果经 D-A 转换控制被控对象。

7.10　浮点数运算、数据处理、定位、时钟运算、外围设备、触点比较等指令

浮点数运算指令有 13 条，编号为 FNC110 ~ FNC139，数据处理 2 指令有 1 条，编号为 FNC140 ~ FNC149，定位指令有 5 条，编号为 FNC150 ~ FNC159，时钟运算指令有 7 条，编号为 FNC160 ~ FNC169，外围设备指令有 4 条，编号为 FNC170 ~ FNC179，触点比较指令有 18 条，编号为 FNC220 ~ FNC249。

7.10.1　时钟数据读取指令 TRD

1. 指令格式

指令编号及助记符：FNC166　TRD［D］。

其中，目标操作数是 T、C、D。

2. 指令用法

本指令是将 PLC 的实时时钟读取到 7 点数据寄存器中，PLC 的实时时钟数据存储在 D8018（年）、D8017（月）、D8016（日）、D8015（时）、D8014（分）、D8013（秒）、D8019（星期）中，如图 7-54 所示。

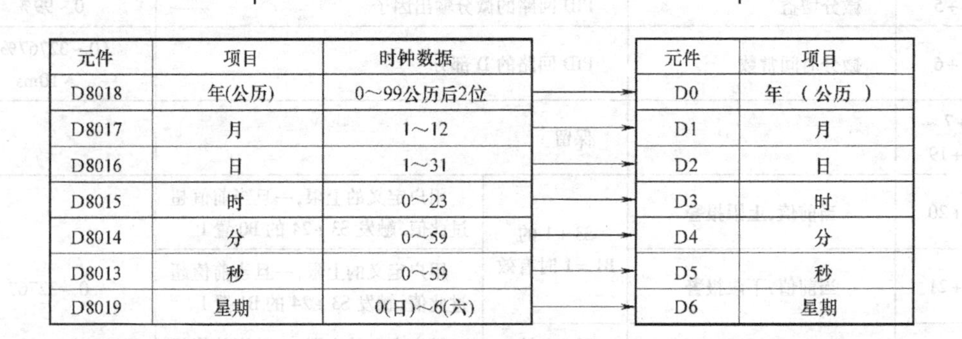

图 7-54　时钟数据读取指令的用法

7.10.2 触点比较指令 LD = ~ LD≥

1. 指令格式

触点比较指令包括 FNC224 LD =、FNC225 LD >、FNC226 LD <、FNC228 LD < >、FNC229 LD≤、FNC230 LD≥6 条，都是连续执行型，既可进行 16 位二进制数运算，又可进行 32 位运算。每条指令有两个源操作数［Sl］、［S2］。当［Sl］分别 =、>、<、< >、≤、≥［S2］时，触点为 ON。

源操作数［Sl］、［S2］可取 K、H、KnY、KnM、KnS、T、C、D、V、Z。

2. 指令用法

触点比较指令的格式与功能如图 7-55 所示，程序的内容是当 C10 的当前值为 200 时，驱动 Y010。当 D200 的内容大于 -30且 X000 处于 ON 时，Y011 置位。当 D20 的内容大于 1234 或 M3 处于 ON 时，驱动 M50 置 1。每一条触点比较指令都是通过对两个源数据内容进行 BIN 比较，对应其结果执行后段的运算。

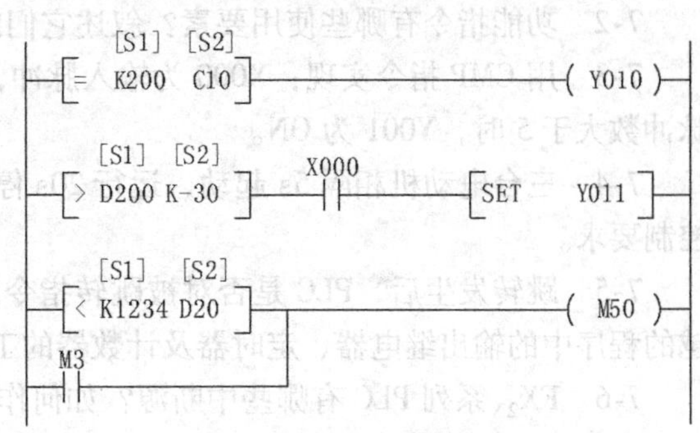

图 7-55 触点比较指令的格式与功能

7.10.3 触点比较指令 AND = ~ AND≥

1. 指令格式

触点比较指令包括 FNC232 AND =、FNC233 AND >、FNC234 AND <、FNC236 AND < >、FNC237 AND≤、FNC238 AND≥6 条，都是连续执行型，既可进行 16 位二进制数运算，又可进行 32 位运算。每条指令有两个源操作数［S1］、［S2］。

源操作数［Sl］、［S2］可取 K、H、KnY、KnM、KnS、T、C、D、V、Z;

2. 指令用法

触点比较指令的格式与功能如图 7-56 所示，用于与其他触点串联使用，程序的内容是当 C10 的当前值等于 200，且 X001 处于 ON 时，驱动 Y010。当 D200 的内容大于 - 30 且 X000、X002 处于 ON 时，Y011 置位。当 D20 的内容大于 1234 且 X003 处于 ON 或 M3 处于

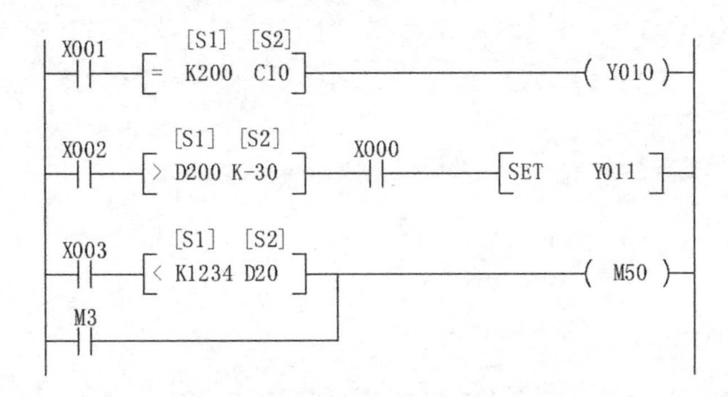

图 7-56 触点比较指令的格式与功能

ON 时，驱动 M50 置 1。每一条触点比较指令都是通过对两个源数据内容进行 BIN 比较，对应其结果执行后段的运算。

思考题与习题

7-1　什么是功能指令？有何作用？

7-2　功能指令有哪些使用要素？叙述它们的使用意义。

7-3　用 CMP 指令实现：X000 为输入脉冲，当脉冲数小于等于 5 时，Y001 为 OFF，当脉冲数大于 5 时，Y001 为 ON。

7-4　三台电动机相隔 5s 起动，运行 20s 停止，如此循环往复，使用传送比较指令完成控制要求。

7-5　跳转发生后，PLC 是否对被跳转指令跨越的程序进行逐行扫描，逐行执行。被跨越的程序中的输出继电器、定时器及计数器的工作状态如何？

7-6　FX_{2N}系列 PLC 有哪些中断源？如何作用？这些中断源所引起的中断在程序中如何表示？

7-7　FX_{2N}系列 PLC 的数据传送比较指令有哪些？简述这些指令的编号、功能、操作数范围等。

7-8　PID 指令的参数有哪些？它们的作用是什么？

7-9　触点比较指令有哪些？它们的作用是什么？

第8章　FX_{2N}系列PLC的特殊功能模块及通信网络

FX_{2N}系列PLC具有基本单元和扩展单元，可以处理开关量信号的逻辑运算功能；随着PLC应用范围的逐步扩大，各PLC制造厂家在提高PLC主机性能的同时，还开发了用于特殊用途的特殊功能模块，以满足各种工业控制的特定需要。这些模块主要包括高速计数器模块、定位控制模块、A-D和D-A转换模块、PID模块、PLC网络模块、PLC与计算机通信模块、中断控制模块、温度传感器输入模块、BASIC模块、语音输出模块等；PLC的通信网络主要有N：N网络、1：N网络、计算机链接、CC-LINK网络等。本章着重介绍FX_{2N}系列PLC几种常用的特殊功能模块和PLC网络。

8.1　特殊功能模块

8.1.1　特殊功能模块的类型及用途

FX_{2N}系列PLC有多种特殊功能模块，使FX_{2N}系列PLC的应用更加方便和高效。常用特殊功能模块见表8-1。

表8-1　常用特殊功能模块

名　称	型　号	功　能
模拟量输入模块	FX_{2N}-2AD	2通道模拟量输入,12位A-D转换模块
模拟量输入模块	FX_{2N}-4AD	4通道模拟量输入,12位A-D转换模块
模拟量输入模块	FX_{2N}-8AD	8通道模拟量输入,12位A-D转换模块
温度输入模块	FX_{2N}-4AD-PT	4通道热电阻PT-100温度传感器用模拟量输入模块。
温度输入模块	FX_{2N}-4AD-TC	4通道热电偶J型和V型温度传感器用模拟量输入模块
模拟量输出模块	FX_{2N}-2DA	2通道模拟量输出,12位D-A转换模块
模拟量输出模块	FX_{2N}-4DA	4通道模拟量输出,12位D-A转换模块
温度控制模块	FX_{2N}-2LC	具有PID运算的温度控制模块
高速计数器模块	FX_{2N}-1HC	高速计数模块
脉冲发生器模块	FX_{2N}-1PG	输出指定数量的脉冲模块
定位控制单元	FX_{2N}-10GM	单轴位置定位模块
定位控制单元	FX_{2N}-20GM	2轴位置定位模块
232通信接口卡	FX_{2N}-232-BD	RS232标准通信接口卡
485通信接口卡	FX_{2N}-485-BD	RS485标准通信接口卡
422通信接口卡	FX_{2N}-422-BD	RS422标准通信接口卡
232接口模块	FX_{2N}-232-IF	RS232标准通信特殊模块

1. 模拟量输入模块（A-D）

模拟量输入模块用于接受流量、温度和压力等传感设备产生的标准模拟量电压、电流信号，并将其转换为数字信号供 PLC 使用。FX_{2N}系列 PLC 的模拟量输入模块主要包括 FX_{2N}-2AD（2 通道模拟量输入模块）、FX_{2N}-4AD（4 通道模拟量输入模块）、FX_{2N}-8AD（8 通道模拟量输入模块）、FX_{2N}-4AD-PT（4 通道热电阻 PT-100 温度传感器用模拟量输入模块）、FX_{2N}-4AD-TC（4 通道热电偶 J 型和 V 型温度传感器用模拟量输入模块）等。

2. 模拟量输出模块（D-A）

模拟量输出模块用于需要模拟量驱动的系统。经 PLC 运算输出的数字量，经过 D-A 转换，将数字量转换为标准模拟量输出。FX_{2N}系列 PLC 的模拟量输出模块主要有 FX_{2N}-2DA（2 通道模拟量输出模块）、FX_{2N}-4DA（4 通道模拟量输出模块）等。

3. 脉冲输出模块

脉冲输出模块可输出可控的脉冲序列串，主要用于对步进电动机或伺服电动机的驱动控制，实现一点或多点定位控制。脉冲输出模块是一种采用定位专用语句和序列语句的高性能定位模块，最高输出频率为 200kHz。与 FX_{2N}系列 PLC 配套使用的脉冲输出模块有 FX_{2N}-1PG、FX_{2N}-10GM、FX_{2N}-20GM 等型号。FX_{2N}-10GM 可进行 1 轴控制，FX_{2N}-20GM 可进行 2 轴控制或具有直线插补、圆弧插补的 2 轴控制。FX_{2N}-10GM、FX_{2N}-20GM 模块可独立使用，也可与 FX_{2N}系列 PLC 通过 FX_{2N}-CNV-IF 型接口连接。

4. 高速计数器模块

PLC 中普通的计数器由于受到扫描周期的限制，其最高的工作频率一般仅有十几千赫兹，而在工业应用中有时会有超过这个频率的工作频率。高速计数器模块则可对几十千赫兹、甚至上兆赫兹的脉冲计数。因此 FX_{2N}系列 PLC 除内部设有高速计数器外，系统还配有 FX_{2N}-1HC 高速计数器模块，可作为两相 50kHz 通道的高速计数，通过 PLC 的指令或外部输入可进行计数器的复位或启动。

5. 可编程凸轮控制器模块

在机械传动控制中经常要对角度位置检测，在不同的角度位置时发出不同的导通、关断信号。过去采用机械凸轮开关，机械式开关虽精度高但易磨损。FX_{2N}-1RM-SET 可编程凸轮开关可取代机械凸轮开关实现高精度角度位置检测。配套的转角传感器电缆长度最长可达 100m。应用时与其他可编程凸轮开关主体、无刷分解器等一起可进行高精度的动作角度设定和监控，其内部 EEPROM 无需电池，可储存 8 种不同的程序。可编程凸轮开关可接在 FX_{2N}上，也可单独使用。FX_{2N}系列 PLC 最多可接 2 块。它在程序中占用 PLC 的 8 个 I/O 点。

6. PID 过程控制模块

FX_{2N}-2LC 温度调节模块应用在温度控制系统中。该模块配有 2 通道的温度输入和 2 通道晶体管输出，即一块模块能组成两个温度调节系统。模块提供了自调节的 PID 控制和 PI 控制，控制的运行周期为 500ms，占用 8 个 I/O 点数，可用于 FX_{1N}、FX_{2N}、FX_{2NC}子系列。

7. 通信模块

FX_{2N}系列 PLC 有多种通信模块，主要有 RS232C 标准的 FX_{2N}-232-BD 模块、RS422 标准的 FX_{2N}-422-BD 模块、RS485 标准的 FX_{2N}-485-BD 模块、RS232C 标准的 FX_{2N}-232-1F 特殊通信模块等。

8.1.2　特殊功能模块的编号与数据读写

1. 模块的连接与编号

使用特殊功能模块时采用扁平电缆从 PLC 的基本单元右边的扁平电缆接口处进行连接，后面的扩展模块或特殊模块采用扁平电缆从前面的一个模块的接口处依次连接，如图 8-1 所示。PLC 与特殊功能模块连接时，数据通信是通过 FROM/TO 指令实现的。为了使 PLC 能够准确地查找到指定的特殊功能模块，每个特殊功能模块都有一个确定的地址编号，编号的原则是从最靠近 PLC 基本单元的那一个功能模块开始顺次编号，最多可连接 8 个功能模块（对应的编号为 0 ~ 7 号），其中 PLC 的扩展单元与 I/O 扩展模块不包含在内。

如图 8-1 所示，PLC 的基本单元采用 FX_{2N}-48MT（24 点输入、24 点晶体管输出），依次连接有模拟量输入模块 FX_{2N}-4AD、输入扩展模块 FX_{2N}-8EX、输出扩展模块 FX_{2N}-8EY、扩展单元 FX_{2N}-32ER（16 点输入、16 点继电器输出）、模拟量输出模块 FX_{2N}-2DA。其输入/输出点的地址分配和特殊功能模块的单元编号如图 8-1 所示。

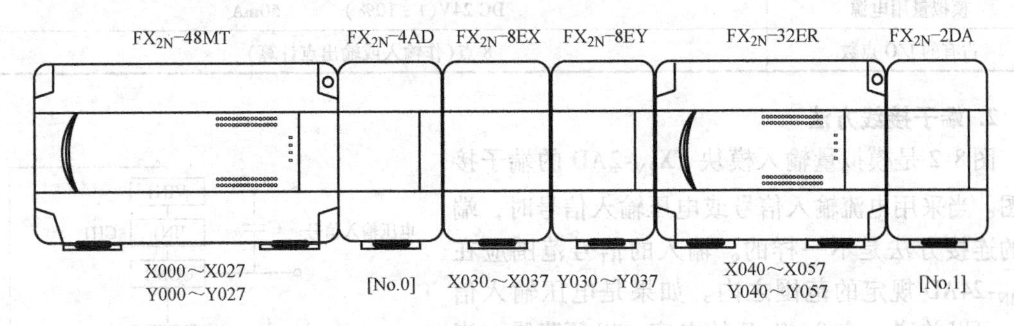

图 8-1　特殊功能模块的连接与编号

2. FX_{2N}系列 PLC 与特殊功能模块之间的读写操作

FX_{2N}系列 PLC 与特殊功能模块之间的通信通过功能指令 FROM/TO 指令执行。FROM 指令用于 PLC 基本单元读取特殊功能模块中的数据；TO 指令用于 PLC 基本单元将数据写到特殊功能模块中。读写操作都是针对特殊功能模块的缓冲寄存器（BuFfer Memory，BFM）进行的。

8.1.3　FX_{2N}-2AD 2 路模拟量输入模块

在工业生产过程中，除了有大量的通/断（开/关）信号以外，还有大量的连续变化的信号，例如温度、压力、流量、湿度等。通常先用各种传感器将这些连续变化的物理量变换成电压或电流信号，（一般来说，PLC 模拟量输入的电压范围为 1 ~ 5V 或 0 ~ 10V，电流范围为 4 ~ 20mA），然后再将这些信号连接到适当的模拟量输入模块的接线端上，经过 A-D 转换模块内的 A-D 转换器，最后将数据传入 PLC 内。

1. FX_{2N}-2AD 的技术指标

FX_{2N}-2AD 为 12 位高精度模拟量输入模块，具有 2 输入 A-D 转换通道，输入信号类型可以是 DC 0 ~ 10V、DC 0 ~ 5V 和 DC 4 ~ 20mA，每个通道都可以独立地指定为电压输入或电流输入。FX_{2N}系列 PLC 最多可连接 8 台 FX_{2N}-2AD。FX_{2N}-2AD 的技术指标见表 8-2。

表 8-2 FX_{2N}-2AD 的技术指标

<table>
<tr><td rowspan="2">项目</td><td>电压输入</td><td>电流输入</td></tr>
<tr><td colspan="2">2 通道模拟量输入，通过输入端子变换可选电压或电流输入</td></tr>
<tr><td>绝缘承受电压</td><td colspan="2">AC 500V 1min(在所有的端子与外壳之间)</td></tr>
<tr><td>模拟电路电源特性</td><td colspan="2">DC 24V(1 ± 10%)50mA(来自主电源的内部电源供电)</td></tr>
<tr><td>数字电路电源特性</td><td colspan="2">DC 5V 20mA(来自主电源的内部电源供电)</td></tr>
<tr><td>模拟量输入范围</td><td>DC 0 ~ 10V(输入电阻 200kΩ)
绝对最大输入 ±15V</td><td>DC 4 ~ 20mA(输入电阻 250Ω)
最大输入 60mA</td></tr>
<tr><td>数字量输出范围</td><td colspan="2">12 位</td></tr>
<tr><td>分辨率</td><td>2.5mV(10V/4000) 1.25mV(5V/4000)</td><td>4μA(20mA ~ 4mA/4000)</td></tr>
<tr><td>综合准确度</td><td>±1%(在 0 ~ 10V 范围)</td><td>±1%(在 4 ~ 20mA 范围)</td></tr>
<tr><td>转换速度</td><td colspan="2">每通道 2.5ms(高速转换方式时为每通道 6ms)</td></tr>
<tr><td>隔离方式</td><td colspan="2">模拟量与数字量间用光电隔离。从基本单元来的电源经
DC/DC 转换器隔离。各输入端子间不隔离</td></tr>
<tr><td>模拟量用电源</td><td colspan="2">DC 24V(1 ± 10%)　50mA</td></tr>
<tr><td>占有的 I/O 点数</td><td colspan="2">8 点(作输入或输出点计算)</td></tr>
</table>

2. 端子接线方法

图 8-2 是模拟量输入模块 FX_{2N}-2AD 的端子接线图。当采用电流输入信号或电压输入信号时，端子的连接方法是不一样的。输入的信号范围应在 FX_{2N}-24AD 规定的范围之内。如果是电压输入信号，可以并联一个 0.47μF 的电容，以便降噪。当电流输入时，需将“VIN2”端子与“IIN2”短接。

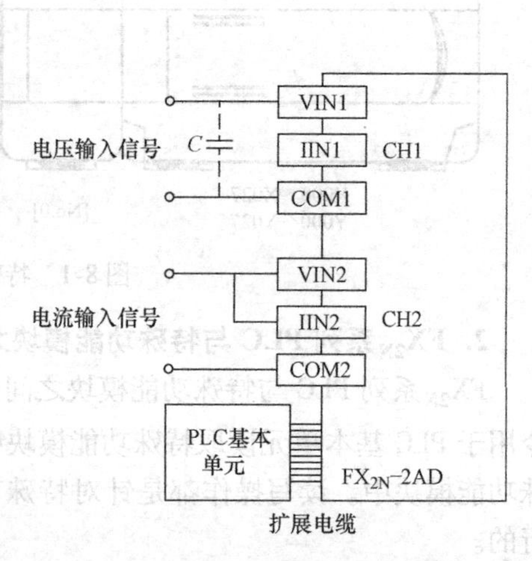

图 8-2 FX_{2N}-2AD 的端子接线图

3. BFM 及设置

BFM 是特殊功能模块工作设定及与主机通信用的数据媒介单元，采用 FROM/TO 指令进行读和写的操作。模拟量输入模块 FX_{2N}-2AD 的 BFM 也具有这样的功能，FX_{2N}-2AD 的 BFM 区由 19 个 16 位的寄存器组成，编号为 BFM#0 ~ #18。FX_{2N}-2AD 模块 BFM 分配表见表 8-3。

表 8-3 FX_{2N}-2AD 模块 BFM 分配表

<table>
<tr><td>BFM 编号</td><td>b15 ~ b8</td><td>b7 ~ b4</td><td>b3</td><td>b2</td><td>b1</td><td>b0</td></tr>
<tr><td>#0</td><td>保留</td><td colspan="5">输入数据的当前值(低 8 位数据)</td></tr>
<tr><td>#1</td><td colspan="2">保留</td><td colspan="4">输入数据的当前值(高 4 位数据)</td></tr>
<tr><td>#2 ~ #16</td><td colspan="6">保留</td></tr>
<tr><td>#17</td><td colspan="4">保留</td><td>转换开始
0→1A-D
转换开始</td><td>通道选择
0——CH1
1——CH2</td></tr>
<tr><td>#18</td><td colspan="6">保留</td></tr>
</table>

4. 偏置与增益的调整

偏置与增益在设备出厂时按照电压输入 0 ~ 10V 进行调整的，即 0V 经 A-D 转换后为 12 位二进制数字 0，10V 经 A-D 转换后为 12 位二进制数字（十进制为 4000），使用时可以根据实际情况进行偏置和增益的调整。

偏置是指转换后的 12 位二进制数字为 0 时对应的模拟电压；增益是指转换后的 12 位二进制数字（十进制为 4000）时对应的模拟电压。可以采用将 FX_{2N}-2AD 模块的增益和偏置小旋钮进行调节。

5. FX_{2N}-2AD 的编程应用

如图 8-3 所示，对通道 2 的电压信号进行 A-D 转换，将结果转存于 D100 数据寄存器中。

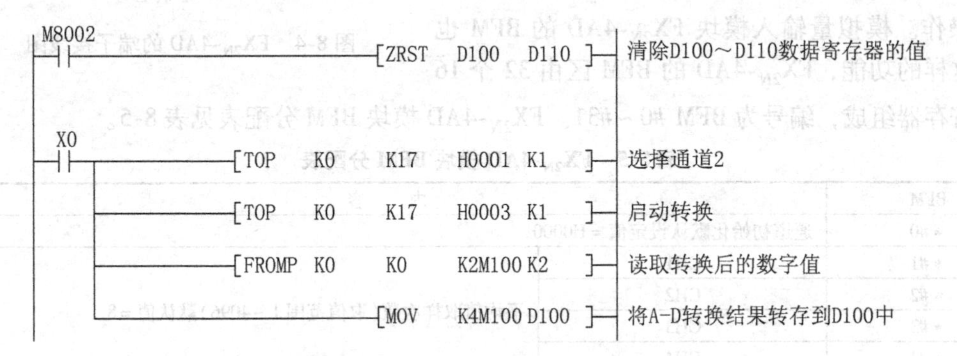

图 8-3　FX_{2N}-2AD 通道 2 的编程

8.1.4　FX_{2N}-4AD 4 路模拟量输入模块

1. FX_{2N}-4AD 的技术指标

FX_{2N}-4AD 为 12 位高精度模拟量输入模块，具有 4 路输入 A-D 转换通道，输入信号类型可以是电压 -10 ~ 10V、电流 -20 ~ 20mA 和电流 4 ~ 20mA，每个通道都可以独立地指定为电压输入或电流输入。FX_{2N}系列 PLC 最多可连接 8 台 FX_{2N}-4AD。FX_{2N}-4AD 的技术指标见表 8-4。

表 8-4　FX_{2N}-4AD 的技术指标

项　目	电压输入	电流输入
	4 通道模拟量输入。通过输入端子变换可选电压或电流输入	
模拟量输入范围	DC -10 ~ 10V（输入电阻 200Ω） 绝对最大输入 ±15V	DC -20 ~ 20mA（输入电阻 250Ω） 绝对最大输入 ±32mA
数字量输出范围	带符号位的 16 位二进制（有效数值 11 位）。数值范围 -2048 ~ 2047	
分辨率	5mV（10V × 1/2000）	20μA（20mA × 1/1000）
综合准确度	±1%（在 -10 ~ 10V 范围）	±1%（在 -20 ~ 20mA 范围）
转换速度	每通道 15ms（高速转换方式时为每通道 6ms）	
隔离方式	模拟量与数字量间用光电隔离。从基本单元来的电源经 DC/DC 转换器隔离。各输入端子间不隔离	
模拟量用电源	DC24V ± 10%　55mA	
占有的 I/O 点数	程序上为 8 点（作输入或输出点计算），由 PLC 供电的消耗功率为 5V，30mA	

2. 端子接线方法

图 8-4 是模拟量输入模块 $\mathrm{FX_{2N}}$-4AD 的端子接线图。当采用电流输入信号或电压输入信号时，端子的连接方法是不一样的。输入的信号范围应在 $\mathrm{FX_{2N}}$-4AD 规定的范围之内。如果是电压输入信号，可以并联一个 0.47μF 的电容，以便降噪。当电流输入时，需将“V +”端子与“I +”短路。

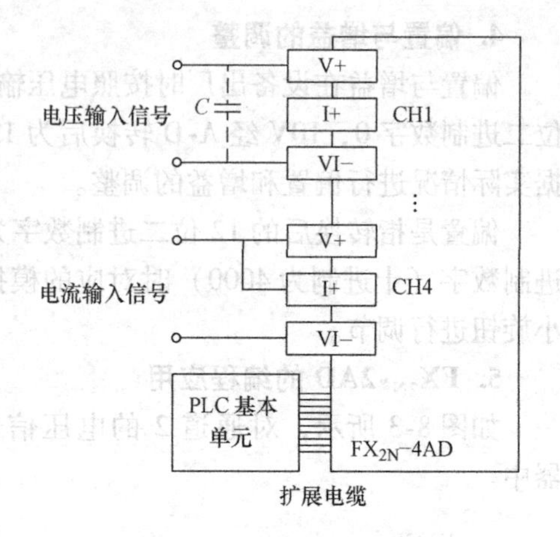

图 8-4　$\mathrm{FX_{2N}}$-4AD 的端子接线图

3. BFM 的分配

BFM 是特殊功能模块工作设定及与主机通信用的数据媒介单元，采用 FROM/TO 指令进行读和写的操作。模拟量输入模块 $\mathrm{FX_{2N}}$-4AD 的 BFM 也具有这样的功能，$\mathrm{FX_{2N}}$-4AD 的 BFM 区由 32 个 16 位的寄存器组成，编号为 BFM #0 ~ #31。$\mathrm{FX_{2N}}$-4AD 模块 BFM 分配表见表 8-5。

表 8-5　$\mathrm{FX_{2N}}$-4AD 模块 BFM 分配表

<table>
<tr><th>BFM</th><th colspan="9">内　容</th></tr>
<tr><td>* #0</td><td colspan="9">通道初始化默认设定值 = H0000</td></tr>
<tr><td>* #1</td><td>CH1</td><td colspan="8" rowspan="4">平均值取样次数(取值范围 1 ~ 4096)默认值 = 8</td></tr>
<tr><td>* #2</td><td>CH2</td></tr>
<tr><td>* #3</td><td>CH3</td></tr>
<tr><td>* #4</td><td>CH4</td></tr>
<tr><td>#5</td><td>CH1</td><td colspan="8" rowspan="4">分别存放 4 通道的平均值</td></tr>
<tr><td>#6</td><td>CH2</td></tr>
<tr><td>#7</td><td>CH3</td></tr>
<tr><td>#8</td><td>CH4</td></tr>
<tr><td>#9</td><td>CH1</td><td colspan="8" rowspan="4">分别存放 4 通道的当前值</td></tr>
<tr><td>#10</td><td>CH2</td></tr>
<tr><td>#11</td><td>CH3</td></tr>
<tr><td>#12</td><td>CH4</td></tr>
<tr><td>#13 ~ #14
#16 ~ #19</td><td colspan="9">保留</td></tr>
<tr><td rowspan="2">#15</td><td rowspan="2">留 D 转换速度的设置</td><td colspan="8">当设置为 0 时, A-D 转换速度为 15ms/ch, 为默认值</td></tr>
<tr><td colspan="8">当设置为 1 时, A-D 转换速度为 6ms/ch, 为高速值</td></tr>
<tr><td>* #20</td><td colspan="9">恢复到默认值或调整默认值 = 0</td></tr>
<tr><td>* #21</td><td colspan="9">禁止零点和增益调整默认设定值 = 0、1(允许)</td></tr>
<tr><td rowspan="2">* #22</td><td rowspan="2">零点(Offset)、增益(Gain)调整</td><td>b7</td><td>b6</td><td>b5</td><td>b4</td><td>b3</td><td>b2</td><td>b1</td><td>b0</td></tr>
<tr><td>G4</td><td>O4</td><td>G3</td><td>O3</td><td>G2</td><td>O2</td><td>G1</td><td>O1</td></tr>
<tr><td>* #23</td><td colspan="9">零点值默认设定值 = 0</td></tr>
<tr><td>* #24</td><td colspan="9">增益值默认设定值 = 5000</td></tr>
<tr><td>#25 ~ #28</td><td colspan="9">保留</td></tr>
<tr><td>#29</td><td colspan="9">出错信息</td></tr>
<tr><td>#30</td><td colspan="9">识别码 K2010</td></tr>
<tr><td>#31</td><td colspan="9">不能使用</td></tr>
</table>

注：1. 带 * 号的 BFM 中的数据可由 PLC 通过 TO 指令改写。改写带 * 号的 BFM 的设定值就可以改变 $\mathrm{FX_{2N}}$-4AD 模块的运行参数，调整其输入方式、输入增益和零点等。

2. 从指定的模拟量输入模块读入数据前应先将设定值写入，否则按默认设定值执行。

3. PLC 用 FROM 指令可将不带 * 号的 BFM 内的数据读入。

4. BFM 的设置

1）在 BFM #0 中写入十六进制 4 位数字 H△△△△使各通道初始化，最低位数字△控制通道 CH1，最高位数字控制通道 CH4。H△△△△中每位数值表示的含义如下：

△位 = 0：设定输入范围 -10 ~ 10V；

△位 = 1：设定输入范围 4 ~ 20mA；

△位 = 2：设定输入范围 -20 ~ 20mA；

△位 = 3：关闭该通道。

例如：BFM #0 = H3310，则

CH1：设定输入范围 -10 ~ 10V；

CH2：设定输入范围 4 ~ 20mA；

CH3、CH4：关闭该通道。

2）输入的当前值送到 BFM #9 ~ #12，输入的平均值送到 BFM #5 ~ #8。

3）各通道平均值取样次数分别由 BFM #1 ~ #4 来指定。取样次数范围为 1 ~ 4096，若设定值超过该数值范围时，按默认设定值 8 处理。

4）当 BFM #20 被置 1 时，整个 FX_{2N}-4AD 的设定值均恢复到默认设定值。这是快速地擦除零点和增益的非默认设定值的方法。

5）若 BFM #21 的 b1、b0 分别置为 1、0，则增益和零点的设定值禁止改动。要改动零点和增益的设定值时必须令 b1、b0 的值分别为 0、1。默认设定为 0、1。零点是数字量输出为 0 时的输入值；增益是数字输出为 +1000 时的输入值。

6）在 BFM #23 和 BFM #24 内的增益和零点设定值会被送到指定的输入通道的增益和零点寄存器中。需要调整的输入通道由 BFM #22 的 G、O（增益-零点）位的状态来指定。例如：若 BFM #22 的 G1、O1 位置 1，则 BFM #23 和#24 的设定值即可送入通道 1 的增益和零点寄存器。各通道的增益和零点既可统一调整，也可独立调整。

7）BFM #30 中存的是特殊功能模块的识别码，PLC 可用 FROM 指令读入。FX_{2N}-4AD 的识别码为 K2010。用户在程序中可以方便地利用这一识别码在传送数据前先确认该特殊功能模块。

8）BFM #29 中各位的状态是 FX_{2N}-4AD 运行正常与否的信息。BFM #29 中各位的状态信息见表 8-6。

表 8-6　BFM #29 中各位的状态信息

BFM#29 的位	ON	OFF
b0	当 b1 ~ b3 任意为 ON 时	无错误
b1	表示零点和增益发生错误	零点和增益正常
b2	DC24V 电源故障	电源正常
b3	A-D 模块或其他硬件故障	硬件正常
b4 ~ b9	未定义	
b10	数值超出范围 -2048 ~ 2047	数值在规定范围
b11	平均值采用次数超出范围 1 ~ 4096	平均值采用次数正常
b12	零点和增益调整禁止	零点和增益调整允许
b13 ~ b15	未定义	

5. FX_{2N}-4AD 的编程应用

FX_{2N}-4AD 模拟量输入模块连接在最靠近基本单元 FX_{2N}-32MR 的地方，来自现场的 2 路电压模拟信号分别从 CH1 和 CH2 输入，试编制程序对模拟量输入模块 FX_{2N}-4AD 的通道 CH1 进行零点和增益的调整，要求通道 CH1、CH2 为电压量输入通道，通道 CH1 的零点值调整为 0V，增益值调整为 2.5V；计算 4 次取样的平均值，结果存入 PLC 的数据寄存器 D1 和 D2 中。

模拟量模块的零点和增益的调整可以通过程序进行。在工业自动控制系统的应用中，采用程序控制调整是非常有效的方法。由特殊功能模块的地址编号原则可知，FX_{2N}-4AD 模拟量输入模块编号为 0 号。FX_{2N}-4AD 的梯形图程序如图 8-5 所示。

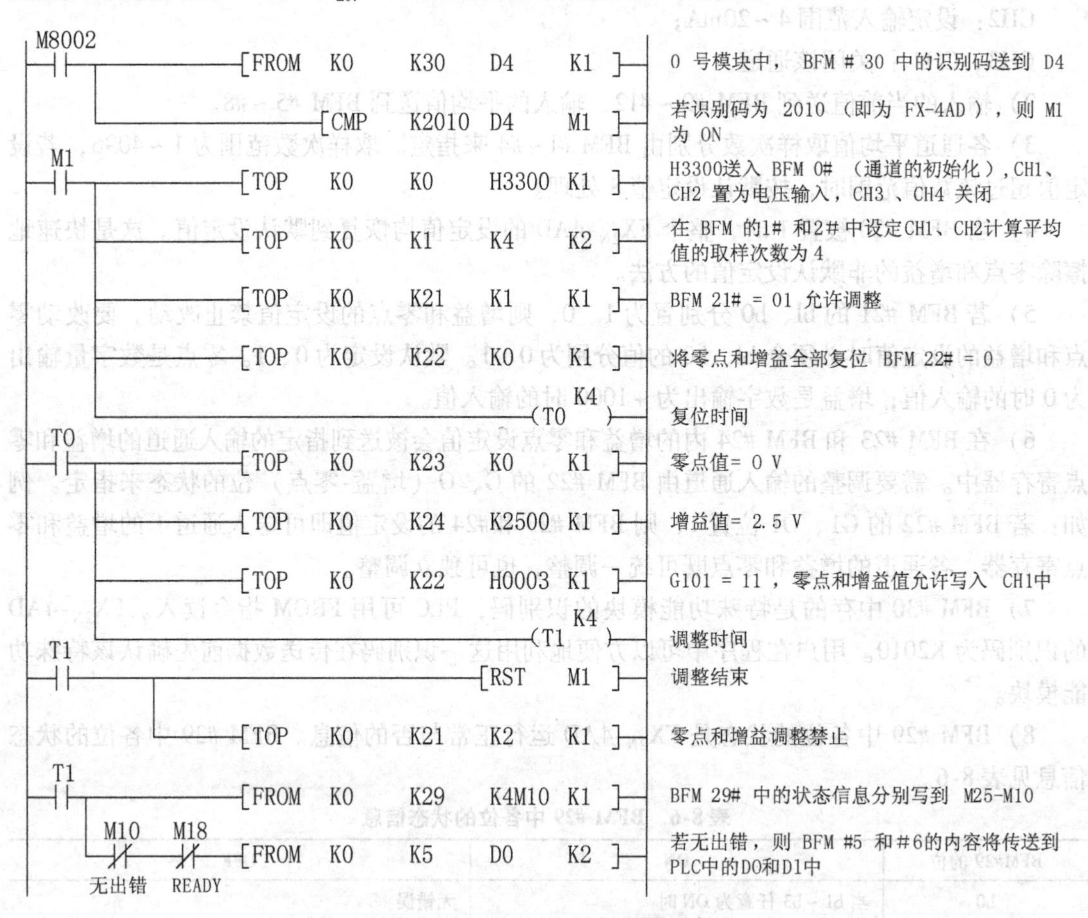

图 8-5　FX_{2N}-4AD 的梯形图程序

8.1.5　FX_{2N}-2DA 模拟量输出模块

在工业生产过程中，有些现场设备需要用模拟电压或电流作为给定信号或驱动信号。例如：直流调速装置和交流变频调速装置的给定信号就需要一个模拟电压或电流信号，PLC 模拟量输出模块（D-A 转换模块）的输出端就能根据需要提供这种电压信号或电流信号。

1. FX_{2N}-2DA 技术指标

FX_{2N}-2DA 为 12 位高精度模拟量输出模块，具有 2 输出 D-A 转换通道，输出信号类型可以是 DC 0 ~ 10V、DC 0 ~ 5V 和 DC 4 ~ 20mA，每个通道都可以独立的指定为电压输出或电流输出。FX_{2N}系列 PLC 最多可连接 8 台 FX_{2N}-2DA，其技术指标见表 8-7。

表 8-7　FX_{2N}-2DA 的技术指标

<table>
<tr><td rowspan="2">项　目</td><td>电压输入</td><td>电流输入</td></tr>
<tr><td colspan="2">2 通道模拟量输入。通过输入端子变换可选电压或电流输入</td></tr>
<tr><td>绝缘承受电压</td><td colspan="2">AC 500V 1min(在所有的端子与外壳之间)</td></tr>
<tr><td>模拟电路电源特性</td><td colspan="2">DC 24V(1 ±10%)50mA(来自主电源的内部电源供电)</td></tr>
<tr><td>数字电路电源特性</td><td colspan="2">DC 5V 20mA(来自主电源的内部电源供电)</td></tr>
<tr><td>模拟量输出范围</td><td>DC 0 ~ 10V、DC 0 ~ 5V
(外部负载 2kΩ ~ 1MΩ)</td><td>DC 4 ~ 20mA
(外部负载 500Ω 或更小)</td></tr>
<tr><td>数字量输入范围</td><td colspan="2">12 位</td></tr>
<tr><td>分辨率</td><td>2.5mV(10V/4000) 1.25mV(5V/4000)</td><td>4μA(20mA ~ 4mA/4000)</td></tr>
<tr><td>综合准确度</td><td>±1%(在 0 ~ 10V 范围)</td><td>±1%(在 4 ~ 20mA 范围)</td></tr>
<tr><td>转换速度</td><td colspan="2">每通道 4ms(顺序程序和同步)</td></tr>
<tr><td>隔离方式</td><td colspan="2">模拟量与数字量间用光电隔离。从基本单元来的电源经 DC/DC 转换器隔离。
各输入端子间不隔离</td></tr>
<tr><td>模拟量用电源</td><td colspan="2">DC24V(1 ±10%)　50mA</td></tr>
<tr><td>占有的 I/O 点数</td><td colspan="2">8 点(作输入或输出点计算)</td></tr>
</table>

2. 端子连接

模拟量输出模块 FX_{2N}-2DA 的端子接线如图 8-6 所示。采用电流输出或电压输出接线方法不同，输出负载的类型、电压、电流和功率应在 FX_{2N}-2DA 规定的范围之内。

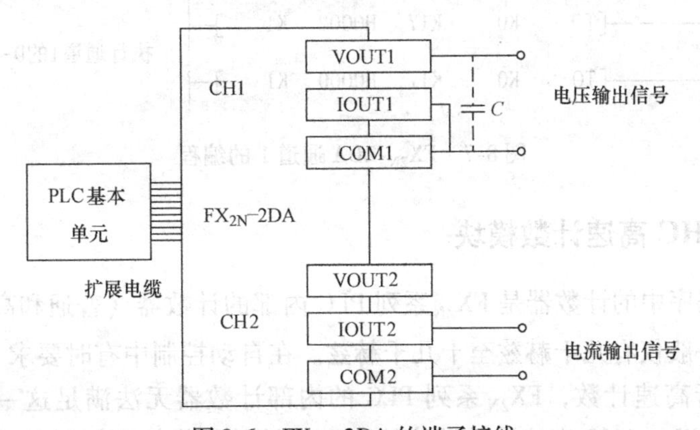

图 8-6　FX_{2N}-2DA 的端子接线

3. BFM 及设置

模拟量输出模块 FX_{2N}-2DA 的 BFM 由 19 个 16 位的寄存器组成，编号为 BFM#0 ~ #18。FX_{2N}-2DA 模块 BFM 分配表见表 8-8。

表 8-8　FX_{2N}-2DA 模块 BFM 分配表

<table>
<tr><td>BFM 编号</td><td>b15 ~ b8</td><td>b7 ~ b3</td><td>b2</td><td>b1</td><td>b0</td></tr>
<tr><td>#0 ~ #15</td><td colspan="5">保留</td></tr>
<tr><td>#16</td><td>保留</td><td colspan="4">输出数据的当前值(8 位数据)</td></tr>
<tr><td>#17</td><td colspan="2">保留</td><td>1→0 时
D-A 低 8 位数据保持</td><td>1→0 时
CH1 通道 D-A 转换开始</td><td>1→0 时
CH2 通道 D-A 转换开始</td></tr>
<tr><td>#18</td><td colspan="5">保留</td></tr>
</table>

4. 偏置与增益的调整

偏置与增益在设备出厂时按照电压输出 0 ~ 10V 进行调整的，即 12 位二进制数字 0 经 D-A 转换后为 0V，12 位二进制数字（十进制为 4000）经 D-A 转换后为 10V，使用时可以根据实际情况进行偏置和增益的调整。

偏置是指 12 位二进制数字为 0 时转换后对应的模拟电压；增益是 12 位二进制数字（十进制为 4000）时指转换后对应的模拟电压。可以采用 FX_{2N}-2DA 模块的增益和偏置小旋钮进行调节。

5. FX_{2N}-2DA 的编程应用

如图 8-7 所示，将 D100 中的数据经 D-A 转换后，从通道 1 输出。

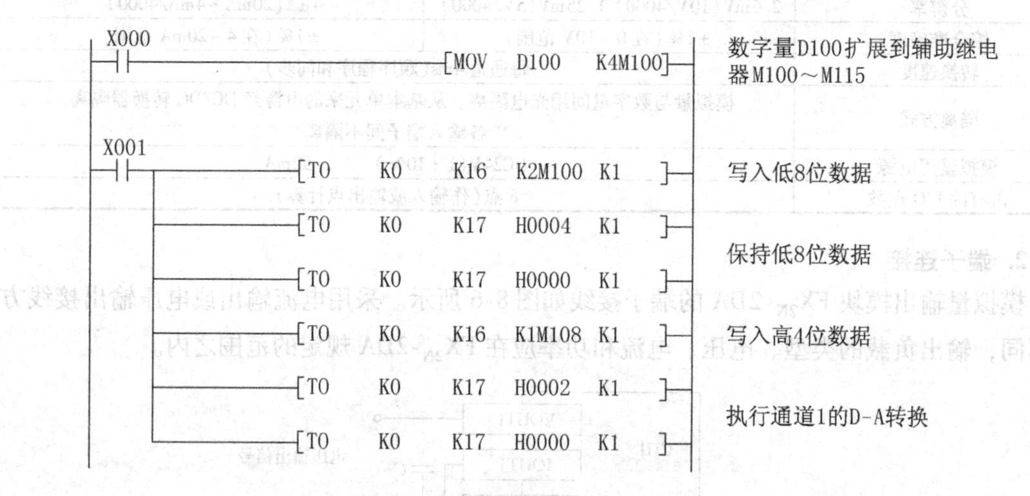

图 8-7　FX_{2N}-2DA 通道 1 的编程

8.1.6　FX_{2N}-1HC 高速计数模块

PLC 梯形图程序中的计数器是 FX_{2N}系列 PLC 内部的计数器（普通和高速计数器 2 种），其最高工作频率一般仅有几十赫兹至十几千赫兹。在自动控制中有时要求 PLC 对电子开关、旋转编码器等进行高速计数，FX_{2N}系列 PLC 的内部计数器无法满足这一要求，必须采用 FX_{2N}系列 PLC 的 FX_{2N}-1HC 高速计数器模块。高速计数器模块可以对几十千赫兹至上百千赫兹的脉冲计数。

1. FX_{2N}-1HC 的技术指标

FX_{2N}-1HC 可作为两相 50kHz 的高速计数器模块，通过 PLC 的指令或外部输入可进行计数器的复位或启动。只要将 FX_{2N}-1HC 左侧的插头插入位于其左侧的基本单元或扩展单元的插座内，就完成了 FX_{2N}-1HC 与 PLC 的 CPU 之间的连接。计数器的当前计数值与设定值的比较以及比较结果的输出都由该模块直接进行，与 PLC 的扫描周期无关，具有较高的计时精度和分辨率。FX_{2N}-1HC 的技术指标见表 8-9。

2. FX_{2N}-1HC 的输入/输出

高速计数器 FX_{2N}-1HC 输入的计数脉冲信号可以是单相的，也可以是两相的。单相单输入和单相双输入时小于 50kHz，双相输入时可以设置 1 倍频、2 倍频和 4 倍频模式。脉冲信

表 8-9　FX_{2N}-1HC 的技术指标

项目	描　述
绝缘承受电压	500V 1min(在所有端子与地之间)
信号等级	5V、12V 和 24V 依赖于连接端子。线驱动器输出型连接到 5V 端子上
频率	单相单输入:不超过 50kHz 单相双输入:每个不超过 50kHz 双相双输入:不超过 50kHz(1 倍数);不超过 25kHz(2 倍数); 不超过 12.5kHz(4 倍数)
计数器范围	32 位二进制计数器:-2147483648~2147483647 16 位二进制计数器:0~65535
计数方式	自动时向上/向下(单相双输入或双相双输入);当工作在单相单输入方式时,向上/向下由一个 PLC 或外部输入端子确定。
比较类型	YH:直接输出,通过硬件比较器处理 YS:软件比较器处理后输出,最大延迟时间 300μs
输出类型	NPN 开路,输出 2 点,DC5~24V,每点 0.5A
辅助功能	可以通过 PLC 的参数来设置模式和比较结果 可以监测当前值、比较结果和误差状态
占用 I/O 点数	这个块占用 8 个输入或输出点(输入或输出均可)
基本单元提供的电源	5V、DC 90mA(主单元提供的内部电源或电源扩展单元)
适用的控制器	FX_{1N}/FX_{2N}/FX_{2NC}、(经 FX_{2NC}-CNV-IF 后可使用 FX_{2N} 的特殊功能模块)

号的幅值可以是 5V、12V、24V，分别连接到不同的输入端。

计数器的输出有 2 种类型 4 种方式。

1）由该模块内的硬件比较器输出比较的结果，一旦当前计数值等于设定值时，立即将输出端置 1，其输出方式有 2 种：输出端 YHP 采用 PNP 型晶体管输出方式；输出端 YHN 采用 NPN 型晶体管输出方式。

2）通过该模块内的软件输出比较的结果，由于软件进行数据处理需要一定的时间，因此当前计数值等于设定值时，要经过 200μs 的延迟才能将输出端置 1，其输出方式也有两种：输出端 YSP 采用 PNP 型晶体管输出方式；输出端 YSN 采用 NPN 型晶体管输出方式。

上述各输出端的电源可以是 DC 12~24V 的电源，最大负载电流为 0.5A。

3. FX_{2N}-1HC 内的数据缓冲存储区

高速计数器 FX_{2N}-1HC 内的数据缓冲存储区共有 32 个 BFM，即 BFM #0~BFM #31，其功能用途见表 8-10。

表 8-10　FX_{2N}-1HC 内 BFM 的功能用途

BMF	功能用途	BMF	功能用途
BMF#0	存放计数器方式字	BMF#5	未使用
BMF#1	存放单相单输入方式时软件控制的递加/递减命令	BMF#6	未使用
BMF#2	存放最大计数限定值的低 16 位	BMF#7	未使用
BMF#3	存放最大计数限定值的高 16 位	BMF#8	未使用
BMF#4	字制控器数计放存	BMF#9	未使用

（续）

BMF	功能用途	BMF	功能用途
BMF#10	存放计数器计数起始值的低 16 位	BMF#21	存放计数器当前计数值的高 16 位
BMF#11	存放计数器计数起始值的高 16 位	BMF#22	存放计数器最大当前计数值的低 16 位
BMF#12	存放硬件比较时，计数器设定值的低 16 位	BMF#23	存放计数器最大当前计数值的高 16 位
BMF#13	存放硬件比较时，计数器设定值的高 16 位	BMF#24	存放计数器最小当前计数值的低 16 位
BMF#14	存放软件比较时，计数器设定值的低 16 位	BMF#25	存放计数器最小当前计数值的高 16 位
BMF#15	存放软件比较时，计数器设定值的高 16 位	BMF#26	存放比较结果
BMF#16	未使用	BMF#27	存放端口状态
BMF#17	未使用	BMF#28	未使用
BMF#18	未使用	BMF#29	存放故障代码
BMF#19	未使用	BMF#30	存放模块识别代码
BMF#20	存放计数器当前计数值的低 16 位	BMF#31	未使用

4. FX_{2N}-1HC 的计数方式

高速计数器 FX_{2N}-1HC 内计数器的计数方式由 BFM #0 内的数据决定，该数据的取值范围为 K0 ~ K11，由 PLC 通过 TO 指令写入到 BFM #0 中去。为了避免反复将数据写入该寄存器内，TO 指令必须采用脉冲控制方式。计数器的计数方式与 BFM #0 内数据的对应关系见表 8-11。

表 8-11　计数器的计数方式与 BFM#0 内数据的对应关系

计数器类型 BFM#0 内数据 计数方式		计数器	
		32 位	16 位
A-B 相输入	1 边沿计数	K0	K1
	2 边沿计数	K2	K3
	4 边沿计数	K4	K5
单相双输入	由脉冲控制递加/递减	K6	K7
单相单输入	由硬件控制递加/递减	K8	K9
	由软件控制递加/递减	K10	K11

当以 32 位计数器计数时，其最大计数限定值为 2147483647，最小计数限定值为 -2147483648。在进行递加计数时，当计数值超过最大计数限定值（即溢出）时，计数值变为最小计数限定值；反之，在进行递减计数时，当计数值小于最小计数限定值时，计数值变为最大计数限定值。

当以 16 位计数器计数时，其计数范围为 0 ~ 65535。BFM #2 和 BFM #3 内存放的数作为 16 位计数器的最大计数限定值，其取值范围为 2 ~ 65536。在进行递加计数时，当计数值超过最大计数限定值（即溢出）时，计数值变为 0；反之，在进行递减计数时，当计数值小于 0 时，计数值变为最大计数限定值。

当采用单相单输入、单相双输入或 A-B 相输入中 1 边沿计数的计数方式时，允许的最高计数频率为50kHz，当采用A-B相输入中2边沿计数的计数方式时，允许的最高计数频率为25kHz，当采用A-B相输入中4边沿计数的计数方式时，允许的最高计数频率为12.5kHz。

（1）由软件控制递加/递减的计数方式

当BFM #0内的数为K10或K11时，计数器的计数方式由BFM #1内的数决定，如果BFM #1内的数为0，则计数器以递加方式计数：如果BFM #1内的数为1，则计数器以递减方式计数。计数脉冲都经B相输入端输入。该计数方式的时序图如图8-8所示。

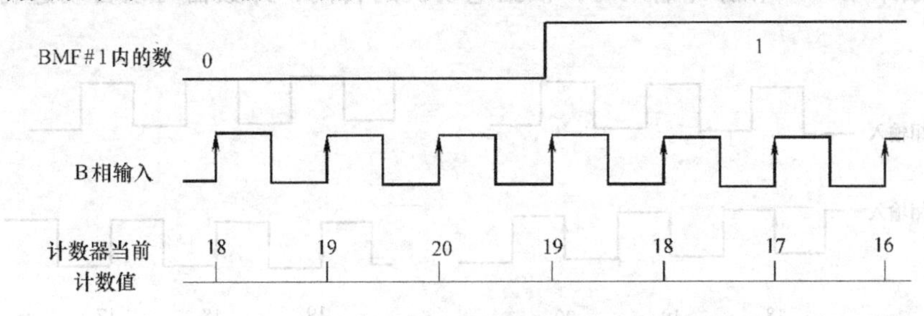

图8-8　由软件控制递加/递减的计数方式的时序图

（2）由硬件（A相输入信号）控制递加/递减的计数方式

当BFM #0内的数为K8或K9时，计数器的计数方式由A相输入端输入的信号决定，如果A相输入端的输入信号为0，则计数器以递加方式计数；如果A相输入端的输入信号为1，则计数器以递减方式计数。计数脉冲经B相输入端输入。该计数方式的时序图如图8-9所示。

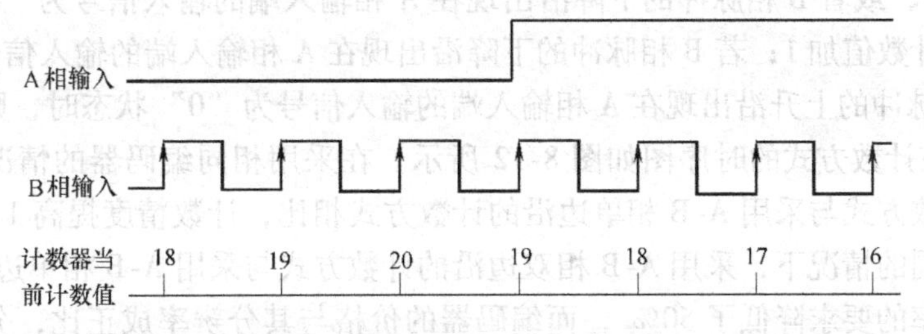

图8-9　由硬件控制递加/递减的计数方式的时序图

（3）由A相和B相分别控制递加/递减的计数方式

当BFM #0内的数为K6或K7时，由A相输入端输入的脉冲上升沿使计数器的当前计数值加1，由B相输入端输入的脉冲上升沿使计数器的当前计数值减1，当A相和B相输入端输入的脉冲上升沿同时出现时，计数器的当前计数值保持不变。该计数方式的时序图如图8-10所示。

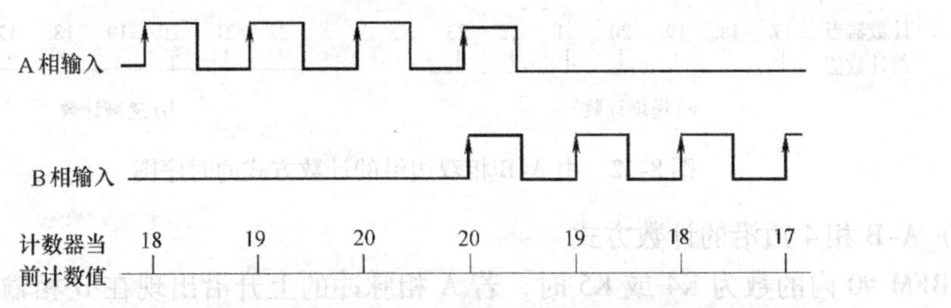

图8-10　由A相和B相控制递加/递减的计数方式的时序图

(4) A-B 相单边沿的计数方式

当 BFM #0 内的数为 K0 或 K1 时，若 B 相脉冲的上升沿出现在 A 相输入端的输入信号为“1”状态时，则计数器的当前计数值加 1；若 B 相脉冲的下降沿出现在 A 相输入端的输入信号为“1”状态时，则计数器的当前计数值减 1。该计数方式的时序图如图 8-11a 所示。当采用光电编码器 A-B 相脉冲检测转速或位置时，设电动机正转时，编码器产生的 A-B 相脉冲波形如图 8-11a 所示；则电动机反转时，编码器产生的 A-B 相脉冲波形如图 8-11b 所示。因此，当采用 A-B 相脉冲输入时，根据电动机的转向，计数器可以自动进行递加或递减计数。

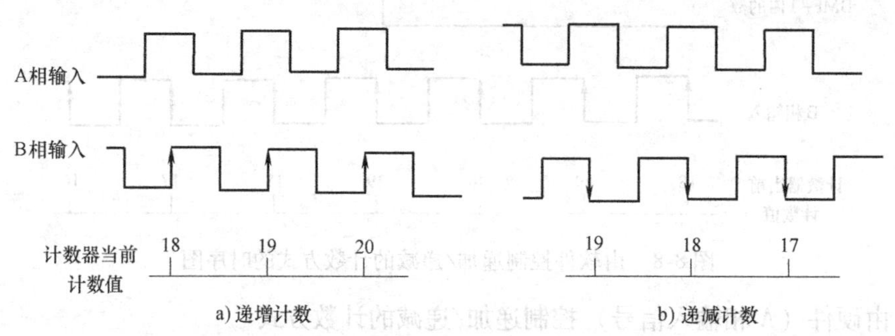

图 8-11　由 A 相和 B 相单边沿的计数方式的时序图

(5) A-B 相双边沿的计数方式

当 BFM #0 内的数为 K2 或 K3 时，若 B 相脉冲的上升沿出现在 A 相输入端的输入信号为“1”状态时，或者 B 相脉冲的下降沿出现在 A 相输入端的输入信号为“0”状态时，则计数器的当前计数值加 1；若 B 相脉冲的下降沿出现在 A 相输入端的输入信号为“1”状态时，或者 B 相脉冲的上升沿出现在 A 相输入端的输入信号为“0”状态时，则计数器的当前计数值减 1。该计数方式的时序图如图 8-12 所示。在采用相同编码器的情况下，采用 A-B 相双边沿的计数方式与采用 A-B 相单边沿的计数方式相比，计数精度提高 1 倍。也就是说，在计数精度相同的情况下，采用 A-B 相双边沿的计数方式与采用 A-B 相单边沿的计数方式，对编码器分辨率的要求降低了 50%，而编码器的价格与其分辨率成正比，分辨率越高，价格越贵。

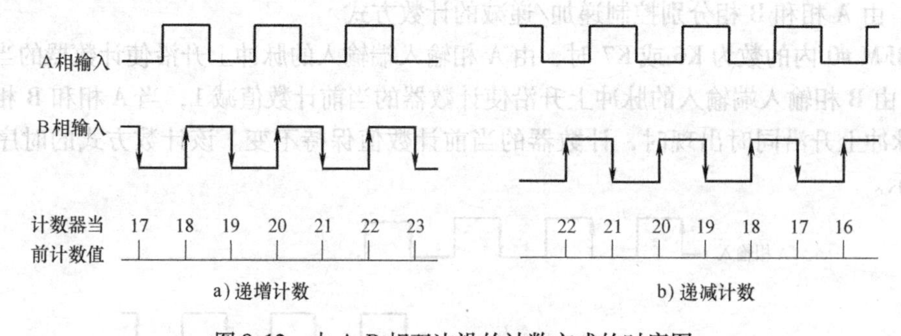

图 8-12　由 A-B 相双边沿的计数方式的时序图

(6) A-B 相 4 边沿的计数方式

当 BFM #0 内的数为 K4 或 K5 时，若 A 相脉冲的上升沿出现在 B 相输入端的输入信号为“0”状态时，或者 A 相脉冲的下降沿出现在 B 相输入端的输入信号为“1”状态时，或者 B 相脉冲的上升沿出现在 A 相输入端的输入信号为“1”状态时，或者 B 相脉冲的下降沿出现在 A 相输入端的输入信号为“0”状态时，则计数器的当前计数值加 1；若 A 相脉冲的上升沿出现在 B 相输入端的输入信号为“1”状态时，或者 A 相脉冲的下降沿出现在 B 相输入端的输入信号为“0”状态时，或者 B 相脉冲的上升沿出现在 A 相输入端的输入信号为“0”状态时，或者 B 相脉冲的下降沿出现在 A 相输入端的输入信号为“1”状态时，则计数器的当前计数值减 1。该计数方式的时序图如图 8-13 所示。在采用相同编码器的情况下，采用 A-B 相 4 边沿的计数方式与采用 A-B 相双边沿的计数方式相比，其分辨率提高 1 倍；采用 A-B 相 4 边沿的计数方式与采用 A-B 相单边沿的计数方式相比，其分辨率提高 4 倍。也就是说，在控制对象对分辨率要求相同的情况下，采用 A-B 相 4 边沿的计数方式与采用 A-B 相单边沿的计数方式相比，对编码器分辨率的要求降低为原来的 1/4。

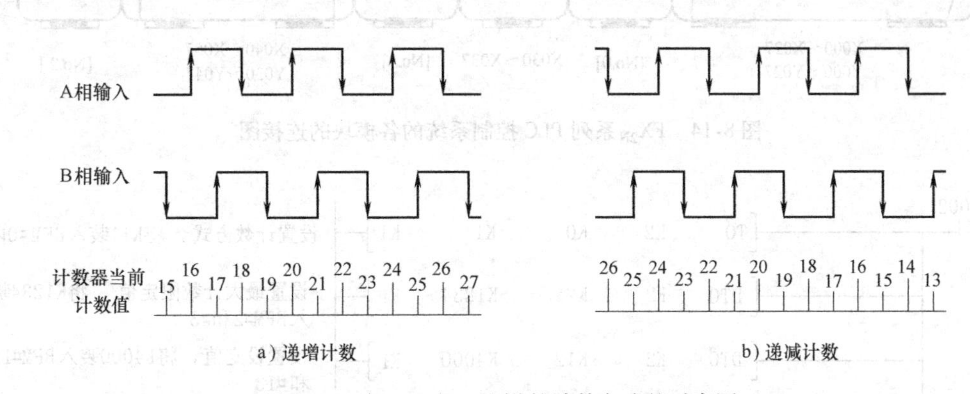

图 8-13　由 A-B 相 4 边沿的计数方式的时序图

5. FX_{2N}-1HC I/O 的控制字

BFM #4 内存放控制字，各位的功能见表 8-12。

表 8-12　BFM #4 各位的功能表

位序	“0”状态	“1”状态
b0	禁止计数	允许计数
b1	禁止硬件比较	允许硬件比较
b2	禁止软件比较	允许软件比较
b3	硬件输出端和软件输出端单独工作	硬件输出端和软件输出端互为复位
b4	输入 PRESET 无效	输入 PRESET 有效
b5 ~ b7	没有定义	
b8	不起作用	出错标志复位
b9	不起作用	硬件比较输出复位
b10	不起作用	软件比较输出复位
b11	不起作用	选用硬件比较
b12	不起作用	选用软件比较
b13 ~ b15	没有定义	

6. FX_{2N}-1HC 的编程应用

图 8-14 所示为 PLC 控制系统的各模块的连接图，高速计数器模块 FX_{2N}-1HC 的功能模块号为 2。将该模块内的计数器设置为由软件控制递加/递减的单相单输入的 16 位计数器，并将其最大计数限定值设定为 K4444，采用硬件比较的方法，其设定值为 K4000，其梯形图程序如图 8-15 所示。

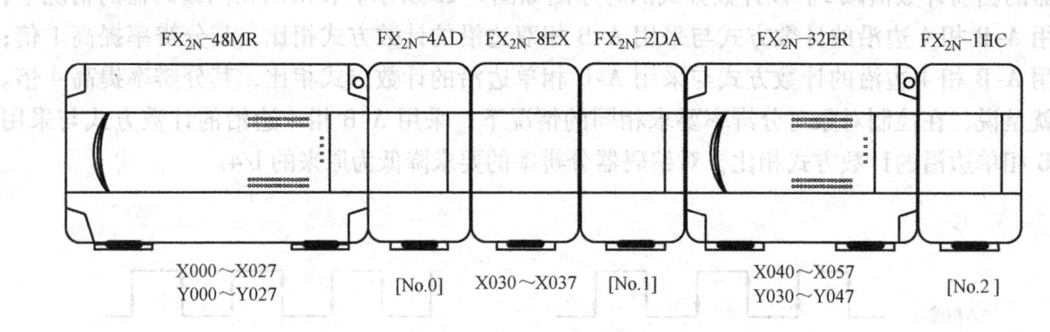

图 8-14　FX_{2N}系列 PLC 控制系统的各模块的连接图

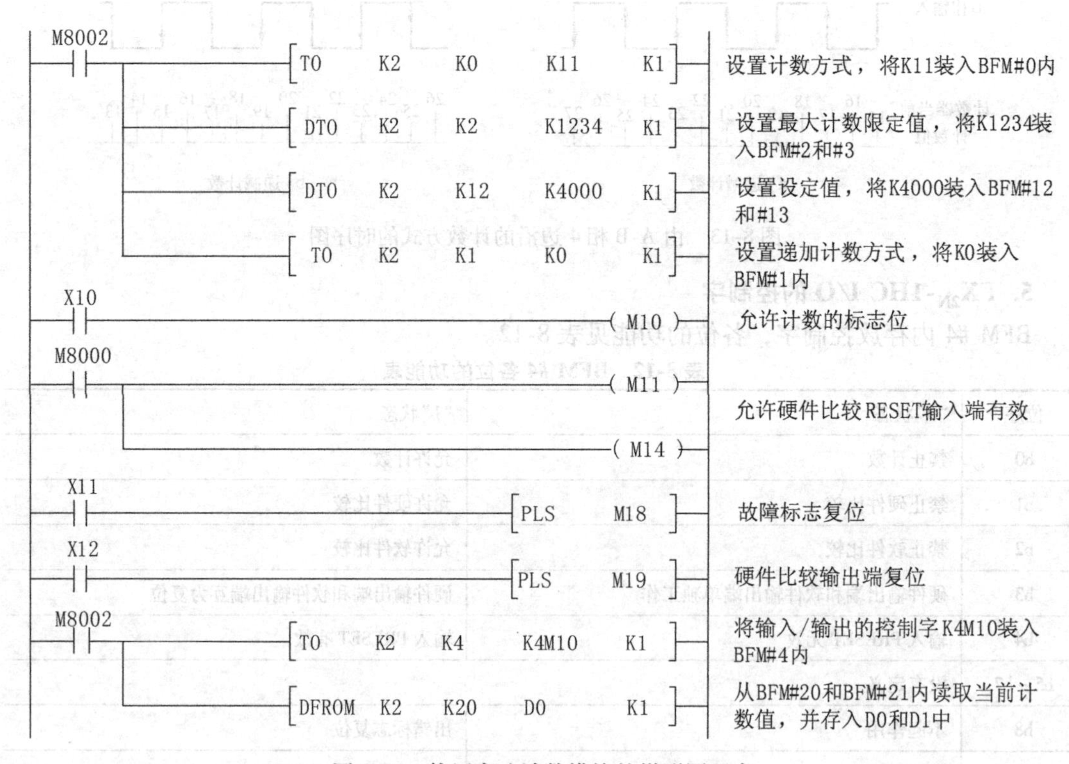

图 8-15　使用高速计数模块的梯形图程序

8.2　FX_{2N}系列 PLC 的通信及网络技术

PLC 除了用于单机控制系统外，还能与其他 PLC、计算机或者可编程设备如变频器、打印机、机器人等连接，构成数据交换的通信网络，实现网络控制与管理系统。工业自动化工程中越来越多地应用了计算机网络。PLC 及其控制网络由于有较高的性价比，易于实现分散控制，已成为工业企业中首选的工业控制装置。PLC 之间的通信、PLC 与工业控制计算机的通信、PLC 网的互联、PLC 网与其他工业局域网的互联是 PLC 应用的重要环节。

三菱公司 FX_{2N}系列 PLC 具有很强的通信功能。FX_{2N}系列 PLC 采用通信模块来完成与主计算机、其他 PLC 或其他智能控制设备之间的通信。这里主要介绍 FX_{2N}系列 PLC 的以下几种常用通信方式。

1）计算机链接（Computer Link）：应用 RS485（422）模块连接 1 台计算机与最多 16 台 PLC（1∶N），按照专有通信协议方式（Dedicated Protocol，无需梯形图，计算机直接读写操纵 PLC）进行数据传输，常用的编程口就是计算机链接的典型应用。

2）N∶N 链接（N∶N Network）：用于 PLC 与 PLC 之间构成的系统的数据传输。

3）并行链接（Parallel Link ，1∶1 链接）：用于 2 台 PLC 之间最多 100 个特殊辅助继电器和 10 个数据寄存器的数据传输。

4）无协议通信方式（No Protocol，也称 RS 指令通信）：应用 RS 指令编写的梯形图形式完成 PLC 与带有 RS232C 接口的设备如个人计算机、条形码阅读器和打印机等设备的数据通信。

5）现场总线 CC-LINK 网络连接。

8.2.1　PLC 通信的基本知识

通信就是系统之间按一定规则进行的信息传送、交换。在自动控制系统中 PLC 与工业控制计算机、PLC 与 PLC、PLC 与外围设备之间的通信统称为 PLC 通信。PLC 通信系统的应用目的就是要将多个远程的 PLC、计算机以及各种外围设备进行互联，通过某种共同约定的通信规则（协议）来传输和交换数据，以实现由一台计算机控制和管理多台 PLC 设备，或多台 PLC 之间的监控管理，组成不同的 PLC 控制网络系统。

1. 数据通信系统构成

通信的目的是为了交换信息。信息的载体可以是语音、音乐、图形图像、文字和数据等多种媒体。计算机或 PLC 的终端产生的信息一般是字母、数字和符号的组合。为了传送这些信息，首先要将每一个字母、数字用二进制代码表示。目前常用的二进制代码有 ASCII 码等。

美国信息交换标准代码（ASCII 码）目前已被 ISO 与 ITU-T 采纳，并发展为国际通用的信息交换用标准代码。ASCII 码用 7 位二进制数来表示一个字母、数字或符号。任何文字都可以用一串二进制 ASCII 码来表示。对于数据通信过程，只需要保证被传输的二进制码在传输过程中不出现错误，而不需要理解被传输的二进制代码所表示的信息内容。被传输的二进制代码称为数据（Data）。

PLC 网络中的任何设备之间的通信，都是使数据由一台设备的端口发出（信息发送设备），经过信息传输通道（信道）传输到另一台设备的端口进行接收（信息接收设备）。一般通信系统由信息发送设备、信息接收设备和通信信道构成，基于该硬件系统的信息传送、交换和处理则依靠通信协议和通信软件的指挥、协调和运作。

在 PLC 数据通信系统中，每台 PLC、计算机或外围设备既可以是信息发送设备也可以是信息接收设备。一个信息发送设备在发送数据的同时，也可以接收来自其他设备的信息。同样，信息接收设备在接收数据的同时，也可以发送反馈信息。

PLC 与计算机除了作为信息发送与接收设备外，同时也是系统的控制设备。为确保信息发送和接收的正确性和一致性，控制设备必须按照通信协议和通信软件的要求对信息发送和接收过程进行协调。

通信协议的作用主要是规定各种数据传输的规则，收发双方通过遵守共同的通信协议的各项规定以协调和保持数据通信的进行和顺畅。

信息通道是数据传输的通道。选用何种信道媒介应视通信系统的设备构成不同以及在速度、安全、抗干扰性等方面的要求的不同而确定。PLC 数据通信系统一般采用有线信道。

通信软件是人与通信系统之间的一个接口，使用者可以通过通信软件了解整个通信系统的运作情况，进而对通信系统进行各种控制和管理。

2. 数据通信方式及传输速率

在计算机与 PLC 组成的多处理机的自动控制系统中，设备相互之间的通信必须遵循一定的通信方式，才能达到既有效利用设备又提高通信效率的目的。通信系统的基本通信方式可分为两种类型：并行通信与串行通信。

（1）并行通信

并行通信是指以字节或字为单位，同时将多个数据在多个并行信道上同时进行传输。并行通信的速度较快，但随着传输位数的增多，电路的复杂程度相应增加，成本也随之上升，抗干扰能力较差。因此，并行通信较适合于短距离和高速率的数据通信，例如，计算机与打印机之间的通信，PLC 内部的基本单元、扩展单元和特殊模块之间的数据传送。

（2）串行通信

串行通信是指以二进制的位（bit）为单位，对数据一位一位地串行传送。相对并行通信而言，由于每次只传送一位数据，串行通信的传输速率较慢。串行通信需要的信号线少，成本低，适用于远程通信。PLC 网络系统广泛地应用串行通信的技术。

在串行通信中，接收方和发送方应使用相同的传输速率。接收方和发送方的标称传输速率虽然相同，但它们之间总是有一些微小的差别。如果不采取措施，在连续传送大量的信息时，将会因积累误差而造成发送和接收的数据错位或数据位的丢失，使接收方收到错误的信息。为了解决这一问题，需要使发送过程和接收过程同步。按同步方式的不同，串行通信分为异步通信（ASYNC）和同步通信（SYNC）以及同步数据链路通信（SDLC）、高级数据链路通信（HDLC）等，这些都是串行通信的软件协议。它们的主要区别表现在不同的信息格式上。

1）异步串行通信。异步通信传输的数据以字符为单位，而且字符间的发送时间是异步的。也就是说，后一个字符数据组的发送时间与前一个字符数据组无关。异步串行通信的每组数据的前面和后面分别加上一位起始位和一位停止位。通常规定起始位为“0”停止位为“1”。在数据后可以附加一位奇偶校验位，以提高数据位的抗干扰性能，但也可以不加。这样组合而成的一组数据被称为一帧（Frame）。通信双方需要对采用的信息格式和数据的传输速率作相同的约定。接收方检测到停止位和起始位之间的下降沿后，将它作为接收的起始点，在每一位的中间时间点接收信息。由于一个字符中包含的位数不多，即使发送方和接收方的收发频率略有差异，也不会因为两台设备之间的时钟周期的积累误差而导致信息的发送和接收错位。PLC 通信通常采用异步串行通信方式。

2）同步串行通信。同步传输时，一个信息帧包含多个字符，每个信息帧用同步字符作为开始。一个字符可以对应 5 ~ 8bit/s。同步字符起联络作用，用来通知接收方开始接收数据。由于同步通信方式不需要在每个数据字符中增加起始位、停止位和奇偶校验位，只需要在要发送的数据块之前加一两个同步字符，所以传输效率高，但是对硬件的要求较高。

（3）单工与双工通信

按照信息在设备间的传输方向，串行通信还可分为单工与双工通信，双工通信又分为半双工和全双工两种方式。

单工通信方式只能沿单一方向传输数据。双工通信方式的信息可以沿两个方向传送，每一个站既可发送数据，也可接收数据。半双工方式用同一组线接收和发送数据，通信的双方在同一时刻只能发送数据或只能接收数据。全双工方式中数据的发送和接收分别由两根或两组不同的数据线传送，通信的双方都能在同一时刻接收和发送信息。

（4）传输速率

在串行通信中，用“波特率”来描述数据的传输速率。波特率即每秒传送的二进制位数，单位符号为 bit/s。常用的标准传输速率为 300 ~ 38400bit/s 等。不同的串行通信网络的传输速率差别极大，有的只有数百 bit/s，高速串行通信网络的传输速率可达 1000M（1G）bit/s。

3. 串行通信接口标准

通信接口的种类非常多，RS232C，RS422 与 RS485 都是串行数据接口标准，最初都是由美国电子工业协会（EIA）制订并发布的，由于 EIA 提出的建议标准都是以 RS 作为前缀，所以在工业通信领域，仍然习惯将上述标准以 RS 作前缀称谓。

（1）RS232C 接口标准

RS232C 被定义为一种在低速率串行通信中增加通信距离的单端标准。除了 PLC 通信采用以外，其他的通信系统也经常采用这个接口标准。RS232 采取不平衡传输方式，即所谓单端通信。这个标准对串行通信接口的电气特性和各信号线的功能等都作了明确的规定。

1）RS232C 的电气特性。RS232C 采用负逻辑，典型的 RS232 信号在正负电平之间摆动，在发送数据时，发送端驱动器输出正电平在 5 ~ 15V，负电平在 -15 ~ -5V 。当无数据传输时，线上为 TTL 电平，从开始传送数据到结束，线上电平从 TTL 电平到 RS232C 电平再返回 TTL 电平。接收器典型的工作电平在 3 ~ 12V 与 -3 ~ -12V。由于发送电平与接收电平的差仅为 2 ~ 3V，所以其共模抑制能力差，再加上双绞线上的分布电容，其传送距离最大仅 15m 左右，最高速率为 20kbit/s，只能进行一对一的通信。

2）RS232C 的标准接口。RS232C 的标准接口，有 25 针和 9 针两种，使用 9 针的便可以完成一个简单的数据通信，因此在大部分的通信系统中，经常采用 9 针连接器。9 针 D 型连接器的引脚定义见表 8-13。

表 8-13 9 针 D 型连接器的引脚定义

RS232C 引脚	名　称	说　明
1	DCD 载波信号检测	Modem 正在接收另一端送来的数据
2	RxD 接收数据	Modem 发送数据给发送方
3	TxD 发送数据	发送方将数据传给 Modem

（续）

RS232C 引脚	名 称	说 明
4	DTR 数据终端准备好	数据终端已做好准备
5	SG 信号地	信号公共地
6	DSR 数据终端准备好	Modem 已经准备好
7	RTS 请求发送	在半双工时控制发送方的开和关
8	CTS 允许发送	Modem 允许发送
9	RI 振铃指示	表明另一端有进行传输连接的请求

（2）RS422A 接口标准

RS422A 采用平衡驱动、差分接收电路，取消了信号地线。它的引脚数由 RS232C 的 25 个增加到了 37 个，因而比 RS232C 多了 10 种新功能。RS422A 与 RS232C 的一个显著区别是，它仅使用 5V 作为工作电压，同时采用了差动收发的方式。差动收发需要一对平衡差分信号线，逻辑“1”和逻辑“0”是由两根信号线之间的电位差来表示的。因此，相比 RS232C 的单端收发方式来说，RS422A 在抗干扰性方面得到了明显的增强。

RS422A 在最大传输速率（10Mbit/s）时，允许的最大通信距离为 12m，传输速率为 100kbit/s 时，最大通信距离为 1200m，一台驱动器可以连接 10 台接收器。

（3）RS485 接口标准

RS485 与 RS422A 的区别仅在于 RS485 的工作方式是半双工，RS422A 为全双工，两对平衡差分信号线分别用于发送和接收。RS485 为半双工，只有一对平衡差分信号线，不能同时发送和接收。如果一台通信设备支持全双工模式，那么它可以同时进行数据的发送和接收；如果一台通信设备仅支持半双工模式，那么在同一时刻，要么只能发送数据，要么只能接收数据，两者不能同时进行。所以，RS422A 为了支持全双工的模式，就需要有两对平衡差分信号线，而 RS485 只需要其中的一对即可。另外，RS485 与 RS422A 一样，都是采用差动收发的方式，而且输出阻抗低，无接地回路，所以抗干扰性好，传输速率可以达到 10Mbit/s。

8.2.2 计算机链接通信

由于通用计算机软件丰富，直接面向用户，人机界面友好，编程调试方便，为了使操作者可以直观、准确、迅速地了解当前系统的运作情况和各种参数，通常采用 PLC 与计算机组成通信系统，由 PLC 将各种系统参数发送给上位机（上位计算机，简称上位机），然后上位机对这些数据经过一系列的加工、处理和分析之后，以某种方式显示给操作者，操作者再将需要 PLC 执行的操作输入到上位机，由上位机将操作命令回传给 PLC。上位机通常都是通用计算机，如个人计算机，或是大、中型计算机。上位机主要完成数据传输和处理、修改参数显示图像、打印报表、监视工作状态、网络通信和编制 PLC 程序等任务。PLC 则直接面向工作现场，面向工作设备，进行实时控制。上位机与 PLC 可以发挥各自的优势，从而扩大 PLC 的应用范围。

计算机链接（Computer Link）通信采用专用通信协议方式，所以计算机链接也称为专用通信协议（Specifying Dedicated Protocol）或控制协议（Control Protocol）。计算机链接通信是由计算机发出读写 PLC 数据的命令帧，PLC 收到后自动生成和返回响应帧，但计算机的程序仍需用户编写。

1. 计算机链接通信的构成

计算机与 PLC 的通信链接有编程口通信链接与其他通信接口连接两类。

（1）计算机与 PLC 的内置编程口通信链接

计算机与 PLC 的内置编程口通信链接如图 8-16 所示。手持式编程器的 RS422 口通过 422 电缆与 PLC 的编程口连接，计算机的 RS232 9 针接口通过 232 转 422 接口电缆与 PLC 连接，计算机的 USB 接口通过 USB 转 422 接口电缆与 PLC 连接。

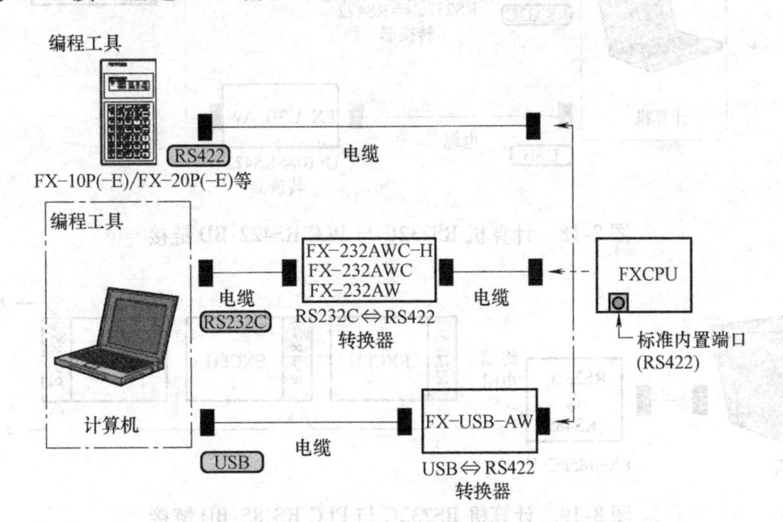

图 8-16　计算机与 PLC 内置编程口通信链接

（2）计算机与 PLC 的 RS232-BD 接口链接

计算机 RS232C 与 PLC RS232-BD 链接如图 8-17 所示。

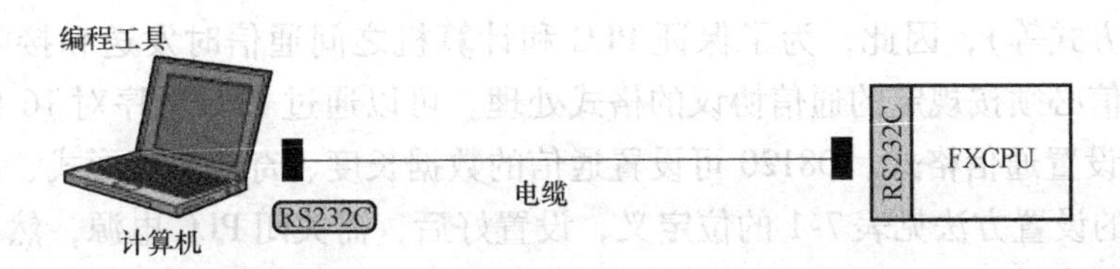

图 8-17　计算机 RS232C 与 PLC RS232-BD 链接

（3）计算机与 PLC 的 RS422-BD 接口链接

计算机 RS232C 与 PLCRS422-BD 接口链接如图 8-18 所示。

（4）计算机与 PLC 的 RS485-BD 接口链接

计算机 RS232C 与 PLC RS485-BD 接口链接如图 8-19 所示。

2. 串行通信协议的格式

在计算机链接通信和无协议通信时，计算机与 PLC 之间采用主从应答方式，计算机始终处于主动状态，根据需要向 PLC 发出读/写命令，下位机处于被动状态只能响应上位机的命令。读数据时，上位机通过通信口向 PLC 发出读数据命令，PLC 响应命令并将数据准备好，上位机再次读通信口即可读到所需数据：写数据时，上位机通过通信口向 PLC 发布写

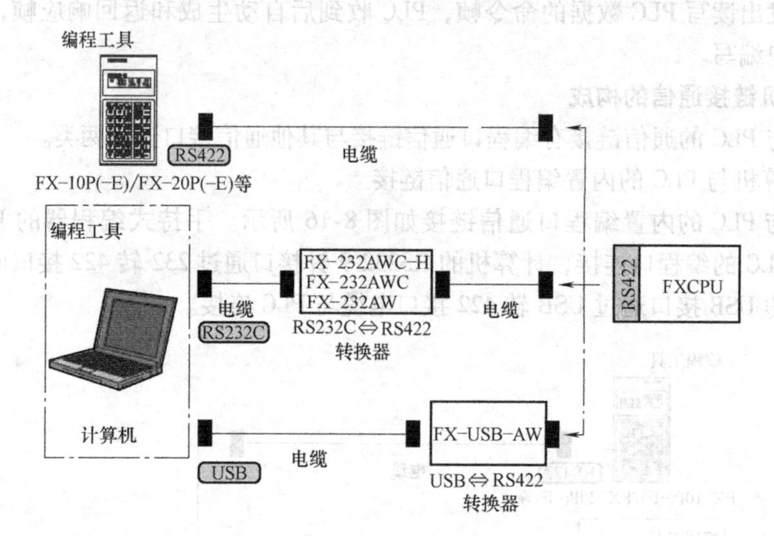

图 8-18　计算机 RS232C 与 PLC RS422-BD 链接

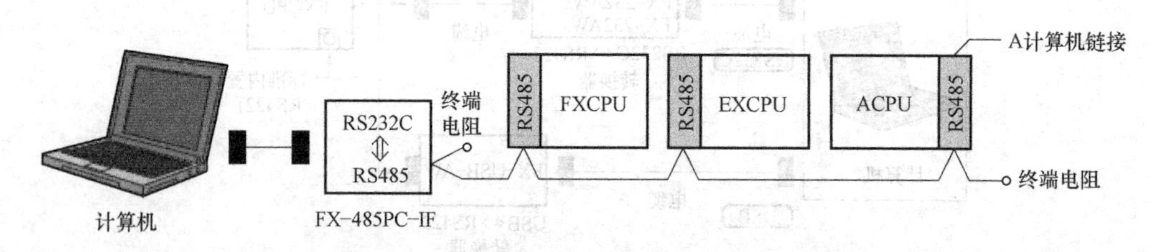

图 8-19　计算机 RS232C 与 PLC RS485-BD 链接

命令及数据，PLC 即可接收。PLC 通信模块有多种命令代码，计算机通过向 PLC 发出不同的命令，可以灵活地对其位或字软元件以及特殊功能模块的缓冲区进行读写。

通信格式决定了计算机链接和无协议通信方式的通信设置（数据长度、奇偶校验形式、波特率和协议方式等），因此，为了保证 PLC 和计算机之间通信时发送和接收数据正确完成，系统的通信必须按规定的通信协议的格式处理。可以通过 PLC 程序对 16 位的特殊数据寄存器 D8120 设置通信格式。D8120 可设置通信的数据长度、奇偶校验形式、波特率和协议方式。D8120 的设置方法见表 7-1 的位定义，设置好后，需关闭 PLC 电源，然后重新接通电源，才能使设置有效。除 D8120 外，通信中还会用到其他的一些特殊辅助继电器和特殊数据寄存器，这些元件和其功能见表 7-2。

对于内置式编程口，不需要设置，PLC 采用默认的通信格式与计算机通信，用户可以通过内置式编程口进行程序的下载和 PLC 的监控。对于其他的通信接口，用户可以进行编程实现自己的通信参数。如图 8-20 所示的协议格式，用户可以设定 D8120 寄存器进行通信格式的设定，如图 8-21 所示。

3. PLC 与计算机之间的链接通信协议

计算机链接通信采用专用通信协议，由计算机发出读写 PLC 数据的命令帧，PLC 收到后自动生成和返回响应帧，但是计算机的程序仍需用户编写，例如 PLC 的编程软件、组态软件的驱动程序等都是由这些软件的提供商编写完成的。

计算机和 PLC 之间数据交换和传输（也称数据流）有 3 种形式：计算机从 PLC 中读数

据，计算机向 PLC 写数据和 PLC 向计算机写数据。不论计算机和 PLC 之间交换和传输数据时是哪种数据流形式，都按图 8-22 的格式进行。

数据长度	7位
奇偶性	偶
停止位	2位
波特率	9600bit/s
协议	无协议
起始标志字符	无
结束标志字符	无
和检查	接收
控制线	格式1

图 8-20　协议格式

```
M8002
─┤├──────[MOV   H088E   D8120]─
D8120=[ 0000   1100   1000   1110]
          0      8      8      E
```

图 8-21　D8120 设置梯形图

控制代码	PLC站号	PC号	命令	报文等待时间	数据字符	校验和代码	控制代码 CR/LF

图 8-22　专用通信协议的格式

通信格式的详细说明请参考相关手册，在此不加以详述。

8.2.3　PLC 与 PLC 之间的 N:N 网络

PLC 与 PLC 之间的通信采用的是并行链接技术。并行链接是指 PLC 之间 1:1、1:N 或 N:N的互相链接。实际上是在参与通信的各 PLC 中，各开辟出一定量的特殊继电器和数据寄存器区域作为其他 PLC 的同地址的特殊继电器或数据寄存器的“映像”，这些“映像”随着通信双方的特殊继电器和数据寄存器区域的改变自动被刷新，由于地址的分配有严格的规定，因此各 PLC 可以通过读取本身相应的“映像”内容来获取其他 PLC 的信息。

PLC 的网络通信一般通过各种专用的网络通信模块、通信卡及相应的通信软件实现。FX_{2N}系列 PLC 可通过通信模块 FX_{2N}485-BD 进行双机并联通信，实现两台 FX_{2N}系列 PLC 之间的数据和状态全双工的自动交换。

1. N:N 网络链接的结构

图 8-23 为 N:N 网络链接示意图。

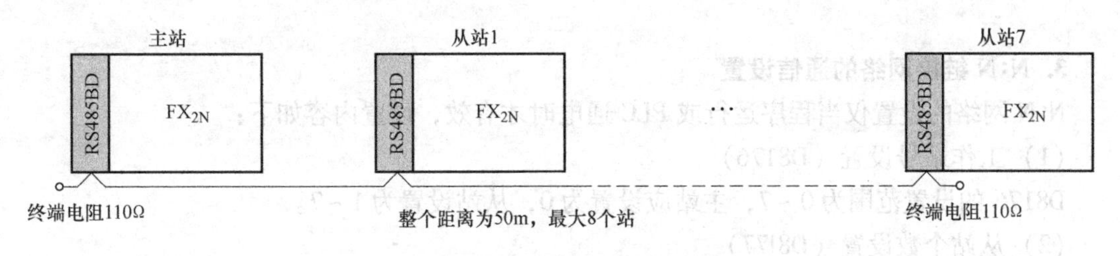

图 8-23　N:N 网络链接示意图

2. N:N 链接的寄存器

N:N 链接通信协议用于最多 8 台 FX_{2N}系列 PLC 的辅助继电器和数据寄存器之间的数据

的自动交换，其中一台为主机，其余为从机。

N:N 网络中每一台 PLC 都在其辅助继电器区和数据寄存器区分配有一块用于共享的数据区，这些辅助继电器和数据寄存器见表 8-14。数据在确定的刷新范围内自动在 PLC 之间传送，刷新范围内的设备可由所有站监视。但数据写入和 ON/OFF 操作只在本站内有效。因此，对于某一台 PLC 的用户程序，在使用其他站自动传来的数据时，就如同读写自己内部的数据区一样方便。

表 8-14 N:N 网络链接时相关的辅助继电器和数据寄存器

动作	辅助继电器或寄存器	名称	说明	影响形式
只写	M8038	N:N 网络参数设定	用于 N:N 网络参数设定	主站,从站
只读	M8063	网络参数错误	当主站参数错误,置 ON①	主站,从站
只读	M8183	主站通信错误	主站通信错误,置 ON	从站
只读	M8184 ~ M8019②	从站通信错误	从站通信错误,置 ON①	主站,从站
只读	M8191	数据通信	当与其他站通信,置 ON	主站,从站
只读	D8173	站号	存储从站的站号	主站,从站
只读	D8174	从站总数	存储从站总数	主站,从站
只读	D8175	刷新范围	存储刷新范围	主站,从站
只写	D8176	设定站数	设定本站号	主站,从站
只写	D8177	设定总从站数	设定从站总数	主站
只写	D8178	设定刷新范围	设定刷新范围	主站
只写	D8179	设定重试次数	设定重试次数	主站
只写	D8180	超时设定	设定命令超时	主站
只读	D8201	当前网络扫描时间	存储当前网络扫描时间	主站,从站
只读	D8202	最大网络扫描时间	存储最大网络扫描时间	主站,从站
只读	D8203	主站通信错误数	主站中通信错误数①	从站
只读	D8204 ~ D8210②	从站通信错误数	从站中通信错误数①	主站,从站
只读	D8211	主站通信错误码	主站中通信错误码	从站
只读	D8212 ~ D8218②	从站通信错误码	从站中通信错误码	主站,从站

① 表示在本站中出现的通信错误数，不能在 CPU 出错状态、程序出错状态和停止状态下记录。

② 表示与从站号一致。例如：1 号站为 M8184、2 号站为 8185、3 号站为 M8186；1 号站为 D8204、2 号站为 8205、3 号站为 M8206。

3. N:N 链接网络的通信设置

N:N 网络的设置仅当程序运行或 PLC 通电时才有效，设置内容如下：

(1) 工作站号设置（D8176）

D8176 的设置范围为 0 ~ 7，主站应设置为 0，从站设置为 1 ~ 7。

(2) 从站个数设置（D8l77）

D8177 用于在主站中设置从站总数，从站中不须设置，设定范围为 0 ~ 7 之间的值，默认值为 7。

(3) 刷新范围（模式）设置（D8178）

刷新范围是指在设定的模式下主站与从站共享的辅助继电器和数据寄存器的范围。刷新模式由主站的 D8178 来设置，可以设为 0、1 或 2 值（默认值为 0），分别代表 3 种刷新模式，从站中不需设置此值。表 8-15 是 D8178 对应的 3 种刷新模式，表 8-16 是 3 种模式设置所对应的 PLC 中辅助继电器和数据寄存器的刷新范围，这些辅助继电器和数据寄存器供各站的 PLC 共享。

例如，当 D8178 设置为模式 2 时，如果主站的 X001 要控制 7 号从站的 Y005，可以用主站的 X001 来控制它的 M1000。通过通信，各从站中的 M1000 的状态与主站的 M1000 相同。用 7 号从站的 M1000 来控制它的 Y005 ，这就相当于用主站的 X001 来控制 7 号从站的 Y005。

表 8-15　N:N 网络的刷新形式

元件	刷新范围		
	模式 2	模式 0	模式 1
	FX_{1N}、FX_{2N}、FX_{2NC}	FX_{0N}、FX_{1S}、FX_{1N}、FX_{2N}、FX_{2NC}	FX_{1N}、FX_{2N}、FX_{2NC}
位元件(M)	0 点	32 点	64 点
字元件(D)	4 点	4 点	8 点

表 8-16　3 种刷新模式对应的辅助继电器和数据寄存器

站号	刷新范围					
	模式 0		模式 1		模式 2	
	位元件	4 点字元件	32 点位元件	4 点字元件	64 点位元件	8 点字元件
0 主站	—	D0 ~ D3	M1000 ~ M1031	D0 ~ D3	M1000 ~ M1063	D0 ~ D7
1	—	D10 ~ D13	M1064 ~ M1095	D10 ~ D13	M1064 ~ M1127	D10 ~ D17
2	—	D20 ~ D23	M1128 ~ M1159	D20 ~ D23	M1128 ~ M1191	D20 ~ D27
3	—	D30 ~ D33	M1192 ~ M1223	D30 ~ D33	M1192 ~ M1255	D30 ~ D37
4	—	D40 ~ D43	M1256 ~ M1287	D40 ~ D43	M1256 ~ M1319	D40 ~ D47
5	—	D50 ~ D53	M1320 ~ M1351	D50 ~ D53	M1320 ~ M1383	D50 ~ D57
6	—	D60 ~ D63	M1384 ~ M1415	D60 ~ D63	M1384 ~ M1447	D60 ~ D67
7	—	D70 ~ D73	M1448 ~ M1479	D70 ~ D73	M1448 ~ M1511	D70 ~ D77

（4）重试次数设置（D8179）

D8179 用以设置重试次数，设定范围为 0 ~ 10（默认值为 3），该设置仅用于主站。当通信出错时，主站就会根据设置的次数自动重试通信。

（5）通信超时时间设置（D8180）

D8180 用以设置通信超时时间，设定范围为 5 ~ 255（默认值为 5），该值乘以 10ms 就是通信超时时间。该设置限定了主站与从站之间的通信时间。

4. N:N 链接网络的通信编程举例

有 3 台 FX_{2N}系列 PLC 通过 N:N 并行通信网络交换数据，设计其通信程序。该网络的系统配置如图 8-24 所示。

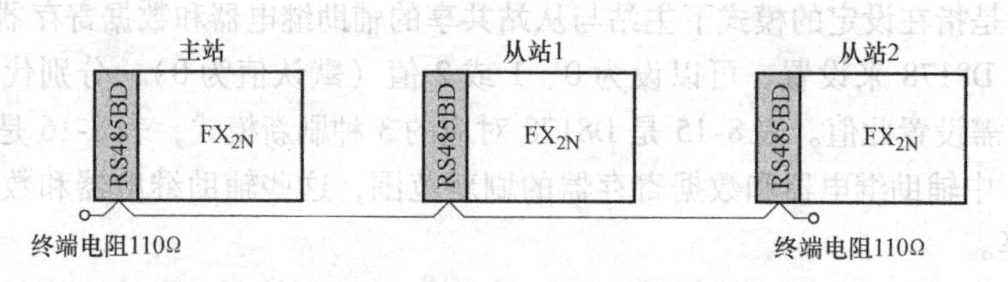

图 8-24　1:2 网络的系统配置

该并行网络的初始化设定程序的要求如下：

1）刷新范围：32 位元件和 4 字元件（模式 1）。

2）重试次数：3 次。

3）通信超时：50ms。

该并行网络的通信操作要求如下：

1）通过 M1000 ~ M1003，用主站的 X000 ~ X003 来控制 1 号从站的 Y010 ~ Y013。

2）通过 M1064 ~ M1067，用 1 号从站的 X000 ~ X003 来控制 2 号从站的 Y014 ~ Y017。

3）通过 M1128 ~ M1131，用 2 号从站的 X000 ~ X003 来控制主站的 Y020 ~ Y023。

4）主站的数据寄存器 D1 为 1 号从站的计数器 C1 提供设定值。C1 的触点状态由 M1070 映射到主站的输出点 Y005。

5）主站中的数据寄存器 D2 为 2 号从站计数器 C2 提供设定值。C2 的触点状态由 M1140 映射到主站的输出点 Y006。

6）1 号从站 D10 的值和 2 号从站 D20 的值在主站相加，运算结果存放到主站的 D3 中。

7）主站中的 D0 和 2 号从站中 D20 的值在 1 号从站相加中，运算结果存入 1 号从站 D11。

8）主站中的 D0 和 1 号从站中 D10 的值在 2 号从站中相加，运算结果存入 2 号从站 D21。

对于以上要求，分别对站 0、站 1 和站 2 进行编程，站 0（主站）梯形图及注释如图8-25 所示，站 1（从站）梯形图及注释如图 8-26 所示，站 2（从站）梯形图及注释如图 8-27 所示。

8.2.4　PLC 与 PLC 之间的 1:1 网络

1. 双机并行 1:1 链接通信的结构

双机并行链接是指使用 RS485 通信适配器或功能扩展板连接两台 FX 系列 PLC（即 1:1 方式）以实现两台 PLC 之间的信息自动交换，如图 8-28 所示。其中一台 PLC 作为主站，另一台作为从站。在双机并行链接方式下，用户不需编写通信程序，只需设置与通信有关的参数，两台计算机之间就可以自动地传送数据，最多可以链接 100 点辅助继电器和 10 点数据寄存器的数据。

2. 双机并行 1:1 链接通信寄存器设置

1:1 并行链接有一般模式和高速模式两种，由特殊辅助继电器 M8162 识别模式：M8162 = OFF 时，并行链接为一般模式，M8162 = ON，并行链接为高速模式。主从站分别由 M8070 和 M8071 继电器设定：M8070 = ON 时，该 PLC 被设定为主站，M8071 = ON 时，该 PLC 被设定为从站。

一般模式（M8162 = OFF）通信示意图如图 8-29 所示。高速模式（M8162 = ON）通信示意图如图 8-30 所示。

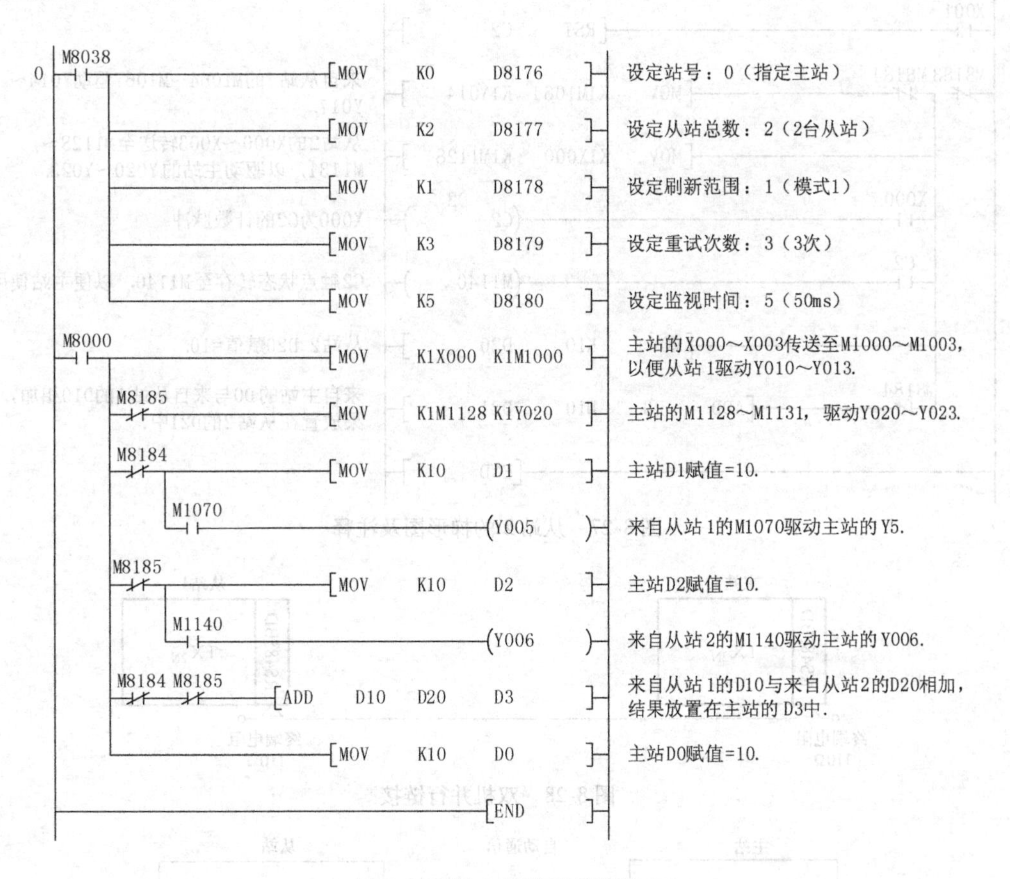

图 8-25　站 0 梯形图及注释

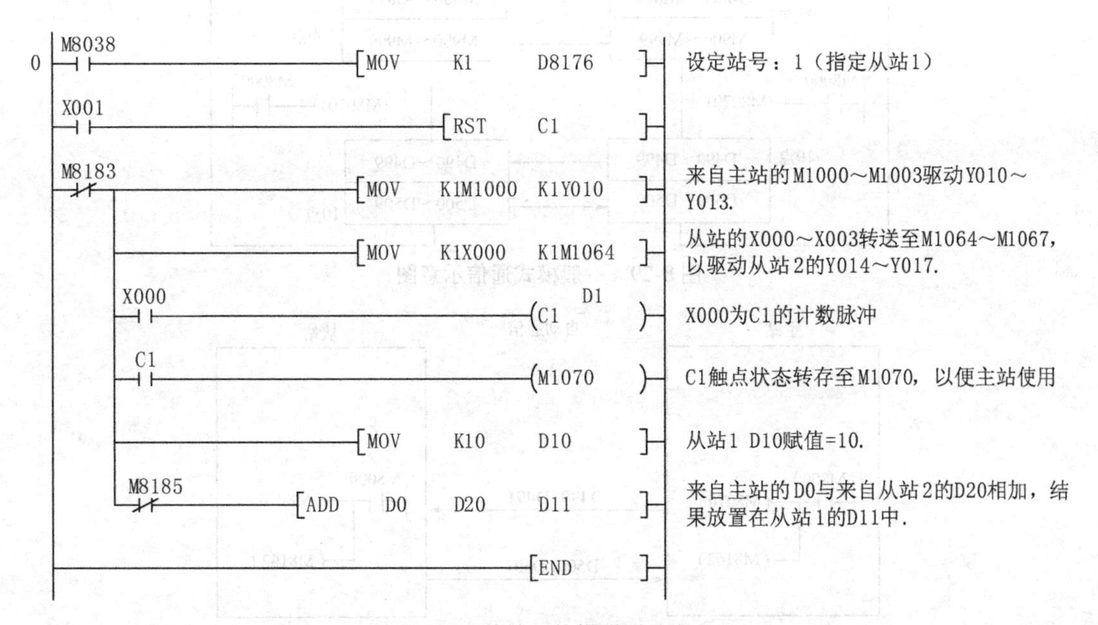

图 8-26　从站 1 的梯形图及注释

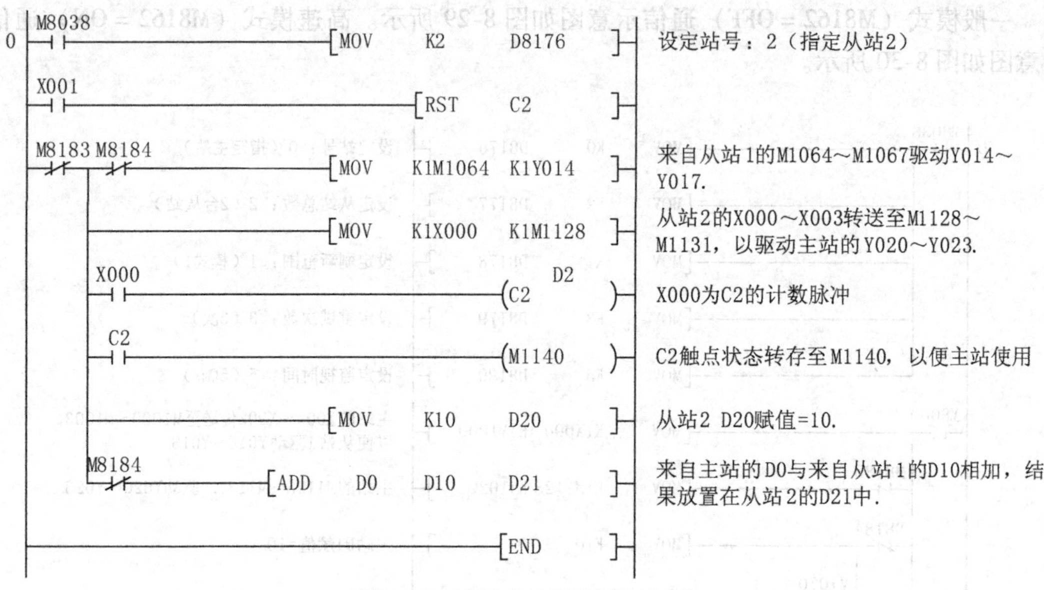

图 8-27　从站 2 的梯形图及注释

图 8-28　双机并行链接

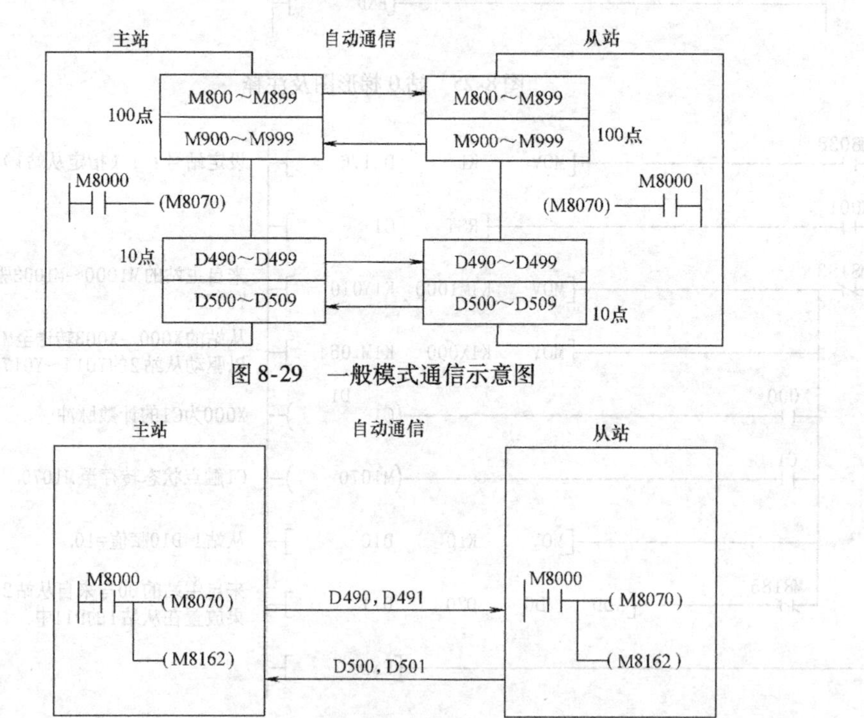

图 8-29　一般模式通信示意图

图 8-30　高速模式通信示意图

3. 双机并行 1:1 链接通信编程举例

例：2 台 FX_{2N}系列 PLC 通过 1:1 并行链接通信网络交换数据，设计其一般模式的通信程序。通信操作要求如下：

1）主站 X000～X007 的 ON/OFF 状态通过 M800～M807 输出到从站的 Y000～Y007；

2）当主站计算结果（D0＋D2）<100 时，从站的 Y010 变为 ON；

3）从站中的 M0～M7 的 ON/OFF 状态通过 M000～M007 输出到主站的 Y000～Y007；

4）从站 D10 的值用于设定主站的计时器（T0）值。

1:1 并行链接一般模式通信程序如图 8-31 所示。

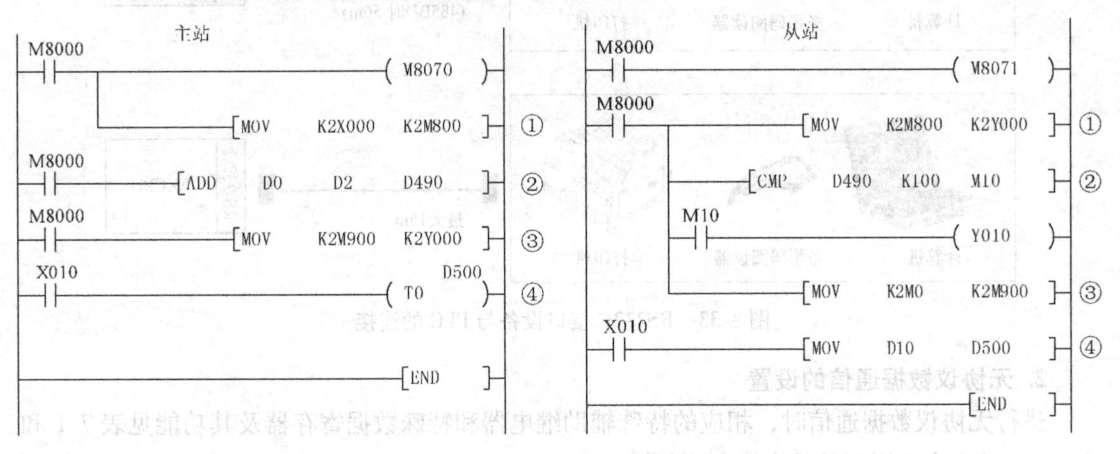

图 8-31　1:1 并行链接一般模式通信程序

例：2 台 FX_{2N}系列 PLC 通过 1:1 并行链接通信网络交换数据，设计其高速模式的通信程序。通信操作要求如下：

当主站的计算结果（D0＋D2）<100 时，从站 Y010 变为 ON；从站的 D10 的值用于设定主站的计时器（T0）值。

1:1 并行链接高速模式通信程序如图 8-32 所示。

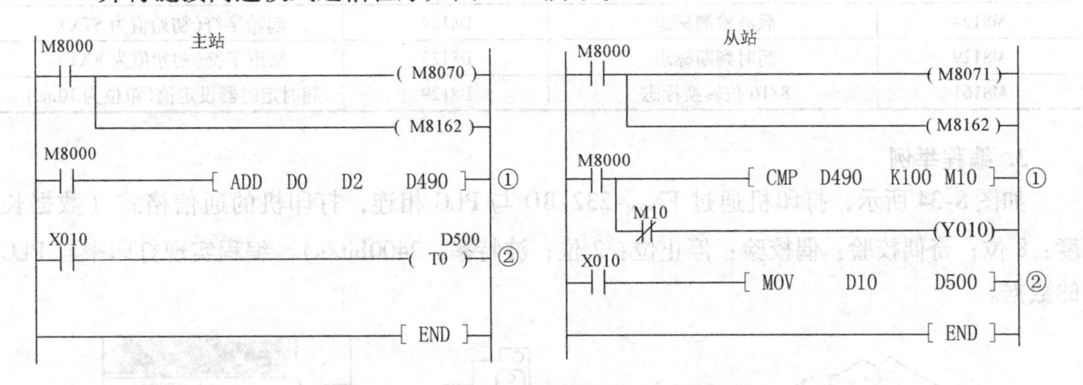

图 8-32　1:1 并行链接高速模式通信程序

8.2.5　PLC 与其他串口设备的无协议数据传输

无协议（No Protocol）通信方式可以实现 PLC 与各种有 RS232C 接口的设备（例如计算机、条形码阅读器和打印机）之间的通信，其通信方式使用 RS 指令来实现。这种通信方式最为灵活，PLC 与 RS232C 设备之间可以使用用户自定义的通信规约，但是 PLC 的编程工作量较大，对编程人员的要求较高。

1. PLC 与其他串口设备的连接

RS232C 接口设备与 PLC 可以通过 RS232C 或者 RS485 实现通信，如图 8-33 所示。

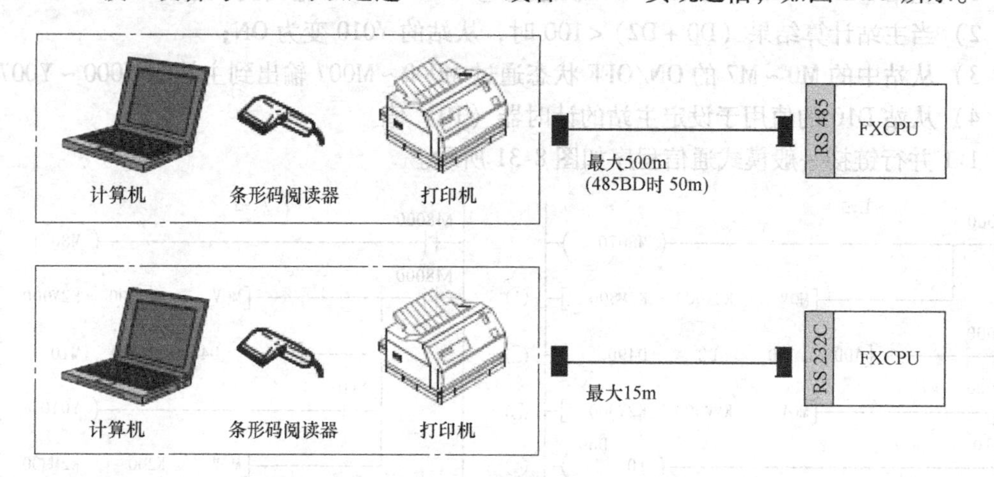

图 8-33　RS232C 接口设备与 PLC 的连接

2. 无协议数据通信的设置

进行无协议数据通信时，相应的特殊辅助继电器和特殊数据寄存器及其功能见表 7-1 和表 7-2，其中主要用到的见表 8-17 所示。

表 8-17　无协议数据通信用的特殊辅助继电器和特殊数据寄存器及其功能

特殊辅助继电器	功能描述	特殊数据寄存器	功能描述
M8063	串行通信出错代码	D8063	串行通信出错代码
M8121	等待数据发送	D8120	通信格式设定
M8122	数据发送请求	D8122	未发送数据数
M8123	完成接收标志	D8123	接收的数据数
M8124	载波检测标志	D8124	起始字符(初始值为 STX)
M8129	超时判断标志	D8125	结束字符(初始值为 EXT)
M8161	8/16 位转换标志	D8129	超时定时器设定值(单位为 10ms)

3. 编程举例

如图 8-34 所示，打印机通过 FX_{2N}-232-BD 与 PLC 相连，打印机的通信格式（数据长度：8 位；奇偶校验：偶校验：停止位：2 位；波特率：2400bit/s），编程实现打印来自 PLC 的数据。

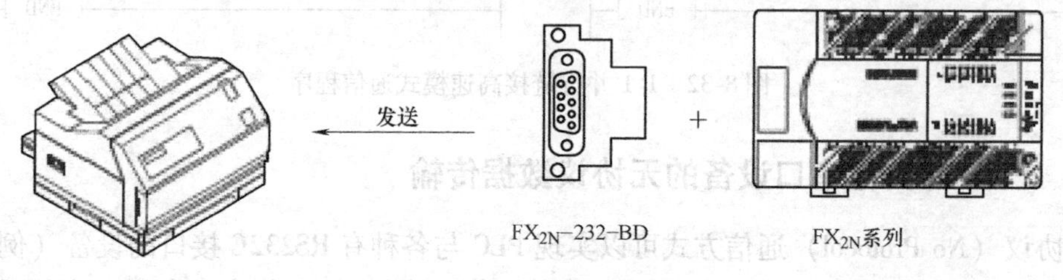

图 8-34　PLC 与打印机通信

PLC 与打印机通信的梯形图程序如图 8-35 所示。

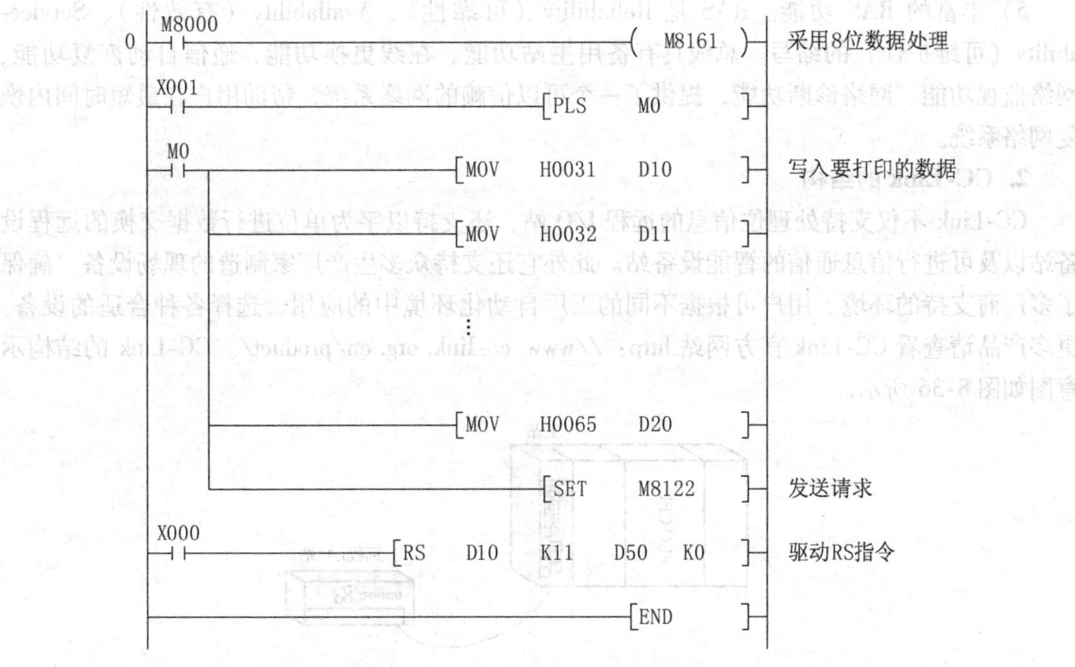

图 8-35　PLC 与打印机通信的梯形图

8.2.6　PLC 的现场总线 CC-Link 连接通信

CC-Link 是 Control&Communication Link（控制与通信链路）的缩写，在 1996 年 11 月，由三菱电机为主导的多家公司推出，其增长势头迅猛，在亚洲占有较大份额，目前在欧洲和北美发展迅速。在其系统中，可以将控制和信息数据同时以 10Mbit/s 高速传送至现场网络，具有性能卓越、使用简单、应用广泛、节省成本等优点，不仅解决了工业现场配线复杂的问题，同时具有优异的抗噪性能和兼容性。CC-Link 是一个以设备层为主的网络，同时也可覆盖较高层次的控制层和较低层次的传感层。2005 年 7 月 CC-Link 被中国国家标准委员会批准为中国国家标准指导性技术文件。

1. CC-Link 的特点

1）配线少，效率高。和其他总线一样，总线的使用减少了配线和安装设备的时间费用，减少配线时间，更有利于维护，大大提高生产效率。

2）设备厂商多。可以从广泛的 CC-Link 产品群中选择适合用户自动化控制的最佳设备。CC-Link 会员生产厂商已经超过 506 家，CC-Link 兼容产品已经超过 490 多种。在电磁阀、传感器、转换器、温度控制器、传输设备、条形码阅读器、ID 系统、网关、机器人、伺服驱动器和 PLC 等多种产品类型都有对应总线的产品。

3）输入/输出响应快。CC-Link 实现了最高为 10Mbit/s 的高速通信速率，输入/输出响应可靠，并且响应时间快，具有确定性。

4）距离自由。CC-Link 的最大总延长距离可达 1.2km（156kbit/s）另外，通过使用中继器（T 形分支）或光纤中继器，可进一步延长传输距离，适用于网络扩张时需远距离设置的设备。

5）丰富的 RAS 功能。RAS 是 Reliability（可靠性）、Availability（有效性）、Serviceability（可维护性）的缩写。总线具有备用主站功能、在线更换功能、通信自动恢复功能、网络监视功能、网络诊断功能，提供了一个可以信赖的网络系统，帮助用户在最短时间内恢复网络系统。

2. CC-Link 的结构

CC-Link 不仅支持处理位信息的远程 I/O 站，还支持以字为单位进行数据交换的远程设备站以及可进行信息通信的智能设备站。此外它还支持众多生产厂家制造的现场设备，确保了多厂商支持的环境。用户可根据不同的工厂自动化环境中的应用，选择各种合适的设备。更多产品请查看 CC-Link 官方网站 http：//www. cc-link. org. cn/product/。CC-Link 的结构示意图如图 8-36 所示。

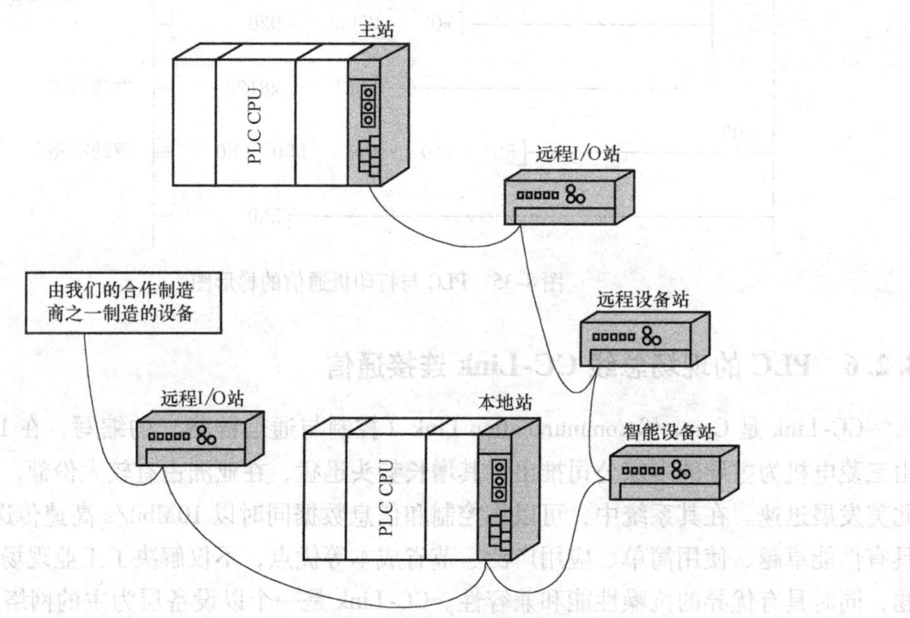

图 8-36　CC-Link 的结构示意图

关于 CC-Link 的使用请参考相关资料，在此不予详述。

思考题与习题

8-1　模拟信号有电压和电流传输方式，为什么在模拟信号远传时应使用电流信号，而不是电压信号？

8-2　为什么要对模拟信号的采样值进行平均值滤波？怎样选择滤波的参数？

8-3　FX_{2N}-4AD 的通道 1 的量程为 4～20mA，通道 2 的量程为 -10～10V，通道 3、4 被禁止。模拟量输入模块的模块编号为 1，平均值滤波的周期数为 8，数据寄存器 D10 和 D11 用来存放通道 1 和通道 2 的数字量输出的平均值，试设计模拟量输入的程序。

8-4　FX_{2N}系列特殊功能模块有哪些？写出三种功能模块的名称和特点。

8-5　模拟量输入/输出的增益和偏移的含义是什么？如何进行调整？

第9章 其他常用PLC系统简介

除了三菱公司FX系列PLC外，目前市场上较为流行的中小型PLC还有日本欧姆龙公司C20型PLC、中国台湾的台达DVP系列PLC以及美国的罗克韦尔（AB）和霍尼韦尔（Honeywell）、法国的施耐德（Schneider）、德国西门子（Siemens）等公司产品。目前在中国市场上，西门子PLC的可靠性高、功能强，但价格也相对较高；台达PLC的性价比较高，在中国市场上占有一席之位。本章通过对比和举一反三的方式，介绍台达DVP系列和西门子S7-200系列PLC，使读者能够很快地对这两种PLC有一个初步的了解，以便于实际工作中选用。

9.1 西门子S7-200系列PLC

S7-200系列PLC是西门子公司生产的一种小型PLC，其许多功能达到大、中型PLC的水平，而价格却便宜很多。特别是S7-200 CPU22系列PLC（CPU21×系列的替代产品）具有多种功能模块和人机界面（HMI）可供选择，便于系统的集成，并很容易组成PLC网络；此外还具有功能齐全的编程和工业组态软件，使得S7-200在完成控制系统的设计时更加简单，几乎可以完成任何功能的控制任务。S7系列还有S7-300和S7-400系列，分别为中大型PLC，完全可以替代西门子早期的S5系列PLC。S7系列PLC的编程均使用STEP7编程语言。本节以S7-CPU22×系列为例，介绍S7-200系列PLC的硬件系统、内部元件和寻址方式等。

9.1.1 S7-200系列PLC的硬件系统

S7-200系列PLC的硬件系统SIMATIC S7-200结构小巧，可靠性高，运行速度快，硬件系统的配置方式采用整体式加积木式。与三菱FX系列PLC很相似，主机中包含一定数量的输入/输出（I/O）点，同时可以扩展I/O模块和各种功能模块。S7-200系列PLC的硬件主要有基本单元、扩展单元、特殊功能模块等。

1. 基本单元

即CPU模块，也称为主机。它包括CPU、存储器、基本输入/输出点和电源等。实际上基本单元就是一个完整的控制系统，可以单独完成一定的控制任务。S7-200系列小型PLC有如下结构配置的CPU单元，如图9-1所示。

1）CPU221：6入/4出，I/O点数量共计10点，无扩展能力，程序和数据存储容量较小，有一定的高速计数处理能力，非常适合于少点数的控制系统。

2）CPU222：8入/6出，I/O点数量共计14点。和CPU221相比，它可以进行一定模拟量的控制和2个模块的扩展，因此是应用更广泛的全功能控制器。

3）CPU224：14入/10出，I/O点数量共计24点。和前两者相比，存储容量扩大了一倍，它可以有7个扩展模块，有内置时钟，它有更强的模拟量和高速计数的处理能力，是使用最多的S7-200产品。

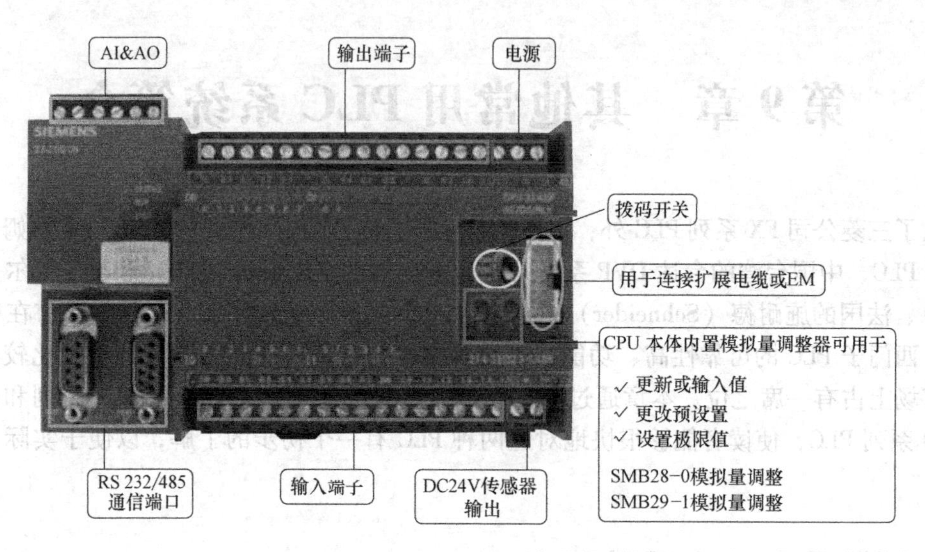

图 9-1　S7-200 系列 PLC 的主机

4）CPU226：24 入/16 出，I/O 点数量共计 40 点，和 CPU224 相比，增加了通信口的数量，通信能力大大增强。它可用于点数较多、要求较高的小型或中型控制系统。

2. 扩展模块

当基本单元的 I/O 点数量不能满足控制系统的要求时，用户可以根据需要扩展各种 I/O 模块。典型的数字量 I/O 扩展模块见表 9-1。

表 9-1　典型的数字量 I/O 扩展模块

输入扩展模块 EM221	输出扩展模块 EM222	输入/输出扩展模块 EM223
8 点 DC 24V 输入 8 点 AC 120/230V 输入 16 点 DC 24V 输入	4 点 DC 24V 输出，每点 5A 4 点继电器输出，每点 10A 8 点 DC(晶体管)输出 8 点 AC 120/230V 输出 8 点继电器输出	4 点 DC 输入/4 点 DC 输出 4 点 DC 输入/4 点继电器输出 8 点 DC 输入/8 点 DC 输出 8 点 DC 输入/8 点继电器输出 16 点 DC 输入/16 点 DC 输出 16 点 DC 输入/16 点继电器输出

3. 特殊功能模块

当需要完成某些特殊功能的控制任务时，需要特殊功能模块。特殊功能模块是完成某种特殊控制任务的一些装置。特殊功能模块有模拟量输入/输出模块、位置控制模块 EM253、PROFIBUS-DP 模块 EM277、调制解调器模块 EM241、以太网通信模块 CP243-1、接口主站模块 CP243-2AS-i 等。特殊功能模块见表 9-2。

表 9-2　特殊功能模块

特殊功能模块名称	功能及特点
EM231	4/8 热电偶模拟量输入扩展模块 2/4 热电阻(RTD)模拟量输入扩展模块
EM253	位置控制模块
EM277	PROFIBUS-DP 通信模块
CP243-1	以太网通信模块
CP243-2AS-i	接口主站模块

4. 相关设备

相关设备是为充分和方便地利用系统的硬件和软件资源而开发和使用的一些设备，主要有编程设备、人机操作界面和网络设备等。

9.1.2 S7-200 系列 PLC 的 I/O 点扩展及编址方法

CPU 22×系列的每种主机所提供的本机 I/O 的 I/O 地址是固定的，进行扩展时，可以在 CPU 右边连接多个扩展模块，每个扩展模块的编程地址编号取决于各模块的类型和该模块在 I/O 链中所处的位置。编址方法是同种类型输入或输出的模块在链中按与主机的位置而递增，其他类型模块的有无以及所处的位置不影响本类型模块的编号，CPU 分配给数字量 I/O 模块的地址以字节（8 位）为单位，未用的位不会分配给 I/O 链中后续模块，如图 9-2 所示。

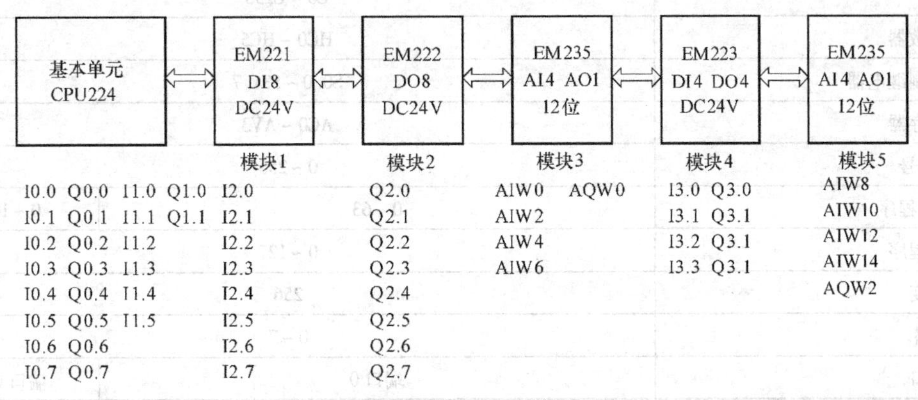

图 9-2　S7-224 的 I/O 点扩展及编址

9.1.3 S7-200 系列 PLC 的内部资源及寻址方式

1. S7-200 系列 PLC 的内部资源

PLC 进行软件设计中的各种各样的逻辑器件和运算器件称为编程元件或软元件。它们用来完成程序所赋予的逻辑运算、算术运算、定时、计数等功能。S7-200 系列 PLC 的内部资源与特性见表 9-3。

表 9-3　S7-200 系列 PLC 的内部资源与特性

描述	CPU221	CPU222	CPU224	CPU226
程序存储区(B)	4096	4096	12288	24576
数据存储区(B)	2048	2048	8192	10240
输入映像寄存器	I0.0 ~ I15.7			
输出映像寄存器	Q0.0 ~ Q15.7			
模拟量输入映像寄存器(只读)	AIW0 ~ AIW30		AIW0 ~ AIW62	
模拟量输出映像寄存器(只写)	AQW0 ~ AQW30		AQW0 ~ AQW62	
变量存储器(V)	VB0 ~ VB2047		VB0 ~ VB8191	VB0 ~ VB10239
局部变量存储器(L)	LB0 ~ LB63			
位存储器(M)	M0.0 ~ M31.7			

（续）

描述		CPU221	CPU222	CPU224	CPU226
特殊存储器(SM)		SM0.0 ~ M179.7	SM0.0 ~ M299.7	SM0.0 ~ M549.7	
特殊存储器(SM)只读		SM0.0 ~ M29.7	SM0.0 ~ M29.7	SM0.0 ~ M29.7	
定时器	保持型通电延时 1ms	T0,T64			
	保持型通电延时 10ms	T1 ~ T4,T65 ~ T68			
	保持型通电延时 100ms	T5 ~ T31,T69 ~ T95			
	接通/关断延时 1ms	T32,T96			
	接通/关断延时 10ms	T33 ~ T36,T97 ~ T100			
	接通/关断延时 100ms	T37 ~ T63,T101 ~ T255			
计数器		C0 ~ C255			
高速计数器		HC0 ~ HC5			
顺序控制继电器		S0.0 ~ S31.7			
累加寄存器		AC0 ~ AV3			
跳转/标号		0 ~ 255			
调用/子程序		0 ~ 63			0 ~ 127
中断子程序		0 ~ 127			
正负跳变		256			
PID 回路		0 ~ 7			
串行端口		端口 0			端口 0,1

1）输入/输出映像寄存器（I/Q）。S7-200 系列 PLC 的输入/输出继电器功能与三菱公司 FX_{2N}系列 PLC 中的 X/Y 一样。

2）位存储器（M）。S7-200 系列 PLC 的通用辅助继电器功能与 FX_{2N}系列 PLC 中的 M 一样。

3）特殊存储器（SM）。具有特殊功能或用来存储系统的状态变量、有关控制参数和信息的辅助继电器称为特殊存储器，其符号为 SM（SM0.0 ~ SM0.7，SM1.0 ~ SM1.7），相当于 FX_{2N}系列 PLC 中的 M8000 ~ M8255。

4）变量存储器（V）。变量存储器用来存储变量。它可以存放程序执行过程中控制逻辑操作的中间结果，也可以使用变量存储器来保存与工序或任务相关的其他数据。在进行数据处理时，变量存储器会经常使用。

5）局部变量存储器（L）。包含 LB0 ~ LB63 局部变量存储器。

6）顺序控制继电器（S）。顺序控制继电器用在顺序控制或步进控制中。在系列 FX_{2N}系列 PLC 中称为状态继电器元件。

7）定时器（T）。

8）计数器（C）。

9）模拟量输入映像寄存器（AI）、模拟量输出映像寄存器（AQ）。

10）高速计数器（HC）。

11）累加寄存器（AC）。

2. S7-200 系列 PLC 的寻址方式

（1）直接寻址

S7-200 系列 PLC 的存储单元按字节进行编址，无论所寻址的是何种数据类型，通常应指出它所在存储区域内的字节地址。每个单元都有唯一的地址。这种直接指出元件名称的寻址方式称为直接寻址。直接寻址有直接位寻址、直接字节寻址、直接字寻址、直接双字寻址。

直接位寻址使用时必须指定元件名称、字节地址和位号，按照 AX. Y 的格式指出。如图 9-3 所示，I0. 2 指输入 I 存储区的 0 字节第 3 位。可进行位寻址的编程元件有输入寄存器（I），输出寄存器（Q）、位存储器（M）、特殊存储器（SM）、局部变量存储器（L）、变量存储器（V）和顺序控制继电器（S）。

字节、字和双字的寻址格式对字节、字和双字数据直接寻址时，需要指明元件名称、数据类型和存储区域内的首字节地址。图 9-4 所示是以变量存储器为例分别存取字节、字和双字 3 种长度数据的比较。

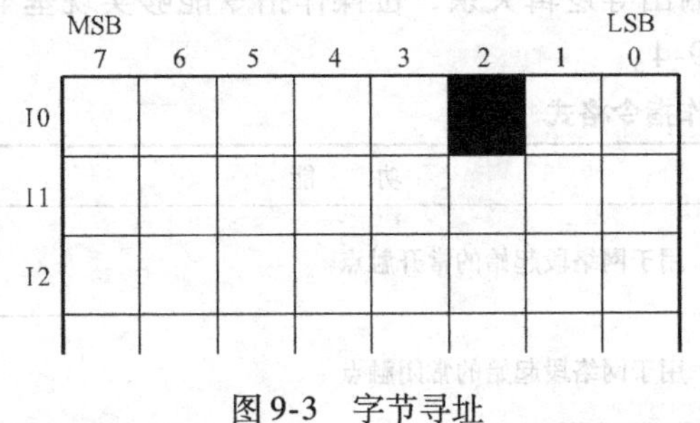

图 9-3　字节寻址

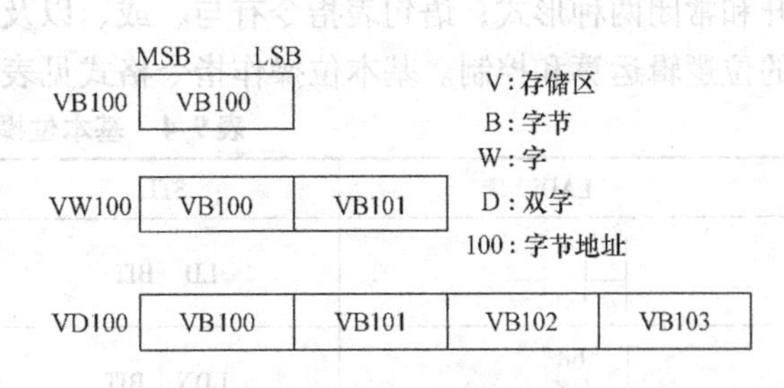

图 9-4　字节、字和双字寻址

（2）间接寻址

间接寻址指使用地址指针来存取存储器中的数据。使用前，首先将数据所在单元的内存地址放入地址指针寄存器中，然后根据此地址存取数据。S7-200 CPU 中允许使用指针进行间接寻址的存储区域有 I、Q、V、M、S、T、C。

内存地址的指针为双字长度（32 位），故可以使用 V、AC 等作为地址指针。必须采用双字传送指令（MOVD）将内存的某个地址移入到指针当中，以生成地址指针。指令中的操作数（内存地址）必须使用“&”符号表示内存某一位置的地址（32 位）。

例：MOVD　&VB200，AC1 //将 VB200 地址送 AC1。VB200 是直接地址编号，& 为地址符号，将本指令中 &VB200 改为 &VW200 或 VD200，指令功能不变。

间接寻址（用指针存取数据）：在使用指针存取数据的指令中，操作数前加有“ * ”时表示该操作数为地址指针。

例：MOVW　* AC1，AC0 //将 AC1 作为内存地址指针，W 规定了传送数据长度，本指令将把以 AC1 中内容为起始地址的内存单元的 16 位数据送到累加器 AC0 中，操作过程如图 9-5 所示。

9. 1. 4　S7-200 系列 PLC 的指令系统

S7-200 系列 PLC 具有丰富的指令集，支持梯形图（LAD）、语句表（STL）及功能图编程方法，其指令系统按功能可划分为基本逻辑指令、定时计数指令、算术及增减指令、传送

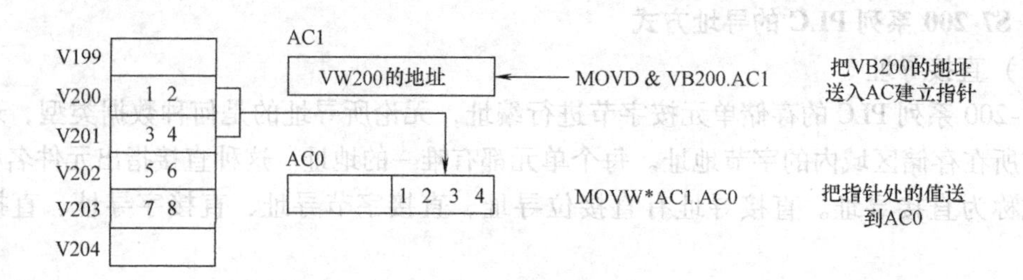

图 9-5 使用指针间接寻址

移位类指令、逻辑操作指令、程序控制指令、中断指令、高速处理指令、PID 指令、填表查表指令、转换指令、通信指令等多种类型。

基本逻辑指令包括基本位操作指令、取非和空操作指令、置位/复位、边沿触发等逻辑指令。

1. 基本操作指令

位操作指令是 PLC 常用的基本指令，梯形图指令有触点和线圈两大类，触点又分为常开和常闭两种形式；语句表指令有与、或、以及输出等逻辑关系，位操作指令能够实现基本的位逻辑运算和控制。基本位操作指令格式见表 9-4。

表 9-4 基本位操作指令格式

LAD	STL	功　能
“bit”	LD BIT	用于网络段起始的常开触点
“bit”	LDN BIT	用于网络段起始的常闭触点
“bit” “bit”	A BIT	常开触点串联,逻辑与指令
“bit” “bit”	AN BIT	常闭触点串联,逻辑与非指令
“bit” “bit”	O BIT	常开触点并联,逻辑或指令
“bit” “bit”	ON BIT	常闭触点并联,逻辑或非指令
“bit”	= BIT	线圈输出指令
	NOT	取非
NOP	NOP N	空操作指令

（续）

LAD	STL	功　能
"S-bit" —(S) "N"	S　S-BIT,N	从 S-BIT 开始的 N 个元件置 1
"S-bit" —(R) "N"	R　S-BIT,N	从 S-BIT 开始的 N 个元件清 0
┤ P ├	EU(Edge Up)	正跳变,无操作元件
┤ N ├	ED(Edge Down)	负跳变,无操作元件

2. 功能指令

S7-200 系列 PLC 与 FX 系列 PLC 相似，有许多能完成一定功能的指令，称为功能指令，主要包括程序控制类指令、数据处理类指令、数学运算类指令、中断指令、PID 回路指令等。用户可以查阅相应的编程手册，在此不予详述。

9.1.5　S7-200 系列 PLC 的编程软件

S7-200 系列 PLC 采用 STEP 7-Micro/WIN 编程软件编程。软件安装后编程界面如图 9-6 所示。

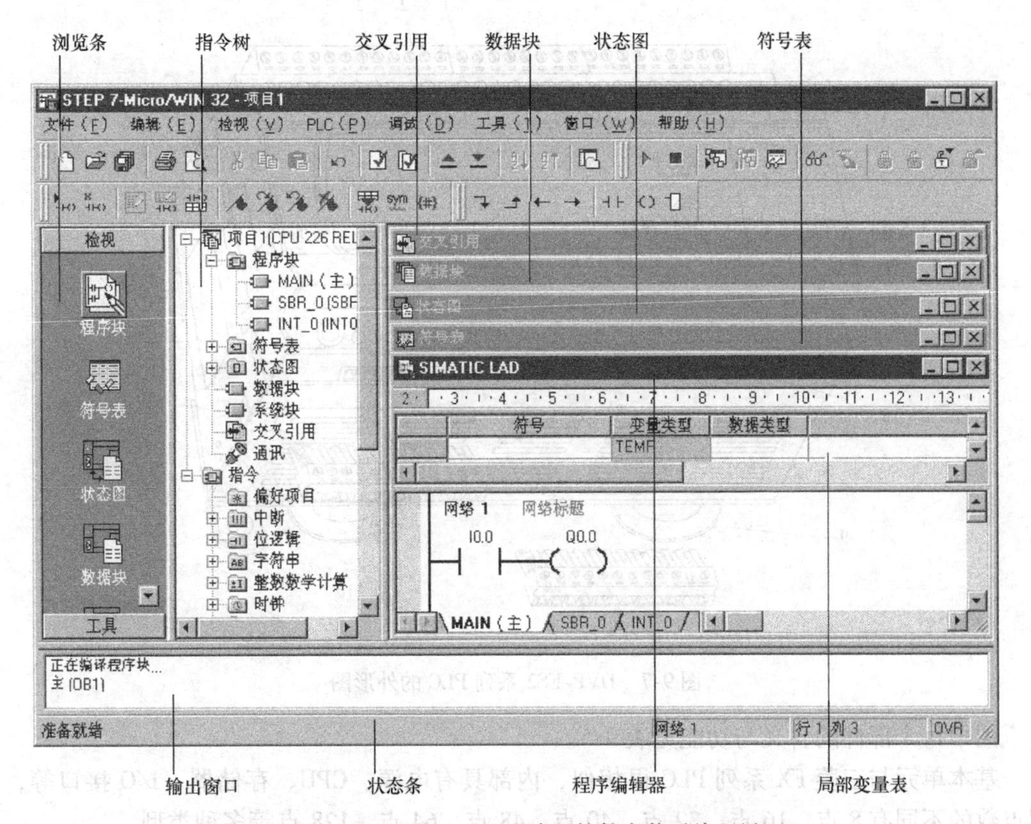

图 9-6　STEP 7-Micro/WIN 编程软件安装后编程界面

详细的编程及使用方法请读者参考西门子 S7-200 的相应手册。

9.2 台达 DVP 系列 PLC

台达 DVP 系列 PLC 以高速、稳定、高可靠度应用于许多工业自动化机械上；除了具有快速执行逻辑运算、丰富指令集、多元扩展功能卡及高性价比等特色外，并且支持多种通信规范，使工业自动控制系统联成一个整体。台达 DVP 系列有 EC 系列 DVP-EC3、ES/EX 系列 DVP-ES/EX、ES2 系列 DVP-ES2、EH3/EH2 系列 DVP-EH3/EH2、PM 系列 DVP-10PM/20PM、SV 系列 DVP-SV、Slim 系列 DVP-SS/SS2/SA/SC/SX/SA2/SX2 等。下面以 DVP-ES2 为例介绍台达 DVP 系列 PLC。

9.2.1 DVP-ES2 系列 PLC 的硬件系统

台达 DVP 系列 PLC 同样具有结构小巧、可靠性高、运行速度快的特点，硬件系统的配置方式采用整体式加积木式，具有较高的性能价格比，与三菱 FX 系列 PLC 很相似，主机中包含一定数量的输入/输出（I/O）点，同时可以扩展 I/O 模块和各种功能模块。DVP-ES2 系列 PLC 的硬件主要由基本单元、扩展单元及扩展模块、特殊功能模块等组成。

1. 基本单元

图 9-7 所示为 DVP-ES2 系列 PLC 的外形图。

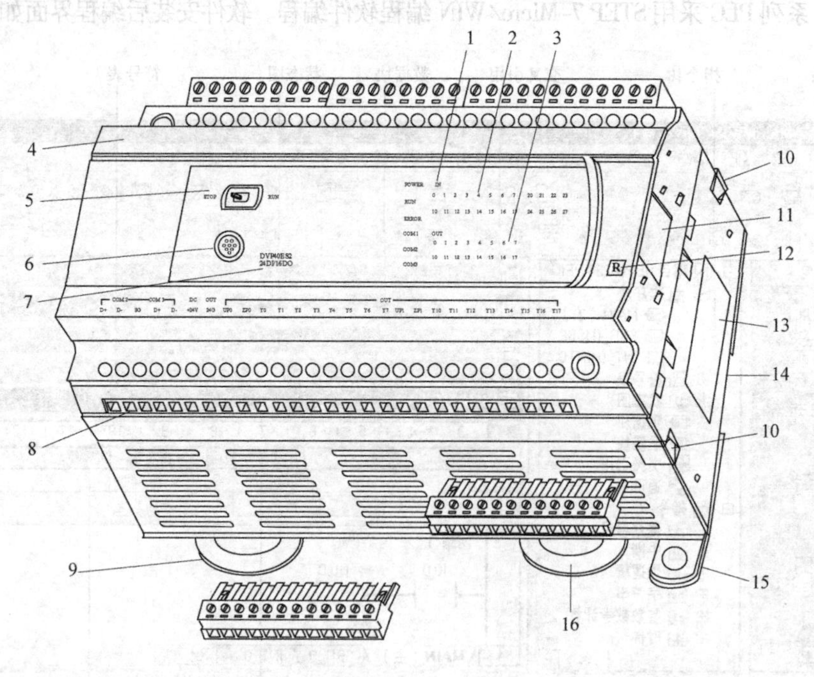

图 9-7 DVP-ES2 系列 PLC 的外形图

图中每个部件的含义与功能见表 9-5。

基本单元与三菱 FX 系列 PLC 很相似，内部具有电源、CPU、存储器、I/O 接口等，根据点数的不同有 8 点、16 点、32 点、40 点、48 点、64 点、128 点等多种类型。

表 9-5　DVP-ES2 系列 PLC 部件的含义与功能

<table>
<tr><td rowspan="7">1</td><td rowspan="7">电源/运行/错误/COM1 ~3 指示灯</td><td colspan="3">可以通过灯号的显示情况来确认 PLC 的运行状态</td></tr>
<tr><td>灯号名称</td><td>灯号颜色</td><td>描述</td></tr>
<tr><td>电源</td><td>绿色</td><td>PLC 电源启动时,亮</td></tr>
<tr><td>运行</td><td>绿色</td><td>PLC 运行时,亮</td></tr>
<tr><td rowspan="2">错误</td><td>红色</td><td>PLC 程序发生错误时,闪烁</td></tr>
<tr><td>红色</td><td>PLC watch dog 错误时,亮</td></tr>
<tr><td>COM1 ~3</td><td>橘色</td><td>PLC 通信时,闪烁</td></tr>
<tr><td>2</td><td>输入指示灯</td><td colspan="3">X 输入点导通时,输入指示灯亮起</td></tr>
<tr><td>3</td><td>输出指示灯</td><td colspan="3">Y 输出点导通时,输出指示灯亮起</td></tr>
<tr><td>4</td><td>输入/输出端子编号</td><td colspan="3">电源,输入/输出端子编号</td></tr>
<tr><td>5</td><td>Run/Stop 开关</td><td colspan="3">将开关拨到 Stop,停止 PLC 程序操作
将开关拨到 Run,PLC 程序操作启动</td></tr>
<tr><td>6</td><td>COM1 程序通信端口
(RS232C)</td><td colspan="3">COM1(RS232C)程序通信端口,可当主/从站使用</td></tr>
<tr><td>7</td><td>机种型号</td><td colspan="3">机种型号与输出入点数</td></tr>
<tr><td>8</td><td>COM2 (RS485)
COM3 (RS485)</td><td colspan="3">COM2 (RS485),COM3(RS485) 通信端口,可当主/从站使用</td></tr>
<tr><td>9</td><td>DIN 轨固定扣</td><td colspan="3"></td></tr>
<tr><td>10</td><td>I/O 模块固定扣</td><td colspan="3">下一级 I/O 模块固定使用</td></tr>
<tr><td>11</td><td>I/O 模块连接端口(盖子)</td><td colspan="3">连接下一级 I/O 模块</td></tr>
<tr><td>12</td><td>输出类型</td><td colspan="3">T:晶体管;R:继电器</td></tr>
<tr><td>13</td><td>标签</td><td colspan="3">铭牌</td></tr>
<tr><td>14</td><td>DIN 轨槽 (35mm)</td><td colspan="3">适用于宽 35mm 的 DIN 铝轨</td></tr>
<tr><td>15</td><td>直接固定孔</td><td colspan="3">适用于 M4 螺钉</td></tr>
<tr><td>16</td><td>脱落式欧式输入/输出端子(端点距离:5mm)</td><td colspan="3">输入: 在端子上进行开关或传感器的配线
输出: 在端子上对要驱动的负载(接触器或电磁阀等)进行配线</td></tr>
</table>

2. 扩展单元及扩展模块

扩展单元及扩展模块主要是 I/O 点的扩展，主要有 DVP08XP211R/T，DVP08XN211R/T，DVP08XM211N 等型号，图 9-8 所示为 DVP-8 点扩展模块外形图。

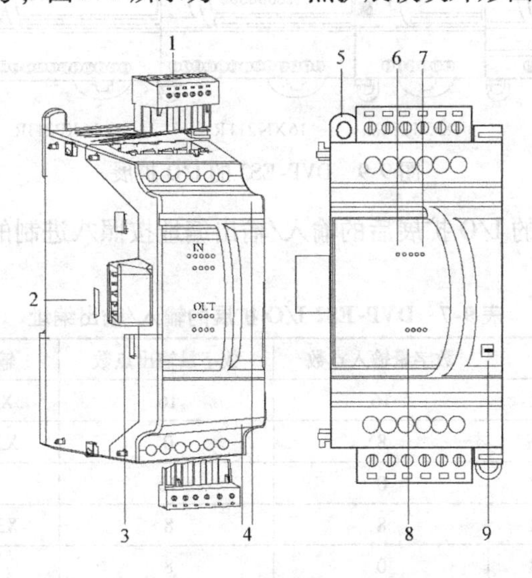

图 9-8　DVP-8 点扩展模块外形图

图 9-8 中每个部件的含义与功能见表 9-6 所示。

表 9-6　DVP-8 点扩展模块的部件含义与功能

1	脱落式欧式输入/输出端子（端点距离:5mm）	输入：在端子上进行开关或传感器的配线 输出:在端子上对要驱动的负载（接触器或电磁阀等）进行配线
2	I/O 模块连接端口	通过此端口与基本单元相连
3	机种型号	机种型号
4	输入/输出端子编号	电源,输入/输出端子编号
5	直接固定孔	适用于 M4 螺钉
6	电源指示灯	可以通过灯号的显示情况来确认 PLC 的电源状态
7	输入指示灯	X 输入点导通时,输入指示灯亮起
8	输出指示灯	Y 输出点导通时,输出指示灯亮起
9	输出类型	T:晶体管;R:继电器

3. 特殊功能模块

台达 DVP 系列 PLC 也具有多种特殊功能模块，如 A-D 模块、D-A 模块、温度控制模块、定位模块、通信模块等。特殊功能模块的地址分配是按照与基本单元的距离来确定的，对特殊功能模块的数据读写采用功能指令 FROM/TO 指令进行。

9.2.2　DVP-ES2 系列 PLC 的 I/O 点扩展及编址方法

DVP-ES2 系列 PLC 的基本单元含有一定的 I/O 点，用户可以根据需要选择合适 I/O 点数的 PLC，如果用户需要的点数较多，可以采取 I/O 扩展的方法实现 I/O 点数的增加。DVP-ES2 的 I/O 扩展如图 9-9 所示。

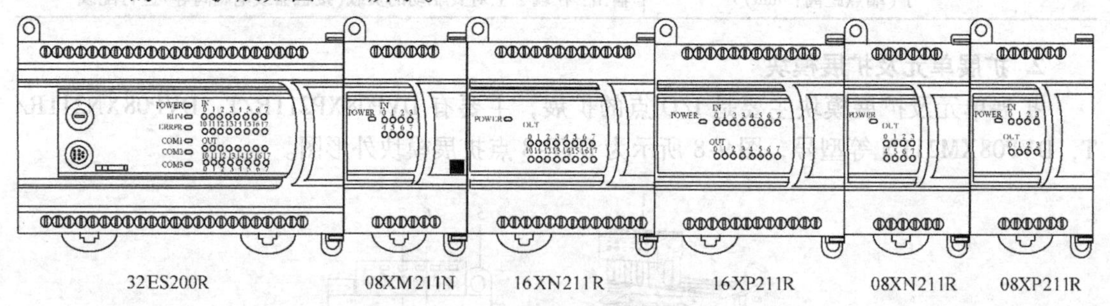

图 9-9　DVP-ES2 的 I/O 扩展

DVP-ES2 系列 PLC 的 I/O 扩展后的输入/输出编址按照八进制的原则，与基本单元的远近依次增大，见表 9-7。

表 9-7　DVP-ES2 I/O 扩展的输入/输出编址

配置	机种型号	数字量输入点数	数字量输出点数	输入编号	输出编号
主机	32ES200R	16	16	X0 ~ X17	Y0 ~ Y17
DI 模块	08XM211N	8	0	X20 ~ X27	—
DO 模块	16XN211R	0	16	—	Y20 ~ Y37
DIO 模块	16XP211R	8	8	X30 ~ X37	Y40 ~ Y47
DO 模块	08XN211R	0	8	—	Y50 ~ Y57
DIO 模块	08XP211R	4	4	X40 ~ X43	Y60 ~ Y63

9.2.3　DVP-ES2 系列 PLC 的内部资源及寻址方式

DVP-ES2 系列 PLC 的内部资源与三菱 PLC 相似，具有输入继电器 X、输出继电器 Y、它的内部资源与功能见表 9-8。

表 9-8　DVP-ES2 系列 PLC 的内部资源与功能

输入继电器 (Input Relay)	输入继电器表示物理输入点并接收外部输入信号,以 X 表示,顺序以八进制编号。例如:X0 ~ X7,X10 ~ X17,…,X377
输出继电器 (Output Relay)	输出继电器表示外部输出点,PLC 会将内部存储器的状态刷新至外部输出点,以 Y 表示,顺序以八进制编号。例如:Y0 ~ Y7,Y10 ~ Y17,…,Y377
内部辅助继电器 (Internal Relay)	内部辅助继电器与外部没有直接联系,它是 PLC 内部的一种辅助继电器,其功能和电气控制电路中的中间继电器一样。每个辅助继电器的节点对应内存的一基本单元,它可由输入继电器触点、输出继电器触点及其他内部装置的触点驱动,它自己的触点可以无限制地使用。内部辅助继电器无对外输出,要输出时请透过输出点,以 M 表示,顺序以十进制编号。例如:M0,M1,…,M4095
步进点 (Step)	ES2 提供一种属于步进动作的控制程序输入方式,利用指令 STL 控制步进点 S 的转移,便可很容易写出控制程序。如果程序中没有用到步进指令时,步进点 S 可被当成内部继电器 M 及警报点使用,以 S 表示,顺序以十进制编号。例如 S0,S1,S2,…,S1023
定时器 (Timer)	用来完成定时控制。定时器含有线圈、触点及寄存器。当定时器的励励线圈得电时,等定时器达到事先给定的设定值后,该定时器的关联触点将会被激励(常开触点闭合,常闭触点断开)。每种定时器都有规定的时钟周期(定时单位:1ms/10ms/100ms),以 T 表示,顺序以十进制编号。例如:T0,T1,…,T255
计数器 (Counter)	用来实现计数操作。计数器含有线圈、触点及寄存器。使用计数器要事先给定计数器的设定值(即要计数的脉冲);当线圈由 Off 到 On 变化时,即被视为该计数器有一脉冲输入,该计数器计数值加 1;当计数器达到其预设值时,与此计数器相关联的计数器触点将会被激励为 On。另外有 16 位及 32 位计数器供使用者选用。以 C 表示,顺序以十进制编号。例如:C0,C1,…,C255
数据寄存器 (Data Register)	PLC 在进行各类顺序控制及定时值与计数值有关控制时,常要作数据处理和数值运算,数据寄存器用于存储数据或各类参数。每个寄存器可以存储一个 word 的数值(16 位二进制数值)。双字将占用编号相邻的两个数据寄存器,以 D 表示,顺序以十进制编号。例如:D0,D1,D2,…,D9999
变址寄存器 (Index Register)	变址寄存器可通过定义一个偏移量给指定装置(字装置、位装置及常量)作变址用,变址寄存器不用作变址时可做普通寄存器使用,以 E,F 表示,顺序以十进制编号。例如:E0 ~ E7、F0 ~ F7

9.2.4　DVP-ES2 系列 PLC 的指令系统

1. 基本操作指令

DVP-ES2 的基本指令与 FX_{2N} 系列 PLC 的指令一样，见表 9-9。

表 9-9 DVP-ES2 的基本指令

指令助记符名称	功能	回路表示和可用软元件	指令助记符名称	功能	回路表示和可用软元件
[LD] 取	运算开始常开触点	XYMSTC	[OUT] 输出	线圈驱动指令	YMSTC
[LDI] 取反	运算开始常闭触点	XYMSTC	[SET] 置位	设置为 1	SET YMS
[LDP] 取脉冲上升沿	上升沿检出运算开始	XYMSTC	[RST] 复位	清除复位为 0	RST YMS TCD
[LDF] 取脉冲下降沿	下降沿检出运算开始	XYMSTC	[PLS] 上升沿脉冲输出	上升沿检出	PLS YM
[AND] 与	串联常开触点	XYMSTC	[PLF] 下降沿脉冲输出	下降沿检出	PLF YM
[ANI] 与非	串联常闭触点	XYMSTC	[MC] 主控开始	公共串联点的连接线圈指令	MC N YM
[ANDP] 与脉冲上升沿	上升沿检出串联连接	XYMSTC	[MCR] 主控复位	公共串联点的清除指令	MCR N
[ANDF] 与脉冲下降沿	下降沿检出串联连接	XYMSTC	[MPS] 进栈	入栈	
[OR] 或	并联常开触点	XYMSTC	[MRD] 读栈	读栈	
[ORI] 或非	并联常闭触点	XYMSTC			
[ORP] 或脉冲上升沿	上升沿检出并联连接	XYMSTC	[MPP] 出栈	出栈	
[ORF] 或脉冲上降沿	下降沿检出并联连接	XYMSTC	[INV] 反转	运算的结果取反	INV
[ANB] 回路块与	并联回路块的串联连接		[NOP] 空操作	无动作	清除程序流程
[ORB] 回路块或	串联回路块的并联连接		[END] 结束	顺控程序结束	顺控程序结束返回到0

2. 功能指令

功能指令也称为 API 应用指令，PLC 指令提供一个特定的指令码及 API 编号，以便记忆。与 FX_{2N} 系列 PLC 的功能指令非常相似，在此不做说明，请读者查阅相关资料学习使用。

9.2.5 DVP-ES2 系列 PLC 的编程软件

DVP 系列 PLC 新一代程序编辑软件，操作接口优化，符合大型项目开发的程序编辑环境，并导入国际标准 IEC61131-3（PLC 编程语言）结构的优点，支持 DVP 全系列 PLC，包含 ES/SA/EH2/ES2 及未来 AH 中型 PLC 系统。图 9-10 所示为 DVP WPLsoft 2.12 版的 PLC 编程界面。

图 9-10　DVP WPLsoft 2.12 版的 PLC 编程界面

思考题与习题

9-1　西门子 S7-200 系列 PLC 硬件由哪几部分组成?

9-2　西门子 S7-200 系列 PLC 的编程软件有哪些版本?

9-3　西门子 S7-200 系列 PLC 的基本指令有哪些?

9-4　台达 DVP-ES 系列 PLC 硬件由哪几部分组成?

9-5　台达 DVP-ES 系列 PLC 的编程软件有哪些版本?

9-6　台达 DVP-ES 系列 PLC 的基本指令有哪些?

9-7　查阅资料，讨论一下所知道的 PLC 的厂家和型号。

第 10 章　触摸屏及组态软件

10.1　触摸屏简介

随着计算机技术的普及，在 20 世纪 90 年代初，出现了一种新的人机交互作用技术——触摸屏技术，也称为 HMI（Human Machine Interface）。触摸屏（Touch Screen）又称为“触控屏”、“触控面板”，是一种可接收触点等输入信号的感应式液晶显示装置，当接触到屏幕上的图形按钮时，屏幕上的触觉反馈系统可根据预先编程的程序驱动各种连接装置，可用于取代机械式的按钮面板，液晶显示画面效果生动，摆脱了键盘和鼠标操作，使人机交互更为直截了当。

触摸屏作为一种新的计算机输入设备，是目前最简单、方便、自然的一种人机交互方式。它赋予多媒体以崭新的面貌，是具有吸引力的全新多媒体交互设备。触摸屏的应用范围较为广泛，主要应用于公共信息的查询（如电信局、税务局、银行、电力等部门的业务咨询）、城市街头的信息查询、办公、工业控制、军事指挥、电子游戏、点歌点菜、多媒体教学、房地产预售等。将来，触摸屏还会走入家庭。随着计算机作为信息来源的与日俱增，触摸屏以其易于使用、反应速度快、节省空间等优点，在系统设计中有相当大的优越性。

10.1.1　触摸屏的工作原理

用手指或其他物体触摸安装在显示器前端的触摸屏，然后系统会根据手指触摸的图标或菜单位置来定位选择信息输入。触摸屏由触摸检测部件和触摸屏控制器组成；触摸检测部件安装在显示器屏幕前面，用于检测用户触摸位置，接收后送触摸屏控制器；而触摸屏控制器的主要作用是从触摸点检测装置上接收触摸信息，并将它转换成触点坐标，再送给 CPU，它同时能接收 CPU 发来的命令并加以执行。

10.1.2　触摸屏的分类

从技术原理来区别触摸屏，可分为五个基本种类：矢量压力技术触摸屏、电阻技术触摸屏、电容技术触摸屏、红外线技术触摸屏、表面声波技术触摸屏。其中矢量压力技术触摸屏已退出历史舞台；红外线技术触摸屏价格低廉，但其外框易碎，容易产生光干扰，曲面情况下失真；电容技术触摸屏设计构思合理，但其图像失真问题很难得到根本解决；电阻技术触摸屏的定位准确，但其价格颇高，且怕刮易损；表面声波触摸屏解决了以往触摸屏的各种缺陷，清晰不容易被损坏，适于各种场合，缺点是屏幕表面如果有水滴和尘土会使触摸屏变迟钝，甚至不工作。

1. 电阻式触摸屏

电阻式触摸屏利用压力感应进行控制。电阻式触摸屏的主要部分是一块与显示器表面非常配合的电阻薄膜屏，这是一种多层的复合薄膜，它以一层玻璃或硬塑料平板作为基层，表面涂有一层透明氧化金属（透明的导电电阻）导电层，上面再盖有一层外表面经硬化处理、光滑防擦的塑料层，它的内表面也有一涂层，在它们之间有许多细小的透明隔离点把两导电层隔开绝缘。

当手指触摸屏幕时，两导电层在触摸点位置就有了接触，电阻发生变化，在 X 和 Y 两个方向上产生信号，然后将这两个信号送至触摸屏控制器。控制器检测到这一接触并计算出按动的位置（X 和 Y 坐标），再根据模拟鼠标的方式运作，这就是电阻式触摸屏的最基本原理。

电阻式触摸屏有四线电阻式和五线电阻式两类，它们是一种对外界完全隔离的工作环境，不怕灰尘和水气，它可以用任何物体来触摸，可以用来写字画画，比较适合工业控制领域及办公室内有限人的使用。电阻式触摸屏的缺点是复合薄膜的外层采用塑胶材料，不知道的人太用力或使用锐器触摸可能划伤整个触摸屏而导致报废。

2. 电容式触摸屏

电容式触摸屏是利用人体的电流感应。电容式触摸屏是一块四层复合玻璃屏，玻璃屏的内表面和夹层各涂有一层 ITO，最外层是一薄层矽土玻璃保护层，夹层 ITO 涂层作为工作面，四个角上引出四个电极，内层 ITO 为屏蔽层以保证良好的工作环境。当手指触摸在玻璃保护层上时，由于人体电场，用户和触摸屏表面形成一个耦合电容，对于高频电流来说，电容是直接导体，于是手指从接触点吸走一个很小的电流。这个电流分别从触摸屏的四角上的电极中流出，并且流经这四个电极的电流与手指到四角的距离成正比，控制器通过对这四个电流比例的精确计算，得出触摸点的位置。

电容式触摸屏的透光率和清晰度优于四线电阻屏，当然还不能和表面声波屏和五线电阻屏相比。电容式触摸屏反光严重，而且，电容技术的四层复合触摸屏对各波长光的透光率不均匀，存在色彩失真的问题，由于光线在各层间的反射，还会造成图像字符的模糊。电容式触摸屏在原理上把人体当做电容器元件的一个电极使用，当有导体靠近，与夹层 ITO 工作面之间耦合出足够容量值的电容时，流走的电流就足够引起电容屏的误动作。电容触摸屏的另一个缺点是用戴手套的手或手持不导电的物体触摸时没有反应。

3. 红外线触摸屏

红外线触摸屏是利用 X、Y 方向上密布的红外线矩阵来检测并定位用户的触摸。红外线触摸屏在显示屏的前面安装一个电路板外框，电路板在屏幕四边排布红外发射管和红外接收管，一一对应形成横竖交叉的红外线矩阵。用户在触摸屏幕时，手指就会挡住经过该位置的横竖两条红外线，因而可以判断出触摸点在屏幕的位置。任何触摸物体都可改变触点上的红外线而实现触摸屏操作。

早期，红外线触摸屏存在分辨率低、触摸方式受限以及易受环境干扰而误动作等缺点，而一度淡出市场。第二代红外线触摸屏部分地解决了抗干扰的问题，第三代和第四代在提升分辨率和稳定性能上有所改进，但都没有在关键指标或综合性能上有质的飞跃。但红外线触摸屏具有不受电流、电压和静电干扰，适宜恶劣的环境条件等优点，是触摸屏产品的一种发展趋势。

4. 表面声波触摸屏

表面声波是超声波的一种，是在介质（例如玻璃或金属等刚性材料）表面浅层传播的机械能量波。通过楔形三角基座（根据表面波的波长严格设计），可以做到定向、小角度的表面声波能量发射。表面声波性能稳定、易于分析，并且在横波传递过程中具有非常尖锐的频率特性。近年来在无损探伤、造影方向上应用发展很快。表面声波相关的理论研究、半导体材料、声导材料、检测技术等技术都已经相当成熟。表面声波触摸屏的触摸屏部分可以是一块平面、球面或柱面玻璃平板，安装在 CRT、LED、LCD 或是等离子显示器屏幕的前面。玻璃屏的左上角和右下角各固定竖直和水平方向的超声波发射换能器，右上角则固定两个相应的超声波接收换能器。玻璃屏的四个周边则刻有 45°角由疏到密间隔非常精密的反射条纹。

发射换能器把控制器通过触摸屏电线送来的电信号转化为声波能量向左方表面传播，然后由玻璃板下边的一组精密反射条纹把声波能量反射成向上的均匀面传递，声波能量经过屏体表面，再由上边的反射条纹聚成向右的线传播给 X 轴的接收换能器，接收换能器将返回的表面声波能量变为电信号。当发射换能器发射一个窄脉冲后，声波能量历经不同途径到达接收换能器，走最右边的最早到达，走最左边的最晚到达。早到达的和晚到达的声波能量叠加成一个较宽的波形信号，接收信号集合了所有在 X 轴方向历经长短不同路径回归的声波能量，它们在 Y 轴走过的路程是相同的，但在 X 轴上，最远的比最近的多走了两倍 X 轴最大距离。因此这个波形信号的时间轴反映各原始波形叠加前的位置，也就是 X 轴坐标。发射信号与接收信号波形在没有触摸的时候，接收信号的波形与参照波形完全一样。当手指或其他能够吸收或阻挡声波能量的物体触摸屏幕时，X 轴途经手指部位向上走的声波能量被部分吸收，反映在接收波形上即某一时刻位置上波形有一个衰减缺口。接收波形对应手指挡住部位信号衰减了一个缺口，计算缺口位置即得触摸坐标，控制器分析接收信号的衰减，根据缺口的位置判定 X 坐标。之后同样的过程判定出触摸点的 Y 坐标。

表面声波触摸屏具有清晰度较高、抗刮伤性良好（相对于电阻、电容等有表面镀膜）、反应灵敏、不受温度湿度等环境因素影响、寿命长（维护良好情况下达 5000 万次）、透光率高（92%）等优点，目前在公共场所使用较多。

10.2 台达 DOP-B 系列 DOP-B07S201 触摸屏

触摸屏的生产厂商很多，国外进入中国的主要有西门子、施耐德、AB、三菱、松下、欧姆龙、LG、三星等，中国的厂商主要有台湾的台达、海泰克、富晶通、立昌等，下面以台达 DOP-B 系列触摸屏为例说明。

10.2.1 台达 DOP-B07S201 系列触摸屏的简介

1. 性能规格

台达人机界面产品支持 Delta、Omron、Siemens、Mitsubishi 等超过 20 种不同品牌的 PLC（控制器）通信协议。台达 DOP-B 系列触摸屏具有 5.6in、7in、10.1in 等规格，其性能规格见表 10-1。

2. 台达 DOP-B07S201 触摸屏的接口

台达 DOP-B07S201 触摸屏支持多种显示面板，支持到 65 536 高彩 TFT 面板，使画面更生动，正面具有 8 个按键和 3 个指示灯，台达 DOP-B07S201 触摸屏的正面如图 10-1 所示，图 10-2 为 3 个指示灯，图 10-3 为触摸屏的背面接口图。

表 10-1　台达 DOP-B 系列触摸屏的性能规格

项目	B05S	B07S	B07E	B10S	B10E
尺寸/in	5.6	7	7	10.1	10.1
分辨率	320×234	480×234	800×600	1024×600	1024×600
面板颜色	65536 色	65536 色	65536 色	65536 色	65536 色
Flash Memory	3MB/6MB	3MB	82MB	82MB	82MB
SRAM	128KB	256KB	16MB	16MB	16MB
按键	N/A	4+4×SYS	N/A	N/A	N/A
USB HOST	YES	YES	YES	YES	YES
记忆卡	N/A	N/A	SD 卡	SD 卡	SD 卡
串行通信	COM*3	COM*3	COM*3	COM*3	COM*3
网络接口	N/A	N/A	YES	N/A	YES
编辑软件	Screen Editor 或 DOP Soft				

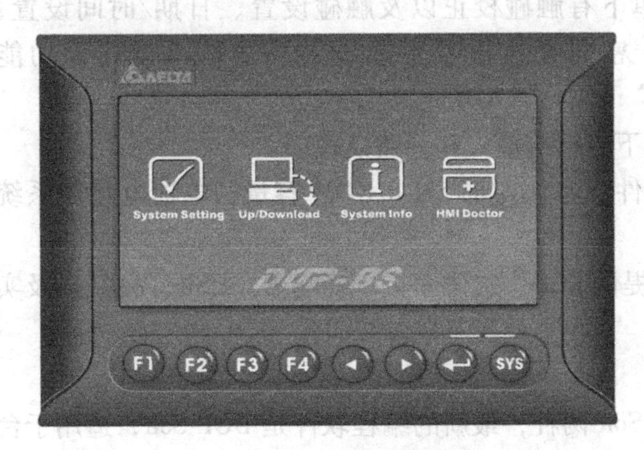

图 10-1　DOP-B07S201 触摸屏的正面

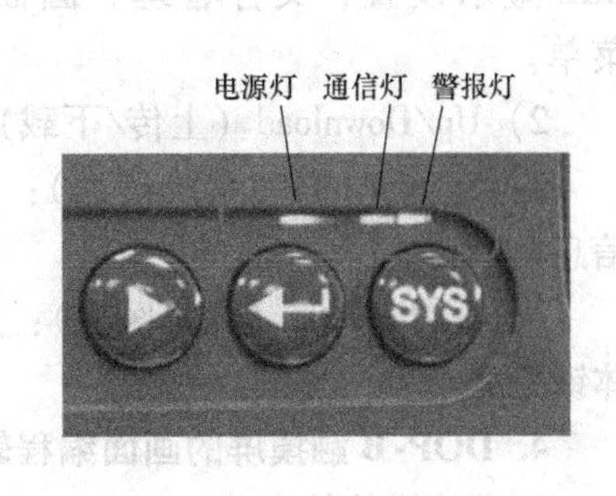

图 10-2　DOP-B07S201 的 3 个指示灯

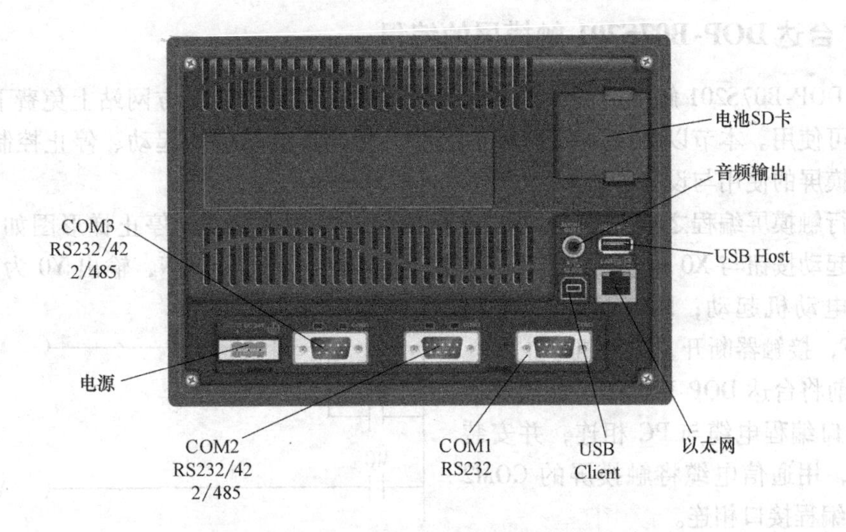

图 10-3　DOP-B07S201 触摸屏的背面接口

3. DOP-B 触摸屏的系统菜单

按压 SYS 键约 2s 钟进入（系统键状态处于未被设置且有效的情况下）人机系统界面。出现 System Setting、Up/Download、System Info、HMI Doctor 4 项功能菜单，如图 10-4 所示。

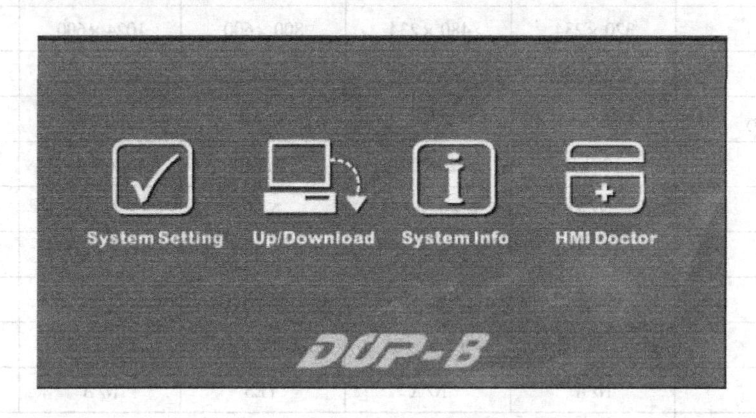

图 10-4　DOP-B07S201 的系统菜单

1）System Setting（系统设置）：菜单下有触碰校正以及触碰设置、日期/时间设置、LCD 显示设置、文件管理、画面复制、密码设置以及音效设置、通信口设置等功能菜单。

2）Up/Download（上传/下载）：菜单下有标准模式和旁路模式。

3）System Info（系统信息）：显示软件版本、内部 Flash ROM 容量、电池电量等系统信息。

4）HMI Doctor（人机医生）：为用户提供 LCD、触碰面板、蜂鸣器、USB、ADC 以及实体键检测。

4. DOP-B 触摸屏的画面编程软件

画面编辑软件有 Screen Editor 和 DOP Soft 两种，最新的编程软件是 DOP Soft，适用于台达的所有触摸屏。

10.2.2　台达 DOP-B07S201 触摸屏的编程

台达 DOP-B07S201 触摸屏的编程软件 DOP Soft 可以从台达官方网站上免费下载，下载安装后即可使用。本节以触摸屏和 PLC 控制的三相异步电动机的起动、停止控制为例，简单介绍触摸屏的使用与设置方法。

在进行触摸屏编程之前需要对 PLC 进行编程，电动机起动、停止梯形图如图 10-5 所示，常开起动按钮与 X0 相连，常开停止按钮与 X1 相连，M0 为 ON，输出 Y0 为 ON，接触器吸合，电动机起动；M0 为 OFF，输出 Y0 为 OFF，接触器断开，电动机停止。

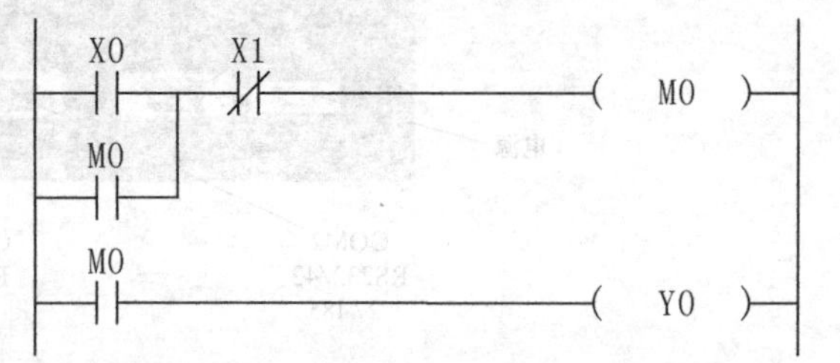

图 10-5　电动机起动、停止梯形图

编程前将台达 DOP-B07S201 触摸屏通过 USB 接口编程电缆与 PC 相连，并安装驱动程序，用通信电缆将触摸屏的 COM2 口与 PLC 编程接口相连。

1）双击桌面上的快捷方式，进入

DOP Soft 的编程界面如图 10-6 所示。其编程界面主要包括菜单栏、快捷工具栏、编程窗口三部分。

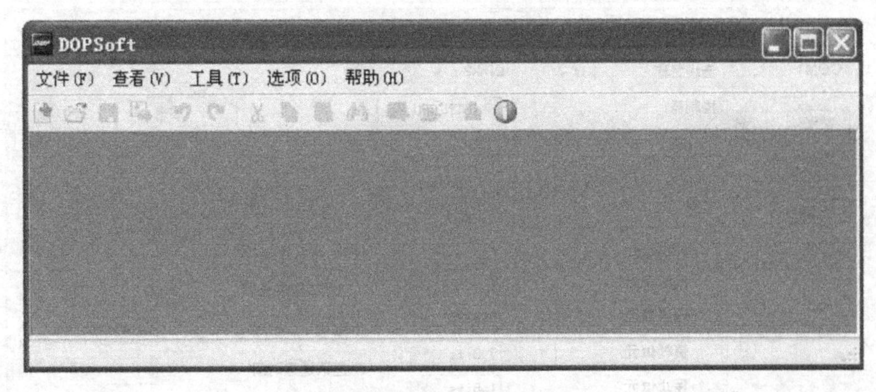

图 10-6　DOP Soft 的编程界面

2）单击菜单“文件（F）\ 新建（N）”，弹出“新增项目精灵”对话框，如图 10-7 所示。选择自己所使用的 DOP 系列的型号，“专案设定”中可以采用默认值。单击“下一步”，弹出“通讯设定”对话框如图 10-8 所示。选择触摸屏的通信接口与控制的型号，如选择触摸屏的 COM2 口，控制器采用三菱的 FX_{2N} 系列 PLC。

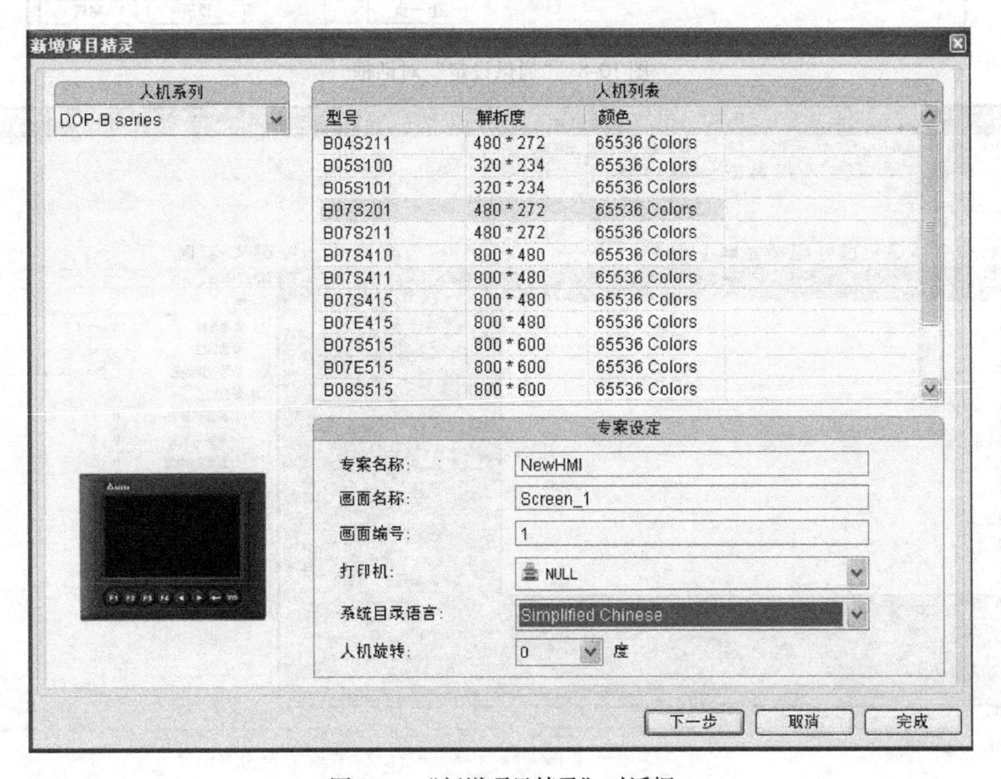

图 10-7　“新增项目精灵”对话框

3）单击“完成”，进入编程窗口如图 10-9 所示。其窗口主要包括 DOPSoft 软件编程主平台、触摸屏画面编程窗口、属性表视窗、输出视窗等。本例是三相异步电动机起、停控制，主要需要设置“启动”按钮、“停止”按钮、电动机状态显示等画面单元块。

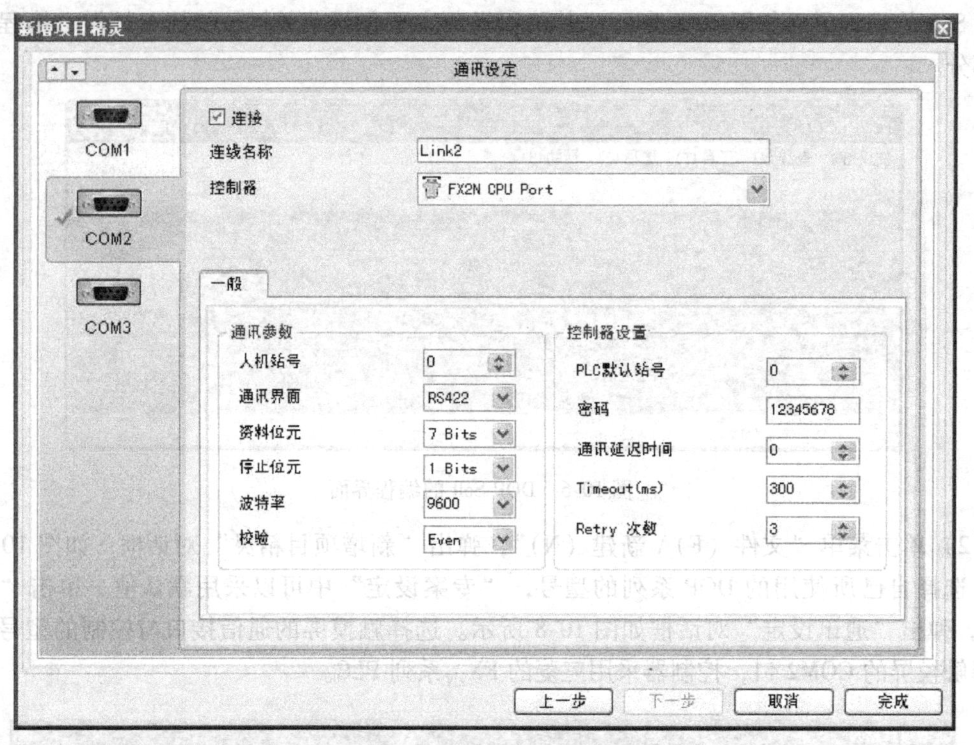

图 10-8　“通讯设定”对话框

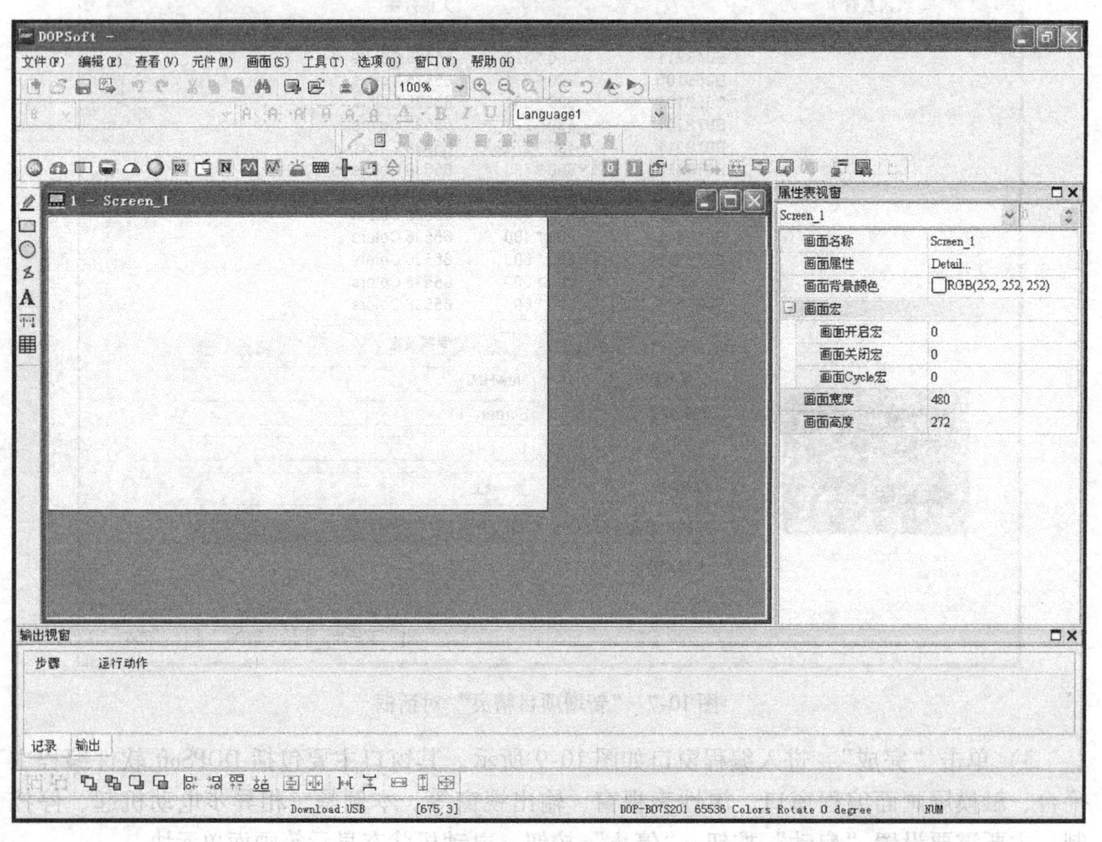

图 10-9　编程窗口

4）单击菜单“元件\按钮\设 ON”后，鼠标变成了十字星的形状，画出合适大小的按钮，如图 10-10 所示在“属性表视窗”中的“写入存储区地址”栏中右边的连接输入窗口如图 10-11 所示，在“元件种类”中选择“M”，“地址（数值）”中填入“0”。单击“Enter”后，关闭输入窗口。在文字栏中填入“启动”。

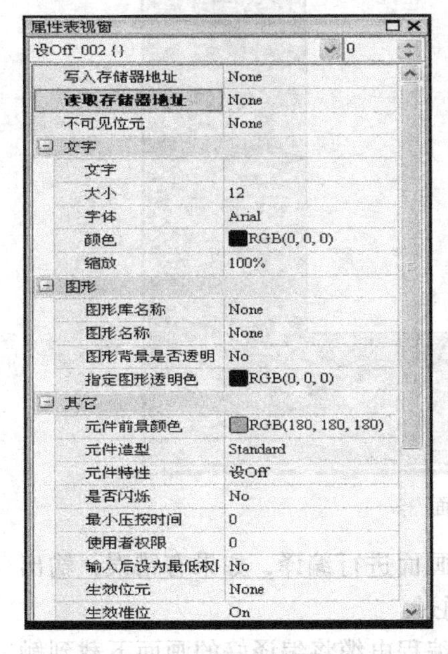

图 10-10　“属性表视窗”窗口

图 10-11　写入存储区地址的输入窗口

5）按照同样的方法，另建“停止”按钮和电动机运行指示灯。如图 10-12a、b、c 所示。

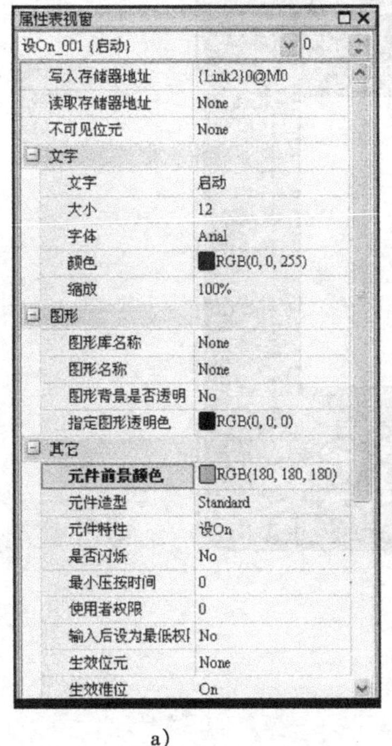

a)

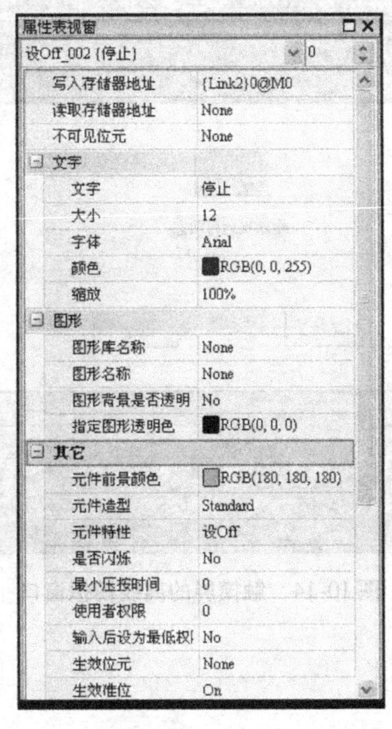

b)

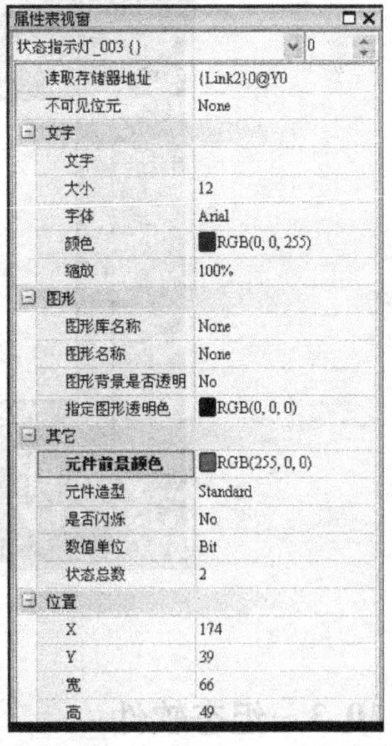

c)

图 10-12　“启动”、“停止”、“运行”状态属性表视窗窗口

6）加入静态文字“电动机运行状态”字，触摸屏的编程画面如图 10-13 所示。

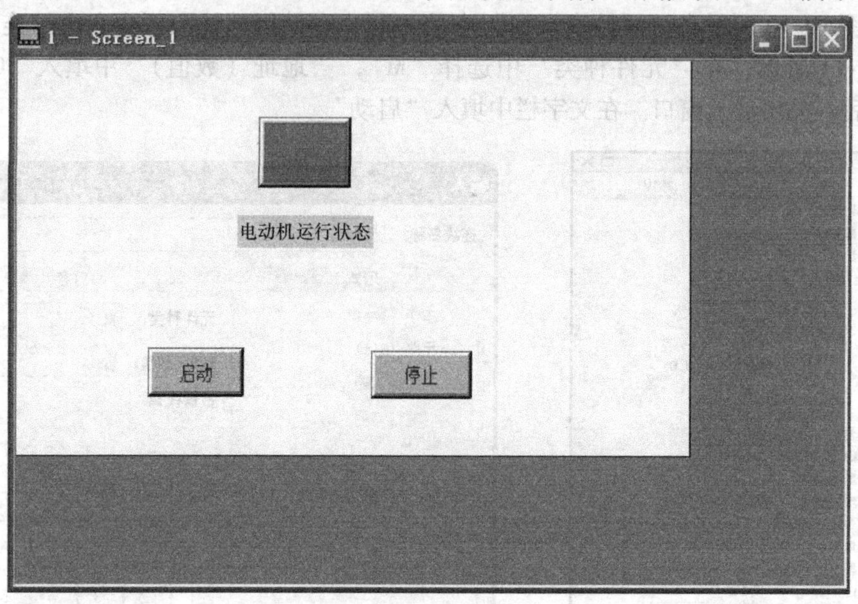

图 10-13　触摸屏的编程画面

7）单击菜单“工具\ 编译”，将对触摸屏所编辑的画面进行编译，如果有错误，输出窗口将显示错误信息，用户修改后重新编译，直至编译通过。

8）单击菜单“工具\ 下载全部资料”，软件将通过编程电缆将编译好的画面下载到触摸屏中。可以进行在线调试，也可以离线模拟，如图 10-14 所示。

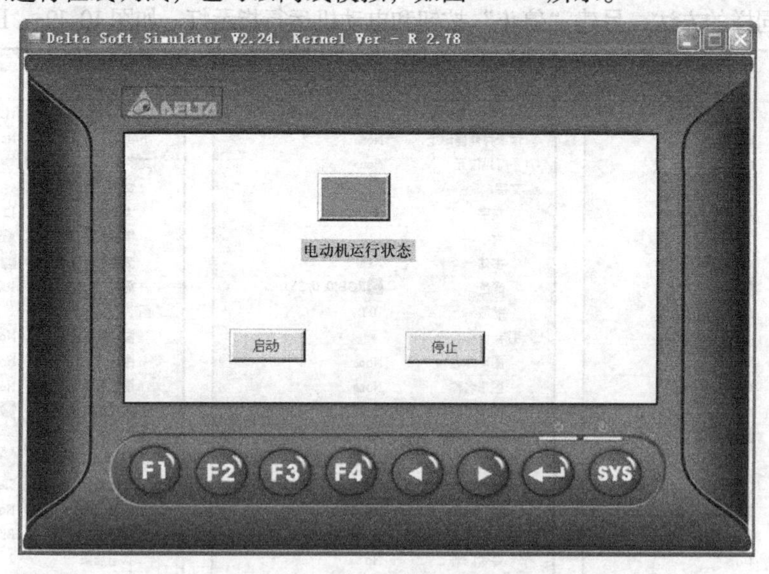

图 10-14　触摸屏的离线模拟窗口

10.3　组态软件

组态软件又称组态监控软件系统软件，译自英文 SCADA，即 Supervisory Control And Data Acquisition（数据采集与监视控制）。它是指一些数据采集与过程控制的专用软件。它们处在自动控制系统监控层级的软件平台和开发环境，使用灵活的组态方式，为用户提供快速构建工业自动控制系统监控功能的、通用层次的软件工具。组态软件的应用领域很广，可以应用于电力系统、给水系统、石油、化工等领域的数据采集与监视控制以及过程控制等诸多领域。在电力系统以及电气化铁道上又称远动系统（RTU System，Remote Terminal Unit）。

组态软件在国内是一个约定俗成的概念，并没有明确的定义，它可以理解为“组态式监控软件”。“组态（Configure）”的含义是“配置”、“设定”、“设置”等意思，是指用户通过类似“搭积木”的简单方式来完成自己所需要的软件功能，而不需要编写计算机程序，也就是所谓的“组态”。它有时候也称为“二次开发”，组态软件就称为“二次开发平台”。“监控（Supervisory Control）”，即“监视和控制”，是指通过计算机信号对自动化设备或过程进行监视、控制和管理。

10.3.1　国内外组态软件介绍

国外组态软件主要有 Wonderware（万维公司）的 InTouch、iFix、悉雅特集团（Citect）的 Citech、西门子公司的 WinCC、ASPEN-tech（艾斯苯公司）的 ASPEN-tech、PROGEA 公司的 Movicon；国内品牌组态软件主要有北京世纪长秋科技有限公司的世纪星组态软件、北京三维力控科技有限公司的力控组态软件、北京亚控科技发展有限公司的组态王 KingView、大庆紫金桥软件技术有限公司的紫金桥 Realinfo、北京昆仑通态自动化软件科技有限公司的 MCGS，此外还有 Controx（开物）、易控等。

1. InTouch 组态软件

Wonderware 的 InTouch 组态软件是最早进入我国的组态软件。在 20 世纪 80 年代末、90 年代初，基于 Windows 3.1 的 InTouch 软件曾让我们耳目一新，并且 InTouch 提供了丰富的图库。但是，早期的 InTouch 软件采用 DDE 方式与驱动程序通信，性能较差，最新版的 InTouch 已经完全基于 32 位的 Windows 平台，并且提供了 OPC 支持。

InTouch 包含三个主要程序，它们分别是 InTouch 应用程序管理器、WindowMaker 以及 WindowViewer。InTouch 应用程序管理器用于组织管理创建的应用程序。它也可以用于将 WindowViewer 配置成服务为基于客户端和基于服务器的架构配置网络应用程序开发（NAD）以及配置动态分辨率转换（DRC）。WindowMaker 是一种开发环境，在其中可以使用面向对象的图形来创建富于动感的触控式显示窗口。这些显示窗口可以连接到工业 I/O 系统以及其他的 Microsoft Windows 应用程序。WindowViewer 则是一种运行时环境，用于显示在 WindowMaker 中创建的图形窗口。WindowViewer 可以执行 InTouch QuickScript、历史数据记录与报告、处理报警记录与报告，并同时可以充当 DDE 与 SuiteLinkÔ 通信协议的客户端和服务器。

2. Fix 组态软件

Intellution 公司以 Fix 组态软件起家，1995 年被艾默生收购，现在是艾默生集团的全资子公司，Fix 软件提供工控人员熟悉的概念和操作界面，并提供完备的驱动程序（需单独购买）。Intellution 将自己最新的产品系列命名为 iFix，在 iFix 中，Intellution 提供了强大的组态功能，但新版本与以往的 6.×版本并不完全兼容。在 iFix 中，Intellution 产品与 Windows 操作系统、网络进行了紧密的集成。Intellution 也是 OPC（OLE for Process Control）组织的发起成员之一。iFix 和 OPC 组件和驱动程序同样需要单独购买。

3. Citech 组态软件

悉雅特公司的 Citech 是较早进入中国市场的产品。Citech 具有简洁的操作方式，但其操作方式更多的是面向程序员，而不是工控用户。Citech 提供了类似 C 语言的脚本语言进行二次开发，但与 iFix 不同的是，Citech 的脚本语言并非是面向对象的，而是类似于 C 语言，这无疑为用户进行二次开发增加了难度。

4. WinCC 组态软件

西门子的 WinCC 是一套完备的组态开发环境，WinCC 提供类似 C 语言的脚本，包括一个调试环境。WinCC 内嵌 OPC 支持，并可对分布式系统进行组态。但 WinCC 的结构较复杂，用户最好经过西门子的培训以掌握 WinCC 的应用。

5. 组态王组态软件

组态王是北京亚控科技发展有限公司开发的组态软件。组态王提供了资源管理器式的操作主界面，并且提供了以汉字作为关键字的脚本语言支持。组态王提供多种硬件驱动程序。组态王 6.5 的 Internet 版本立足于门户概念，采用最新的 Java2 核心技术，功能更丰富，操作更简单。整个企业的自动化监控将以一个门户网站的形式呈现给使用者，并且不同工作职责的使用者使用各自的授权口令完成操作，这包括现场的操作者可以完成设备的起停，中控室的工程师可以完成工艺参数的整定，办公室的决策者可以实时掌握生产成本、设备利用率及产量等数据。组态王可再现现场画面，画面逼真，使用户在任何时间、任何地点均可实时掌握企业的每一个生产细节，现场的流程画面、过程数据、趋势曲线、生产报表（支持报表打印和数据下载）、操作记录和报警等均可轻松浏览。当然用户必须要有授权口令才能完成这些。用户还可以自己编辑发布的网站首页信息和图标，成为真正企业信息化的 Internet 门户。

6. Controx（开物）组态软件

华富计算机公司的 Controx（开物）组态软件是全 32 位的组态开发平台，为工控用户提供了强大的实时曲线、历史曲线、报警、数据报表及报告功能。作为国内较早加入 OPC 组织的软件开发商，Controx 内建 OPC 支持，并提供数十种高性能驱动程序。提供面向对象的脚本语言编译器，支持 ActiveX 组件和插件的即插即用，并支持通过 ODBC 连接外部数据库。Controx 同时提供网络支持和 Webserver 功能。

7. Force Control（力控）组态软件

北京三维力控科技有限公司的 Force Control（力控）组态软件是国内较早就已经出现的组态软件之一。随着 Windows3.1 的流行，三维力控科技有限公司开发出了 16 位 Windows 版的力控，主要用于公司内部的一些项目。32 位的 1.0 版的力控，在体系结构上就已经具备了较为明显的先进性，其最大特征之一是基于真正意义的分布式实时数据库的三层结构，而且实时数据库结构为可组态的灵活结构。最新推出的版本在功能的丰富性、易用性、开放性和 I/O 驱动数量方面，都得到了很大的提高。在很多环节的设计上，能从国内用户的角度出发，既注重实用性，又不失大软件的规范。

8. MCGS 组态软件

北京昆仑通态自动化软件科技有限公司开发的 MCGS（Monitor Control Generated System）为用户提供了解决实际工程问题的完整方案和开发平台，能够完成现场数据采集、实时和历史数据处理、报警和安全机制、流程控制、动画显示、趋势曲线和报表输出以及企业监控网络等功能。使用 MCGS，用户无需具备计算机编程的知识，就可以在短时间内轻而易举地完成一个运行稳定、功能成熟、维护量小并且具备专业水准的计算机监控系统的开发工作。良好的体系结构、合理的程序设计、周到的用户理念使 MCGS 成功地度过开发期。

10.3.2　组态软件的功能特点及发展方向

目前看到的所有组态软件都能完成类似的功能：比如，几乎所有运行于 32 位 Windows 平台的组态软件都采用类似资源浏览器的窗口结构，并且对工业控制系统中的各种资源（设备、标签量、画面等）进行配置和编辑；都提供多种数据驱动程序；都使用脚本语言提供二次开发的功能等。但是，从技术上说，各种组态软件提供实现这些功能的方法却各不相同。从这些不同之处以及 PC 技术发展的趋势，可以看出组态软件未来发展的方向。

1. 数据采集的方式

大多数组态软件提供多种数据采集程序，用户可以进行配置。然而，在这种情况下，驱动程序只能由组态软件开发商提供，或者由用户按照某种组态软件的接口规范编写，这为用户提出了过高的要求。由 OPC 基金组织提出的 OPC 规范基于微软的 OLE/DCOM 技术，提供了在分布式系统下，软件组件交互和共享数据的完整的解决方案。在支持 OPC 的系统中，数据的提供者作为服务器（Server），数据请求者作为客户（Client），服务器和客户之间通过 DCOM 接口进行通信，而无需知道对方内部实现的细节。由于 COM 技术是在二进制代码级实现的，所以服务器和客户可以由不同的厂商提供。在实际应用中，作为服务器的数据采集程序往往由硬件设备制造商随硬件提供，可以发挥硬件的全部功能，而作为客户的组态软件可以通过 OPC 与各厂家的驱动程序无缝链接，故从根本上解决了以前采用专用格式驱动程序总是滞后于硬件更新的问题。同时，组态软件同样可以作为服务器为其他的应用系统（如 MIS 等）提供数据。OPC 现在已经得到了包括 Intellution、Siemens、GE、ABB 等国外知名厂商的支持。随着支持 OPC 的组态软件和硬件设备的普及，使用 OPC 进行数据采集必将成为组态中更合理的选择。

2. 脚本的功能

脚本语言是扩充组态系统功能的重要手段。因此，大多数组态软件提供了脚本语言的支持。具体的实现方式可分为三种：一是内置的类 C/Basic 语言；二是采用微软的 VBA 编程语言；三是有少数组态软件采用面向对象的脚本语言。类 C/Basic 语言要求用户使用类似高级语言的语句书写脚本，使用系统提供的函数调用组合完成各种系统功能。微软的 VBA 是一种相对完备的开发环境，采用 VBA 的组态软件通常使用微软的 VBA 环境和组件技术，把组态系统中的对象以组件方式实现，使用 VBA 的程序对这些对象进行访问。由于 Visual Basic 是解释执行的，所以 VBA 程序的一些语法错误可能到执行时才能发现。而面向对象的脚本语言提供了对象访问机制，对系统中的对象可以通过其属性和方法进行访问，比较容易学习、掌握和扩展，但实现比较复杂。

3. 组态环境的可扩展性

可扩展性为用户提供了在不改变原有系统的情况下，向系统内增加新功能的能力，这种增加的功能可能来自于组态软件开发商、第三方软件提供商或用户自身。增加功能最常用的手段是 ActiveX 组件的应用，组态软件能提供完备的 ActiveX 组件引入功能及实现引入对象在脚本语言中的访问。

4. 组态软件的开放性

随着管理信息系统和计算机集成制造系统的普及，生产现场数据的应用已经不仅仅局限于数据采集和监控。在生产制造过程中，需要对现场的大量数据进行流程分析和过程控制，以实现对生产流程的调整和优化。现有的组态软件对这些方面的需求还只能以报表的形式提供，或者通过 ODBC 将数据导出到外部数据库，以供其他的业务系统调用，在绝大多数情况下，仍然需要进行再开发才能实现。随着生产决策活动对信息需求的增加，可以预见，组态软件与管理信息系统的集成必将更加紧密，并很可能以实现数据分析与决策功能的模块形式在组态软件中出现。

5. 对 Internet 的支持

现代企业的生产已经趋向国际化、分布式的生产方式。Internet 将是实现分布式生产的基础。

6. 组态软件的控制功能

随着以工业 PC 为核心的自动控制集成系统技术的日趋完善和工程技术人员使用组态软件水平的不断提高，用户对组态软件的要求已不像过去那样主要侧重于画面，而是要考虑一些实质性的应用功能，如软件 PLC、先进过程控制策略等。

随着企业提出的高柔性、高效益的要求，以经典控制理论为基础的控制方案已经不能适应需求，以多变量预测控制为代表的先进控制策略的提出和成功应用之后，先进过程控制（Advance Process Control，APC）受到了过程工业界的普遍关注。先进过程控制是指一类在动态环境中，基于模型，充分借助计算机能力，为企业获得的最理想控制而实施的运行和控制策略。先进控制策略主要有双重控制及阀位控制、纯滞后补偿控制、解耦控制、自适应控制、差拍控制、状态反馈控制、多变量预测控制、推理控制、软测量技术及智能控制（专家控制、模糊控制和神经网络控制）等，尤其是智能控制已成为开发和应用的热点。目前，国内许多大企业纷纷投资，在装置自动化系统中实施先进控制。

10.4 组态王的应用举例

组态王软件是一种通用的工业监控软件，它集过程控制设计、现场操作以及工厂资源管理于一体，将一个企业内部的各种生产系统和应用以及信息交流汇集在一起，实现最优化管理。它基于 Microsoft Windows XP/NT/2000 操作系统，用户在企业网络的所有层次上都可以及时获得系统的实时信息。采用组态王软件开发工业监控工程，可以极大地增强用户生产控制能力、提高工厂的生产力和效率、提高产品的质量、减少成本及原材料的消耗。它适用于从单一设备的生产运营管理和故障诊断，到网络结构分布式大型集中监控管理系统的开发。

组态王软件结构由工程管理器、工程浏览器及运行系统三部分构成。

1）工程管理器：工程管理器用于新工程的创建和已有工程的管理，对已有工程进行搜索、添加、备份、恢复以及实现数据词典的导入和导出等功能。

2）工程浏览器：工程浏览器是一个工程开发设计工具，用于创建监控画面、监控的设备及相关变量、动画链接、命令语言以及设定运行系统配置等的系统组态工具。

3）运行系统：工程运行界面，从采集设备中获得通信数据，并依据工程浏览器的动画设计显示动态画面，实现人与控制设备的交互操作。

组态王软件作为一个开放型的通用工业监控软件，支持与国内外常见的 PLC、智能模块、智能仪表、变频器、数据采集板卡等（如西门子 PLC、莫迪康 PLC、欧姆龙 PLC、三菱 PLC、研华模块等）通过常规通信接口（如串口方式、USB 接口方式、以太网、总线、GPRS 等）进行数据通信。组态王软件与 I/O 设备进行通信一般是通过调用 *.dll 动态库来实现的，不同的设备、协议对应不同的动态库。工程开发人员无需关心复杂的动态库代码及设备通信协议，只需使用组态王提供的设备定义向导，即可定义工程中使用的 I/O 设备，并通过变量的定义实现与 I/O 设备的关联，对用户来说既简单又方便。

10.4.1　使用组态王建立应用工程的一般过程

通常情况下，建立一个应用工程大致可分为以下几个步骤：

1）如果监控的控制器为 PLC，先编制 PLC 的梯形图程序并下载至 PLC 中运行此梯形图程序。

2）创建新工程，为工程创建一个目录用来存放与工程相关的文件。

3）定义硬件设备并添加工程变量，添加工程中需要的硬件设备和工程中使用的变量，包括内存变量和 I/O 变量。

4）制作图形画面并定义动画链接，按照实际工程的要求绘制监控画面并使静态画面随着过程控制对象产生动态效果，并编写命令语言，通过脚本程序的编写以完成较复杂的操作上位控制。

5）进行运行系统的配置，对运行系统、报警、历史数据记录、网络、用户等进行设置，是系统完成用于现场前的必备工作。

6）保存工程并运行，完成以上步骤后，一个可以拿到现场运行的工程就制作完成了。

10.4.2　使用组态王建立应用工程的过程实例

下面通过组态王对三相异步电动机的起动与停止控制进行监控。希望通过本实例，读者可以举一反三，在本实例的基础上，逐步摸索，查阅相关资料和帮助，掌握组态王组态软件的使用方法。

1. 编制梯形图程序

为了使用组态软件进行监控，先对现场控制器进行编程。这里是对电动机的监控，对电动机的监控首先要满足对电动机的控制要求，系统设有常开起动按钮和常开停止按钮作为电动机的起动停止按钮。可以编写如图 10-15 所示的梯形图程序。当按起动按钮时，Y0 输出为 ON，电动机起动，当按停止按钮时，Y0 输出为 OFF，电动机停止，其中 M0、M1 为组态王要改变的辅助继电器。

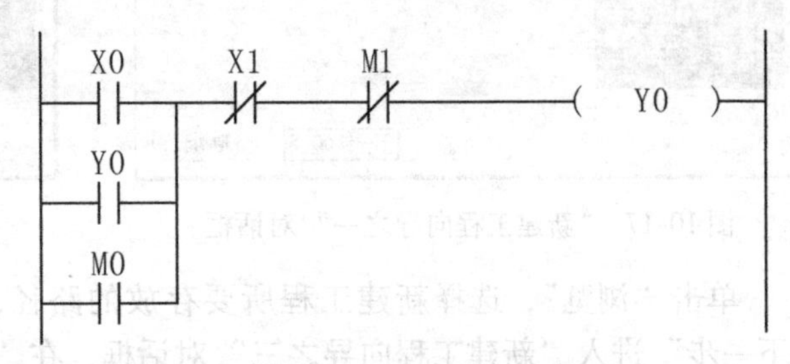

图 10-15　电动机起动停止梯形图

2. 建立一个新工程

在组态王中，我们所建立的每一个

组态称为一个工程。每个工程反映到操作系统中是一个包括多个文件的文件夹。组态王工程管理器用来建立新工程，对添加到工程管理器的工程做统一的管理。工程管理器的主要功能包括：新建、删除工程，对工程重命名，搜索组态王工程，修改工程属性，工程备份、恢复，数据词典的导入导出，切换到组态王开发或运行环境等。假设用户已经正确安装了“组态王 6.53”，可以通过以下方式启动工程管理器：单击“开始”、“程序”、“组态王 6.53”、“组态王 6.53”（或直接双击桌面上组态王的快捷方式），启动后的工程管理窗口中有 3 个亚控公司做的演示工程事例，如图 10-16 所示。

工程管理器

文件(F)　视图(V)　工具(T)　帮助(H)

搜索　新建　删除　属性　备份　恢复　DB导出　DB导入　开发　运行

工程名称	路径	分辨率	版本	描述
Kingdemo2	c:\program files\kingview\example\kingdemo2	800*600	6.53	组态王6.53演示工程800X600
Kingdemo1	c:\program files\kingview\example\kingdemo1	640*480	6.53	组态王6.53演示工程640X480
Kingdemo3	c:\program files\kingview\example\kingdemo3	1280*800	6.53	组态王6.53演示工程1024X768

完成　数字

图 10-16　组态王工程管理器窗口

单击工程管理器上的“新建”按钮，或者单击菜单“文件\新建工程”，弹出“新建工程向导之一”对话框如图 10-17 所示。

单击“下一步”弹出“新建工程向导之二”对话框如图 10-18 所示，输入“我的新工程”。

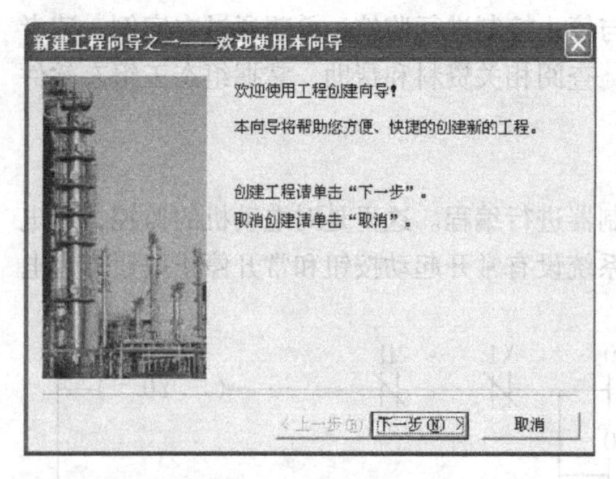

图 10-17　“新建工程向导之一”对话框

图 10-18　“新建工程向导之二”对话框

单击“浏览”，选择新建工程所要存放的路径，单击“打开”，选择路径完成，单击“下一步”进入“新建工程向导之三”对话框，在“工程名称”处写上要给工程起的名字。“工程描述”是对工程进行详细说明（注释作用），工程名称是“我的新工程”，工程描述是“三相异步电动机起停监控”，如图 10-19 所示。

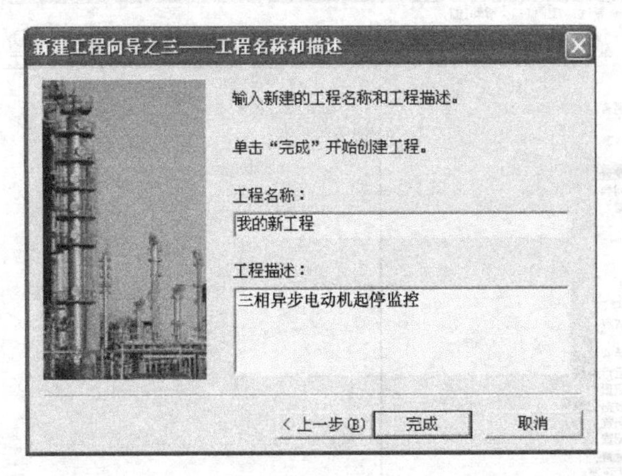

图 10-19　“新建工程向导之三”对话框

单击“完成”会出现“是否将新建的工程设为组态王当前工程”的提示，选择“是”，生成图 10-20 所示新建工程为当前工程窗口。组态王的当前工程的意义是指直接进入开发或运行所指定的工程。左边显示一个“小红旗图标”表示为当前的工程。

工程管理器

文件(F)　视图(V)　工具(T)　帮助(H)

搜索　新建　删除　属性　备份　恢复　DB导出　DB导入　开发　运行

工程名称	路径	分辨率	版本	描述
Kingdemo2	c:\program files\kingview\example\kingdemo2	800*600	6.53	组态王6.53演示工程800X600
Kingdemo1	c:\program files\kingview\example\kingdemo1	640*480	6.53	组态王6.53演示工程640X480
Kingdemo3	c:\program files\kingview\example\kingdemo3	1280*800	6.53	组态王6.53演示工程1024X768
我的新工程	c:\documents and settings\renjie\我的新工程\...	0*0	0	三相异步电动机启停监控

完成　数字

图 10-20　新建工程为当前工程窗口

3. 定义硬件设备并添加工程变量

（1）进入工程浏览器

在工程管理器窗口中，双击用户新建的工程，进入工程浏览器窗口。工程浏览器是组态王 6.53 的集成开发环境。在这里用户可以看到工程的各个组成部分，包括 Web、文件、数据库、设备、系统配置、SQL 访问管理器，它们以树形结构显示在工程浏览器窗口的左侧。工程浏览器由菜单栏、工具条、工程目录显示区、目录内容显示区、状态条组成。“工程目录显示区”以树形结构图显示大纲项节点，用户可以扩展或收缩工程浏览器中所列的大纲项。工程浏览器的使用和 Windows 的资源管理器类似，如图 10-21 所示。

（2）添加硬件设备

组态王把那些需要与之交换数据的硬件设备或软件程序都作为外围设备使用。外围硬件设备通常包括 PLC、仪表、模块、变频器、板卡等；外部软件程序通常指包括 DDE、OPC

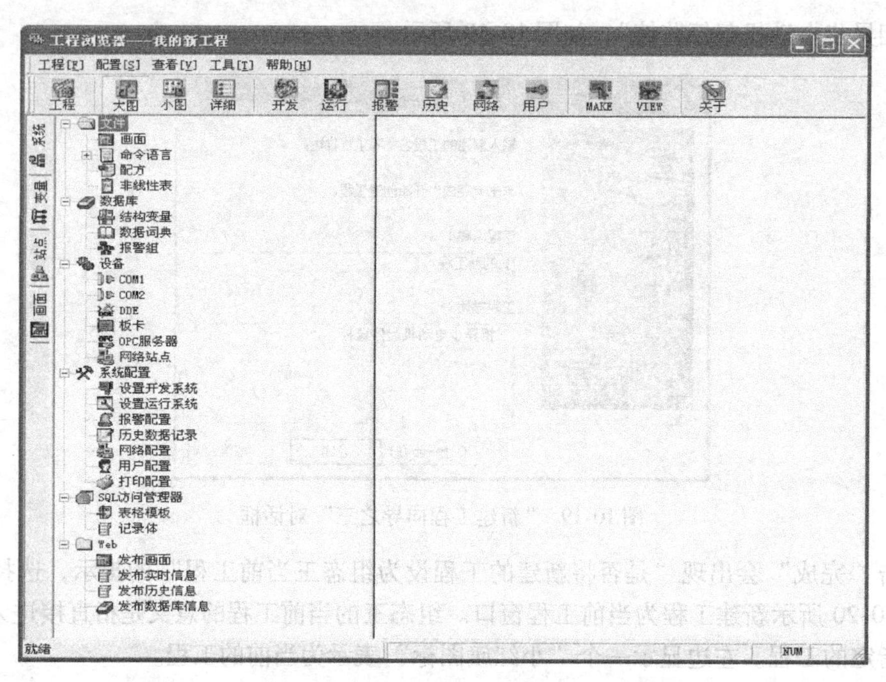

图 10-21　工程浏览器窗口

等服务程序。按照计算机和外围设备的通信连接方式，则分为串行通信（232/422/485）、以太网、专用通信卡（如 CP5611）等。在计算机和外围设备硬件连接好后，为了实现组态王和外围设备的实时数据通信，必须在组态王的开发环境中对外围设备和相关变量加以定义。为方便用户定义外围设备，组态王设计了“设备配置向导”引导用户一步步完成设备的连接。

在组态王工程浏览器树形目录中，选择设备，在右边的工作区中出现了“新建”图标，双击此图标，弹出“设备配置向导”对话框，在对话框选择“设备驱动 \ PLC \ 三菱 \ FX2 \ 编程口”，如图 10-22 所示。“设备”下的子项中默认列出的项目表示组态王和外围设备几种常用的通信方式，如 COM1、COM2、DDE、板卡、OPC 服务器、网络站点，其中 COM1、COM2 表示组态王支持串口的通信方式，DDE 表示支持通过 DDE 数据传输标准进行数据通信，其他类似（特别说明：标准的计算机都有两个串口，所以此处作为一种固定显示形式，这种形式并不表示组态王只支持 COM1、COM2，也不表示组态王计算机上肯定有两个串口；并且“设备”项下面也不会显示计算机中实际的串口数目，用户通过设备定义向导选择实际设备所连接的 PC 串口即可）。

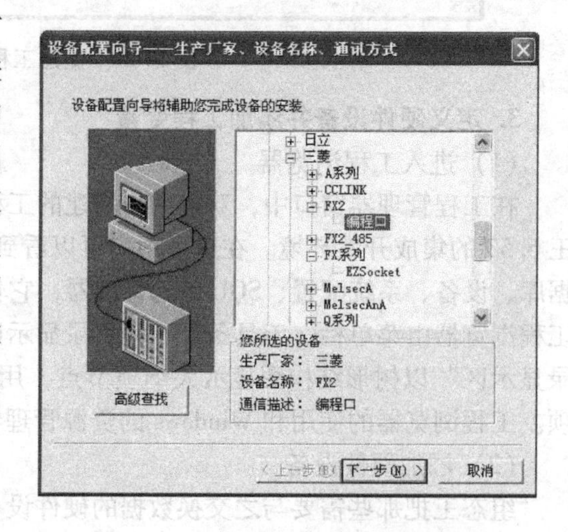

图 10-22　“设备配置向导”对话框

单击“下一步”弹出逻辑名称对话框，输入“三菱 FX2N_PLC”后，单击“下一步”，弹出“选择串口号”对话框，如图

10-23所示。

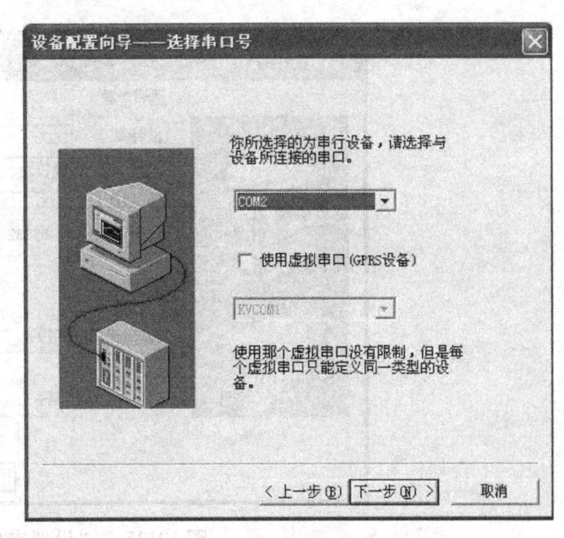

图 10-23　“选择串口号”对话框

为设备选择连接的串口为 COM1，单击“下一步”弹出设备地址对话框。在连接现场设备时，设备地址处填写的地址要和实际设备地址完全一致。组态王对所支持的设备及软件都提供了相应的联机帮助，指导用户进行设备的定义，用户在实际定义相关的设备时，可单击“地址帮助”按钮获取相关帮助信息。填写设备地址为 0，单击“下一步”，弹出通信参数对话框，一般情况下使用系统默认设置即可。其中“尝试恢复间隔”的含义是当组态王和设备通信失败后，组态王将根据此处设定时间定期和设备尝试通信一次；“最长恢复时间”的含义是当组态王和设备通信失败后，超过此设定时间仍然和设备通信不上的，组态王将不再尝试和此设备进行通信，除非重新启动运行组态王；“动态优化”的含义是此项参数可以优化组态王的数据采集。如果选中动态优化选项，则当条件满足时组态王将执行该设备的数据采集，单击“下一步”系统弹出“信息总结”对话框，如图 10-24 所示。

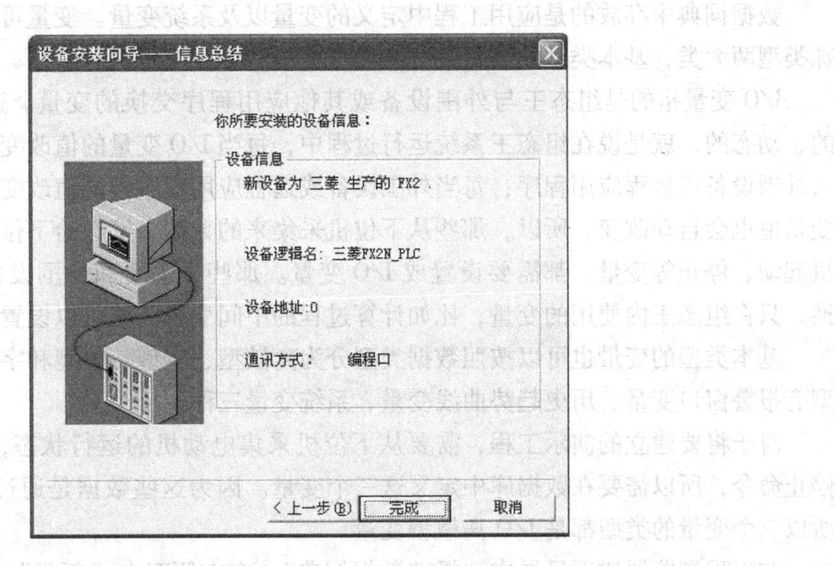

图 10-24　“信息总结”对话框

检查各项设置是否正确，确认无误后，单击“完成”。设备定义完成后，用户可以在 COM1 项下看到新建的设备“三菱 FX2N_PLC”。

双击 COM1 口，弹出串口通信参数设置对话框，在工程中连接实际的 I/O 设备时，必须对串口通信参数进行设置且设置项要与实际设备中的设置项完全一致（包括波特率、数据位、停止位、奇偶校验选项的设置），否则会导致通信失败，如图 10-25 所示。

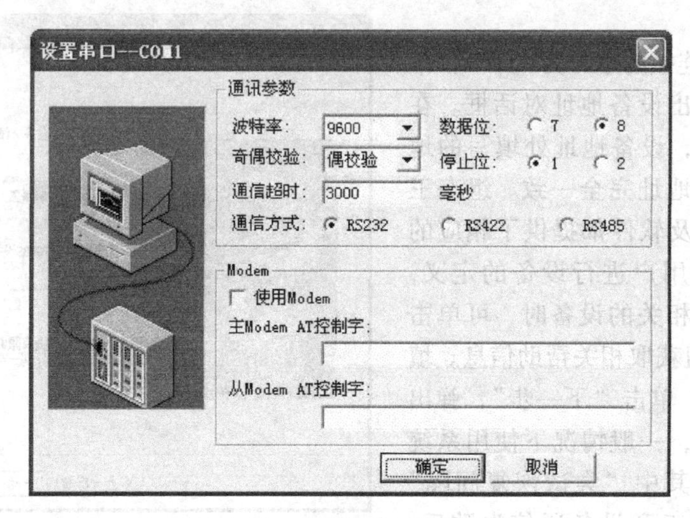

图 10-25　“设置串口”对话框

(3) 定义设备变量

数据库是组态王软件最核心的部分。在 TouchView 运行时，工业现场的生产状况要以动画的形式反映在屏幕上，操作者在计算机前发布的指令也要迅速送达生产现场，所有这一切都是以实时数据库为核心，所以说数据库是联系上位机和下位机的桥梁。数据库中变量的集合形象地称为数据词典，数据词典记录了所有用户可使用的数据变量的详细信息。

数据词典中存放的是应用工程中定义的变量以及系统变量。变量可以分为基本类型和特殊类型两大类，基本类型的变量又分为内存变量和 I/O 变量两种。

I/O 变量指的是组态王与外围设备或其他应用程序交换的变量。这种数据交换是双向的、动态的，就是说在组态王系统运行过程中，每当 I/O 变量的值改变时，该值就会自动写入外围设备或远程应用程序；每当外围设备或远程应用程序中的值改变时，组态王系统中的变量值也会自动改变。所以，那些从下位机采集来的数据、发送给下位机的指令，比如电动机起动、停止等变量，都需要设置成 I/O 变量。那些不需要和外围设备或其他应用程序交换，只在组态王内使用的变量，比如计算过程的中间变量，就可以设置成内存变量。

基本类型的变量也可以按照数据类型分为离散型、实型、整型和字符串型。特殊变量类型有报警窗口变量、历史趋势曲线变量、系统变量三种。

对于将要建立的演示工程，需要从下位机采集电动机的运行状态，向 PLC 下达起动和停止命令，所以需要在数据库中定义这三个变量。因为这些数据是通过驱动程序采集来的，所以三个变量的类型都是 I/O 离散型变量。

在工程浏览器树形目录中选择“数据词典”，在右侧双击“新建”图标，弹出“定义变量”对话框，在变量名处输入“启动”；变量类型处选择“I/O 离散”；在连接设备处选择“三菱 FX2N_ PLC”；寄存器处输入“M0”；数据类型处选择“Bit”；读写属性选择“读写”，单击“确定”，如图 10-26 所示。

按照建立“启动”变量的方法，新建 I/O 离散型变量“停止”，对应寄存器 M1，读写属性为“读写”；新建 I/O 离散变量“电动机运行状态”，对应寄存器 Y0，读写属性为“只读”。

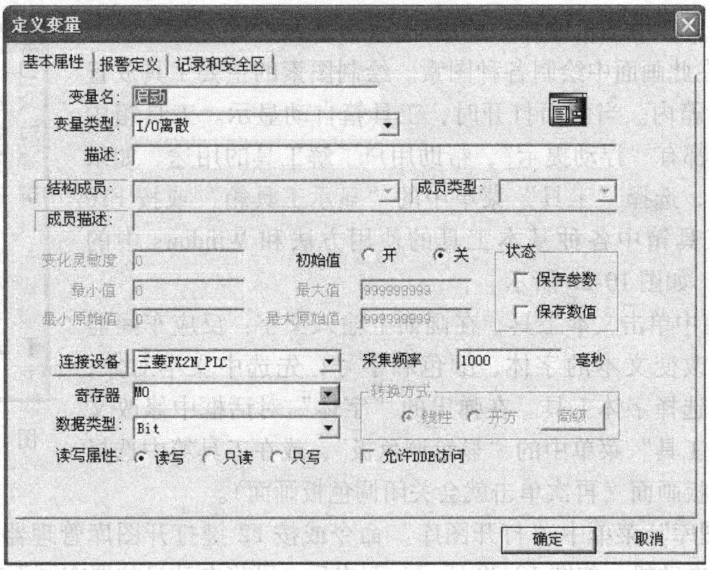

图 10-26　“定义变量”对话框

4. 监控画面的绘制

监控画面是计算机监控时与用户的交互接口，画面的操作应能满足用户需求和操作习惯，方便用户的使用。组态王的监控画面与计算机的显示分辨率有对应关系，可先进行计算机显示分辨率设置，再完成画面的绘制。

1）在工程浏览器左侧的“工程目录显示区”中选择“画面”选项，在右侧视图中双击“新建”图标，弹出新建画面对话框，新画面属性设置为画面名称：电动机监控；对应文件：pic00001. pic（自动生成，也可以用户自己定义）；注释：反应车间的监控中心——主画面；画面类型：覆盖式；画面位置：左边 0，顶边 0，显示宽度 800，显示高度 600，画面宽度 800，画面高度 600。在对话框中单击“确定”，如图 10-27 所示，组态王软件将按照指

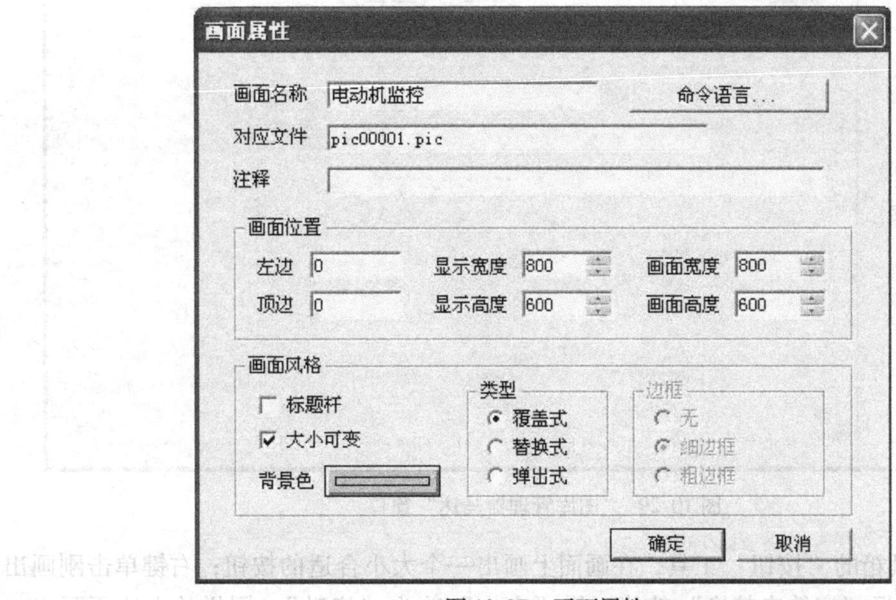

图 10-27　画面属性

定的风格产生名为“电动机监控”的画面。

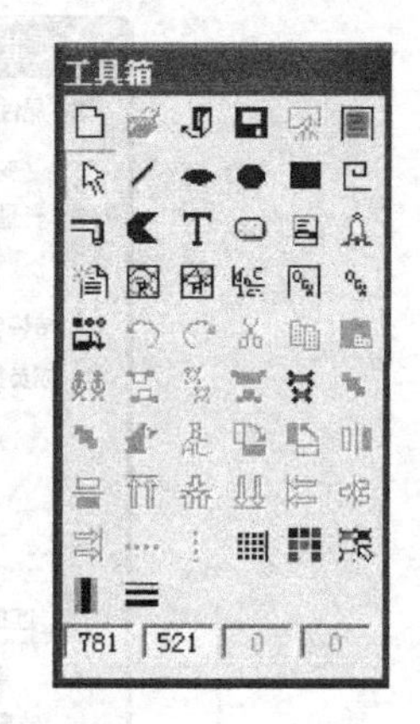

图 10-28　工具箱

2）接下来在此画面中绘制各种图素。绘制图素的主要工具放置在图形编辑工具箱内。当画面打开时，工具箱自动显示。工具箱中的每个工具按钮都有“浮动提示”，帮助用户了解工具的用途。如果工具箱没有出现，选择“工具”菜单中的“显示工具箱”或按 F10 键将其打开，工具箱中各种基本工具的使用方法和 Windows 中的“画笔”很类似，如图 10-28 所示。

① 在工具箱中单击文本工具，在画面上输入文字：反应车间监控画面。如果要改变文本的字体、颜色和字号，先选中文本对象，然后在工具箱内选择字体工具。在弹出的“字体”对话框中修改文本属性。选择“工具”菜单中的“显示调色板”，或在工具箱中选择按钮，弹出调色板画面（再次单击就会关闭调色板画面）。

② 选择“图库”菜单中“打开图库”命令或按 F2 键打开图库管理器，选择“马达”下的一个合适的电动机，如图 10-29 所示，双击后，可将电动机放置在画面中。使用图库管理器降低了工程人员设计界面的难度，用户更加集中精力于维护数据库和增强软件内部的逻辑控制，缩短开发周期；同时用图库开发的软件将具有统一的外观，方便工程人员学习和掌握；另外利用图库的开放性，工程人员可以生成自己的图库元素（目前公司另提供付费软件开发包给高级的用户，进行图库开发，驱动开发等）。

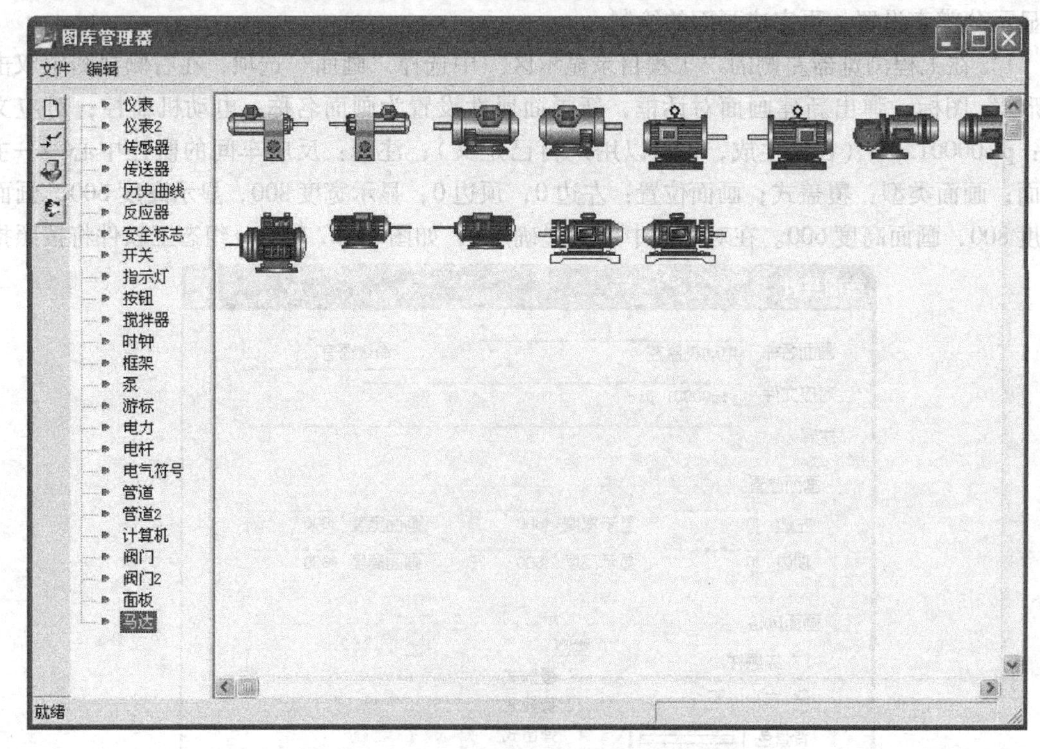

图 10-29　“图库管理器马达”窗口

③ 单击工具箱的“按钮”工具，在画面上画出一个大小合适的按钮；右键单击刚画出的按钮图标，选择“字符串替换”功能，将“文本”改为“启动”；同样的方法再画出一

个按钮，并改为“停止”。完成后的画面如图 10-30 所示。

开发系统--开发系统
文件[F]　编辑[E]　排列[L]　工具[T]　图库[Z]　画面[W]　帮助[H]
电动机监控
启动
停止

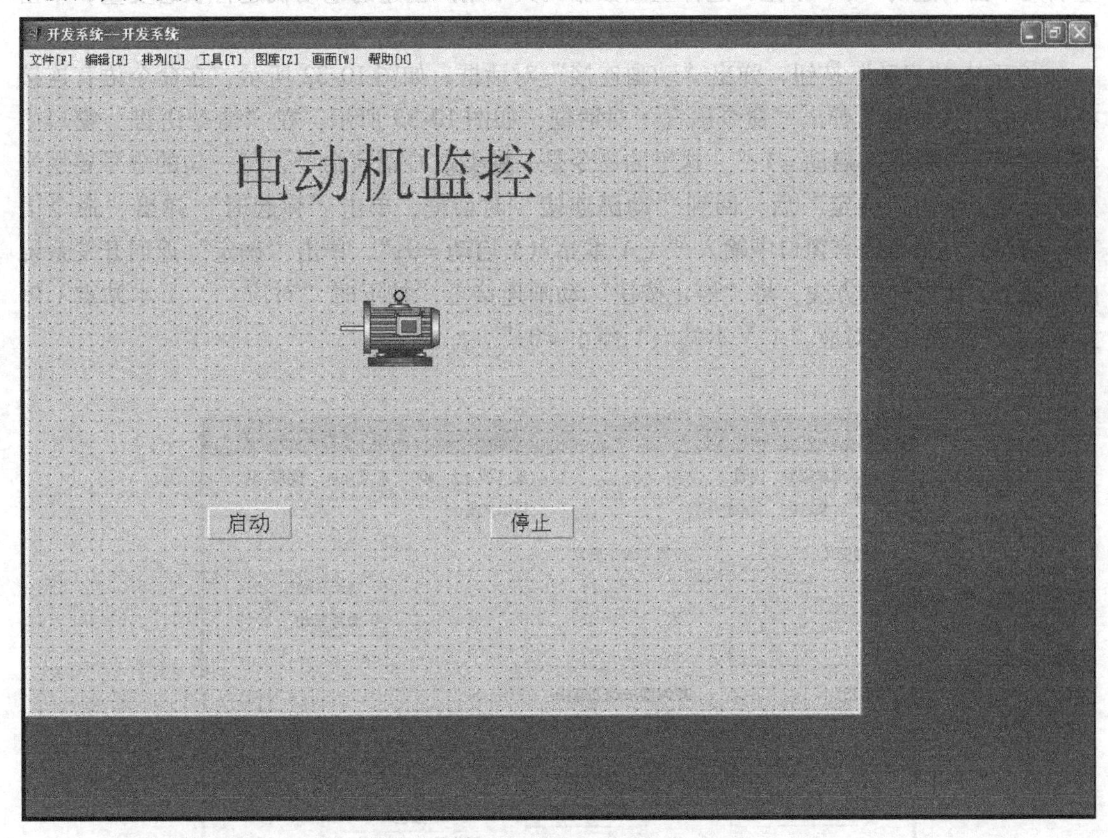

图 10-30　组态王完成后的画面

④ 选择菜单“文件\ 全部存”保持全部文件。

5. 动画连接

为了使组态软件能够随着设备的状态变化和控制设备，必须使组态软件与 PLC 之间建立一种数据通信。实现的过程就是动画连接。

① 双击编辑画面中的电动机图标，弹出“马达向导”对话框，如图 10-31 所示。在变

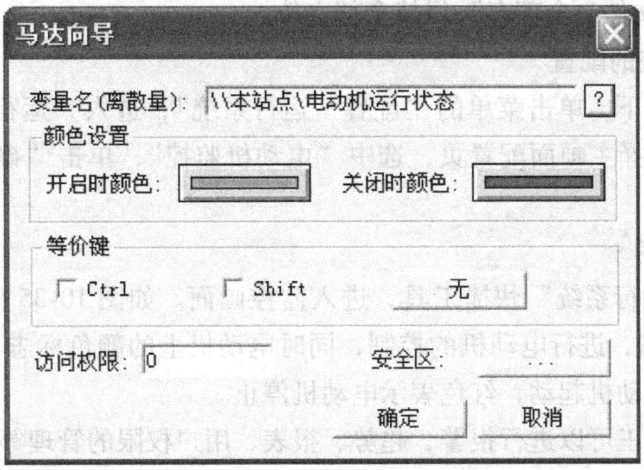

马达向导
变量名(离散量)：\\本站点\电动机运行状态
?
颜色设置
开启时颜色：
关闭时颜色：
等价键
Ctrl
Shift
无
访问权限：0
安全区：
...
确定
取消

图 10-31　“马达向导”对话框

量名处单击右边的“?”按钮，选择上面数据词典中用户创建的电动机运行状态变量，单击“确定”后，关闭“马达向导”，回到开发系统的画面。

② 双击“启动”按钮，弹出“动画连接”对话框，如图 10-32 所示，在命令语言连接栏，单击“按下时”弹出“命令语言”对话框，如图 10-33 所示。在“命令语言”窗口中输入“\ \ 本站点\ 启动 =1;”，这里的命令是一种类似 C 语言命令，每一句的分号要用半角的分号。单击“确定”后，回到“动画连接”对话框，单击“弹起时”弹出“命令语言”窗口，在命令语言窗口中输入“\ \ 本站点\ 启动 =0;”，单击“确定”返回开发系统的画面下。用同样的方法，将“停止按钮”动画连接至“按下时“对应“\ \ 本站点\ 停止 =1;”“弹起时”对应“\ \ 本站点\ 停止 =0;”。

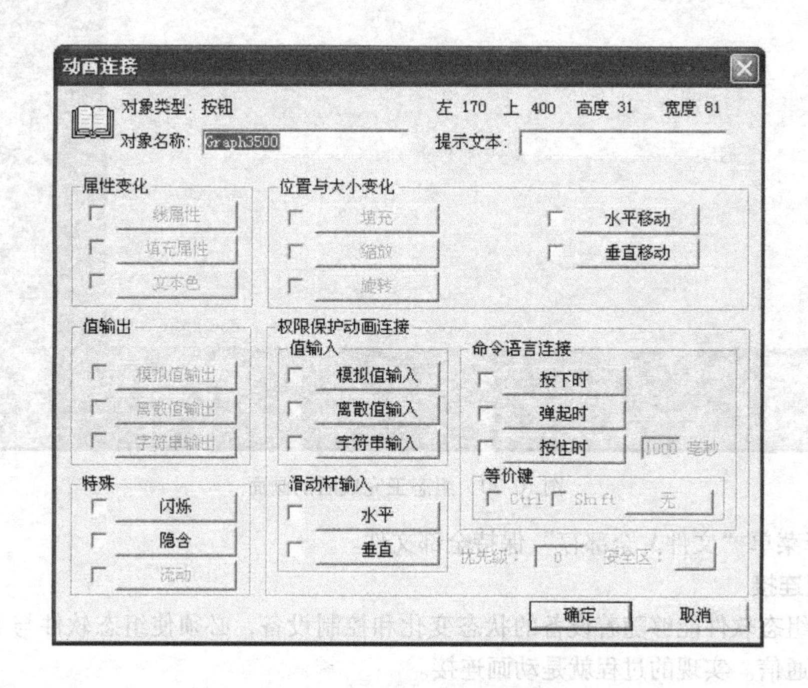

图 10-32 “动画连接”对话框

③ 选择菜单“文件\ 全部存”保持全部文件。

6. 进行运行系统的配置

回到工程浏览器下，单击菜单的“配置\ 运行系统”，进入“运行系统设置”对话框，如图 10-34 所示。选择主画面配置页，选中“电动机监控”，单击“确定”，回到工程浏览器下。

7. 运行监控程序

单击“切换到运行系统”快捷工具，进入监控画面。如图 10-35 所示，可以单击“启动”和“停止”按钮，进行电动机的控制，同时电动机上的颜色标志，表明了电动机的运行状态。绿色表示电动机起动，红色表示电动机停止。

除此之外，组态王可以进行报警、趋势、报表、用户权限的管理等，也可以进行网络控制与发布等，读者可以参考相关资料和组态王的帮助进行学习和使用。

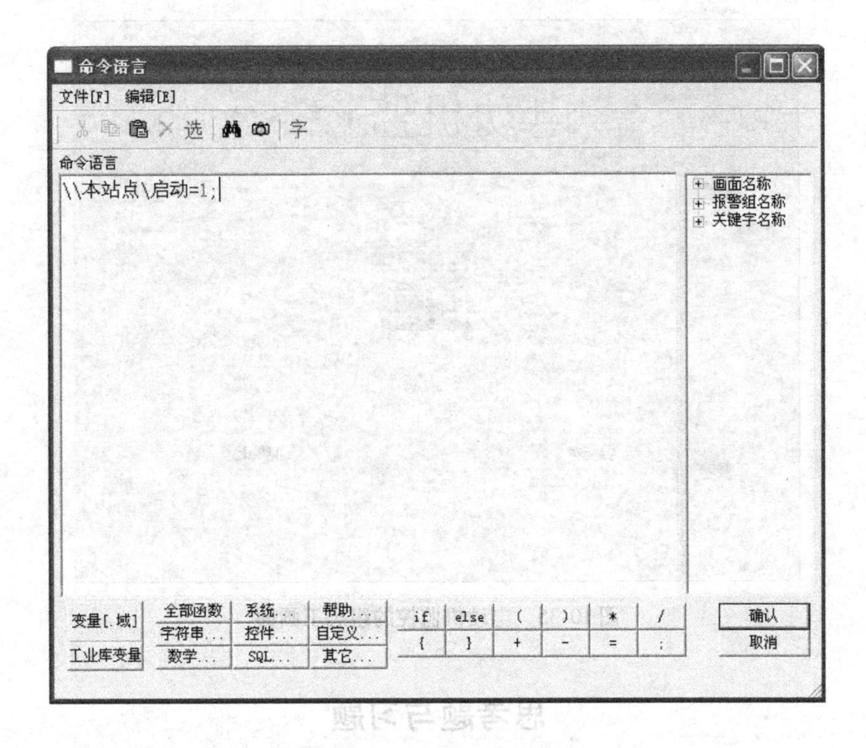

图 10-33　“命令语言”窗口

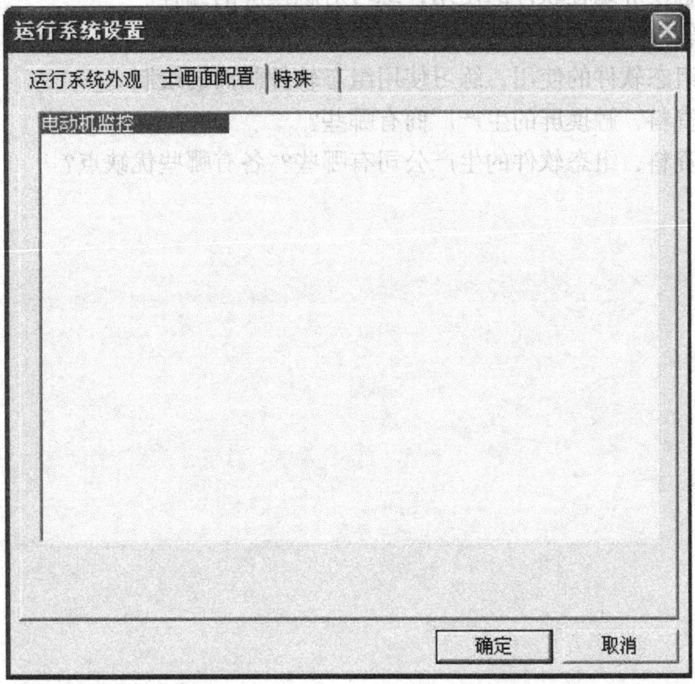

运行系统设置

运行系统外观　主画面配置　特殊

电动机监控

确定　取消

图 10-34　“运行系统设置”对话框

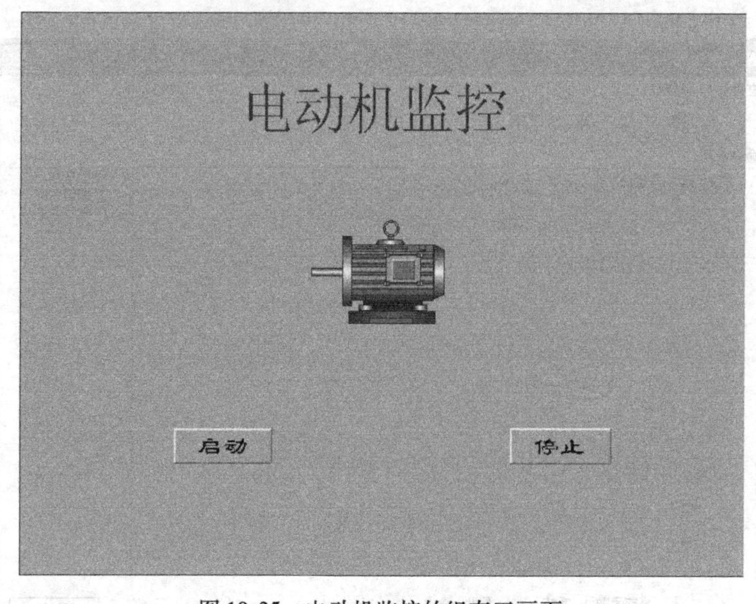

图 10-35　电动机监控的组态王画面

思考题与习题

10-1　触摸屏有哪些类型？它们的特点是什么？

10-2　熟悉触摸屏编程软件的使用，练习对触摸屏的编程。

10-3　组态软件的特点是什么？

10-3　熟悉组态软件的使用，练习使用组态软件画面的绘制。

10-4　查阅资料，触摸屏的生产厂商有哪些？

10-5　查阅资料，组态软件的生产公司有哪些？各有哪些优缺点？

第 11 章　电气控制系统设计

电气控制系统设计，主要包括原理设计和工艺设计两个基本内容。原理设计是满足生产机械和工艺的各种控制要求；工艺设计是满足电气控制装置本身的制造、使用和维修的需要。原理设计决定着生产机械设备的合理性与先进性，工艺设计决定电气控制系统是否具有生产可行性、经济性、美观、使用维修方便等特点，所以电气控制系统设计要全面考虑两方面的内容。

在熟练掌握典型环节控制电路、PLC 的原理及接线电路的基础上，具有对一般电气控制电路分析能力之后，设计者应能对受控生产机械或生产过程进行电气控制系统设计，并提供一套完整的技术资料。本章将讨论电气控制系统的设计过程和具有共性的设计问题。

11.1　电气控制系统设计的一般原则及设计步骤

生产设备、生产过程的种类繁多，其电气控制方案也各不相同，但电气控制系统的设计原则和设计方法基本相同。设计工作的首要问题是树立正确的设计思想和工程实践的观点，它是高质量完成设计任务的基本保证。

11.1.1　电气控制系统设计的一般原则

1）最大限度地满足生产过程和生产工艺对电气控制系统的要求。生产过程和生产工艺的要求是进行电气控制系统设计的主要依据。

2）设计方案要合理。在满足控制要求的前提下，设计方案应力求简单、经济、便于操作和维修，不要盲目追求高指标和自动化。

3）注意电气设计与其他设计要相互配合。许多生产机械采用机电结合控制的方式来实现控制要求，因此要从工艺要求、制造成本、结构复杂性、使用维护方便等方面协调处理好机械和电气的关系。

4）确保电气控制系统安全、可靠地工作。

5）电气控制系统应具有一定的可扩展性，能满足生产设备的改良和系统的升级要求。

6）要注意控制系统输入/输出设备的标准化原则和多供应商原则，易于采购和替换。

7）易于操作，符合人机工程学的要求和用户的操作习惯。

11.1.2　电气控制系统设计的主要内容

电气控制系统设计的基本任务是根据控制要求设计、编制出设备制造和使用维修过程中所必需的图样、资料等。图样包括电气原理图、电气系统的组件划分图、元器件布置图、安装接线图、电气箱图、控制面板图、电气元器件安装底板图和非标准件加工图等，另外还要编制外购件目录、单台材料消耗清单、设备说明书等文字资料。电气控制系统设计包含原理设计与工艺设计两个部分内容。

1. 原理设计

主要内容包括：

1）拟订电气控制系统设计任务书。

2）确定拖动方案，选择合适的拖动方式，其中电力拖动方式是常用的拖动方式，选择电动机。

3）设计电气控制原理图，计算主要技术参数。

4）选择元器件，制订元器件明细表。

5）编写设计说明书。

电气原理图是整个设计的中心环节，它为工艺设计和制订其他技术资料提供依据。

2. 工艺设计内容

进行工艺设计主要是为了便于组织电气控制系统的制造，从而实现原理设计提出的各项技术指标，并为设备的调试、维护与使用提供相关的图样资料。工艺设计的主要内容有：

1）设计电气总布置图、总安装图与总接线图。

2）设计组件布置图、安装图和接线图。

3）设计电气箱、操作台及非标准件。

4）列出元器件清单。

5）编写使用维护说明书。

11.1.3 电气控制系统设计的步骤

1）拟订设计任务书。设计任务书是整个电气控制系统的设计依据，又是设备竣工验收的依据。设计任务书的拟定一般由技术领导部门、设备使用部门和任务设计部门等几方面共同完成。

电气控制系统的设计任务书中，主要是控制方案的确定，它决定了控制系统的成败。内容包括设备名称、用途、基本结构、动作要求及工艺过程介绍、电力拖动的方式及控制要求、联锁、保护要求、自动化程度、稳定性及抗干扰要求、操作台、照明、信号指示、报警方式要求、设备验收标准等。

2）确定拖动方案。拖动方案选择是运动部件的拖动方法的选择，常见的拖动有气动、液压、电动等多种方式，其中电力拖动以具有结构简单、体积小、控制方便等优点得到广泛的应用。电力拖动方案是根据零件加工精度、加工效率要求、生产机械的结构、运动部件的数量、运动要求、负载性质、调速要求以及投资额等条件去确定电动机的类型、数量、传动方式以及拟订电动机起动、运行、调速、转向、制动等控制方案。主要从以下几个方面考虑：

① 拖动方式的选择。电力拖动方式有独立拖动和集中拖动。电气传动的趋势是多电动机拖动，这不仅能缩短机械传动链，提高传动效率，而且能简化总体结构，便于实现自动化。具体选择时，可根据工艺与结构决定电动机的数量。

② 调速方案的选择。大型、重型设备的主运动和进给运动，应尽可能采用无级调速，有利于简化机械结构、降低成本；精密机械设备为保证加工精度也应采用无级调速；对于一般中小型设备，在没有调速要求时，可选用经济、简单、可靠的三相笼型异步电动机，不进行调速。

③ 电动机调速性质要与负载特性适应。对于恒功率负载和恒转矩负载，在选择电动机调速方案时，要使电动机的调速特性与生产机械的负载特性相适应，这样可以使电动机得到充分合理的利用。

④ 拖动电动机的选择。电动机的选择主要有电动机的类型、结构形式、容量、额定电压与额定转速。应该强调，在满足设计要求情况下优先考虑采用结构简单、价格便宜、使用维护方便的三相交流异步电动机。

3）确定控制方案。控制方案是实现控制要求的总纲领。随着现代电气技术的迅速发展，生产设备、生产过程的控制方式从传统的继电器控制向 PLC 控制、CNC 控制、计算机控制、网络控制等方面发展，控制方式越来越多。控制方案的选择应在满足工艺要求的前提下，降低成本、增加安全性。对于简单的电气控制系统可以选择传统的继电器控制系统，对于复杂的控制系统（一般超过 10 个继电器的控制系统），确定输入/输出点数后，可采用 PLC 控制，对于运动控制精度要求高的控制系统，一般采用 CNC 控制和计算机控制，对于集散控制系统，一般采用计算机和网络控制等。

4）设计电气原理图，并合理选用元器件，编制元器件明细表。电气原理图的设计方法主要有分析设计法和逻辑设计法两种。分析设计法具有设计方法简单，无固定的设计程序，它是在熟练掌握各种电气控制电路的基本环节和具备一定的阅读分析电气控制电路能力的基础上进行的一种设计方法。在这里，我们仅讨论传统继电器控制系统和 PLC 控制系统两类，计算机、CNC、网络控制等将在以后的课程学习中加以详述，需要的读者可参考相关教材或手册。

对于传统继电器控制系统，原理设计主要包括主电路、控制电路、辅助电路、联锁与保护电路等；对于采用 PLC 控制的控制系统，控制系统原理设计主要包括统计 I/O 点的个数、I/O 点的分配、PLC 的选型与配置、主电路、PLC 控制电路等。

5）设计电气设备的各种施工图样，主要包括元器件安装位置图、系统接线图、非标件加工图等。这是控制系统的工艺设计的内容。

6）现场安装电气控制系统，并调试控制系统。对于采用 CPU 控制的系统，必须编写控制系统的运行程序，编写程序可以与电气控制系统安装并行工作。如果系统不能满足控制要求，修改并再次调试控制系统，直到满足控制要求。

7）编写设计说明书和使用说明书。

11.2　电气控制电路的参数计算与元器件选择

在电气控制原理框图设计完成后，要选择各种元器件。正确合理地选择元器件是控制电路安全、可靠工作的重要保证。下面介绍电路中的主要参数的计算和常用元器件的选择。

11.2.1　电气控制系统通用元器件的计算与选择

无论是采用传统继电器控制方式，还是 PLC 控制方式，都需要一定的配电电器、熔断器、接触器、按钮、起动与制动电阻、信号指示灯等。

1. 配电电器的选择

配电电器主要有刀开关、小型断路器等，根据现场的电压类型选择额定电压，根据负载的功率确定配电电器的额定电流。要求配电电器的额定电流大于负载电路的峰值电流。

2. 熔断器的选择

熔体额定电流大小与负载大小、负载性质密切相关。对于负载平稳、无冲击电流，如照明电路、电热电路可按负载电流大小来确定熔体的额定电流。对于笼型异步电动机，其熔断器熔体额定电流为：单台电动机 $I_{fu}=I_N(1.5\sim2.5)$；如多台电动机共用一个熔断器保护 $I_{fu}=I_N(1.5\sim2.5)+\sum I_N$，轻载起动及起动时间较短时，式中系数取 1.5，重载起动及起动时间较长时，式中系数取 2.5。熔断器的额定电流按大于或等于熔体额定电流来选择。

3. 接触器的选择

1）根据电源的性质选择交流或者直流接触器。一般交流电路选择交流接触器；直流电路选择直流接触器。当然也可以根据实际情况变动。例如直流接触器的主触头也可以通过交流电流。

2）接触器线圈额定电压的选择。根据控制电压等级和性质选择接触器，使接触器线圈额定电压满足控制电压等级。

3）接触器主触头额定电流的选择。主触头的额定电流应等于或稍大于实际负载额定电流。对于电动机负载，下面经验公式也可以使用：$I_N=\frac{P_N\times10^3}{kU_N}$，式中，$P_N$(kW)、$U_N$(V) 分别为受控电动机的额定功率、额定（线）电压，k 为经验系数，一般取 1~1.4。

另外，查阅每种系列接触器与可控制电动机容量的对应表也是选择交流接触器额定电流的有效方法。

4）按钮的选择。根据使用场合，选择控制按钮的种类，如开启式、保护式、防水式、防腐式等；根据用途，选用合适的形式，如手把旋钮式、钥匙式、紧急式、带灯式等；按控制回路的需要，确定不同的按钮数，如单钮、双钮、三钮、多钮等；按按钮的功能要求，根据 GB 5226.1—2008 的规定选择按钮的颜色。停止功能用红色，启动功能用绿色等。

5）线缆线径的选择。不同截面、不同材料的电线每平方毫米安全载流量是不同的，电线的长或短、要求温升不同，载流也不同。根据电线长度、负载电流求线缆电阻，再根据允许电压降计算选线截面。求线阻公式：$R=U/I$（U 是允许的电压降，即线损电压降；I 是通过电线的负载电流）；求线截面：$S=\rho\times(L/R)$（S 是电线截面，L 是电线长度，ρ 是电线的电阻率，铜芯电线电阻率为 $0.0172\Omega\cdot m$，铝芯电线电阻率为 $0.0283\Omega\cdot m$），根据以上公式可知电流的大小。

导线的安全载流量是根据所允许的线芯最高温度、冷却条件、敷设条件来确定的。根据经验可得每平方毫米的铜导线安全载流量为 5~8A；铝导线的安全载流量为 3~5A。线缆通电电流可通过查阅手册得到，常见的线缆规格（mm^2）和载流量（A）有 1(9)、1.5(14)、2.5(23)、4(32)、6(48)、10(60)、16(90)、25(100)、35(123)、50(150)、70(210)、95(238)、120(300) 等。工程上也有针对铝芯线缆明敷在环境温度 25℃ 条件下的近似算法口诀：二点五下乘以九，往上减一顺号走；三十五乘三点五，双双成组减点五；条件有变加折算，高温九折铜升级；穿管根数二三四，八七六折满载流。解释：$2.5mm^2$ 及以下的，载流量约为截面数的 9 倍。从 $4mm^2$ 及以上，倍数逐次减 1，即 4×8、6×7、10×6、16×5、25×4。当使用的不是铝线而是铜芯绝缘线，它的载流量要比同规格铝线略大一些，可按上述口诀方法算出比铝线加大一个线号的载流量。如 16mm² 铜线的载流量，可按 25mm² 铝线计算。

11.2.2　传统继电器控制系统主要元器件的计算与选择

根据系统的控制要求，传统继电器控制系统除了需要通用的元器件外，还需要控制变压器、继电器、信号指示灯等。

1. 控制变压器的选择

控制变压器具有变压、变流、隔离的功能，在控制电路中使用比较广泛。选择变压器主要根据变压器的一、二次电压的电压等级以及变压器的容量进行选择。

2. 控制继电器的选择

继电器是组成各种控制系统的基本器件，选用时应综合考虑继电器的适用性、功能特点、使用环境、工作制、额定工作电压及额定工作电流等因素，做到选用适当，使用合理，保证系统正常而可靠地工作。

继电器的类型及用途见表 11-1。首先按被控制或被保护对象的工作要求来选择继电器的种类，然后根据灵敏度或精度要求来选择适当的系列。如时间继电器有直流电磁式、交流电磁式（气囊结构）、电动式、晶体管式等，可根据系统对延时精度、延时范围、操作电源要求等综合考虑选用。

此外控制继电器还需要根据使用的环境、电流性质、额定电压及额定电流等条件选用。

表 11-1　继电器的类型及用途

名　称	动作特点	主要用途
电压继电器	当电路中端电压达到规定值时动作	用于电动机失电压或欠电压保护、制动和反转控制等
电流继电器	当电路中端通过的电流达到规定值时动作	用于电动机过载与短路保护，直流电机磁场控制及失磁保护
中间继电器	当电路中端电压达到规定值时动作	触点数量较多，容量较大，通过它增加控制回路或起信号放大作用
时间继电器	自得到动作信号起至触点动作有一定延时	用于交流电动机，作为以时间为函数起动时切换电阻的加速继电器，笼型电动机的Y-Δ起动能耗制动及控制各种生产工艺程序等

11.2.3　PLC 控制系统主要元器件的计算与选择

（1）I/O 点数的确定

根据 I/O 设备的类型和数量，确定 PLC 的开关量输入/输出的点数。再保留 15% 左右的备用 I/O 点数。并建立 I/O 分配表，以便编程时使用。

（2）PLC 存储容量的确定

一般小型机种 4 ~ 8k 步，中型机种 64k 步，大型机种可达数兆步。容量还可以使用附加存储器扩展。一般使用估算的方法确定 PLC 的存储容量。

（3）安装形式的选择

常用的 PLC 结构有单元式和模块式两种，还有两种的结合型。小型控制系统可以选择单元式，其结构紧凑，可以直接安装在控制柜内。大型控制系统一般选择模块式，可以组成积木式的大规模控制系统，并根据需要选择不同档次的 CPU 独立模块及各种 I/O 模块、功能模块，使调试、扩展、维修均十分方便。

（4）输入/输出接口电路形式的选择

输入接口电路形式的选择取决于输入设备的输入信号的种类，直流输入的电压等级一般为 24V，交流输入的电压等级一般为 220V，信号的种类可以分为直流、交流和交流/直流通用 3 种。输入设备包括拨码开关、编码器、传感器和主令开关（含按钮、转换开关、行程开关、限位开关等）。

PLC 的输出方式有继电器输出、晶体管输出和双向晶闸管输出 3 种。选择 PLC 的输出方式应与输出设备电气特性相一致，包括接触器、继电器、电磁阀、信号灯、LED 以及步进电动机、伺服电动机、变频电动机控制器等，并了解其与 PLC 输出端口相连时的电气特性。PLC 的 3 种输出方式对外接的负载类型要求不同。继电器输出型可以接交流/直流负载、晶体管输出型可以接直流负载、双向晶闸管输出可以接交流负载。继电器输出型适合于通断频率较低的负载、晶体管输出和双向晶闸管输出适合于通断频率较高的负载。PLC 所接负载的功率应当小于 PLC 的 I/O 点的输出功率。为了提高可靠性，应当适当降额使用。

（5）PLC 供电方式的选择

PLC 供电方式有直流和交流两种。交流供电的 PLC 可以为用户的输入设备提供容量较小的直流电。I/O 设备的直流供电应当分别采用独立的直流电源供电，以减少输出设备，主要是感性负载对输入的干扰。

（6）PLC 型号的选择

根据上面已经确定的内容，接下来需要选择 PLC 的型号，适当留有余量。据此，可以选择合适的 PLC 系列，在该系列中选择合适的型号。简单的控制系统选用普通的 PLC，或者同一系列中的低档型。控制系统要求高的、或者可靠性要求高的控制系统选用中档或者高档系列。对于以模拟量控制为主的控制系统，要考虑 I/O 响应时间。根据控制对象的实时性要求，确定 I/O 响应时间或 PLC 扫描时间。

（7）PLC 扩展模块的选择

模拟量输入模块主要用于连接传感器或者变送器并接收其电压信号或者电流信号。在控制系统中，传感器和变送器用于测量位移、角位移、压力、应变、速度、加速度、温度、湿度、流量等物理量。模拟量输出模块用于控制被控设备，例如，电动调节阀、比例电磁铁、比例压力阀、比例流量阀、液压伺服马达、伺服电动机等，这些设备的输出与模拟量输出模块给定的电压或电流成比例，以实现模拟量控制。

模拟量信号的标准范围是：电流 4 ~ 20mA；电压 0 ~ 5V、0 ~ 10V 等。选择模拟量输入、模拟量输出模块的主要指标为模拟量的范围、分辨率、转换精度、转换速度、数字位数及数字量存储格式。

其他特殊功能模块还有高速计数模块、PID 过程控制模块、运动控制模块、可编程凸轮开关模块、通信模块和网络通信模块等，用于实现特殊的控制功能。模块选择是否合适直接影响控制系统的可靠性。

11.3 PLC控制系统的软件设计方法

编程的过程就是软件设计的过程。PLC控制系统设计的特点是硬件和软件可同时平行进行。在进行硬件设计制作如控制柜的制作、强电设备的安装、PLC及I/O线的连接等的同时，可进行软件设计与调试。PLC程序设计的方法主要分为经验设计法、继电器-接触器控制电路转换设计法、状态转移图设计法、逻辑设计法、计算机逻辑综合法。

11.3.1 经验设计法

在满足生产设备、生产过程和生产工艺对控制系统要求的基础上，应用前面介绍过的各种典型控制环节和基本单元控制电路设计经验直接用PLC设计电气控制系统，来满足生产机械和工艺过程的控制要求。

经验设计法类似于通常设计继电器电路图的方法，即在一些典型电路的基础上，根据被控对象对控制系统的具体要求，不断地修改和完善梯形图。有时需要多次反复地调试和修改，增加一些触点或中间编程元件，最后才能得到一个较为满意的结果。由于设计者掌握经验和资料的多样性、局限性和设计方法的不确定性，设计的控制方案不是唯一的。

应用经验设计法时首先应注意收集相同或类似设备的控制方案和软件实现方法，并了解该方案是如何满足生产工艺和性能要求的。一些电工手册中给出了大量的常用继电器控制电路在用经验设计法设计梯形图，可以参考这些电路。经验设计法不能一次获得最佳控制方案，需要反复修改、逐步完善，设计者的经验会影响设计方案的质量、性能甚至设计进度，其可靠性一般不易控制。经验设计法仅适用于控制方案简单、I/O点数规模不大的系统。

11.3.2 继电器-接触器控制电路转换设计法

由于继电器电路图与梯形图在表示方法和分析方法上有很多相似之处，因此根据继电器电路图来设计梯形图是一条捷径。对于一些成熟的继电器-接触器控制电路可以按照一定的规则转换成为PLC控制的梯形图。这样既保证了原有的控制功能的实现，又能方便地得到PLC梯形图，程序设计也十分方便。转换设计法得到的控制方案虽然不是最优的，但对于老设备改造是一种十分有效和快速的方法。同时由于这种设计方法一般不需要改动控制面板，因而保持了系统原有的外部特性，操作人员不需改变长期形成的操作习惯。

在分析PLC控制系统的功能时，可以将它想象成一个继电器控制系统中的控制箱，其外部接线图描述了这个控制箱的外部接线，梯形图是这个控制箱的内部“线路图”。梯形图中的输入继电器和输出继电器是控制箱与外部世界联系的“接口继电器”，这样就可以用分析继电器电路图的方法来分析PLC控制系统。在分析和设计梯形图时可以将输入继电器的触点想象成对应的外部输入器件的触点或电路，将输出继电器的线圈想象成对应的外部负载的线圈。外部负载的线圈除了受梯形图的控制外，还可能受外部触点的控制。

11.3.3 逻辑设计方法

逻辑设计方法的基本含义是以组合逻辑的方法和形式设计电气控制系统。这种设计方法既有严密可循的规律性、明确可行的设计步骤，又具有简便、直观和十分规范的特点。逻辑设计方法的理论基础是逻辑代数。而继电器控制系统的本质是逻辑电路。电器控制线的接通和断开，都是通过继电器等元器件的触点来实现的，故控制电路的各种功能必定取决于这些触点的开、合两种状态。因此电控电路从本质上说是一种逻辑电路，它符合逻辑运算的各种基本规律。由于逻辑代数的3种基本运算“与”、“或”、“非”都有着非常明确的物理意义，逻辑函数表达式的电路结构与 PLC 指令表程序完全一样，因此可以直接转化。多变量的逻辑函数“与”运算在梯形图表达式中是变量的串联，多变量的逻辑函数“或”运算在梯形图表达式中是变量的并联。

用逻辑设计法对 PLC 组成的控制系统进行设计一般可以分为下面几步：

1. 明确控制任务和控制要求

通过分析工艺过程，明确控制任务和控制要求，绘制工作循环和检测元器件分布图，得到电气执行元器件功能表。

2. 绘制电气控制系统状态转换表

通常电气控制系统状态转换表由输出信号状态表、输入信号状态表、状态转换主令表和中间记忆装置状态表四个部分组成。状态转换表全面、完整地展示了电气控制系统各部分、各时刻的状态和状态之间的联系及转换，非常直观，对建立电气控制系统的整体联系、动态变化的概念有很大帮助，是进行电气控制系统分析和设计的有效工具。

3. 电气控制系统的逻辑设计

有了状态转换表，便可进行电气控制系统的逻辑设计。设计内容包括列写中间记忆元器件的逻辑函数式和列出执行元器件（输出端点）的逻辑函数式两个内容。这两个函数式组，既是生产机械或生产过程内部逻辑关系和变化规律的表达形式，又是构成电气控制系统实现控制目标的具体程序。

4. 编制 PLC 程序

编制 PLC 程序就是将逻辑设计的结果转化为 PLC 的程序。PLC 作为工业控制计算机，逻辑设计的结果（逻辑函数式）能够很方便过渡到 PLC 程序，特别是语句表形式，其结构和形式都与逻辑函数非常相似，很容易直接由逻辑函数式转化。当然，如果设计者需要由梯形图程序作为一种过渡，或者选用的 PLC 的编程器具有图形输入功能，则也可以首先由逻辑函数式转化为梯形图程序。

5. 程序的完善和补充

程序的完善和补充是逻辑设计法的最后一步，包括手动调整工作方式的设计、手动与自动工作方式的选择、自动工作循环、保护措施等。

11.3.4 状态转移图设计法

状态转移图设计法属于顺序控制设计法。三菱公司的 FX 系列 PLC 设置了专门用于顺序控制的指令，如步进指令（STL）与步进复位指令（RET），利用步进指令并根据状态转移图很容易设计出相应的梯形图。对于没有顺序控制专用指令的 PLC，可用一般逻辑指令和移位寄存器来编顺序控制程序。状态转移图设计法就是根据生产工艺和工序所对应的顺序和时序将控制输出划分为若干个时段，一个段又称为一步。每一个时段对应设备运作的一组动作（动作顺序、动作条件和转移条件），该动作完成后根据相应的条件转换到下一个时段完成后续动作，并按系统的功能流程依次完成状态转换。状态转移图设计法能清晰反映系统的控制时序和逻辑关系。

11.4　电气控制系统设计实例

11.4.1　B100 型棒材探伤传动装置控制系统设计

1. 设计参数和要求

本系统是对放射性棒料进行超声探伤检测的送料和出料传动机构的控制系统，其中利用超声波技术对放射性棒材的探伤由另外的检测系统完成，在此不予设计。B100 型棒材探伤传动装置示意图如图 11-1 所示：

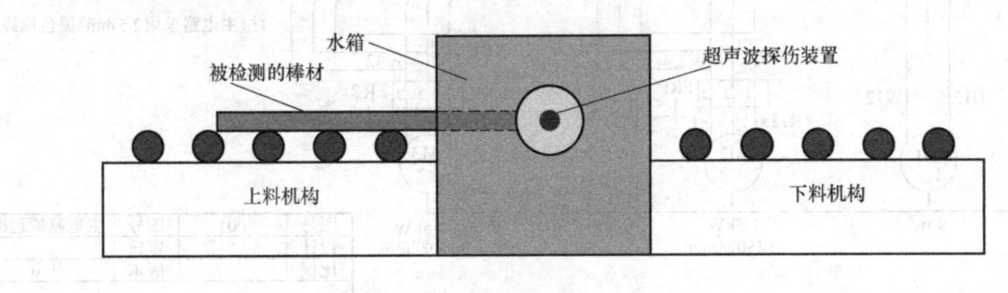

图 11-1　B100 型棒材探伤传动装置示意图

B100 型棒材超声探伤检测传动装置采用 3 台电动机，分别为上料机构：动力，三相异步电动机 1.5kW，1450r/min；下料机构：动力，三相异步电动机 1.5kW，1450r/min；水泵：动力，水泵电动机 90W，220V。

具体要求如下：

1）上料电动机要求具有正转、反转、停止的功能，分别设置 1 个按钮；

2）下料电动机要求具有正转、反转、停止的功能，分别设置 1 个按钮；

3）水泵电动机要求具有正转、停止的功能，分别设置 1 个按钮；

4）传动装置可以单独控制，也可以由系统总起动和总停止按钮实现这 3 台电动机的同时起动和停止。

2. 确定控制方案

根据设计要求，本传动装置可以采用常规低压元器件实现控制要求，也可以采用 PLC 控制实现控制要求。采用常规低压电器控制的方案成本较低，接线较为复杂，不具有功能的扩展性，采用 PLC 控制的方案成本稍微高一点，接线较为简单，具有较强的功能扩展性。在此，为了介绍控制系统设计的过程，采用这两种设计方案，逐一进行介绍。

3. 采用常规低压电器控制方式的原理图设计

根据控制要求，系统设置有 10 个按钮，其中上料和下料电动机采用过载保护，主电路原理图如图 11-2 所示。控制电路原理图如图 11-3 所示。

4. 采用常规低压电器控制方式的工艺设计

控制柜的柜体由机械设计人员完成，控制操作面板示意图如图 11-4 所示。

采用常规低压电器控制方式的传动系统接线图如图 11-5 所示。

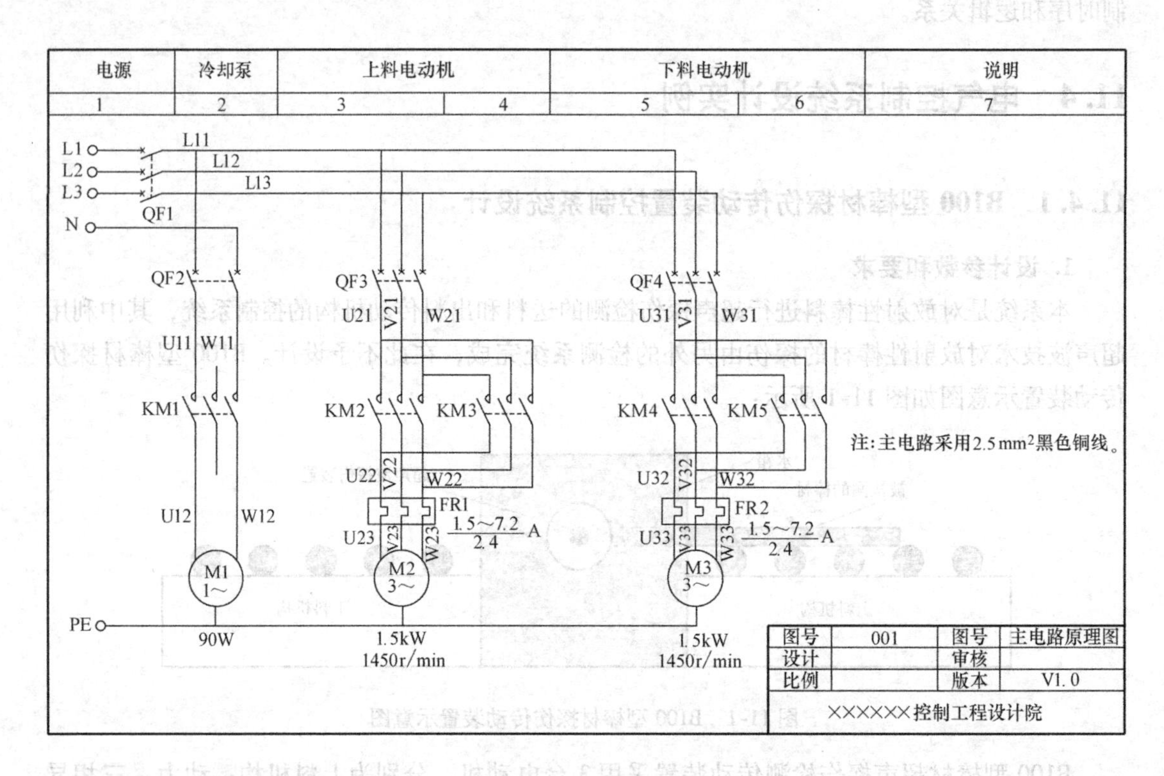

图 11-2　主电路原理图

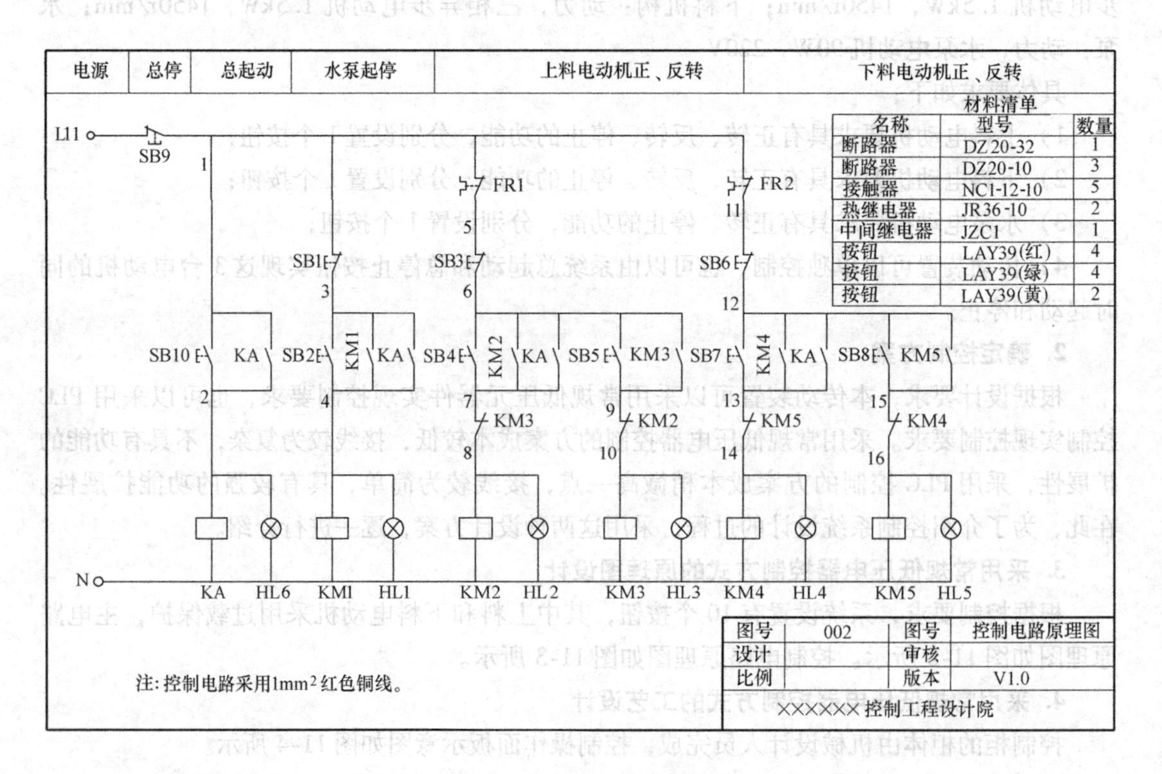

图 11-3　控制电路原理图

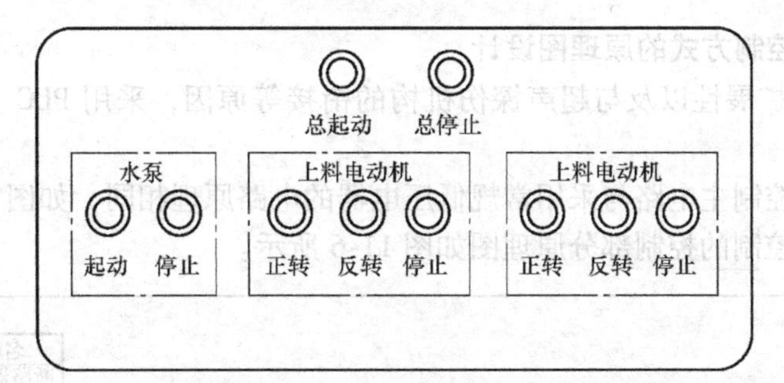

图 11-4　控制操作面板示意图

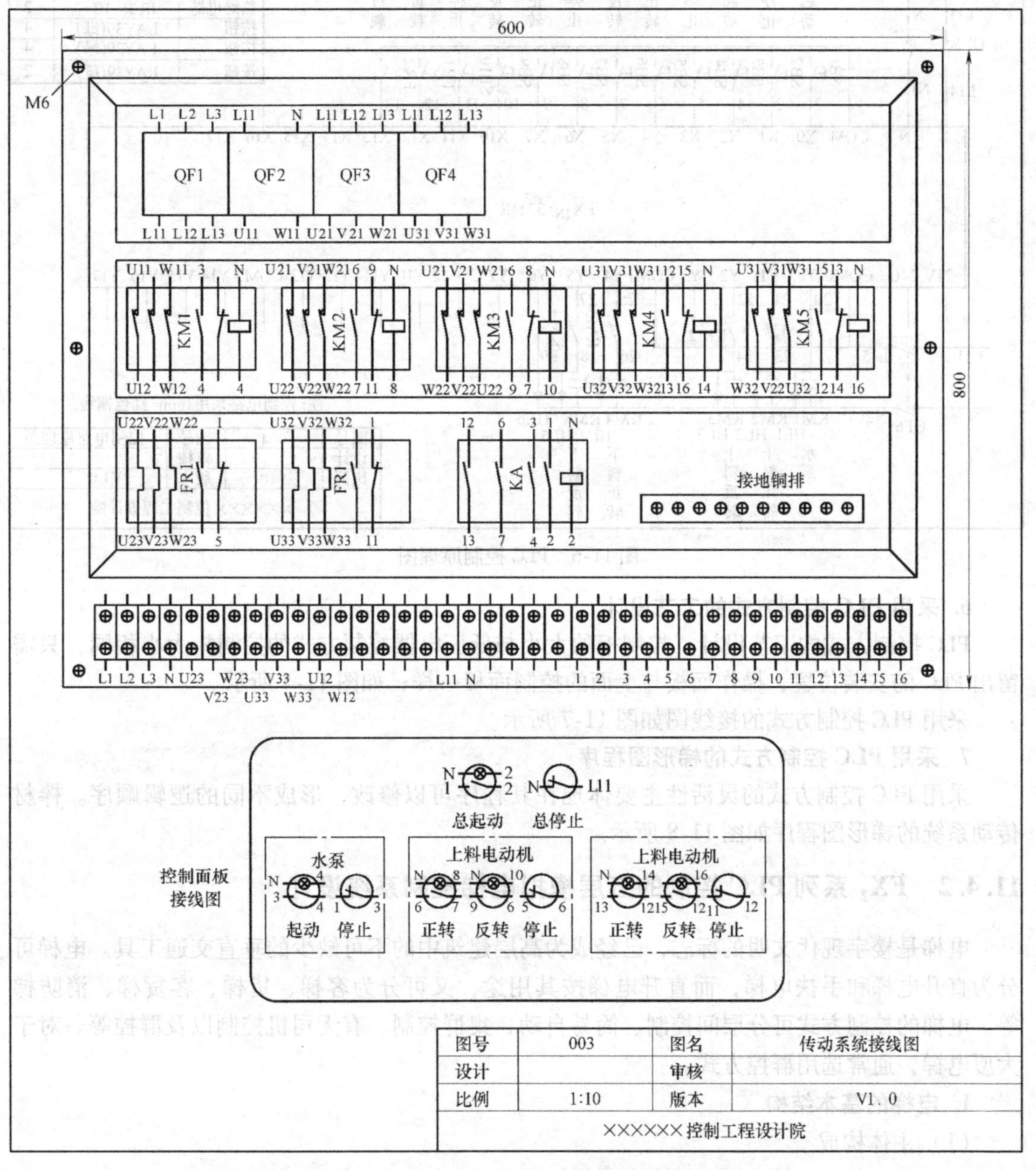

图 11-5　传动系统接线图

5. 采用 PLC 控制方式的原理图设计

根据系统的可扩展性以及与超声探伤机构的衔接等原因，采用 PLC 是一种较好的控制方案。

1）采用 PLC 控制主电路与采用常规低压电器的电路原理相同，如图 11-2 所示。

2）采用 PLC 控制的控制部分原理图如图 11-6 所示。

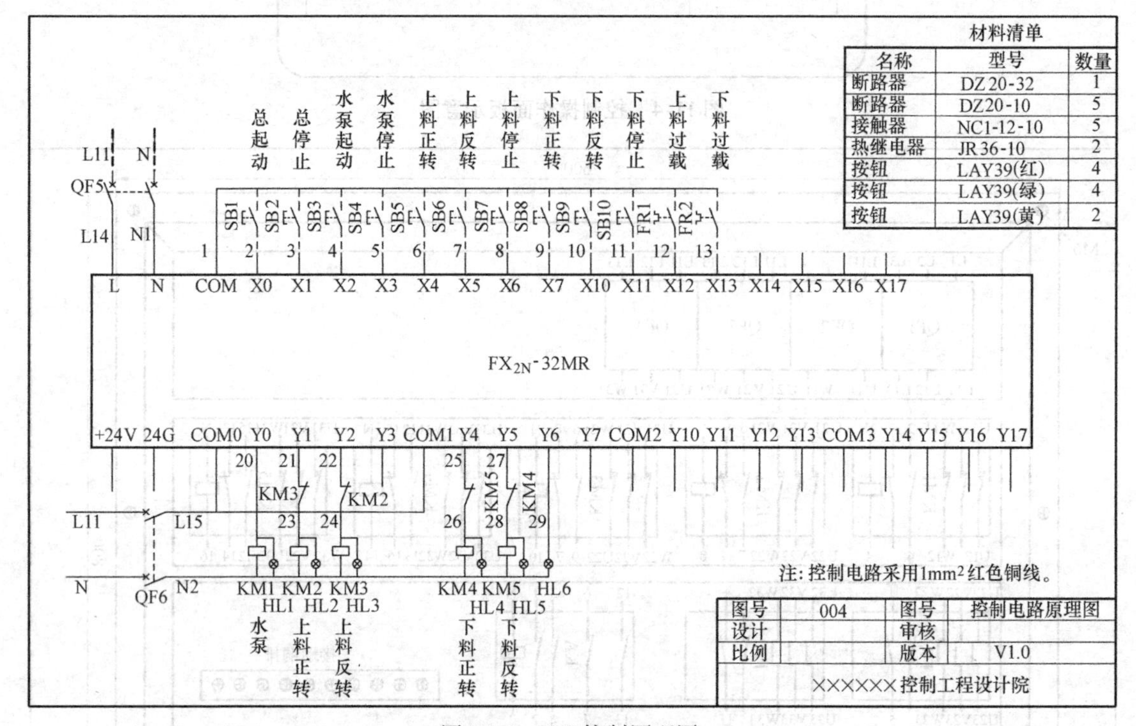

材料清单

名称	型号	数量
断路器	DZ20-32	1
断路器	DZ20-10	5
接触器	NC1-12-10	5
热继电器	JR36-10	2
按钮	LAY39(红)	4
按钮	LAY39(绿)	4
按钮	LAY39(黄)	2

图号	004	图号	控制电路原理图
设计		审核	
比例		版本	V1.0
××××××控制工程设计院			

图 11-6　PLC 控制原理图

6. 采用 PLC 控制方式的工艺设计

PLC 控制方式的工艺设计，控制柜的大小与低压电器控制方式的控制柜大小相同，只需留出 PLC 的安装位置，操作面板与上面的控制面板一样，如图 11-4 所示。

采用 PLC 控制方式的接线图如图 11-7 所示。

7. 采用 PLC 控制方式的梯形图程序

采用 PLC 控制方式的灵活性主要体现在其程序可以修改，形成不同的逻辑顺序。棒材传动系统的梯形图程序如图 11-8 所示。

11.4.2　FX_2 系列 PLC 控制的五层模拟电梯控制系统设计

电梯是楼宇现代文明的标志，已经成为高层建筑中的不可缺少的垂直交通工具。电梯可分为直升电梯和手扶电梯，而直升电梯按其用途，又可分为客梯、货梯、客货梯、消防梯等。电梯的控制方式可分层间控制、简易自动、集群控制、有无司机控制以及群控等。对于大厦电梯，通常选用群控方式。

1. 电梯的基本结构

（1）主体构成

一部电梯主要由轿厢、配重、曳引机、控制柜/箱、导轨等主要部件组成。

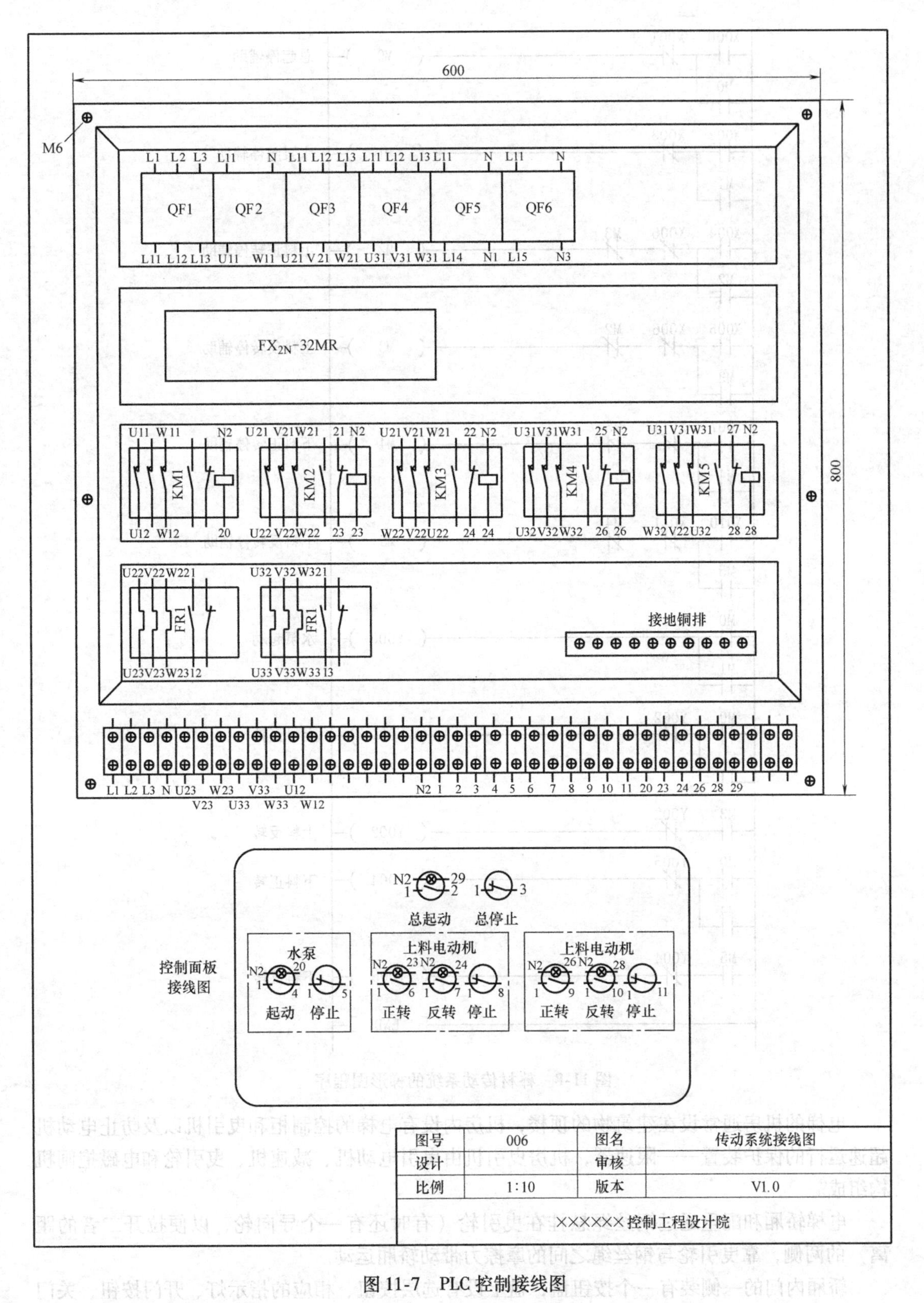

图号	006	图名	传动系统接线图
设计		审核	
比例	1∶10	版本	V1.0
××××××控制工程设计院			

图 11-7　PLC 控制接线图

构组成。

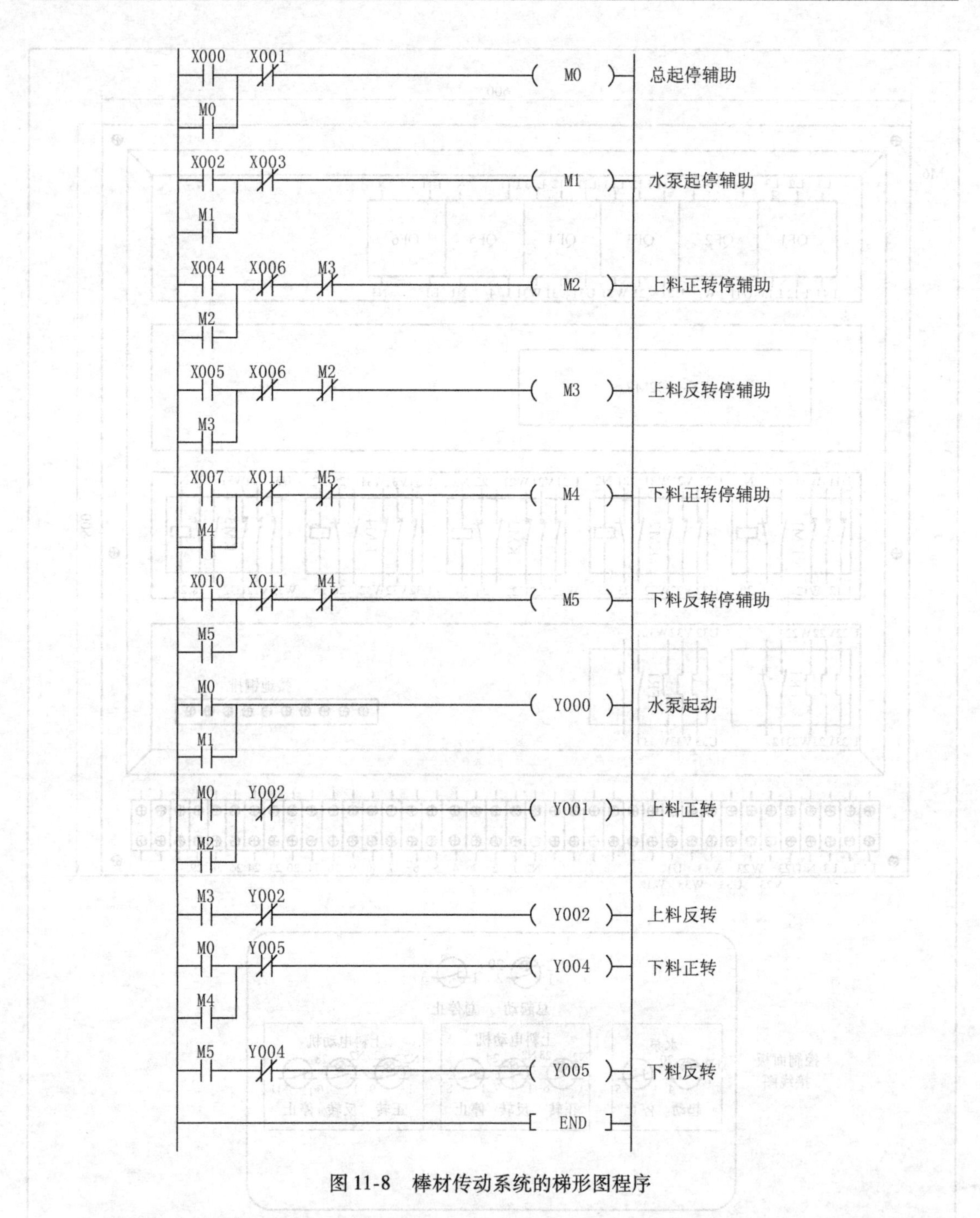

图 11-8　棒材传动系统的梯形图程序

电梯的机房通常设在建筑物的顶楼，机房内设有电梯的控制柜和曳引机以及防止电动机超速运行的保护装置——限速器，机房曳引机由曳引电动机、减速机、曳引轮和电磁抱闸机构组成。

电梯轿厢和配重通过钢丝绳悬挂在曳引轮（有时还有一个导向轮，以便拉开二者的距离）的两侧，靠曳引轮与钢丝绳之间的摩擦力带动轿厢运动。

轿厢内门的一侧装有一个按钮盘，盘上设有选层按钮、相应的指示灯、开门按钮、关门按钮及各种显示电梯运行状态的指示灯，显示轿厢所在楼层的数码管通常装在操纵盘的上方，有时设在门的上方。轿厢底部或上部吊挂处装有称重装置（低档电梯无称重装置），称重装置将轿厢的负载情况通报给控制系统，以便确定最佳控制规律。轿厢门的上方装有开门机，开门机由一台小电动机驱动来实现开关门动作，在门开启到不同位置时，压动行程开关，发出位置信号用以控制开门机减速或停止。在门上或门框上装有机械的或电子的门探测器，当门探测器发现门区有障碍时便发出信号给控制部分停止关门、重新开门，待障碍消除后，方可关门。从而防止关门时电梯夹人、夹物。轿厢顶部设一个接线盒，供检修人员在检修时操纵电梯用。在机房曳引机的下方是贯穿于建筑物通体高度的方形竖直井道，井道侧壁上安装有竖直的导轨，作为引导轿厢、配重运动的导向装置，在发生轿厢超速或坠落时，限速器会自动地将安全钳的楔形钳块插入导轨和导靴之间，将轿厢制停在导轨上，防止恶性事故的发生。井道的底部平面低于建筑物最底层的地面，在底坑对应轿厢和对重重心的投影点处分别安装有缓冲器，以便在轿厢蹲底或冲顶时（此时对重落到最低点）减缓冲击用。底坑中还设有限速器钢丝绳的张紧轮装置。在井道的上下两端的侧壁上装有极限位置的强迫减速、停车、断电的行程开关，以防止蹲底、冲顶事故的发生。井道侧壁对应各楼层的相应位置装有减速、平层的遮磁板（或磁铁等），以便发送减速、停车信号。有的电梯在井道中还设有各层的楼层编码开关的磁块（或磁铁），用作楼层指示信号。

在井道对应各楼层候梯厅一侧开有厅门，厅门平时是关闭的，只有当轿厢停稳在该层时，厅门被轿门的联动机构带动一起打开或关闭。在各层厅门的一侧面装有呼梯按钮和楼层显示装置，呼梯按钮通常有上行呼梯、下行呼梯各一个（最底层只有上行呼梯按钮，最高层只有下行呼梯按钮），按钮内（有时在按钮旁）装有呼梯响应指示灯，该灯亮表示呼梯信号被控制系统登记。楼层显示装置有时也设在厅门上方。

（2）电梯的电力拖动部分

电梯主拖动类型有直流电动机拖动、交流电动机拖动、直流 G-M（即发电机-电动机组供电）拖动、晶闸管供电（SCR-M）的直流拖动、交流双速电动机拖动、交流调压调速（ACVV）拖动、交流变频调速（VVVF）等。因直流电梯的拖动电动机有电刷和换相器，维护量较大、可靠性低，现已被交流调速电梯所取代。为了得到较好的舒适感，要求曳引电动机在选定的调速方式下，电动机的输出转矩总能达到负载转矩的要求，考虑到电压的波动、导轨不够平直造成的运动阻力增大等因素，电动机转矩还应有一定的裕度。

（3）电梯的电气控制部分

电梯的电气控制部分主要有继电器控制和计算机控制两种控制方式。采用继电器控制系统的电梯故障率高，大大降低了电梯的运行可靠性和安全性，所以基本上已经被淘汰。由于计算机种类很多，根据计算机控制系统的组成方法及运行方式的不同，计算机控制可分为 PLC 控制与专用微机控制两种方式。其中 PLC 以其体积小、功能强、故障率低、寿命长、噪声低、能耗小、维护保养简便、修改逻辑灵活、程序容易编制、易连成控制网络等诸多优点得到了广泛的应用。

2. 电梯的逻辑设计

图 11-9 所示为五层电梯的简化模型和控制柜示意图。本例中着重介绍电梯的升降逻辑，不调节提升电动机的升降速度。

本模拟电梯采用三菱 FX_2-48MR PLC，根据需要，输入、输出点分配见表 11-2。

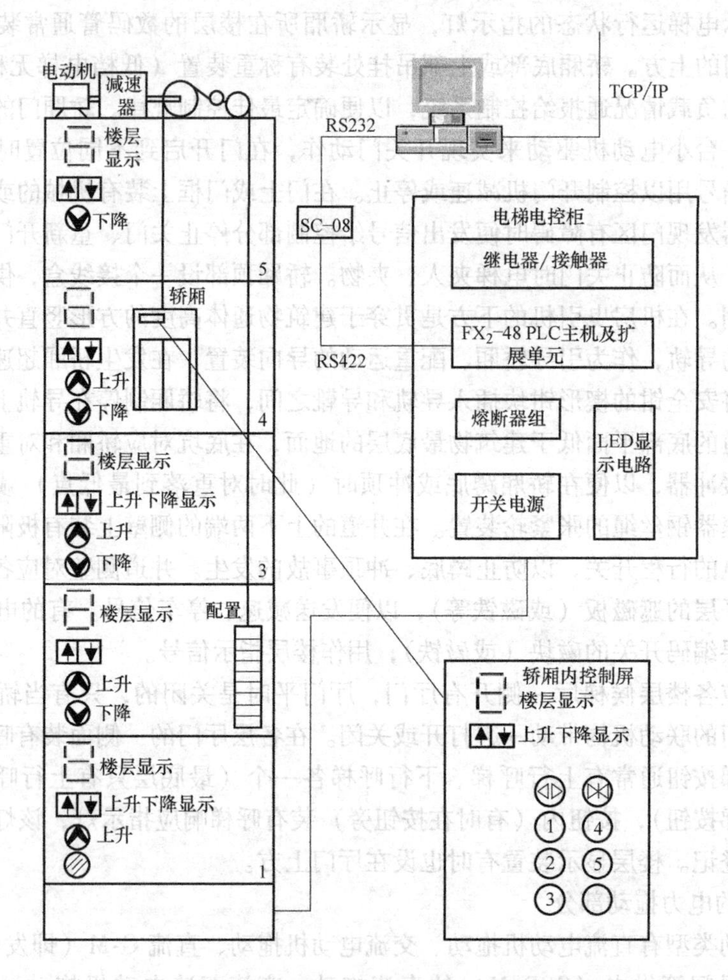

图 11-9　五层电梯的简化模型和控制柜示意图

表 11-2　输入、输出点分配表

输入点	对应信号	输出点	对应信号
X1	外呼按钮 1↑	Y0	KM1 电动机正转
X2	外呼按钮 2↑	Y1	—
X3	外呼按钮 2↓	Y2	KM2 电动机反转
X4	外呼按钮 3↑	Y3	KV 线圈及故障
X5	外呼按钮 3↓	Y4	上行指示
X6	外呼按钮 4↑	Y5	上行指示
X7	外呼按钮 4↓	Y6	开门指示
X10	外呼按钮 5↓	Y7	开门指示
X11	内呼按钮去 1 楼	Y10	1↑外呼指示
X12	内呼按钮去 2 楼	Y11	2↑外呼指示
X13	内呼按钮去 3 楼	Y12	2↓外呼指示
X14	内呼按钮去 4 楼	Y13	3↑外呼指示
X15	内呼按钮去 5 楼	Y14	3↓外呼指示
X16	1 楼平层信号	Y15	4↑外呼指示
X17	2 楼平层信号	Y16	4↓外呼指示
X20	3 楼平层信号	Y17	5↓外呼指示

（续）

输入点	对应信号	输出点	对应信号
X21	4 楼平层信号	Y20	内呼按钮去 1 楼指示
X22	5 楼平层信号	Y21	内呼按钮去 2 楼指示
X23	上下限位	Y22	内呼按钮去 3 楼指示
X24	轿厢内开门按钮	Y23	内呼按钮去 4 楼指示
X25	轿厢内关门按钮	Y24	内呼按钮去 5 楼指示
X26	热继电器	Y25	LED 层显示 a 段
X27		Y26	LED 层显示 b 段
		Y27	LED 层显示 c 段
		Y30	LED 层显示 d 段
		Y31	LED 层显示 e 段
		Y32	LED 层显示 f 段
		Y33	LED 层显示 g 段

程序中使用的内部继电器说明见表 11-3。

表 11-3　内部继电器说明

点	对应信号	功能	点	对应信号
M101	1 楼上升	外呼按钮用，用于记忆外呼按钮呼梯信号，平层解除	M111	上升综合信号
M102	2 楼上升		M112	
M103	2 楼下降		M113	
M104	3 楼上升		M114	
M105	3 楼下降		M115	下降综合信号
M106	4 楼上升		M116	
M107	4 楼下降		M117	
M108	5 楼下降		M118	
M501	1 楼平层	平层用，用于记忆平层信号，被其他平层信号解除	M119	上升记忆信号
M502	2 楼平层		M120	下降记忆信号
M503	3 楼平层		M226	1 层有效开门信号
M504	4 楼平层		M227	2 层有效开门信号
M505	5 楼平层		M228	3 层有效开门信号
M201	内呼去 1 楼	用于要去的楼层，平层时解除	M229	4 层有效开门信号
M202	内呼去 2 楼		M230	5 层有效开门信号
M203	内呼去 3 楼		M240	已正常开关门记忆信号
M204	内呼去 4 楼		M241	1 层手动开门
M205	内呼去 5 楼		M242	2 层手动开门
M211	1 楼上升	开关门有效外呼	M243	3 层手动开门
M212	2 楼上升		M244	4 层手动开门
M213	2 楼下降		M245	5 层手动开门
M214	3 楼上升		M246	各层手动开门信号综合
M215	3 楼下降		T0	开门时间
M216	4 楼上升		T1	关门时间
M217	4 楼下降		T3	运行后不在平层的时间
M218	5 楼下降		T4	无人乘坐回基站的时间
M221	内呼去 1 楼	开关门有效内呼		
M222	内呼去 2 楼			
M223	内呼去 3 楼			
M224	内呼去 4 楼			
M225	内呼去 5 楼			

编程时可用手持式编程器或计算机软件编程，通过编程口传输至 PLC 程序存储区，可进行独立控制和远程控制。五层电梯的逻辑程序如图 11-10 所示。

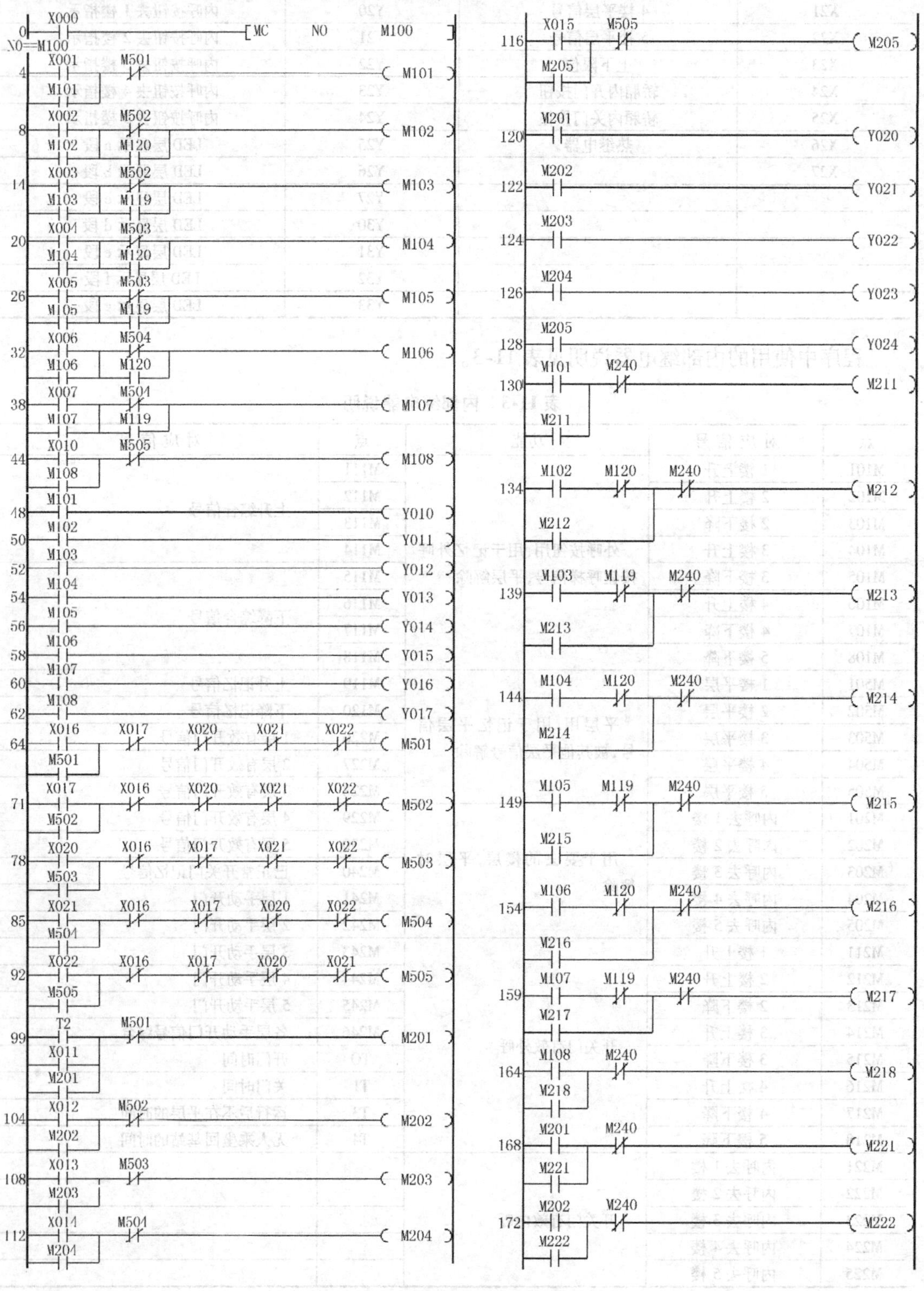

图 11-10 五层电梯的逻辑程序

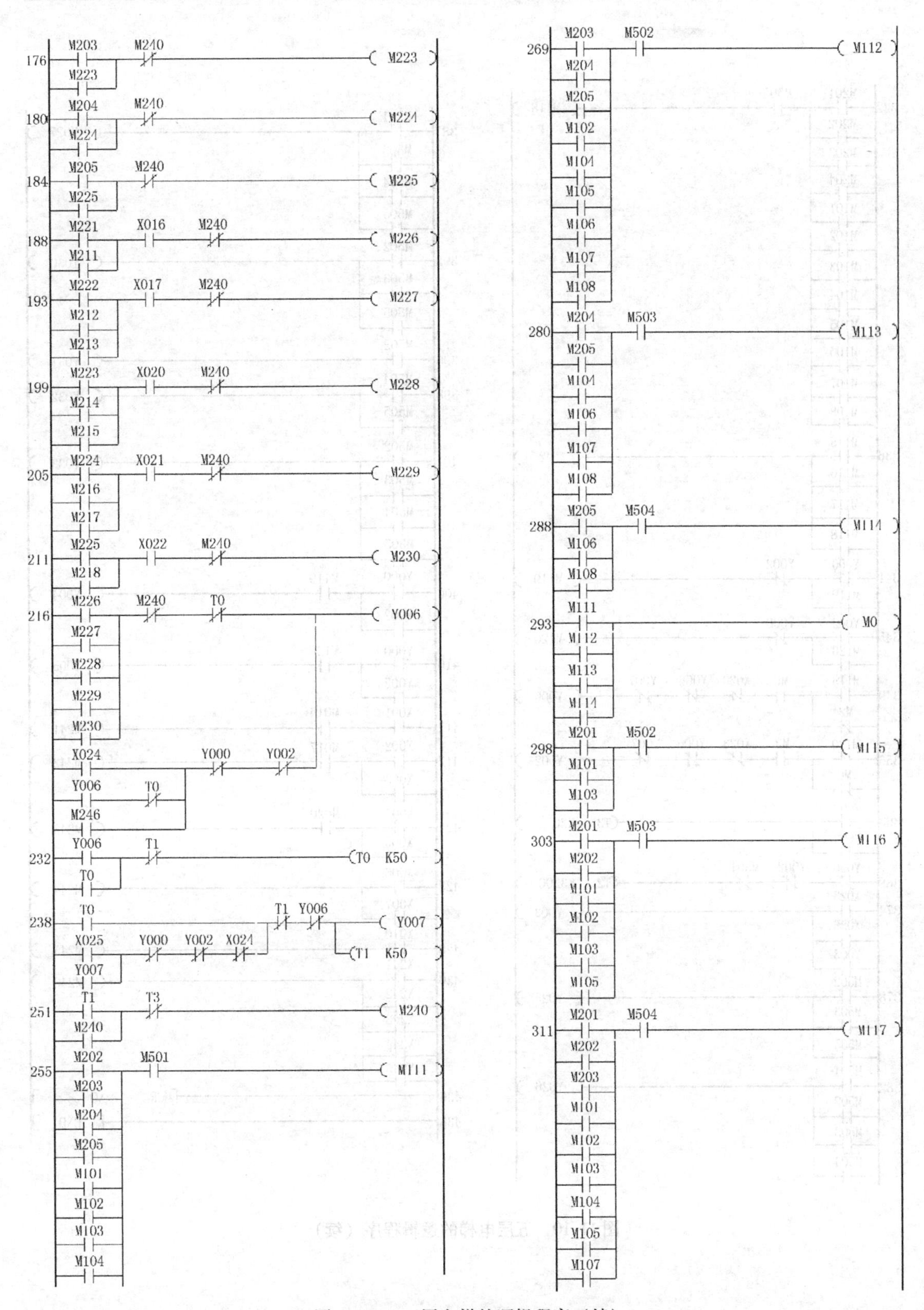

图 11-10　五层电梯的逻辑程序（续）

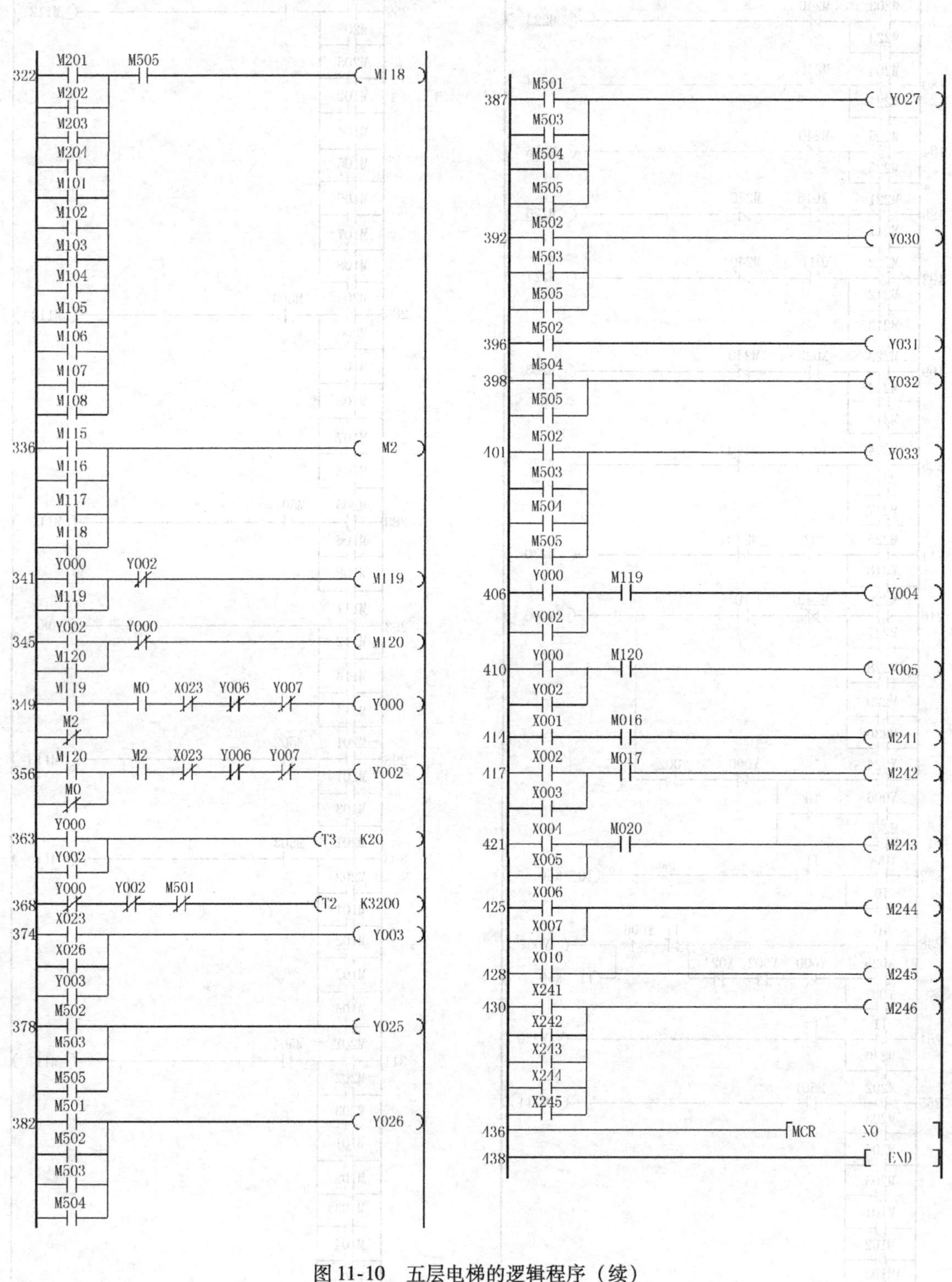

图 11-10　五层电梯的逻辑程序（续）

11.4.3　PLC 控制的恒压供水系统及组态软件的应用

1. 总体方案

我们采用了高性能、模块化结构、带模拟量通道且具备网络功能的西门子 S7-200 系列 PLC，配合变频器（VVVF），完成恒压供水自动控制。其供水的原理框图如图 11-11 所示。

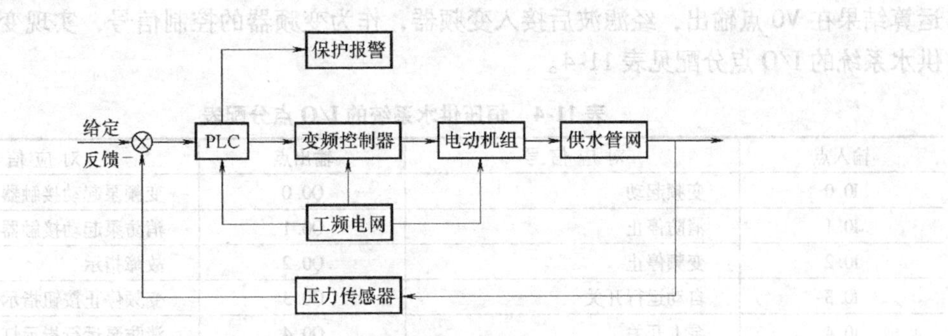

图 11-11　恒压供水的原理框图

对水泵电动机进行无级调速，确保水量的供需平衡，并达到系统经济运行的目的。压力变送器根据供水管网中水的压强，将供水管网中的压力经变送器变换相应的模拟电压后输入到 PLC 的模拟单元，由 CPU 的模拟输入单元进行定时采样，采样结果与给定值经过模-数（A-D）转换后，由 CPU 通过 PID 指令，进行比例（P）、积分（I）、微分（D）运算调节后，输出相应的模拟电压（0～10V）到变频器，变频器根据控制电压的高低改变变频器的输出电压频率，以此来改变水泵电动机的转速，当供水管网的压力降低时，通过 PID 调节，水泵电动机的转速提高，从而供水管网的压力上升，达到连续控制其流量和压力的目的。

恒压供水系统采用了西门子 S7-200 系列 PLC，带一个扩展数字单元 DI/DO 和一个扩展模拟单元 AI/AO 进行控制，输入点采用 24V 直流电源，输出点采用继电器输出型，PLC 电源采用 110V 交流电供电。

2. 楼层及供水系统模型

供水系统的结构如图 11-12 所示。供水系统分两路，一路为变频器调速系统提供的生活用水，一路为消防用水。楼底层放置水源水箱（实际生活中水源水箱可放在地下室中），顶部放置消防水箱。水箱内有水位检测仪，当高位水箱（或水源蓄水池）液面高于溢流水位时自动报警；当夜面低于最

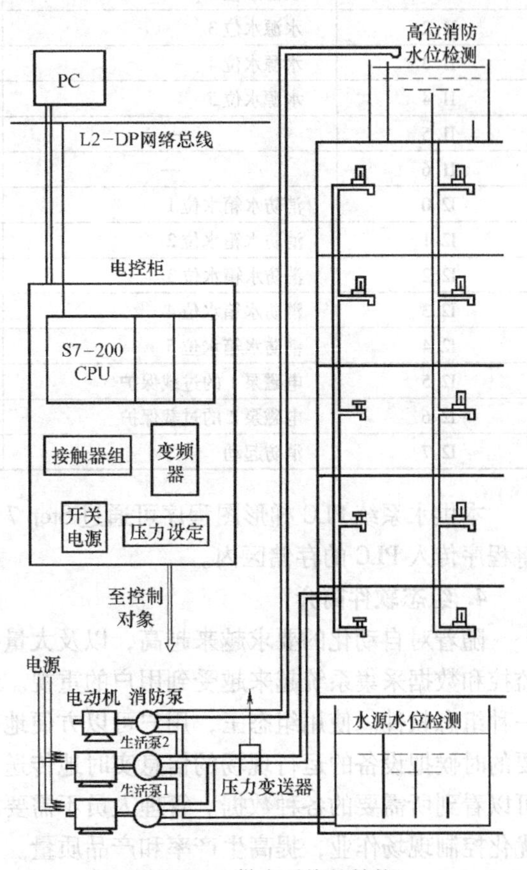

图 11-12　供水系统的结构

低报警水位时，自动报警。当发生火灾时，消防泵自动起动，如果蓄水池液面达到最高设定水位，将自动停止。

3. PLC 的 I/O 点分配

本闭环控制系统的 PID 运算由模拟量扩展模块 EM235 来完成。调节接入输入点 A +、A - 的电位器来设置给定值（SPn），过程变量（PVn）由接入 B +、B - 的压力变送器采入，运算结果在 V0 点输出，经滤波后接入变频器，作为变频器的控制信号，实现变频调速。本供水系统的 I/O 点分配见表 11-4。

表 11-4　恒压供水系统的 I/O 点分配表

输入点	对应信号	输出点	对应信号
I0.0	变频起动	Q0.0	变频泵起动接触器
I0.1	消防停止	Q0.1	消防泵起动接触器
I0.2	变频停止	Q0.2	故障指示
I0.3	自动运行开关	Q0.3	变频停止按钮指示灯
I0.4	泵 1 开关	Q0.4	消防泵运行指示灯
I0.5	泵 2 开关	Q0.5	消防泵起动按钮指示灯
I0.6	消防停止	Q0.6	消防泵停止按钮指示灯
I0.7	—	Q0.7	变频泵 1 运行指示灯
I1.0	水源水位 1	Q1.0	变频泵 2 运行指示灯
I1.1	水源水位 2	Q1.1	变频起动按钮指示灯
I1.2	水源水位 3	Q1.2	—
I1.3	水源水位 4	Q1.3	—
I1.4	水源水位 5	Q1.4	—
I1.5	—	Q1.5	—
I1.6	—	Q1.6	—
I2.0	消防水箱水位 1	AIW0	给定模拟输入量
I2.1	消防水箱水位 2	AIW1	变送器的反馈模拟输入量
I2.2	消防水箱水位 3	AQW0	运算后的模拟输出量
I2.3	消防水箱水位 4		
I2.4	消防水箱水位 5		
I2.5	电磁泵 1 的过载保护		
I2.6	电磁泵 2 的过载保护		
I2.7	消防起动		

本供水系统 PLC 梯形图程序可通过 Step 7 FOR WIN 编程软件编程，通过 PC/PPI 电缆线将程序传入 PLC 的存储区内。

4. 组态软件简介

随着对自动化的要求越来越高，以及大量控制设备和过程监控装置之间的通信的需要，监控和数据采集系统越来越受到用户的重视。组态王是运行在 Windows98/NT/2000/XP 上的一种组态软件。使用组态王，用户可以方便地构造适应自己需要的数据采集系统，在任何需要的时候把设备的运行现场的信息实时地传送到控制室，使现场操作人员和工厂管理人员都可以看到所需要的各种数据。管理人员不需要深入生产现场，就可以获得实时和历史数据，优化控制现场作业，提高生产率和产品质量。

（1）组态王软件的组成

组态王软件包由工程管理器、工程浏览器（TouchExplorer）、画面运行系统（TouchView）、信息窗口四部分组成。其中，工程管理器用于新建工程、工程管理等。工程浏览器（内嵌画面开发系统）和画面运行系统是各自独立的Windows应用程序，均可单独使用；两者又相互依存，在工程浏览器的画面开发系统中设计开发的画面应用程序必须在画面运行系统（TouchView）运行环境中才能运行。

（2）组态王的数据采集工作原理

组态王与现场的智能I/O设备（如PLC）直接进行通信，如图11-13所示。

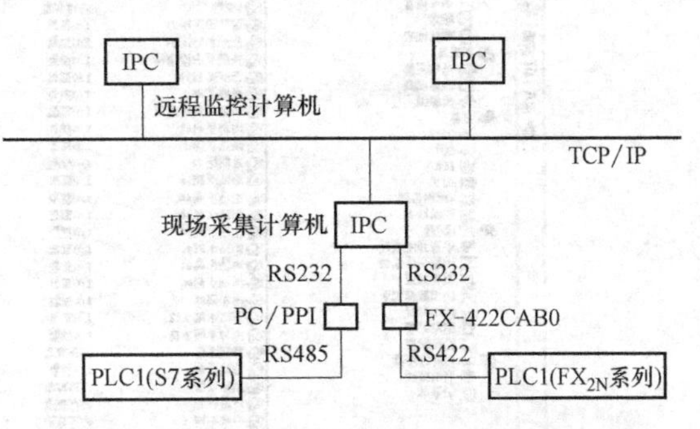

图11-13　工业现场机电设备监控系统结构框图

I/O设备的输入提供现场的信息，例如产品的位置、机器的转速、炉温等。I/O设备的输出通常用于对现场的控制，例如起动电动机、改变转速、控制阀门和指示灯等。有些I/O设备（例如PLC），其本身的程序完成对现场的控制，程序根据输入决定各输出的值。输入、输出的数值存放在I/O设备的寄存器中，寄存器通过其地址进行引用。大多数I/O设备提供与其他设备或计算机进行通信的通信端口或数据通道，组态王通过这些通信通道读写I/O设备的寄存器，采集到的数据可用于进一步的监控。组态王提供了一种数据定义方法，定义了I/O变量后，可直接使用变量名用于系统控制、操作显示、趋势分析、数据记录和报警显示。

5. 利用组态王软件对供水系统进行监控

正确地安装组态王和I/O设备驱动程序后，在组态王软件对供水系统进行监控运行之前，必须先进行必要的设置、画面绘制和程序的编写。具体的设置如下：

（1）设置I/O设备

打开组态王软件，如果用户的下位机采用与上位机（PC或IPC）的串行口进行通信的话，单击“设备”中的“COM1”或者“COM2”，单击“新建”，选中相应的设备，指定设备的地址。同样可以设置另外的设备。设备配置如图11-14所示。

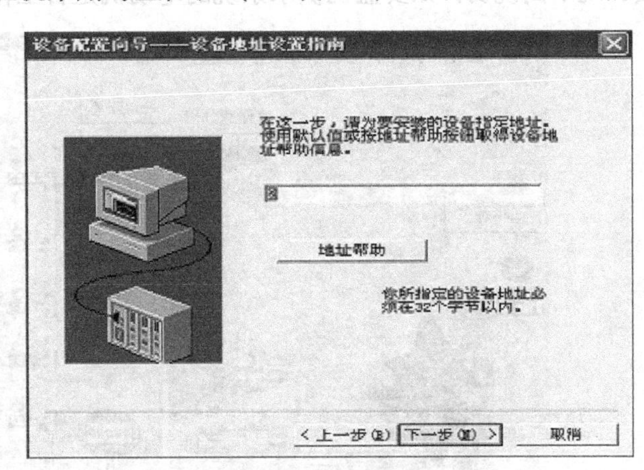

图11-14　设备配置

（2）设置数据词典

组态王软件在使用时，所用的变量（包括内部变量和I/O变量）都必须在数据词典中定义，设置相应的内存变量和I/O变量，内存变量不与下位机相联系，仅仅通过I/O变量与下位机相联系，如图11-15所示，需要说明的是，在进行PLC的监控时为了和组态王的变量联系起来，不同的下位机（不同的PLC）在设置I/O变量时应有一定的区别。如下位机如果为西门子的S7-200系列时，PLC的输入、输出点的状态应通过PLC的V变量进行转换。

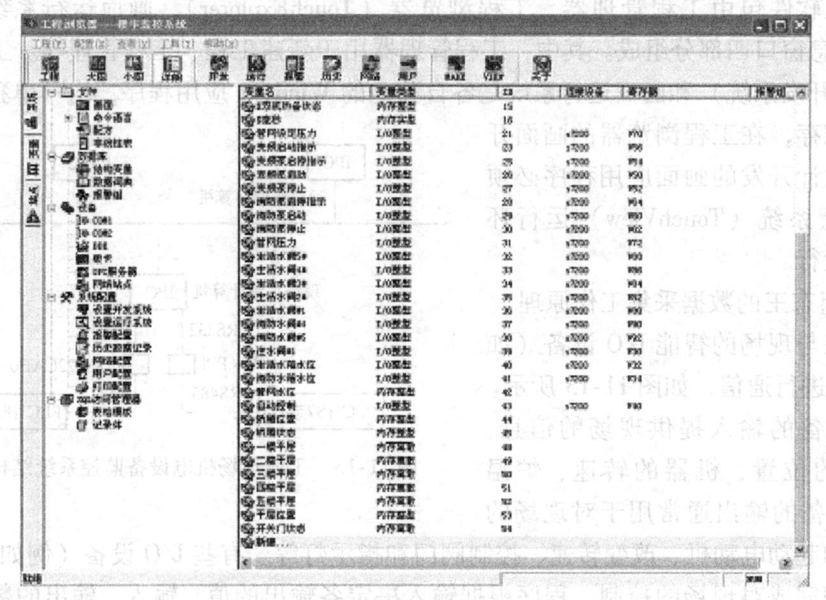

图 11-15　设置数据词典

(3) 网络设置

组态王可以选择单机或网络监控，在相应的网络设置窗口设置是单机或网络，如果采用网络控制的话，必须进行网络设置，包括设置连接的远程站点、本机节点名、URL 路径、协议类型和服务器的配置设定等网络参数。

(4) 监控画面的绘制

利用组态王方便的画面开发软件，可以很容易地绘制出漂亮的画面，供水系统控制画面如图 11-16 所示，若使画面能监视并控制现场设备的运行状态，在绘制画面时要进行动画连接，现举例说明：如要监视供水系统的电动机是否工作于起动状态，可在组态王软件中设置

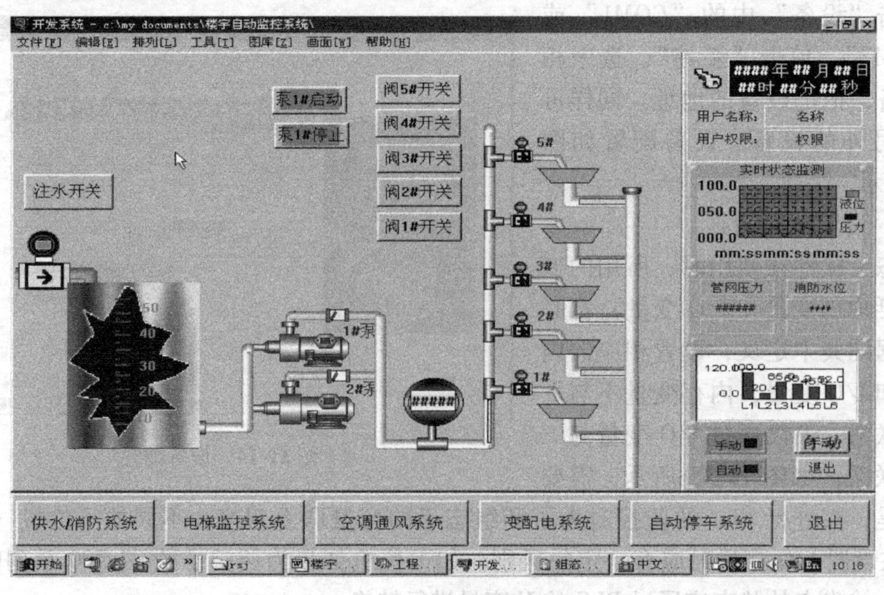

图 11-16　供水系统控制画面

一 I/O 变量——“泵 1 启动”，在监控画面上做一填充块，当“泵 1 启动”变量为 0 时，填充块呈现红色，当“泵 1 启动”变量为 1 时，填充块呈现绿色，此 I/O 变量“泵 1 启动”与下位机的 PLC 中的某一个 V 变量相联系（如 V100），在 PLC 的梯形图程序中，当控制变频器启动的 PLC 输出点 Q0.0 为 ON 时，可以通过梯形图编程，使 V100 为 1，同理，当控制变频器启动的 PLC 输出点 Q0.0 为 OFF 时，可以通过梯形图编程，使 V100 为 0，从而使组态王的监控画面与下位机 PLC 建立了动画联系。同样可以利用组态王的实时曲线功能，绘制出监控管网压力的动态曲线监控画面，如图 11-17 所示。

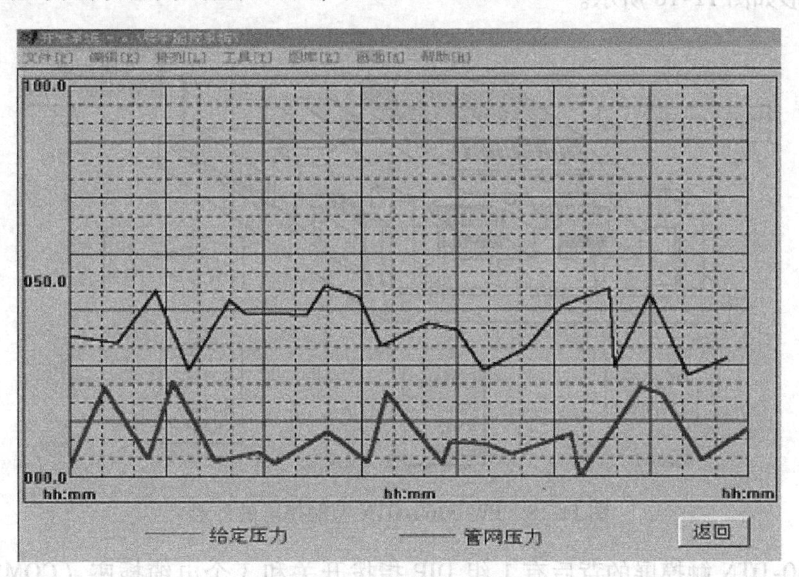

图 11-17　动态曲线监控画面

（5）组态王的软件编制

要使所绘制的画面以动画的方式进行实时的监控，在运行前还必须进行必要的运行程序的编制，组态王的程序是采用类 C 语言的编程方式，使用户编程变得非常容易。下面是供水系统的部分程序片段：

```
\\本站点\生活水箱水位 = \\本站点\生活水箱水位 + 10;
if( \\\\本站点\变频泵启停指示 = = 1)
{ \\本站点\生活水箱水位 = \\本站点\生活水箱水位 - 10;
\\本站点\管网水位 = \\本站点\管网水位 + 10;}
if( \\本站点\变频泵起停指示 = = 0)
\\本站点\管网水位 = \\本站点\管网水位 - 10;
```

进行了必须的软件编制后，就可以启动组态王的运行系统。如选中相应的画面，则所绘制的画面就可以动态地实时监控供水系统。

以上操作可以通过组态王的在线帮助得到解答。更为详细的说明请参考相关的参考书籍或软件使用说明书。

11.4.4　触摸屏在半自动内圆磨床 PLC 控制系统中的应用

1. PWS3260-DTN 触摸屏接口与接线

目前国内使用较多的工业级人机界面产品是台湾的 PWS 系列触摸屏。该系列触摸屏有多种触控面板尺寸，分真彩、伪彩等各种使用档次，其中的 PWS3260-DTN 型触摸屏具有 10.4in 彩色荧屏，设计人员可以在每一画面的显示范围内任意规划触控按键，人机系统会自动记忆按钮的位置与功能，任一触控按键均可定义为换画面按钮或控制 PLC 可识别变量的输入按钮（开关）。触控按键的面积可大可小，最大可占满整个屏幕，最小仅占用 8 行 × 8 列 LCD 显示光点的面积。当按压某一个触控按键时，触摸屏的蜂鸣器会发出持续 200ms 的短音表示按压生效，设计人员还可以定义每个按键所需的按压持续时间。PWS3260-DTN 型触摸屏的外形如图 11-18 所示。

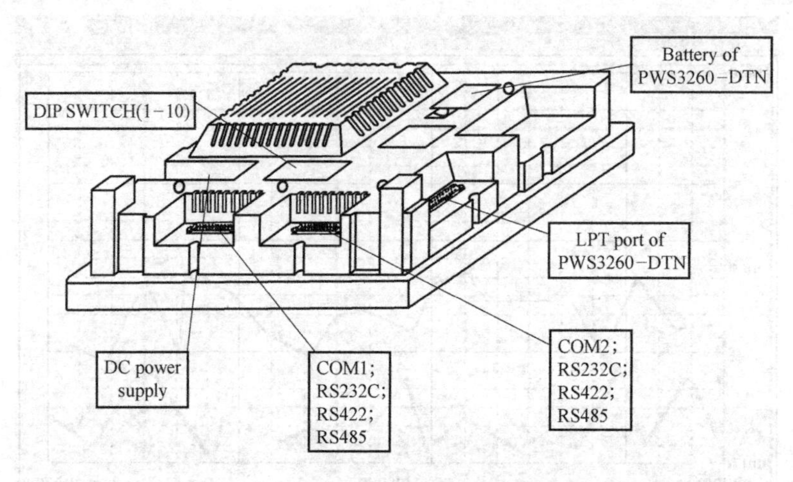

图 11-18　PWS3260-DTN 型触摸屏的外形

PWS3260-DTN 触摸屏的背后有 1 组 DIP 指拨开关和 3 个电缆插座（COM1、COM2 和 LPT 端口）。PWS3260-DTN 触摸屏的背后共有十个指拨开关 SW1 ~ SW10。SW1 和 SW2 用来设置显示器的类型：如采用 DTN 类型的显示器，则应将 SW1 置为 OFF、SW2 置为 ON。SW3 和 SW4 用来设置运行模式：如运行用户的应用程序，则 SW3 随意、SW4 应置为 ON；如运行内置测试程序，则 SW3 置 ON、SW4 置 OFF；如进行硬件测试，则 SW3、SW4 均置为 OFF。SW5 用来设置通信格式：如 SW5 置为 ON，则 PWS 人机系统与 PLC 的通信格式依据 PWS 硬件系统目录中的工作参数设定；如 SW5 置为 OFF，则与 PLC 的通信格式依据触摸屏软件 ADP3 菜单中的工作参数设定。SW6 决定 PWS 人机系统是否设置密码：SW6 置为 ON 时，PWS 人机系统要求设置密码；SW6 置为 OFF 时，PWS 人机系统无密码设置。SW7 决定 PWS 人机系统上电后是否出现系统目录菜单：如 SW7 置为 ON，则触摸屏开机后屏幕上会出现系统目录菜单，用户使用该菜单才能进行画面软件的上传或下载操作，在软件试运行期间一般需要将 SW7 置为 ON 以便于调试；如 SW7 置为 OFF，则触摸屏开机后屏幕上不出现系统目录菜单，而直接进入在线运行方式，对于调试完成的电气控制系统，需要将人机界面的 SW7 置为 OFF，使触摸屏保持在线正常运行即可。SW8 用来默认用户密码等级（只在 SW6 = OFF 时有效）：如 SW8 置为 ON，则开机后 PWS 人机系统进入在线连接，密码等级设置为 1，不要求输入密码；如 SW8 置为 OFF，则开机后 PWS 人机系统进入在线连接，密码等级设置为 3，要求输入密码。

最后两个指拨开关 SW9 和 SW10 分别用来设置 COM1 和 COM2 口的规格。如果使用 COM1 口连接 PLC，须指拨开关 SW9 的配合：针对大部分使用 RS485 的厂家，SW9 应置为

ON；SW9 置 OFF 只适应于采用 RS422 的三菱 A-CPU 口。如果用户使用 COM2 口连接 PLC，则应配合使用指拨开关 SW10。

触摸屏使用时，一般将 COM1、COM2 口中的一个用于连接 PC，另一个连接 PLC。不允许带电插拔。连接 PC 的目的是为了对触摸屏的内存上传或下载触摸屏画面软件，在触摸屏软件 ADP3 菜单应用栏的传输设定表单中，可以选择上传或下载所使用的通信端口（可选 COM1 或 COM2）。连接 PLC 的目的是为了运行 PLC 控制程序，因为人机界面仅仅相当于一个高档的操作面板兼显示器，电气控制系统的控制核心仍然是 PLC。在触摸屏软件 ADP3 菜单应用栏的设定工作参数表单中，可以选择通信设定，指定触摸屏与 PLC 连线所使用的通信端口（也可选 COM1 或 COM2）。设备正常运行时不必连接 PC，只需要已装好软件的触摸屏与装好 PLC 控制程序的 PLC 正确连接，正常运行即可。

LPT 端口仅在画面与表格打印输出时使用。DC power supply 是给触摸屏供电的直流 24V 电源接线端子，PWS3260-DTN 人机界面产品的耗电量为 16W。

2. 触摸屏编程软件 ADP3 的使用方法

（1）建立新的工程文件

如果要将 PWS 触摸屏产品作为人机界面用于某一设备的控制，首先应在 PC 上安装 ADP3 软件，并建立一个新的工程文件，这时需要输入的内容是：新文件的应用名称、人机界面的产品型号和所使用的 PLC 产品型号。新文件建立之后即可进入画面编辑。图 11-19 为触摸屏软件 ADP3 的窗口示意图。

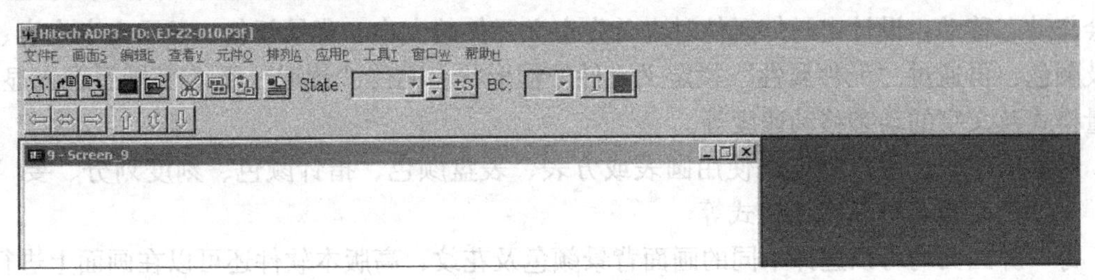

图 11-19　触摸屏软件 ADP3 的窗口示意图

（2）画面编辑

在 ADP3 软件中，可使用的画面元件有 4 类：

① 可触摸元件。指在画面上定义的按钮、设置数值按键、状态选择按键、翻页按键等，这些按键一般兼有可触摸功能和显示功能。

② 状态显示元件。指在画面上定义的显示灯、动态数字文字信息显示（可以在不同情况下呈现不同颜色，包括数字文字提醒、信息移动等）、显示仪表等，触摸这些元件时系统没有反应，仅仅被用作信号的运行状态显示。

③ 动态资料及人机记录缓冲区显示元件。指在画面上定义的历史趋势图或人机界面使用 PLC 内存作记录缓冲区时的缓冲区状态显示元件。

④ 静态显示元件。指在画面上定义的静态文字、静态背景元件，不受 PLC 程序控制。

ADP3 软件提供了一系列的各种类型的元件，对于熟悉电气控制系统的人员来讲，设置方法十分简单。如要设计一个按钮，就选择“元件”下的“按钮”，在按钮副表单，有各种各样的按钮可供选择，有设 ON 型、设 OFF 型、交替型、保持型、设常值型、换画面型等，例如控制需要按下动作、松手复位的普通按钮就选择“保持型”，如需要按一下 ON、再按一下 OFF 的按钮就选择“交替型”。选定按钮之后，可以用十字形鼠标拉出按钮的大小，可以移动其位置，还可以修改大小，并配置按钮指示灯在（不点亮或点亮）两种状态下按钮上的文字、颜色、形状以及是否闪烁等。对刚设定的按钮单击鼠标右键，在“元件属性”栏可以定义该按钮的“最小按压生效时间”，该按钮的触摸状态（压下“1”、松手“0”）“写入”PLC 及被 PLC 的程序识别时的变量名称，以及该按钮所带的按钮灯“读取”PLC 变量并显示的变量名称。使用右键还可以选择“复制”、“多重复制”生成多个同种按钮或执行“删除”。

如果运行中要改变 PLC 内部变量的预置数值，如数据存储器 D、计数器 C、定时器 T 中的数值，可以使用设值按钮，在运行中用户只要点中该按钮，人机界面上将会自动出现一个内建的数字键盘供用户选择预置数值，确定数值之后该数字键盘自动消失，数值会通过 PLC 程序被写至约定的内存。定义设值按钮时，可以方便地选择元件大小、背景颜色、显示数字大小及颜色，使用右键在“元件属性”栏定义要“写入”新值的变量名称、变量格式、变量范围等。

显示灯元件的设计与按钮元件的显示灯部分设计类似。

数值显示元件可以在屏幕上动态显示 PLC 内部变量的当前数值，如数据存储器 D、计数器 C、定时器 T 的当前数值。实际上各种元件设计时的操作方法均类似，数值显示元件可以选择元件大小、背景颜色、显示数字大小及颜色，在“元件属性”栏定义要“读取”显示的变量名称、变量格式、变量范围等。

再如走马灯元件的设置，走马灯属于信息显示元件，与一般显示灯的区别是该灯上的文字会作动态移动。设计走马灯元件时也首先定义元件的大小、背景颜色、显示文字内容、大小及颜色，再通过“元件属性”栏定义元件外框形状、元件“读取”哪个变量后进入显示、变量格式及文字的动态移动速度等。

对显示仪表，用户可定义使用圆表或方表、表盘颜色、指针颜色、刻度划分、要“读取”显示的变量名称及变量格式等。

每一屏画面均可以选择不同的画面背景颜色及花纹，高版本软件还可以在画面上进行静态几何图形的作图。

制作画面后退出时要注意保存，下次使用时开启旧档即可进入修改编辑。画面未调试成功前可不连接触摸屏，只将装有 ADP3 软件的 PC 与装好控制程序的 PLC 联机可在计算机屏幕上操作鼠标完成模拟运行。调好画面程序后，不连接 PLC，将装有 ADP3 软件的 PC 与触摸屏连接可进入画面软件的上传、下载传输。设备长期运行可将装好画面软件的触摸屏与装好控制程序的 PLC 连接起来，运行中触摸屏主要起到高级操作面板和显示器作用。在利用“工具”菜单进行模拟和利用“应用”菜单进行上传、下载之前，一定要仔细阅读 PWS 具体机型的通信参数规定及 ADP3 软件的使用方法，进行正确的操作。

此外，ADP3 软件还提供了一种“巨集”指令，使人机界面自身具备数值运算、逻辑判断、程序控制、数值传递、数值转换、计数计时、通信等功能，以减少 PLC 程序容量并提高人机系统-PLC 主机的运行效率。简单工程应用中可以不使用“巨集”指令。

3. 触摸屏在半自动内圆磨床 PLC 控制系统中的应用

PLC-Z2-010 是用于磨削高圆度内圆的半自动精密磨床，该机床的电气系统以三菱 FX_2 系列 PLC 为控制核心，以 PWS 系列 10.4in 触摸屏为人机界面，可十分方便地对机床的四种工作状态（调整、半自动、砂轮修整和参数调整）实现自动控制。

PLC 的输入点有 18 点，大部分来自现场行程开关和传感器。如大滑板前位及后位、进给到位、推出到位、往复制动到位、修整器倒下及抬起、小滑板后位及前位、进给原位、砂轮过小、气压过低、静压异常，占用 13 点输入；其他输入点信号有 5 个：总起动开关、循环起动按钮、循环中断按钮、手动装工件开关和变频器起动开关信号。大量需要操作的输入信号被设置在触摸屏上。

PLC 的输出接点有 18 个，其中有 10 个接点用来控制包括大滑板、工件卡具、补偿、快跳、粗进给、粗精转换、进给复位、修整、修整推出和小滑板的所有电磁阀的动作，有 5 个接点控制工件轴旋转电动机、砂轮往复电动机、往复制动、修整器电动机、车头制动的动作，只有 3 有个接点用来点亮循环指示灯、调整状态指示灯及半自动状态指示灯。大量需要显示的输出信号也被设置在人机界面上完成显示。总体来说，采用人机界面之后，PLC 系统的硬接线 I/O 点大大减少。

图 11-20 为人机界面的待机画面，该屏幕不能操作，只作显示，其中“郑州第二机床厂”被设计为走马灯元件，作动态的文字移动显示。只要 PLC 及触摸屏上电，就显示该画面。在 ADP3“应用”菜单的“设定工作参数栏”，可以定义开机起始画面，还可以定义画面各页的控制变量，因此，PLC 程序可以干涉画面的切换。

图 11-21 为人机界面主菜单，在按下系统总起动开关之后进入该画面。操作人员可以触摸任一按钮选择进入某种工作方式。操作之后，触摸屏上会出现相应的工作方式画面。对几个典型控制画面分述如下。

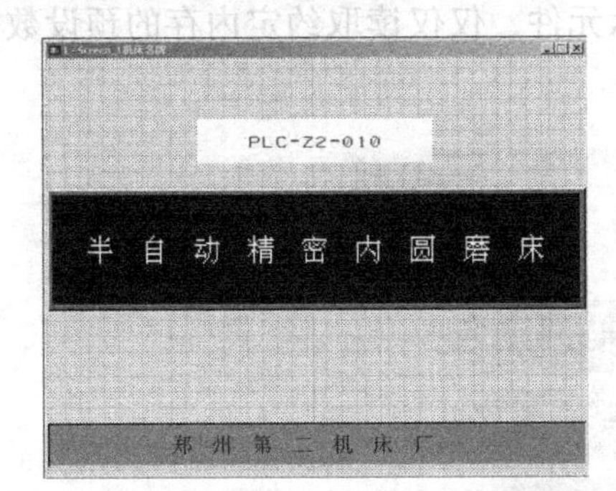

图 11-20　人机界面的待机画面

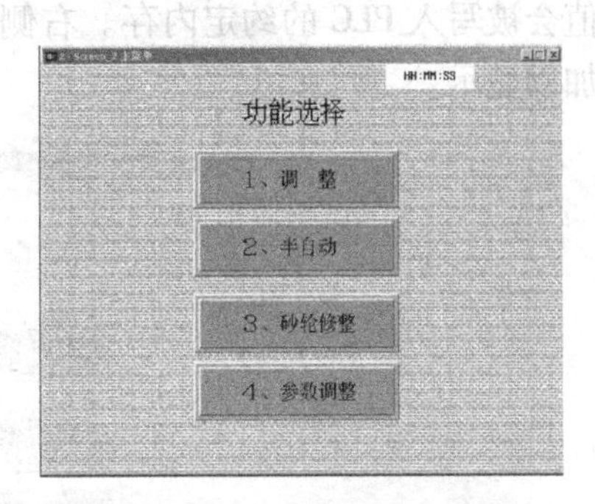

图 11-21　人机界面主菜单

图 11-22 为半自动状态画面。在该画面上可以看到半自动条件是否满足（变颜色），半自动循环正在进行哪个步骤（变颜色或闪烁），以及动作预置执行时间、当前执行时间、预置执行次数、当前执行次数。左下方空白元件只在砂轮需要修整时显现闪烁的“砂轮需要修整!!!”提示。

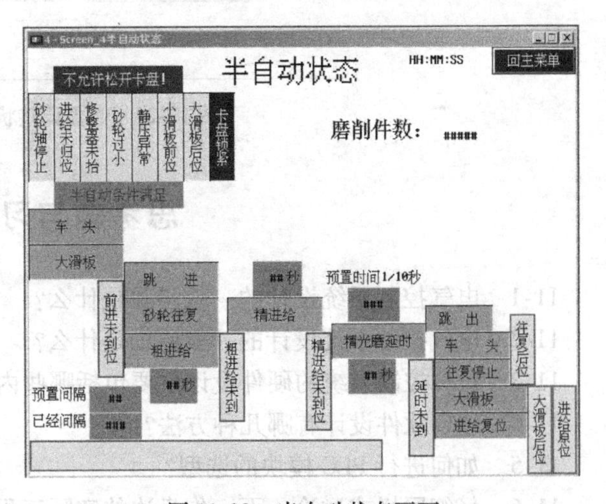

图 11-22　半自动状态画面

图 11-23 为手动调整状态画面。PLC-Z2-010 半自动精密磨床手动调整时需要很多操作按钮、状态显示或操作提示，都被设计在人机界面上。如

绿色的“车头旋转”按钮，在条件满足的情况下，如果被点中，即进入车头旋转动作，这时该按钮会闪烁，提示手动动作正在进行中。再触摸“车头停转”按钮，将停止车头旋转动作。同时，PLC 的 I/O 状态信息显示阵列也会提示相关的 I/O 信号当前状态。另外，由于大滑板、小滑板的移动调整动作较为复杂，均需要设计单独的子画面进行操作，所以该画面上的大滑板、小滑板两个按钮被用作进入子画面的切换按钮。

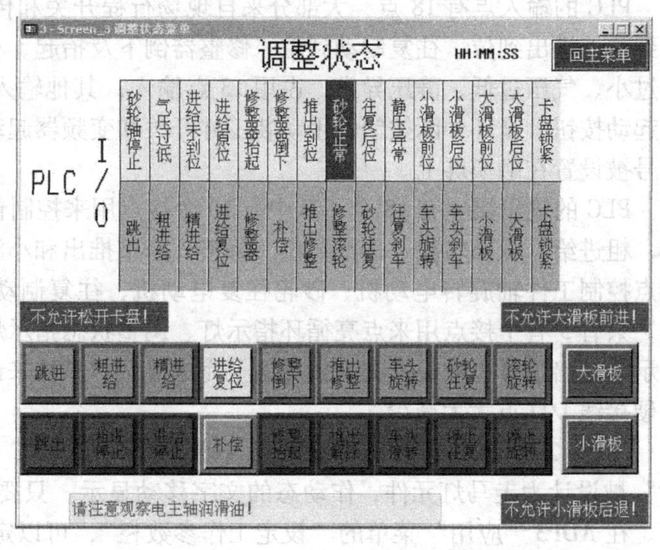

图 11-23　手动调整状态画面

参数调整状态的画面如图 11-24 所示，用于 3 个可改变参数的预置值调整。左侧为 3 个设值按钮，选中后触摸屏界面上将会自动出现内建的数字键盘供用户选择预置数值，确定数值之后该数字键盘自动消失，数值会被写入 PLC 的约定内存。右侧为 3 个数值显示元件，仅仅读取约定内存的预设数值并加以显示。

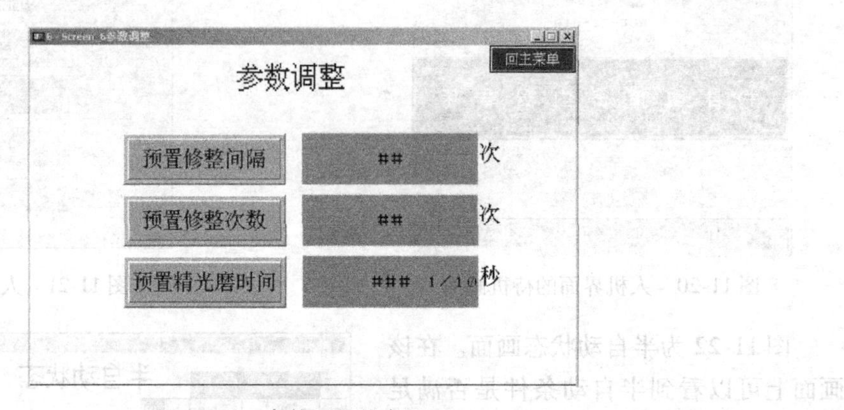

图 11-24　参数调整状态画面

思考题与习题

11-1　电气控制系统设计的一般步骤是什么？

11-2　电气控制系统设计的一般原则是什么？

11-3　PLC 控制系统的硬件设计主要包括哪些内容？

11-4　PLC 软件设计有哪几种方法？

11-5　如何进行 PLC 模块的选型？

11-6　仔细回忆或讨论一下，你身边的实际工程项目，哪些可以用 PLC 实现控制？

附　　录

附录 A　FX_{2N}的特殊软元件功能简表

对于没有使用、未定义的软元件或者加［　］的软元件，在程序中不能写入数据或者用指令改变状态。

1. 描述 PLC 状态的特殊软元件

编号	功能含义	备　注	编号	功能含义	备　注
[M]8000	RUN 监控常开触点	RUN 中一直为 ON	[D]8000	看门狗定时器	初始值为 200ms
[M]8001	RUN 监控常闭触点	RUN 中一直为 OFF	[D]8001	PLC 类型以及版本	24100;24 表示 FX_{2N}，100 表示版本 1.00
[M]8002	初始脉冲常开触点	RUN 后一个周期为 ON	[D]8002	存储器容量	002:2k 步;004:4k 步;008:8k 步;016:16k 步
[M]8003	初始脉冲常闭触点	RUN 后一个周期为 OFF	[D]8003	存储器种类	
[M]8004	发生出错	检测到除[M]8062 以外的[M]8060 ~ [M]8067	[D]8004	出错特殊 M 编号	M8060 ~ M8067
[M]8005	电池电压过低	锂电池电压低	[D]8005	电池电压	0.1V 单位
[M]8006	电池电压过低锁存	保持电压低的信号	[D]8006	检测为 BATT. V 低的电平值	3.0V（0.1V 单位）
[M]8007	检测出瞬时停电		[D]8007	瞬停次数	电源断开时清除
[M]8008	检测出停电中		D8008	停电检测时间	
[M]8009	DC24V 掉电	检测 24V 电源异常	[D]8009	掉电的单元号	掉电单元的起始编号

2. 描述 PLC 时钟的特殊软元件

编号	功能含义	备　注	编号	功能含义	备　注
[M]8010			[D]8010	扫描的当前值	0.1ms 单位包括恒定扫描的等待时间
[M]8011	10ms 时钟	10ms 周期的振荡	[D]8011	MIN 扫描时间	
[M]8012	100ms 时钟	100ms 周期的振荡	[D]8012	MAX 扫描时间	
[M]8013	1s 时钟	1s 周期的振荡	D8013	秒 0 ~ 59 预置值或当前值	时钟误差 ±45s/月(25℃)有闰年修正
[M]8014	1min 时钟	1min 周期的振荡	D8014	分 0 ~ 59 预置值或当前值	
M 8015	停止计时以及预置		D8015	时 0 ~ 59 预置值或当前值	
M 8016	时间显示被停止		D8016	日 1 ~ 31 预置值或当前值	
M 8017	±30 秒补偿修正		D8017	月 1 ~ 12 预置值或当前值	
[M]8018	检测出内置 RTC	一直为 ON	D8018	年公历 4 位(后 2 位)预置值或当前值	
M 8019	内置 RTC 出错		D8019	星期 0(一) ~ 6(六)预置值或当前值	

3. 描述 PLC 标志的特殊软元件

编号	功能含义	备　注	编号	功能含义	备　注
[M]8020	零位	应用指令的运算指志位	[D]8020	输入滤波器调整（X000 ~ X017）	初始值:10ms(0 ~ 60ms)
[M]8021	借位		[D]8021		
M 8022	进位		[D]8022		
[M]8023			[D]8023		
M8024	指定 BMOV 方向		[D]8024		
M8025	HSC 模式(FNC53 ~ 55)		[D]8025		
M8026	RAMP 模式(FNC67)		[D]8026		
M8027	PR 模式(FNC77)		[D]8027		
M8028	FROM/TO 指令执行过程中允许中断		[D]8028	Z0(Z)寄存器的内容	变址寄存器 Z 的内容
[M]8029	指令执行结束标志位	应用指令	[D]8029	V0(V)寄存器的内容	变址寄存器 V 的内容

4. 描述 PLC 运行模式的特殊软元件

编号	功能含义	备　注	编号	功能含义	备　注
M8030	电池 LED 灭灯指示	面板不亮灯	[D]8030		
M8031	非保持存储区全部清除	软元件的 ON/OFF 映像及当前值的清除	[D]8031		
M8032	保持存储区全部清除		[D]8032		
M8033	内存保持停止	影像存储区保持	[D]8033		
M8034	禁止所有输出	所有外部输出全部 OFF	[D]8034		
M8035	强制 RUN 模式		[D]8035		
M8036	强制 RUN 指令		[D]8036		
M8037	强制 STOP 指令		[D]8037		
[M]8038	参数设定	PLC 之间链接时，通讯参数设计	[D]8038		
M8039	恒定扫描模式	固定周期运行	[D]8039	恒定扫描时间	初始值 0(1ms 单位)

5. 描述 PLC 步进梯形图的特殊软元件

编号	功能含义	备　注	编号	功能含义	备　注
M8040	禁止转移	禁止状态之间的转移	[D]8040	ON 状态编号 1	M8047 = 1 时，S0 ~ 899 正在动作的状态编号从小到大保存在 D8040 ~ D8047 中，共 8 个。
M8041	转移开始	FNC60(IST)指令用运行标志位	[D]8041	ON 状态编号 2	
M8042	启动脉冲		[D]8042	ON 状态编号 3	
M8043	原点回归结束		[D]8043	ON 状态编号 4	
M8044	原点条件		[D]8044	ON 状态编号 5	
M8045	所有输出复位禁止		[D]8045	ON 状态编号 6	
[M]8046	STL 状态动作	S0 ~ 899 动作检测	[D]8046	ON 状态编号 7	
M8047	STL 监控有效	D8040 ~ 8047 有效	[D]8047	ON 状态编号 8	
[M]8048	信号报警器动作	S900 ~ 999 动作检测	[D]8048		
M8049	信号报警器有效	D8049 有效化	[D]8049	ON 状态最小地址号	S900 ~ 999 正在动作的状态最小编号 D8049 中

6. 描述 PLC 中断禁止的特殊软元件

编号	功能含义	备　注	编号	功能含义	备　注
M8050	I00 口禁止	输入中断禁止	[D]8050	没有使用	
M8051	I10 口禁止		[D]8051		
M8052	I20 口禁止		[D]8052		
M8053	I30 口禁止		[D]8053		
M8054	I40 口禁止		[D]8054		
M8055	I50 口禁止		[D]8055		
M8056	I60 口禁止	定时器中断禁止	[D]8056		
M8057	I70 口禁止		[D]8057		
M8058	I80 口禁止		[D]8058		
M8059	I010 ~ I060 全部禁止	计数器中断禁止	[D]8059		

7. 描述 PLC 出错检测的特殊软元件

编号	功能含义	备　注	编号	功能含义	备　注
[M]8060	I/O 构成出错	PLC 继续 RUN	[D]8060	没有实际安装的 I/O 起始编号	
[M]8061	PLC 硬件出错	PLC 停止	[D]8061	PLC 硬件出错的出错代码编号	
[M]8062	PC/PP 通信出错	PLC 继续 RUN	[D]8062	PC/PP 通信出错的出错代码编号	
[M]8063	并联链接、通信适配器出错	PLC 继续 RUN	[D]8063	链接、通信出错的出错代码编号	
[M]8064	参数出错	PLC 停止	[D]8064	参数出错的出错代码编号	
[M]8065	语法出错	PLC 停止	[D]8065	语法出错的出错代码编号	
[M]8066	梯形图出错	PLC 停止	[D]8066	梯形图出错的出错代码编号	
[M]8067	运算出错	PLC 继续 RUN	[D]8067	运算出错的出错代码编号	
M 8068	运算出错锁存	M8067 保持	D8068	发生运算出错的步编号	
M 8069	I/O 总线检查	开始总线检查	[D]8069	发生 M8055 ~ 7 出错的步编号	

8. 描述 PLC 并行链接的特殊软元件

编号	功能含义	备　注	编号	功能含义	备　注
M 8070	并联链接主站声明	主站时 ON	[D]8070	并联链接出错判定时间	初始值为 500ms
M 8071	并联链接从站声明	从站时 ON	[D]8071		
[M]8072	并联链接运行中为 ON	运行中为 ON	[D]8072		
[M]8073	主站、从站设定错误	M8070 8071 设定错误	[D]8073		

9. 描述 PLC 采样跟踪的特殊软元件

编号	功能含义	备　注	编号	功能含义	备　注
[M]8074		采样跟踪功能	[D]8074	采样剩余次数	
M8075	采样跟踪准备指令		D8075	采样次数设定（1～512）	
M8076	开始执行指令		D8076	采样周期	
[M]8077	执行中监控		D8077	触发指定	
[M]8078	执行结束监控		D8078	设定触发条件的软元件编号	
[M]8079	跟踪 512 次以上		[D]8079	采样数据的指针	
[D]8090	位软元件编号 NO.10		[D]8080	位软元件编号 NO.0	
[D]8091	位软元件编号 NO.11		[D]8081	位软元件编号 NO.1	
[D]8092	位软元件编号 NO.12		[D]8082	位软元件编号 NO.2	
[D]8093	位软元件编号 NO.13		[D]8083	位软元件编号 NO.3	
[D]8094	位软元件编号 NO.14		[D]8084	位软元件编号 NO.4	
[D]8095	位软元件编号 NO.15		[D]8085	位软元件编号 NO.5	
[D]8096	字软元件编号 NO.0		[D]8086	位软元件编号 NO.6	
[D]8097	字软元件编号 NO.1		[D]8087	位软元件编号 NO.7	
[D]8098	字软元件编号 NO.2		[D]8088	位软元件编号 NO.8	
			[D]8089	位软元件编号 NO.9	

10. 描述 PLC 高速环形计数器的特殊软元件

编号	功能含义	备　注	编号	功能含义	备　注
M 8099	高速环形计数器动作	允许计数器动作	[D]8099	0.1ms 环形计数	0～32767 增计数

11. 描述 PLC 存储容量的特殊软元件

编号	功能含义	备　注	编号	功能含义	备　注
[D]8102	存储容量	002:2k 步;004:4k 步; 008:8k 步;016:16k 步			

12. 描述 PLC 输出刷新的特殊软元件

编号	功能含义	备　注	编号	功能含义	备　注
[M]8109	发生输出刷新出错	输出刷新	[D]8109	发生输出刷新 出错的编号	保存 0、10、20

13. 描述 PLC 串行通信的特殊软元件

编号	功能含义	备　注	编号	功能含义	备　注
[M]8120		RS232 通信用	D8120	通信格式	详细参考通信手册
[M]8121	RS232C 发送待机中		D8121	站号设定	
M 8122	RS232C 发送标志位		[D]8122	发送数据的剩余数	
M 8123	RS232C 接受结束标志位		[D]8123	接收数据的数量	
[M]8124	RS232C 载波接收中		D8124	报头(STX)	
[M]8125			D8125	报尾(ETX)	
[M]8126	全局信号	RS485 使用	[D]8126		
[M]8127	下位通信请求的 接收信号		D8127	指定下位通信请 求的起始编号	
M 8128	下位通信请求的 出错标志位		D8128	指定下位通信请 求的数据数	
M 8129	下位通信请求的字/ 字节的切换		D8129	超时判定时间	

14. 描述 PLC 高速列表的特殊软元件

编号	功能含义	备 注	编号	功能含义	备 注
M 8130	HSZ 表格比较模式		[D]8130	HSZ 表格计数器	
[M]8131	向上的执行结束标志位		[D]8131	HSZ PLSY 表格计数器	
M 8132	HSZ PLSY 速度模式		[D]8132	频率 HSZ PLSY	低位
[M]8133	向上的执行结束标志位		[D]8133		
			[D]8134	速度模式目标脉冲	低位
			[D]8135	数 HSZ PLSY	高位
D8140	PLSY PLSR 输出到	低位	D8136	输出脉冲数	低位
D8141	Y000 的脉冲数	高位	D8137	PLSY PLSR	高位
D8142	PLSY PLSR 输出到	低位	[D]8138		
D8143	Y001 的脉冲数	高位	[D]8139		

15. 描述 PLC 扩展功能用的特殊软元件

编号	功能含义	备 注	编号	功能含义	备 注
M 8160	XCH 的 SWAP 功能	同一软元件内的交换	[D]8160		
M 8161	8 位为单位传递	16/8 位的切换	[D]8161		
M 8162	高速并联链接模式		[D]8162		
[M]8163			[D]8163		
M 8164	传递点数可变模式	FROM/TO 指令	D8164	指定传递点数	FROM/TO 指令
[M]8165			[D]8165		
[M]8166			[D]8166		
M 8167	HKY 的 HEX 处理	写入 16 进制数据	[D]8167		
M 8168	S[M]OV 的 HEX 处理	停止 BCD 转换	[D]8168		
[M]8169			[D]8169		

16. 描述 PLC 脉冲捕捉用的特殊软元件

编号	功能含义	备 注	编号	功能含义	备 注
M 8170	输入 X0 脉冲捕捉	详细参见编程手册	[M]8176		
M 8171	输入 X1 脉冲捕捉		[M]8177		
M 8172	输入 X2 脉冲捕捉		[M]8178		
M 8173	输入 X3 脉冲捕捉		[M]8179		
M 8174	输入 X4 脉冲捕捉				
M 8175	输入 X5 脉冲捕捉				

17. 描述 PLC 变址寄存器用特殊软元件

编号	功能含义	备 注	编号	功能含义	备 注
[D]8180		变址寄存器的当前值	[D]8190	Z5 寄存器的内容	变址寄存器的当前值
[D]8181			[D]8191	V5 寄存器的内容	
[D]8182	Z1 寄存器的内容		[D]8192	Z6 寄存器的内容	
[D]8183	V1 寄存器的内容		[D]8193	V6 寄存器的内容	
[D]8184	Z2 寄存器的内容		[D]8194	Z7 寄存器的内容	
[D]8185	V2 寄存器的内容		[D]8195	V7 寄存器的内容	
[D]8186	Z3 寄存器的内容		[D]8196		
[D]8187	V3 寄存器的内容		[D]8197		
[D]8188	Z4 寄存器的内容		[D]8198		
[D]8189	V4 寄存器的内容		[D]8199		

18. 描述 PLC 计数器增减用特殊软元件

编号	功能含义	备　注
M 8200 ~ M 8234	M8 口口口为 ON/OFF，C 口口口的增/减计数	高速计数器
M 8235 ~ M 8256	M8 口口口为 ON/OFF，C 口口口的增/减计数	高速计数器

附录 B　FX_{2N}的功能指令一览表

（√：可以使用；—：不可以使用）

分类	FNC NO	指令符号	功　能	D 指令	P 指令	备注
程序流向控制	00	CJ	条件转移	—	√	
	01	CALL	子程序调用	—	√	
	02	SRET	子程序返回	—	—	
	03	IRET	中断返回	—	—	
	04	EI	开中断	—	—	
	05	DI	关中断	—	—	
	06	FEND	主程序结束	—	—	
	07	WDT	监控定时器刷新	—	√	
	08	FOR	循环开始点	—	—	
	09	NEXT	循环结束点	—	—	
传送比较	10	CMP	比较	√	√	
	11	ZCP	区间比较	√	√	
	12	MOV	传送	√	√	
	13	SMOV	移位传送	—	√	
	14	CML	取反传送	√	√	
	15	BMOV	块传送	—	√	
	16	FMOV	多点传送	√	√	
	17	XCH	交换	√	√	
	18	BCD	BCD 转换 BIN	√	√	
	19	BIN	BIN 转换 BCD	√	√	
四则逻辑运算	20	ADD	BIN 加	√	√	
	21	SUB	BIN 减	√	√	
	22	MUL	BIN 乘	√	√	
	23	DIV	BIN 除	√	√	
	24	INC	BIN 加 1	√	√	
	25	DEC	BIN 减 1	√	√	
	26	WAND	逻辑字与	√	√	
	27	WOR	逻辑字或	√	√	
	28	WXOR	逻辑字异或	√	√	
	29	NEG	求补码	√	√	
移位	30	ROR	循环右移	√	√	
	31	ROL	循环左移	√	√	
	32	RCR	带进位循环右移	√	√	
	33	RCL	带进位循环左移	√	√	
	34	SFTR	位右移	—	√	
	35	SFTL	位左移	—	√	
	36	WSFR	字右移	—	√	
	37	WSFL	字左移	—	√	
	38	SFWR	移位写入	—	√	
	39	SFRD	移位读出	—	√	

（续）

分类	FNC NO	指令符号	功　能	D 指令	P 指令	备注
数据处理	40	ZRST	区间复位	—	√	
	41	DECO	解码	—	√	
	42	ENCO	编码	—	√	
	43	SUM	ON 位总和	√	√	
	44	BON	ON 位个数	√	√	
	45	MEAN	平均值	√	√	
	46	ANS	报警器置位	—	—	
	47	ANR	报警器复位	—	√	
	48	SQR	BIN 二次方根	√	√	
	49	FLT	浮点数与十进制转换	√	√	
高速处理	50	REF	输入/输出刷新	—	√	
	51	REFF	刷新与滤波调整	—	√	
	52	MTR	矩阵输入	—	—	
	53	HSCS	高速计数器比较置位	√	—	
	54	HSCR	高速计数器比较复位	√	—	
	55	HSZ	高速计数器区间比较	√	—	
	56	SPD	速度检测	—	—	
	57	PLSY	脉冲输出	√	—	
	58	PWM	脉宽调制	—	—	
	59	PLSR	带加减速的脉冲输出	√	—	
方便指令	60	IST	状态初始化	—	—	
	61	SER	数据搜索	√	√	
	62	ABSD	绝对式凸轮顺控	√	—	
	63	INCD	增量式凸轮顺控	—	—	
	64	TTMR	示教定时器	—	—	
	65	STMR	特殊定时器	—	—	
	66	ALT	交替输出	—	√	
	67	RAMP	斜坡信号	—	—	
	68	ROTC	旋转台控制	—	—	
	69	SORT	列表数据排序	—	—	
外部设备 I/O	70	TKY	0~9 数字键输入	√	—	
	71	HKY	16 键输入	√	—	
	72	DSW	数字开关	—	—	
	73	SEGD	7 段码显示	—	√	
	74	SEGL	带锁存的 7 段码显示	—	—	
	75	ARWS	矢量开关	—	—	
	76	ASC	ACSII 转换	—	—	
	77	PR	ACSII 打印	—	—	
	78	FROM	特殊功能模块读出	√	√	
	79	TO	特殊功能模块写入	√	√	
外部设备 SER	80	RS	串行数据传送	—	—	
	81	PRUN	并行运行	√	√	
	82	ASCI	HEX 转换 ASCII	—	√	
	83	HEX	ASCII 转换 HEX	—	√	
	84	CCD	校正代码	—	√	
	85	VRRD	FX-8AV 变量读取	—	√	
	86	VRSC	FX-8AV 变量整标	—	√	
	88	PID	PID 运算	—	—	

（续）

分类	FNC NO	指令符号	功　能	D 指令	P 指令	备注
浮点数运算	110	ECMP	二进制浮点数比较	√	√	
	111	EZCD	二进制浮点数区间比较	√	√	
	118	EBCD	二进制浮点数转变为十进制浮点数	√	√	
	119	EBIN	十进制浮点数转变为二进制浮点数	√	√	
	120	EADD	二进制浮点数加	√	√	
	121	ESUB	二进制浮点数减	√	√	
	122	EMUL	二进制浮点数乘	√	√	
	123	EDIV	二进制浮点数除	√	√	
	127	ESQR	二进制浮点数开方	√	√	
	129	INT	二进制浮点数转变为 BIN 整数	√	√	
	130	SIN	浮点数 SIN 运算	√	√	
	131	COS	浮点数 COS 运算	√	√	
	132	TAN	浮点数 TAN 运算	√	√	
	147	SWAP	上下字节交换	√	√	
时钟运算	160	TCMP	时钟数据比较	—	√	
	161	TZCP	时钟数据区间比较	—	√	
	162	TADD	时钟数据加	—	√	
	163	TSUB	时钟数据减	—	√	
	166	TRD	时钟数据读出	—	√	
	167	TWR	时钟数据写入	—	√	
	170	GRY	格雷码转换	√	√	
	171	GBIN	格雷码逆转换	√	√	
触点比较	224	LD =	(S1) = (S2)	√	—	
	225	LD >	(S1) > (S2)	√	—	
	226	LD <	(S1) < (S2)	√	—	
	228	LD < >	(S1) < > (S2)	√	—	
	229	LD≤	(S1) ≤ (S2)	√	—	
	230	LD≥	(S1) ≥ (S2)	√	—	
	232	AND =	(S1) = (S2)	√	—	
	233	AND >	(S1) > (S2)	√	—	
	234	AND <	(S1) < (S2)	√	—	
	236	AND < >	(S1) < > (S2)	√	—	
	237	AND≤	(S1) ≤ (S2)	√	—	
	238	AND≥	(S1) ≥ (S2)	√	—	
	240	OR =	(S1) = (S2)	√	—	
	241	OR >	(S1) > (S2)	√	—	
	242	OR <	(S1) < (S2)	√	—	
	244	OR < >	(S1) < > (S2)	√	—	
	245	OR≤	(S1) ≤ (S2)	√	—	
	246	OR≥	(S1) ≥ (S2)	√	—	

参 考 文 献

[1] 常晓玲. 电气控制系统与可编程控制器 [M]. 北京：机械工业出版社，2007.

[2] 三菱电机公司. FX_{1S}，FX_{1N}，FX_{2N}，FX_{2NC}编程手册，2004.

[3] MITSUBISHI . AC SERVO DRIVE MELSERVO- J2- A SPECIFICATION AND MAINTENANCE MANUAL, 2004.

[4] 三菱电机公司. FX 系列特殊功能模块用户手册，2004.

[5] 三菱电机公司. FX 系列可编程控制器用户手册（通信篇）. 2006.

[6] 西门子（中国）公司. STEP 7 用户手册. 1996.

[7] 王兆义，杨新志. 小型可编程控制器实用技术 [M]. 2 版. 北京：机械工业出版社，2011.

[8] 赵燕，周新建. 可编程控制器原理与应用 [M]. 北京：中国林业出版社，2006.

[9] 北京亚控自动化软件科技有限公司. 组态王使用手册. 2006.

[10] 中达电通股份有限公司. DOP 系列人机界面使用手册. 2010.